高等职业教育本科新形态系列教材
西门子工业自动化系列教材

可编程序控制器技术应用
——基于 S7-1200/1500 PLC

主编　奚茂龙　向晓汉
主审　陆　彬

机 械 工 业 出 版 社

本书从基础和实用出发，全面系统地介绍西门子 S7-1200/1500 PLC 编程及应用，具体内容为西门子 S7-1200/1500 PLC 的硬件与接线、TIA Portal 软件的使用、常用指令及其编程、SCL 和 Graph 编程和编程方法、S7-1200/1500 PLC 的工艺功能、S7-1200/1500 PLC 在运动控制中的应用、S7-1200/1500 PLC 的通信和工程应用等。

本书是新型立体化教材，读者可扫二维码观看微课。本书内容丰富、重点突出、强调知识的实用性、重视对学生实践技能的培养和激发学生的学习兴趣。本书每章配有典型、实用的例题，共 100 多道，另外配有习题和测试题供读者训练之用，可扫二维码查看答案。

为了配合教学，本书提供电子课件、习题答案、试卷等教学资源，有需要的教师可登录机工教育服务网（www.cmpedu.com）免费注册后下载，或联系编辑索取（微信：18515977506，电话：010-88379753）。

本书可以作为高等职业技术院校和应用本科、中专及高等专科学校机械类、电气类和信息类专业的教材，也可以作为职大、电大等有关专业的教材，还可以供工程技术人员参考。

图书在版编目（CIP）数据

可编程序控制器技术应用 : 基于 S7-1200/1500 PLC / 奚茂龙，向晓汉主编. -- 北京 : 机械工业出版社，2024. 11. --（西门子工业自动化系列教材）. -- ISBN 978-7-111-76066-5

Ⅰ. TM571. 61

中国国家版本馆 CIP 数据核字第 2024DJ0431 号

机械工业出版社（北京市百万庄大街 22 号　邮政编码 100037）

策划编辑：李馨馨　　　　责任编辑：李馨馨　赵晓峰

责任校对：樊钟英　李小宝　封面设计：张　静

责任印制：李　昂

北京捷迅佳彩印刷有限公司印刷

2024 年 11 月第 1 版第 1 次印刷

184mm×260mm · 18 印张 · 458 千字

标准书号：ISBN 978-7-111-76066-5

定价：69. 80 元

电话服务	网络服务
客服电话：010-88361066	机　工　官　网：www.cmpbook.com
010-88379833	机　工　官　博：weibo.com/cmp1952
010-68326294	金　　书　　网：www.golden-book.com
封底无防伪标均为盗版	机工教育服务网：www.cmpedu.com

前　言

随着计算机技术的发展，以可编程序控制器、变频器调速、计算机通信和组态软件等技术为主体的新型电气控制系统已经逐渐取代传统的继电器电气控制系统，并广泛应用于各行业。德国的西门子（SIEMENS）公司是欧洲最大的电子和电气设备制造商之一，生产的SIMATIC（西门子自动化）可编程序控制器在欧洲处于领先地位。西门子PLC具有卓越的性能，因此在工控市场占有非常大的份额，应用十分广泛。S7-1200/1500 PLC是西门子公司分别在2009年和2012年相继推出的两款功能较强的PLC，除了包含许多创新技术外，还设定了新标准，极大提高了工程效率。

S7-1200/1500 PLC技术相对比较复杂，要想入门并熟练掌握，对读者来说比较困难。为帮助读者系统掌握S7-1200/1500 PLC编程及实际应用，我们在总结长期的教学经验和工程实践的基础上，联合相关企业人员，共同编写了本书。

本书共9章，主要以实际的工程项目作为“教学载体”，让读者在“学中做、做中学”，以提高读者的学习兴趣和学习效果。与其他相关教材相比，本书具有以下特点。

1）本书是新型立体化教材，配有60多节微课、10个视频，读者可扫二维码观看，容易激发读者学习兴趣；作业题有pdf文档和答案，读者扫码可以下载；配有授课PPT、教案和6套试卷以方便教师教学。

2）针对高职本科院校培养“应用型人才”的特点，本书在编写时，弱化理论知识，注重实践。让读者在“工作过程”中完成项目。

3）体现最新技术。本书在技术上紧跟当前技术发展，如PLC的品牌为目前主流品牌。

本书由无锡职业技术学院的奚茂龙、向晓汉主编，奚茂龙对全书统稿，无锡雷华科技有限公司的陆彬任主审。其中，第1章由无锡职业技术学院的陆荣编写，第2、4、7章由奚茂龙编写；第3章由无锡职业技术学院齐斌编写；第5、6、8章由向晓汉编写；第9章由无锡雪浪环境科技有限公司的宋昕高级工程师编写。本书还得到了西门子（中国）有限公司S7-1200和功能安全产品经理李佳的技术指导，谨在此表示衷心感谢。

由于编者水平和时间有限，书中不足之处在所难免，敬请广大读者批评指正。

编　者

目 录

第1章　可编程序控制器（PLC）基础

本章介绍PLC的功能、特点、应用范围、在我国的使用情况、结构和工作原理等知识，使读者初步了解可编程序控制器（PLC），这是学习本书后续内容的必要准备。

1.1　认识PLC

视频
认识PLC（可编程序控制器）

1.1.1　PLC是什么

PLC是Programmable Logic Controller（可编程序控制器）的简称，国际电工委员会（IEC）于1985年对可编程序控制器（PLC）做出如下定义：可编程序控制器是一种数字运算操作的电子系统，专为在工业环境下应用而设计。它采用可编程序的存储器，用来在其内部存储执行逻辑运算、顺序控制、定时、计数和算术运算等操作的指令，并通过数字、模拟的输入和输出，控制各种类型的机械或生产过程。PLC及其有关设备，都应按易于与工业控制系统连成一个整体、易于扩充功能的原则设计。

PLC是一种工业计算机，其种类繁多，不同厂家的产品有各自的特点，但作为工业标准设备，PLC又有一定的共性。常见品牌的PLC外形如图1-1所示。

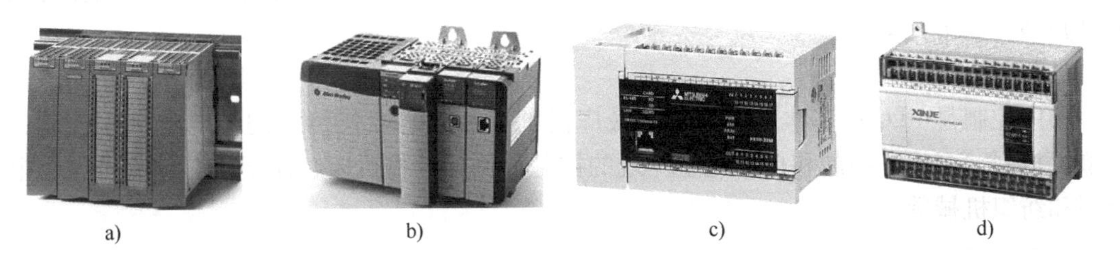

a)　b)　c)　d)

图1-1　常见品牌的PLC外形
a）西门子PLC　b）罗克韦尔（AB）PLC　c）三菱PLC　d）信捷PLC

1.1.2　PLC的发展历史

20世纪60年代以前，汽车生产线的自动控制系统基本上都是由继电器控制装置构成的。当时每次改型都直接导致继电器控制装置的重新设计和安装，美国福特汽车公司创始人亨利·福特曾说过："不管顾客需要什么，我生产的汽车都是黑色的。"从侧面反映汽车改型和升级换代比较困难。为了改变这一现状，1969年，美国通用汽车公司（GM）公开招标，要求用新的装置取代继电器控制装置，并提出10项招标指标，包括编程方便、现场可修改程序、维修方便、采用模块化设计、体积小及可与计算机通信等。同一年，美国数字设备公司（DEC）研制出世界上第一台PLC，即PDP-14，在美国通用汽车公司的生产线上试用成功，并取得了满意的效果，PLC从此诞生。由于当时的PLC只能取代继电器—接触器控制，功能仅限于逻辑运算、计时及计数等，所以称为"可编程逻辑控制器”。随着微电子技术、控制技术与信息技术的不断发展，PLC 的功能不断增强。美国电气制造商协会（NEMA）于 1980 年正式将其命名为“可编程序控制器”，简称 PC，由于这个名称和个人计算机的简称相同，容易混淆，因此在我国，很多人仍然习惯称可编程序控制器为 PLC。

由于 PLC 具有易学易用、操作方便、可靠性高、体积小、通用灵活和使用寿命长等一系列优点，因此，很快就在工业领域得到了广泛应用。同时，这一新技术也受到其他国家的重视。1971 年日本引进这项技术，很快研制出日本第一台 PLC；欧洲于 1973 年研制出第一台 PLC；我国从 1974 年开始研制，1977 年国产 PLC 正式投入工业应用。

进入 20 世纪 80 年代以来，随着电子技术的迅猛发展，以 16 位和 32 位微处理器构成的微机化 PLC 得到快速发展（例如，GE 的 RX7i，使用的是赛扬 CPU，其主频达 1 GHz，其信息处理能力几乎和个人计算机相当），使得 PLC 在设计、性能价格比以及应用方面有了突破，不仅控制功能增强、电磁兼容性（EMC）更好、功耗和体积减小、成本下降、可靠性提高及编程和故障检测更为灵活方便，而且随着远程 I/O 和通信网络、数据处理和图像显示等技术的发展，PLC 已经普遍用于控制复杂的生产过程。PLC 已经成为工厂自动化的三大支柱（PLC、机器人、CAD/CAM）之一。

1.1.3 PLC 的应用范围

目前，PLC 在国内外已广泛应用于专用机床、控制系统、自动化楼宇、钢铁、石油、化工、电力、建材、汽车、纺织机械、交通运输、环保以及文化娱乐等行业。随着 PLC 性能价格比的不断提高，其应用范围还将不断扩大，其应用场合可以说是无处不在，具体应用大致可归纳为如下几类。

1. 顺序控制

顺序控制是 PLC 最基本、应用领域最广泛的控制，它取代传统的继电器顺序控制，用于单机控制、多机群控制和自动化生产线的控制，例如数控机床、注塑机、印刷机械、电梯控制和纺织机械等。

2. 计数和定时控制

PLC 为用户提供了足够的定时器和计数器，并设置相关的定时和计数指令。PLC 的计数器和定时器精度高、使用方便，可以取代继电器系统中的时间继电器和计数器。

3. 位置控制

目前大多数的 PLC 制造商都提供拖动步进电动机或伺服电动机的单轴或多轴位置控制模块，这一功能可广泛用于各种机械，如金属切削机床和装配机械等。

4. 模拟量处理

PLC 通过模拟量的输入/输出模块，实现模拟量与数字量的转换，并对模拟量进行控制，有的还具有 PID 控制功能。例如用于锅炉的水位、压力和温度控制。

5. 数据处理

现代的 PLC 具有数学运算，数据传递、转换、排序和查表等功能，也能完成数据的采集、分析和处理。

6. 通信联网

PLC 的通信包括 PLC 相互之间、PLC 与上位计算机以及 PLC 和其他智能设备之间的通信。PLC 系统与通用计算机可以直接或通过通信处理单元、通信转接器相连构成网络，以实现信息的交换，并可构成“集中管理、分散控制”的分布式控制系统，满足工厂自动化系统的需要。

1.1.4 PLC 的分类与性能指标

1. PLC 的分类

（1）按组成结构形式分类

可以将 PLC 分为两类：一类是整体式 PLC（也称单元式），其特点是电源、中央处理单元和 I/O 接口都集成在一个机壳内，如图 1-1c、d；另一类是标准模板式结构化的 PLC（也称组合式），如图 1-1a、b，其特点是电源模板、中央处理单元模板和 I/O 模板等在结构上是相互独立的，可根据具体的应用要求，选择合适的模块，安装在固定的机架或导轨上，构成一个完整的 PLC 应用系统。

（2）按 I/O 点容量分类

① 小型 PLC。小型 PLC 的 I/O 点数一般在 128 点以下。

② 中型 PLC。中型 PLC 采用模块化结构，其 I/O 点数一般在 256~1024 点之间。

③ 大型 PLC。一般 I/O 点数在 1024 点以上的称为大型 PLC。

以上按照 I/O 点容量分类区分小型、中型和大型 PLC 是常规的分类方法。

2. PLC 的性能指标

各厂家的 PLC 虽然各有特色，但其主要性能指标是相同的。

（1）输入/输出（I/O）点数

输入/输出（I/O）点数是最重要的一项技术指标，是指 PLC 面板上连接外部输入、输出的端子数，常称为“点数”，用输入与输出点数的和表示。点数越多表示 PLC 可接入的输入器件和输出器件越多，控制规模越大。点数是 PLC 选型时最重要的指标之一。

（2）扫描速度

扫描速度是指 PLC 执行程序的速度。以 ms/K 为单位，即执行 1 K 步指令所需的时间。1 步占 1 个地址单元。

（3）存储容量

存储容量通常用千字（KW）或千字节（KB）、千位（Kbit）来表示。这里 1 K = 1024。有的 PLC 用“步”来衡量，1 步占用 1 个地址单元。存储容量表示 PLC 能存放多少用户程序。例如，三菱型号为 FX2N-48MR 的 PLC 存储容量为 8000 步。有的 PLC 的存储容量可以根据需要配置，有的 PLC 的存储器可以扩展。

（4）指令系统

指令系统体现该 PLC 软件功能的强弱。指令越多，编程功能就越强。

（5）内部寄存器（继电器）

PLC 内部有许多寄存器用来存放变量、中间结果、数据等，还有许多辅助寄存器可供用户使用。因此寄存器的配置也是衡量 PLC 性能的一项指标。

（6）扩展能力

扩展能力是反映 PLC 性能的重要指标之一。PLC 除了主控模块外，还可配置实现各种特殊功能的功能模块。例如 A/D 模块、D/A 模块、高速计数模块和远程通信模块等。

1.1.5 知名品牌 PLC 介绍

1. 国产 PLC 品牌

我国自主品牌的 PLC 生产厂家超过 30 家。在目前已经上市的众多 PLC 产品中，单从技术角度来看，国产小型 PLC 与国际知名品牌小型 PLC 差距很小。有的国产 PLC 开发了很多适合亚洲人使用的方便指令，其使用越来越广泛。例如，汇川技术、无锡信捷、和利时和台湾台达等公司生产的微型 PLC 已经比较成熟，其可靠性在许多应用中得到了验证，已经被用户广泛认可。汇川技术和浙江禾川的中型 PLC 突破了技术壁垒，也有较好口碑，是自主品牌的骄傲。据中国工控网的数据：2021 年，国内市场销售前 10 名的 PLC，中国品牌 PLC 占 4 个（见表 1-1），与众多的国际大牌同场竞技，有如此优异表现，这是了不起的成绩。

表 1-1　2021 年中国市场 PLC 市场十强

排　名	品　牌	备　注	排　名	品　牌	备　注
1	西门子		6	施耐德	
2	欧姆龙		7	汇川技术	中国品牌
3	三菱		8	信捷	中国品牌
4	台达	中国品牌	9	松下	
5	罗克韦尔（AB）		10	和利时	中国品牌

然而，我们也不能忽视自主可控自动化技术对国防安全的重要性。2010 年，国外的敌对势力入侵伊朗核设施的自动控制系统，造成伊朗离心机不可逆的损坏，此后又数次攻击伊朗核设施，造成了严重破坏。这给我们敲响了警钟。由此可见：掌握自主可控的自动化技术对一个国家的国防安全是多么重要。工程技术人员习惯使用自动控制设备是非常关键的。

2. 国外 PLC 品牌

目前很多知名厂家的 PLC 在我国都得到了广泛的应用。

1）美国是 PLC 生产大国，有 100 多家 PLC 生产厂家。其中 AB 公司（罗克韦尔）的 PLC 产品规格比较齐全，主推大中型 PLC，如 PLC-5 系列。通用电气也是知名 PLC 生产厂商，大中型 PLC 产品系列有 RX3i 和 RX7i 等。德州仪器也生产大、中、小全系列 PLC 产品。

2）欧洲的 PLC 产品也久负盛名。德国的西门子公司、AEG 公司和法国的 TE 公司都是欧洲著名的 PLC 制造商。其中西门子公司的 PLC 产品与美国的 AB 的 PLC 产品齐名。

3）日本的小型 PLC 具有一定的特色，性价比较高，比较有名的品牌有三菱、欧姆龙、松下、富士、日立和东芝等，在小型机市场，日系 PLC 的市场份额曾经高达 70%。随着国产 PLC 的崛起，其市场份额逐年下降。

1.2 PLC 的结构和工作原理

1.2.1 PLC 的硬件组成

PLC 种类繁多，但其基本结构和工作原理相同。PLC 的功能结构区由 CPU（中央处理器)、存储器和输入/输出接口三部分组成，如图 1-2 所示。

1. CPU（中央处理器）

CPU 的功能是完成 PLC 内所有的控制和监视操作。中央处理器一般由控制器、运算器和寄存器组成。CPU 通过数据总线、地址总线和控制总线与存储器、输入/输出接口电路连接。

2. 存储器

在 PLC 中使用两种类型的存储器：一种是只读存储器，如 EPROM 和 EEPROM；另一种是可读/写的随机存储器（RAM）。PLC 的存储器分为 5 个区域，如图 1-3 所示。

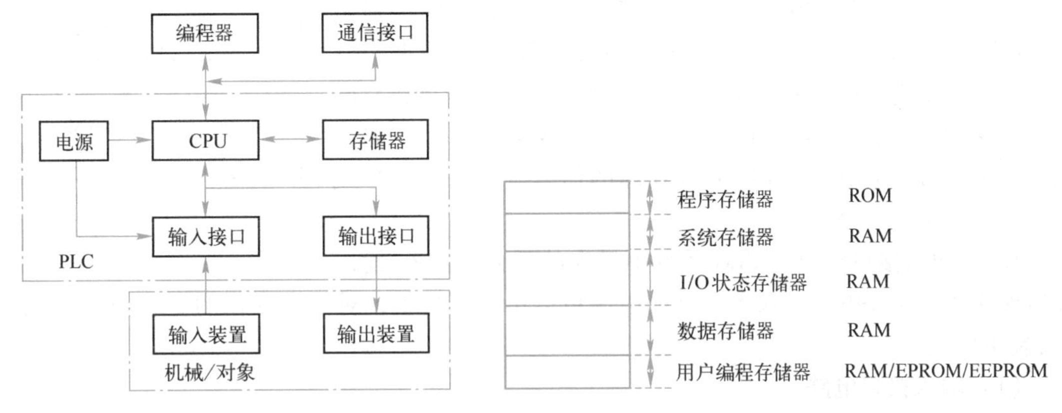

图 1-2　PLC 结构框图　　图 1-3　存储器的区域划分

程序存储器的类型是只读存储器（ROM），PLC 的操作系统存放在这里，操作系统的程序由制造商固化，通常不能修改。存储器中的程序负责解释和编译用户编写的程序、监控 I/O 接口的状态、对 PLC 进行自诊断以及扫描 PLC 中的程序等。系统存储器属于随机存储器（RAM），主要用于存储中间计算结果、数据和系统管理，有的 PLC 厂家用系统存储器存储一些系统信息如错误代码等，系统存储器不对用户开放。I/O 状态存储器属于随机存储器，用于存储 I/O 装置的状态信息，每个输入模块和输出模块都在 I/O 映像表中分配一个地址，而且这个地址是唯一的。数据存储器属于随机存储器，主要用于数据处理功能，为计数器、定时器、算术计算和过程参数提供数据存储。有的厂家将数据存储器细分为固定数据存储器和可变数据存储器。用户编程存储器，其类型可以是随机存储器、可擦除存储器（EPROM）和电擦除存储器（EEPROM），高档的 PLC 还包含 FLASH。用户编程存储器主要用于存放用户编写的程序。存储器的关系如图 1-4 所示。

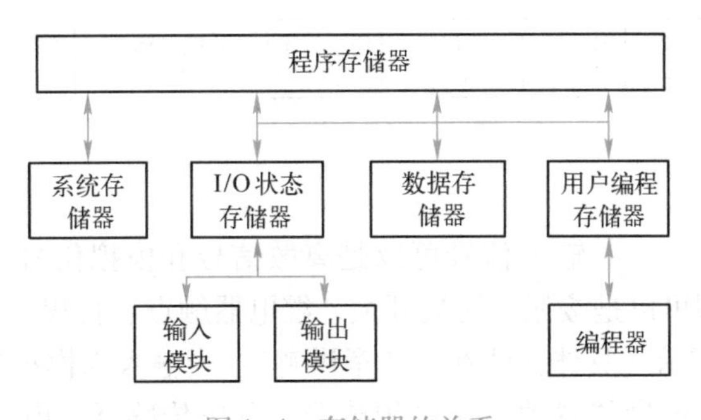

图 1-4　存储器的关系

只读存储器可以用来存放系统程序，PLC 断电后再上电，系统内容不变且重新执行。只读存储器也可用来固化用户程序和一些重要参数，以免因偶然操作失误而造成程序和数据的破坏或丢失。随机存储器中一般存放用户程序和系统参数。当 PLC 处于编程工作时，CPU 从 RAM 中取指令并执行。用户程序执行过程中产生的中间结果也在 RAM 中暂时存放。RAM 通常由 CMOS 型集成电路组成，功耗小，但断电时内容消失，所以一般使用大电容或后备锂电池保证掉电后 PLC 的内容在一定时间内不丢失。

3. 输入/输出接口

PLC 的输入和输出信号可以是开关量或模拟量。输入/输出接口是 PLC 内部弱电（Low Power）信号和工业现场强电（High Power）信号联系的桥梁。输入/输出接口主要有两个作用：一是利用内部的电隔离电路将工业现场和 PLC 内部进行隔离，起保护作用；二是调理信号，可以把不同的信号（如强电、弱电信号）调理成 CPU 可以处理的信号（5 V、3.3 V 或 2.7 V 等），如图 1-5 所示。

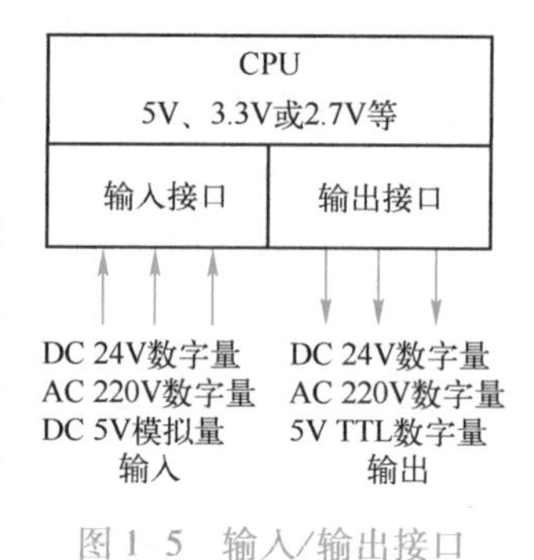

图 1-5　输入/输出接口

输入/输出接口模块是 PLC 系统中最大的部分。输入/输出接口模块通常需要电源，输入电路的电源可以由外部提供，对于模块化的 PLC 还需要背板（安装机架）。

（1）输入接口电路

输入接口电路的组成和作用　输入接口电路由接线端子、输入信号调理和电平转换电路、模块状态显示电路、电隔离电路和多路选择开关模块组成，如图 1-6 所示。现场的信号必须连接到输入端子才可能将信号输入到 CPU 中，它提供了外部信号输入的物理接口。输入信号调理和电平转换电路十分重要，可以将工业现场的信号（如强电 AC 220 V 信号）转化成电信号（CPU 可以识别的弱电信号）。电隔离电路主要是利用电隔离器件将工业现场的机械或者电输入信号和 PLC 的 CPU 的信号隔开，它能确保过高的电干扰信号和浪涌不串入 PLC 的微处理器，起保护作用，通常有 3 种隔离方式，用得最多的是光电隔离、其次是变压器隔离和干簧继电器隔离。当外部有信号输入时，输入模块上有指示灯显示，这个电路比较简单，当线路中有故障时，它帮助用户查找故障，由于氖灯或 LED 灯的寿命比较长，所以这个灯通常是氖灯或 LED 灯。多路选择开关接收调理完成的输入信号，并存储在多路开关模块中，当输入循环扫描时，多路开关模块中信号输送到 I/O 状态寄存器中。

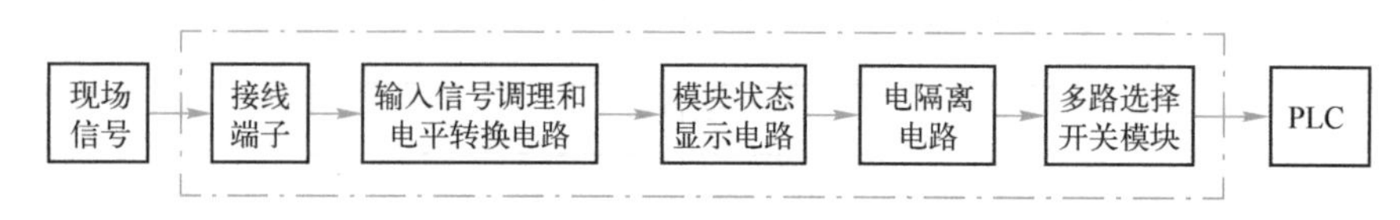

图 1-6　输入接口的结构

输入信号的设备的种类　输入信号可以是离散信号和模拟信号。当输入端是离散信号时，输入端的设备类型可以是按钮、转换开关、继电器触点、行程开关、接近开关以及压力继电器等，如图 1-7 所示（具体接线在第 2 章讲解）。当输入为模拟量输入时，输入设备的类型可以是力传感器、温度传感器、流量传感器、电压传感器、电流传感器以及压力传感器等。

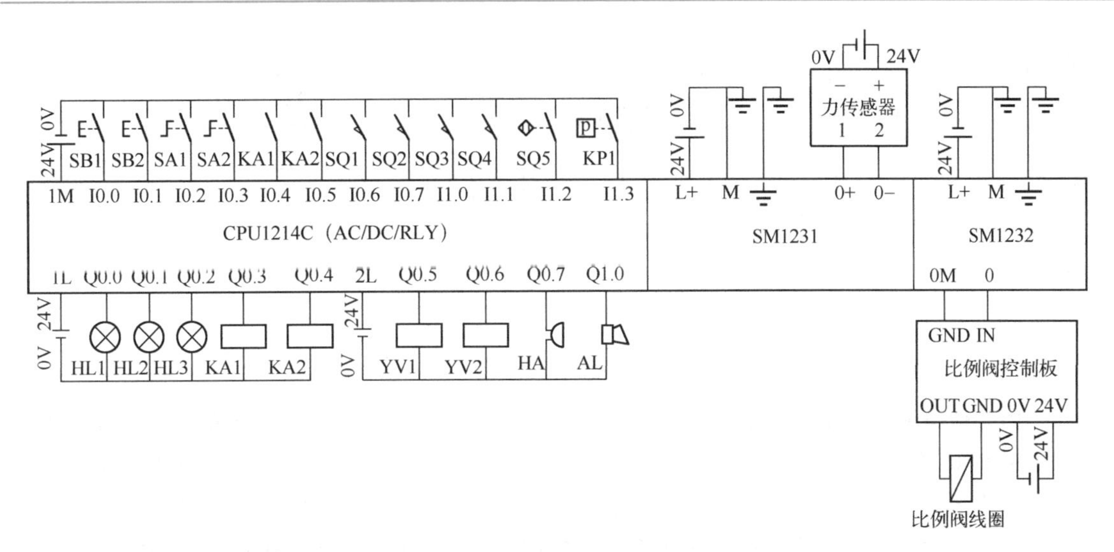

图 1-7　输入/输出接口

（2）输出接口电路

输出接口电路的组成和作用　输出接口电路由多路选择开关模块、信号锁存器、电隔离电路、模块状态显示电路、输出电平转换电路和接线端子组成，如图 1-8 所示。在输出扫描期间，多路选择开关模块接收来自映像表中的输出信号，并对这个信号的状态和目标地址进行译码，最后将信息送给信号锁存器。信号锁存器是将多路选择开关模块的信号保存起来，直到下一次更新。输出接口的电隔离电路作用和输入模块的一样，但是由于输出模块输出的信号比输入信号要强得多，因此要求隔离电磁干扰和浪涌的能力更高，PLC 的电磁兼容性（EMC）好，适用于绝大多数的工业场合。输出电平转换电路将电隔离电路送来的信号放大成可以足够驱动现场设备的信号。放大器件可以是双向晶闸管、晶体管和干簧继电器等。输出的接线端子用于将输出模块与现场设备相连接。

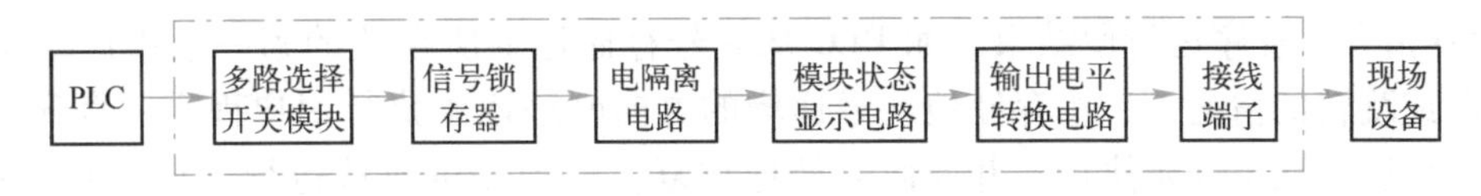

图 1-8　输出接口的结构

PLC 的输出接口形式　PLC 有 3 种输出接口形式，即继电器输出、晶体管输出和晶闸管输出接口形式。继电器输出接口形式的 PLC 的负载电源可以是直流电源或交流电源，但其输出响应频率较慢，其内部电路如图 1-9 所示。晶体管输出接口形式的 PLC 负载电源是直流电源，其输出响应频率较快，其内部电路如图 1-10 所示。晶闸管输出接口形式的 PLC 的负载电源是交流电源，西门子 S7-1200 PLC 的 CPU 模块暂时还没有晶闸管输出接口形式的产品出售，但三菱 FX 系列有这种产品。选型时要特别注意 PLC 的输出接口形式。

输出信号的设备的类型　输出信号可以是离散信号和模拟信号。当输出端是离散信号时，输出端的设备类型可以是各类指示灯、继电器线圈、电磁阀的线圈、蜂鸣器和报警器等，如图 1-7 所示。当输出为模拟量时，输出设备的类型可以是比例阀、AC 驱动器（如交流伺服驱动器）、DC 驱动器、模拟量仪表、温度控制器和流量控制器等。

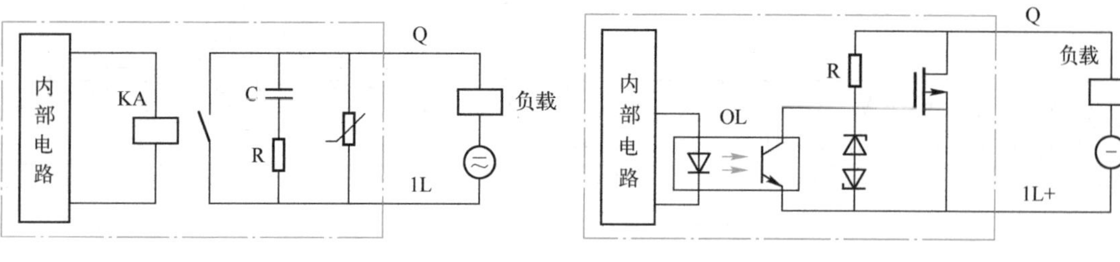

图 1-9　继电器输出内部电路　　图 1-10　晶体管输出内部电路

关键提示

PLC 的继电器输出接口形式虽然响应速度慢，但其驱动能力强，一般为 2A，这是继电器输出 PLC 的一个重要的优点。一些特殊型号的 PLC，如西门子 LOGO! 的某些型号驱动能力可达 5A 和 10A，能直接驱动接触器。此外，从图 1-9 中可以看出继电器输出接口形式的 PLC，对于一般的误接线，通常不会引起 PLC 内部器件的烧毁(高于交流 220V 电压是不允许的)。因此，继电器输出接口形式是选型时的首选，在工程实践中，用得比较多。

晶体管输出接口形式的 PLC 的输出电流一般小于 1A，西门子 S7-1200 的输出电流源是 0.5A(西门子有的型号的 PLC 的输出电流为 0.75A)，可见晶体管输出的驱动能力较小。此外，图 1-10 可以看出晶体管输出接口形式的 PLC，对于一般的误接线，可能会引起 PLC 内部器件的烧毁，所以要特别注意。

1.2.2　PLC 的工作原理

PLC 是一种存储程序的控制器。用户根据某一对象的具体控制要求，编制好控制程序后，用编程器将程序输入到 PLC（或用计算机下载到 PLC）的用户程序存储器中寄存。PLC 的控制功能就是通过运行用户程序来实现的。

PLC 运行程序的方式与微型计算机相比有较大的不同。微型计算机运行程序时，一旦执行到 END 指令，程序运行便结束。而 PLC 从 0 号存储地址所存放的第一条用户程序开始，在无中断或跳转的情况下，按存储地址号递增的方向顺序逐条执行用户程序，直到 END 指令结束。然后再从头开始执行，并周而复始地重复，直到停机或从运行（RUN）切换到停止（STOP）工作状态。把 PLC 这种执行程序的方式称为扫描工作方式。每扫描完一次程序就构成一个扫描周期。另外，PLC 对输入、输出信号的处理与微型计算机不同。微型计算机对输入、输出信号实时处理，而 PLC 对输入、输出信号是集中批处理。下面具体介绍 PLC 的扫描工作过程。其运行和信号处理示意图如图 1-11 所示。

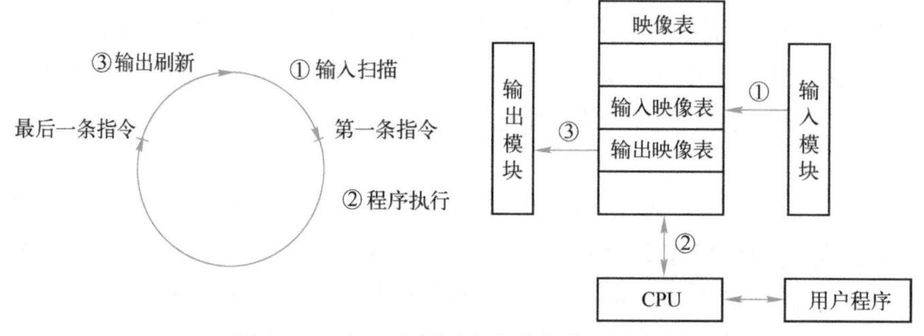

图 1-11　PLC 内部运行和信号处理示意图

PLC扫描工作方式主要分为3个阶段：输入扫描、程序执行和输出刷新。

1. 输入扫描

PLC在开始执行程序之前，首先扫描输入端子，按顺序将所有输入信号，读入到寄存器—输入状态的输入映像寄存器中，这个过程称为输入扫描。PLC在运行程序时，所需的输入信号不是现时取输入端子上的信息，而是取输入映像寄存器中的信息。在本工作周期内这个采样结果的内容不会改变，只有到下一个扫描周期输入扫描阶段才被刷新。PLC的扫描速度很快，这取决于CPU的时钟速度。

2. 程序执行

PLC完成了输入扫描工作后，按顺序从0号地址开始的程序进行逐条扫描执行，并分别从输入映像寄存器、输出映像寄存器以及辅助继电器中获得所需的数据进行运算处理。再将程序执行的结果写入输出映像寄存器中保存。但这个结果在全部程序未被执行完毕之前不会送到输出端子上，也就是物理输出是不会改变的。扫描时间取决于程序的长度、复杂程度和CPU的功能。

3. 输出刷新

在执行到END指令，即执行完用户所有程序后，PLC上将输出映像寄存器中的内容送到输出锁存器中进行输出，驱动用户设备。扫描时间取决于输出模块的数量。

从以上的介绍可以知道，PLC程序扫描特性决定了PLC的输入和输出状态并不能在扫描的同时改变，例如一个按钮的输入信号的输入刚好在输入扫描之后，那么这个信号只有在下一个扫描周期才能被读入。

上述3个步骤是PLC的软件处理过程，可以认为扫描周期就是程序扫描时间。扫描时间通常由3个因素决定：一是CPU的时钟速度，越高档的CPU，时钟速度越高，扫描时间越短；二是I/O模块的数量，模块数量越少，扫描时间越短；三是程序的长度，程序长度越短，扫描时间越短。一般的PLC执行容量为1K的程序需要的扫描时间是1~10ms。

图1-12所示为PLC循环扫描工作过程。

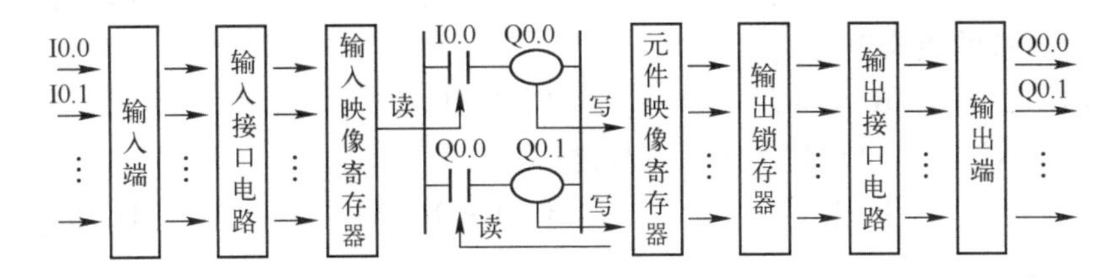

图1-12 PLC循环扫描工作过程

1.2.3 PLC的立即输入、输出功能

一般的PLC都有立即输入和立即输出功能。

1. 立即输入功能

立即输入适用于要求对反应速度很严格的场合，例如几毫秒的时间对于控制来说十分关键的情况下。立即输入时，PLC立即挂起正在执行的程序，扫描输入模块，然后更新特定的输入状态到输入映像表，最后继续执行剩余的程序，立即输入过程如图1-13所示。

2. 立即输出功能

所谓立即输出功能就是输出模块在处理用户程序时，能立即被刷新。PLC 临时挂起（中断）正常运行的程序，将输出映像表中的信息输送到输出模块，立即进行输出刷新，然后回到程序中继续运行，立即输出过程如图 1-14 所示。注意，立即输出功能并不能立即刷新所有的输出模块。

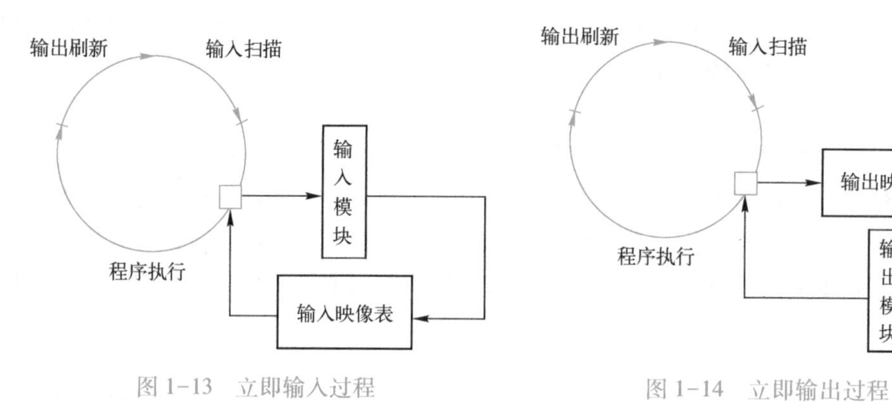

图 1-13　立即输入过程　　图 1-14　立即输出过程

1.3　习题

一、单选题

1. PLC 是在（　　）控制系统基础上发展起来。
   A. 继电　　B. 单片机　　C. 工业计算机　　D. 机器人
2. 工业中控制电压一般是（　　）。
   A. 24 V　　B. 36 V　　C. 110 V　　D. 220 V
3. 工业中控制电压一般是（　　）。
   A. 交流　　B. 直流　　C. 混合式　　D. 交变电压
4. 电磁兼容性的英文缩写是（　　）。
   A. MAC　　B. EMC　　C. CME　　D. AMC
5. （　　）不是工厂自动化的三大支柱之一。
   A. 机器人　　B. PLC　　C. CAD/CAM　　D. 机器视觉

二、问答题

1. PLC 的主要性能指标有哪些？
2. PLC 主要用在哪些场合？
3. PLC 是怎样分类的？
4. PLC 的结构主要由哪几个部分组成？
5. PLC 的输入和输出模块主要由哪几个部分组成？每部分的作用是什么？
6. PLC 的存储器可以细分为哪几个部分？
7. PLC 是怎样进行工作的（3 个阶段）？
8. 举例说明常见的哪些设备可以作为 PLC 的输入设备和输出设备？
9. 什么是立即输入和立即输出？在何种场合应用？

第 2 章　S7-1200/1500 PLC 的硬件系统

本章介绍常用 S7-1200/1500 PLC 的 CPU 模块、数字量输入/输出模块、模拟量输入/输出模块、通信模块和电源模块的功能、接线与安装，此部分内容是后续程序设计和控制系统设计的前导知识。

2.1　S7-1200 CPU 模块的接线

2.1.1　西门子 PLC 简介

德国西门子（Siemens）公司是欧洲最大的电子和电气设备制造商之一，其生产的 SIMATIC（“Siemens Automation” 即西门子自动化）可编程序控制器在欧洲处于领先地位。

西门子公司的第一代 PLC 是 1975 年投放市场的 SIMATIC S3 系列的控制系统。之后在 1979 年，西门子公司将微处理器技术应用到 PLC 中，研制出了 SIMATIC S5 系列，取代了 S3 系列，目前 S5 系列产品仍然有少量在工业现场使用。20 世纪末，又在 S5 系列的基础上推出了 S7 系列产品。

SIMATIC S7 系列产品分为：S7-200、S7-200CN、S7-200 SMART、S7-1200、S7-300、S7-400 和 S7-1500 等产品系列，其外形如图 2-1 所示。S7-200 PLC 是在西门子公司收购的小型 PLC 的基础上发展而来，因此其指令系统、程序结构及编程软件和 S7-300/400 PLC 有较大的区别，在西门子 PLC 产品系列中是一个特殊的产品。S7-200 SMART PLC 是 S7-200 PLC 的升级版本，是西门子家族的新成员，于 2012 年 7 月发布，其绝大多数的指令和使用方法与 S7-200 PLC 类似，其编程软件也和 S7-200 PLC 的类似，而且在 S7-200 PLC 运行的程序，相当一部分也可以在 S7-200 SMART PLC 中运行。S7-1200 PLC 是在 2009 年才推出的新型小型 PLC，定位于 S7-200 PLC 和 S7-300 PLC 产品之间。S7-300/400 PLC 是由西门子的 S5 系列发展而来，是西门子公司最具竞争力的 PLC 产品。2013 年，西门子公司又推出了新品 S7-1500 PLC。西门子的 PLC 产品系列的定位见表 2-1。

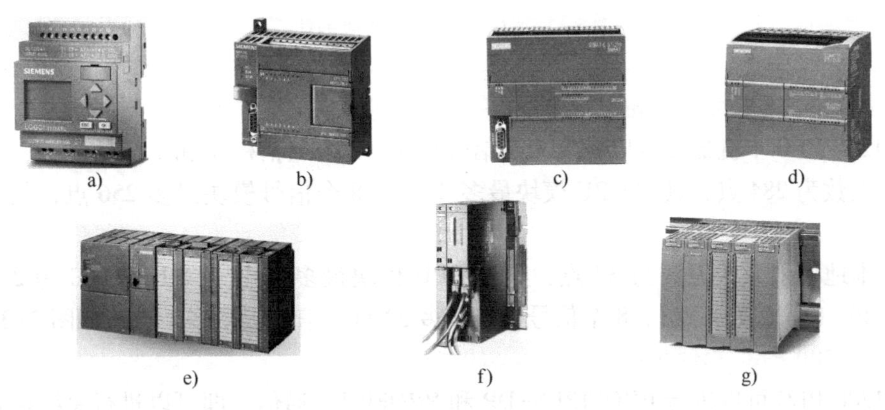

图 2-1　SIMATIC 控制器的外形

a）LOGO！ b）S7-200 c）S7-200 SMART d）S7-1200 e）S7-300 f）S7-400 g）S7-1500

表 2-1　SIMATIC 控制器的定位

序　号	控　制　器	定　　位
1	LOGO!	低端独立自动化系统中简单的开关量解决方案和智能逻辑控制器
2	S7-200 和 S7-200CN	低端的离散自动化系统和独立自动化系统中使用的紧凑型逻辑控制器模块
3	S7-200 SMART	低端的离散自动化系统和独立自动化系统中使用的紧凑型逻辑控制器模块，是 S7-200 的升级版本
4	S7-1200	低端的离散自动化系统和独立自动化系统中使用的小型控制器模块
5	S7-300	中端的离散自动化系统中使用的控制器模块
6	S7-400	高端的离散和过程自动化系统中使用的控制器模块
7	S7-1500	中高端系统

视频 S7-1200 PLC 的体系与安装

SIMATIC 产品除了 SIMATIC S7 外，还有 M7、C7 和 WinAC 系列等。

2.1.2　S7-1200 PLC 的体系

S7-1200 PLC 的硬件主要包括电源模块、CPU 模块、信号模块（SM）、通信模块（CM）和信号板（SB）。S7-1200 PLC 本机的体系如图 2-2 所示，通信模块安装在 CPU 模块的左侧，信号模块安装在 CPU 模块的右侧，西门子早期的 PLC 产品，扩展模块只能安装在 CPU 模块的右侧。

视频 S7-1200 安装实操

视频 S7-1200 拆卸实操

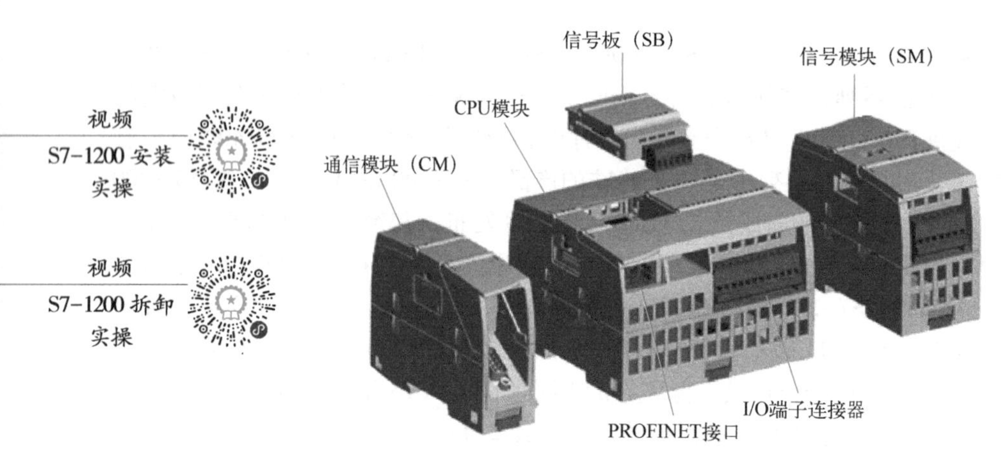

图 2-2　S7-1200 PLC 本机的体系

1. S7-1200 PLC 本机扩展

S7-1200 PLC 本机最多可以扩展 8 个信号模块、3 个通信模块和 1 个信号板，最大本地数字 I/O 点数为 284 点，其中 CPU 模块最多 24 点，8 个信号模块最多 256 点，信号板最多 4 点。

最大本地模拟 I/O 点数为 37 点，其中 CPU 模块最多 4 点（CPU 1214C 为 2 点，CPU 1215C、CPU 1217C 为 4 点），8 个信号模块最多 32 点，信号板最多 1 点，如图 2-3 所示。

2. S7-1200 PLC 总线扩展

S7-1200 PLC 可以进行 PROFIBUS-DP 和 PROFINET 通信，即可以进行总线扩展。

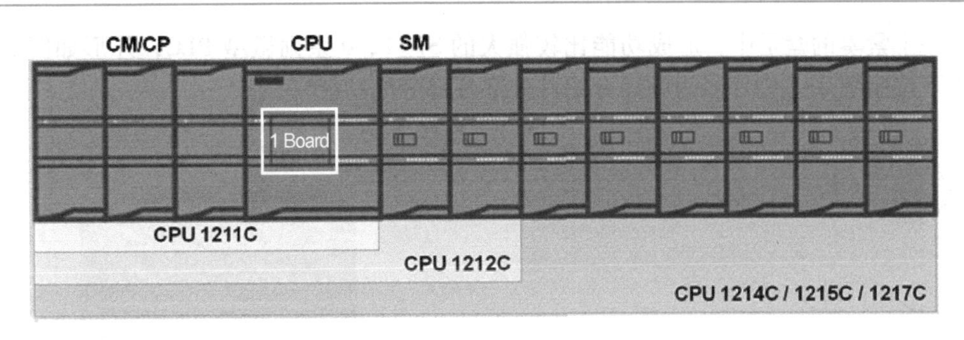

图 2-3　S7-1200 PLC 本机的扩展图

S7-1200 PLC 的 PROFINET 通信，使用 CPU 模块集成的 PN 接口即可，S7-1200 PROFINET 通信最多扩展 16 个 I/O 设备站，256 个模块，如图 2-4 所示。PROFINET 控制器站数据区的大小为输入区最大 1024 字节（8196 点），输出区最大 1024 字节（8196 点）。此 PN 接口还集成了 MODBUS-TCP、S7 通信和 OUC 通信。

S7-1200 PLC 的 PROFIBUS-DP 通信，要配置 PROFIBUS-DP 通信模块，主站模块是 CM1243-5，S7-1200 PROFIBUS-DP 通信最多扩展 32 个从站、512 个模块，如图 2-5 所示。PROFIBUS-DP 主站数据区的大小为输入区最大 1024 字节（8196 点），输出区最大 1024 字节（8196 点）。

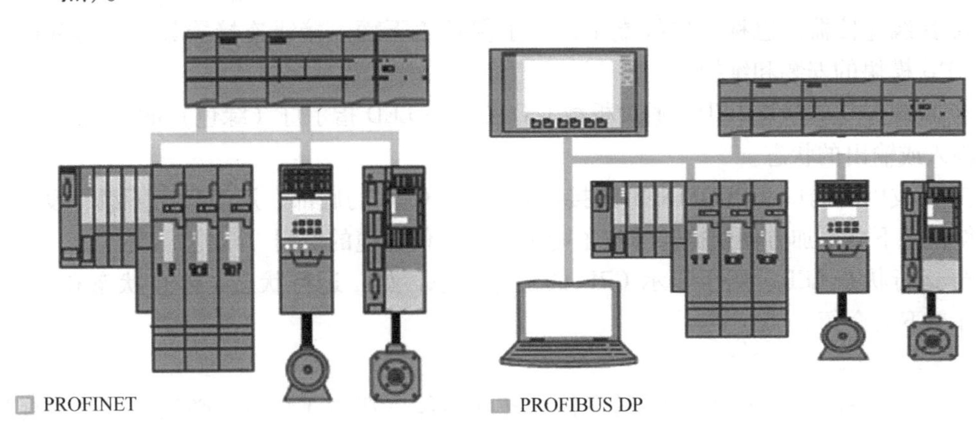

图 2-4　S7-1200 PLC 的 PROFINET 通信总线扩展图

图 2-5　S7-1200 PLC 的 PROFIBUS-DP 通信总线扩展图

2.1.3　S7-1200 PLC 的 CPU 模块及接线

视频
S7-1200 CPU 模块及其接线

S7-1200 PLC 的 CPU 模块是 S7-1200 PLC 系统中最核心的成员。目前，S7-1200 PLC 的 CPU 模块有 5 类：CPU 1211C、CPU 1212C、CPU 1214C、CPU 1215C 和 CPU 1217C。每类 CPU 模块又细分 3 种规格：DC/DC/DC、DC/DC/RLY 和 AC/DC/RLY，印刷在 CPU 模块的外壳上。其含义如图 2-6 所示。

AC/DC/RLY 的含义是：CPU 模块的供电电压是交流电，范围为 AC 120～240 V；输入电源是直流电源，范围为 DC 20.4～28.8 V；输出形式是继电器输出。

1. CPU 模块的外部介绍

S7-1200 PLC 的 CPU 模块将微处理器、集成电源、模拟量 I/O 点和多个数字量 I/O 点集成在一个紧凑的盒子中，形成功能比较强大的 S7-1200 系列微型 PLC，外形如图 2-7 所示。以下按照图 2-7 中序号为顺序介绍其外部各部分的功能。

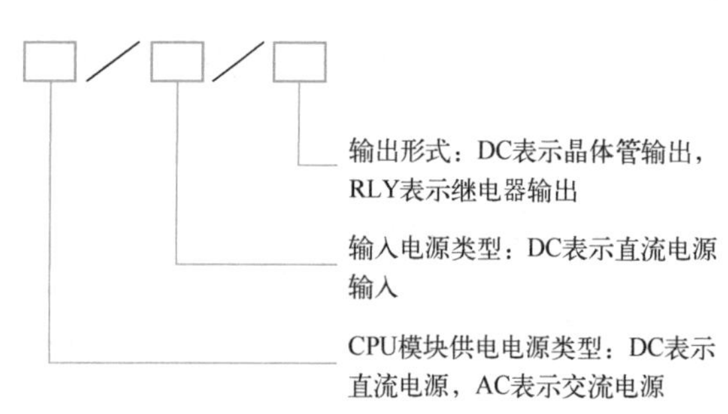

图 2-6　细分规格含义

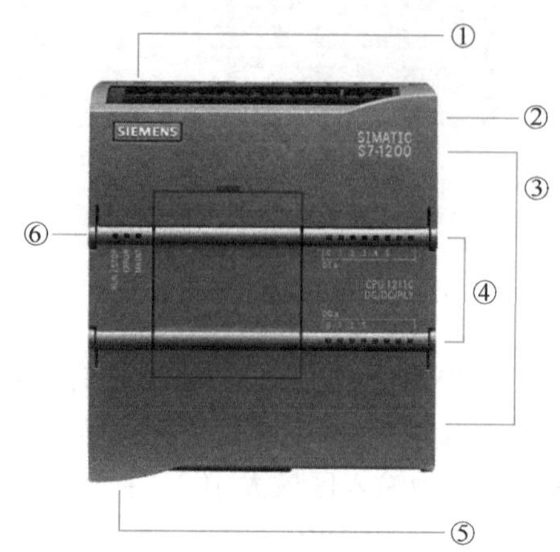

图 2-7　S7-1200 PLC 的 CPU 外形

① 电源接口。用于向 CPU 模块供电的接口，有交流和直流两种供电方式。

② 存储卡插槽。位于上部保护盖下面，用于安装 SIAMTIC 存储卡。

③ 接线连接器。也称为接线端子，位于保护盖下面。接线连接器具有可拆卸的优点，便于 CPU 模块的安装和维护。

④ 板载 I/O 的状态 LED。通过板载 I/O 的状态 LED 指示灯（绿色）的点亮或熄灭，指示各输入或输出的状态。

⑤ 集成以太网口（PROFINET 连接器）。位于 CPU 的底部，用于程序下载、设备组网。这使得程序下载更加方便快捷，节省了购买专用通信电缆的费用。

⑥ 运行状态 LED。用于显示 CPU 的工作状态，如：运行状态、停止状态和强制状态等，详见下文介绍。

2. CPU 模块的常规规范

要掌握 S7-1200 PLC 的 CPU 的具体的技术性能（版本 V4.6），必须查看其常规规范，见表 2-2。这个表是 CPU 选型的主要依据。

表 2-2　S7-1200 PLC 的 CPU 常规规范

特　征		CPU 1211C	CPU 1212C	CPU 1214C	CPU 1215C	CPU 1217C
物理尺寸/mm×mm×mm		90×100×75		110×100×75	130×100×75	150×100×75
用户存储器	工作/KB	75	100	150	200	250
	负载/MB	1	2	4		
	保持性/KB	14				
本地板载 I/O	数字量	6 点输入/4 点输出	8 点输入/6 点输出	14 点输入/10 点输出		
	模拟量	2 路输入			2 点输入/2 点输出	
过程映像存储区大小	输入（I）	1024 字节				
	输出（O）	1024 字节				

（续）

特　征		CPU 1211C	CPU 1212C	CPU 1214C	CPU 1215C	CPU 1217C
位存储器（M）		4096 字节		8192 字节		
信号模块（SM）扩展		无	2 块	8 块		
信号板（SB）、电池板（BB）或通信板（CB）		1 块				
通信模块（CM），左侧扩展		3 块				
高速计数器	总计	最多可组态 6 个，使用任意内置或 SB 输入的高速计数器				
	1 MHz	—				Ib. 2 ~ Ib. 5
	100 kHz/80 kHz	Ia. 0 ~ Ia. 5				
	30 kHz/20 kHz	—	Ia. 6 ~ Ia. 7	Ia. 6 ~ Ib. 5		Ia. 6 ~ Ib. 1
脉冲输出	总计	最多可组态 4 个，使用任意内置或 SB 输出的脉冲输出				
	1 MHz	—				Qa. 0 ~ Qa. 3
	100 kHz	Qa. 0 ~ Qa. 3				Qa. 4 ~ Qb. 1
	20 kHz	—	Qa. 4 ~ Qa. 5	Qa. 4 ~ Qb. 1		—
存储卡		SIMATIC 存储卡（选件）				
实时时钟保持时间		通常为 20 天，40℃ 时最少为 12 天（免维护超级电容）				
PROFINET 以太网通信端口		1			2	

3. S7-1200 PLC 的指示灯

（1）S7-1200 PLC 的 CPU 状态 LED 指示灯

S7-1200 PLC 的 CPU 上有 3 盏状态 LED 指示灯，分别是 RUN /STOP、ERROR 和 MAINT，用于指示 CPU 的工作状态，其亮灭状态代表一定的含义，见表 2-3。

表 2-3　S7-1500 PLC 的操作模式和诊断状态 LED 指示灯的含义

RUN/STOP 指示灯	ERROR 指示灯	MAINT 指示灯	含　义
指示灯熄灭	指示灯熄灭	指示灯熄灭	CPU 电源缺失或不足
指示灯熄灭	红色指示灯闪烁	指示灯熄灭	发生错误
绿色指示灯点亮	指示灯熄灭	指示灯熄灭	CPU 处于 RUN 模式
绿色指示灯点亮	红色指示灯闪烁	指示灯熄灭	诊断事件未决
绿色指示灯点亮	指示灯熄灭	黄色指示灯点亮	设备要求维护 必须在短时间内更换受影响的硬件
绿色指示灯点亮	指示灯熄灭	黄色指示灯闪烁	设备需要维护。必须在合理的时间内更换受影响的硬件
			固件更新已成功完成
黄色指示灯点亮	指示灯熄灭	指示灯熄灭	CPU 处于 STOP 模式
黄色指示灯点亮	红色指示灯闪烁	黄色指示灯闪烁	SIMATIC 存储卡上的程序出错
			CPU 故障
黄色指示灯闪烁	指示灯熄灭	指示灯熄灭	CPU 处于 STOP 状态时，将执行内部活动，如 STOP 之后启动
			装载用户程序

（续）

RUN/STOP 指示灯	ERROR 指示灯	MAINT 指示灯	含　义
黄色指示灯/绿色闪烁	指示灯熄灭	指示灯熄灭	启动（从 RUN 转为 STOP）
黄色指示灯/绿色闪烁	红色指示灯闪烁	黄色指示灯闪烁	启动（CPU 正在启动）
			启动、插入模块时测试指示灯
			指示灯闪烁测试

（2）通信状态的 LED 指示灯

S7-1200 PLC 的 CPU 还配备了两个可指示 PROFINET 通信状态的 LED 指示灯。打开底部端子块的盖子可以看到这两个 LED 指示灯，分别是 Link 和 R×/T×，其点亮的含义如下：

- Link（绿色）点亮，表示通信连接成功。
- R×/T×（黄色）点亮，表示通信传输正在进行。

（3）通道 LED 指示灯

S7-1200 PLC 的 CPU 和各数字量信号模块（SM）为每个数字量输入和输出配备了 I/O 通道 LED 指示灯。通过 I/O 通道 LED 指示灯（绿色）的点亮或熄灭，指示各输入或输出的状态。例如 Q0.0 通道 LED 指示灯点亮，表示 Q0.0 线圈得电。

4. CPU 的工作模式

CPU 有以下 3 种工作模式：STOP 模式、STARTUP 模式和 RUN 模式。CPU 前面的状态 LED 指示当前工作模式。

1）在 STOP 模式下，CPU 不执行程序，但可以下载项目。

2）在 STARTUP 模式下，执行一次启动 OB（如果存在）。在启动模式下，CPU 不会处理中断事件。

3）在 RUN 模式，程序循环 OB 重复执行。可能发生中断事件，并在 RUN 模式中的任意点执行相应的中断事件 OB。可在 RUN 模式下，下载项目的某些部分。

CPU 支持通过暖启动进入 RUN 模式。暖启动不包括储存器复位。执行暖启动时，CPU 会初始化所有的非保持性系统和用户数据，并保留所有保持性用户数据值。

存储器复位将清除所有工作存储器、保持性及非保持性存储区、将装载存储器复制到工作存储器并将输出设置为组态的“对 CPU STOP 的响应”（Reaction to CPU STOP）。

存储器复位不会清除诊断缓冲区，也不会清除永久保存的 IP 地址值。

注意：目前 S7-1200/1500 CPU 仅有暖启动模式，而部分 S7-400 CPU 有热启动和冷启动。

5. CPU 模块的接线

S7-1200 PLC 的 CPU 数字量输入端的电源可以由 CPU 模块的内部电源提供，使用内部电源时，需要计算内部+24 V 电源的容量；也可以由外部开关电源提供，在工程实践中，常采用这种方案。

（1）CPU 1214C（AC/DC/RLY）的数字量输入端子的接线

S7-1200 PLC 的 CPU 数字量输入端接线与三菱的 FX 系列的 PLC 的数字量输入端接线不同，后者不必接入直流电源，其电源可以由系统内部提供，而 S7-1200 PLC 的 CPU 输入端则必须接入直流电源。

下面以 CPU 1214C（AC/DC/RLY）为例介绍数字量输入端的接线。1M 是输入端的公共端子，与 DC 24 V 电源相连，电源有两种连接方法对应 PLC 的 NPN 型和 PNP 型接法。当电源的负极与公共端子相连时，为 PNP 型接法（高电平有效，电流流入 CPU 模块），如图 2-8 所示，N 和 L1 端子为交流电的电源接入端子，输入电压范围为 AC 120~240 V，为 CPU 模块提供电源。M 和 L+端子为 DC 24 V 的电源输出端子，可向外围传感器提供电源（有向外的箭头）。

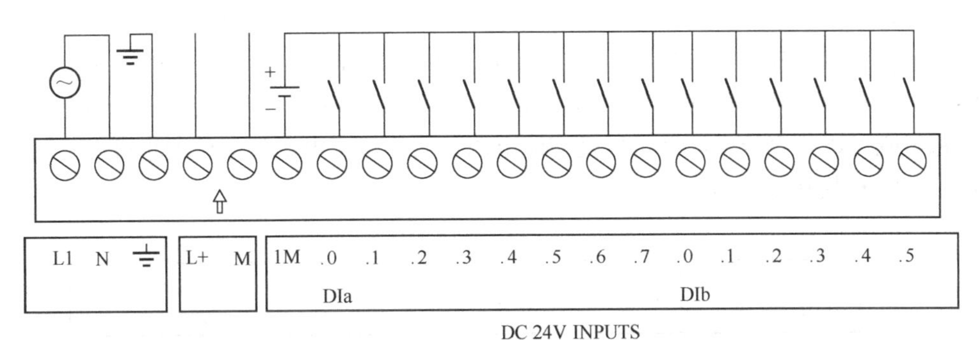

图 2-8　CPU 1214C 输入端子的接线（PNP）

（2）CPU 1214C（DC/DC/RLY）的数字量输入端子的接线

当电源的正极与公共端子 1M 相连时，为 NPN 型接法，其输入端子的接线如图 2-9 所示。

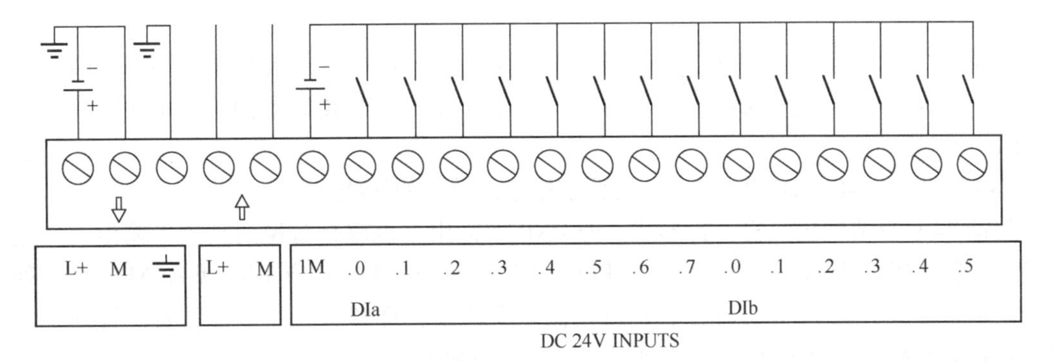

图 2-9　CPU 1214C 输入端子的接线（NPN）

注意：在图 2-9 中，有两个 L+和两个 M 端子，有箭头向 CPU 模块内部指向的 L+和 M 端子是向 CPU 供电电源的接线端子，有箭头向 CPU 模块外部指向的 L+和 M 端子是 CPU 向外部供电的接线端子（这个输出电源较少使用），切记两个 L+不要短接，否则容易烧毁 CPU 模块内部的电源。

初学者往往不容易区分 PNP 型和 NPN 型的接法，经常混淆，若读者掌握以下的方法，就不会出错。把 PLC 作为负载，以输入开关（通常为接近开关）为对象，若信号从开关流出（信号从开关流出，向 PLC 流入），则 PLC 的输入为 PNP 型接法；把 PLC 作为负载，以输入开关（通常为接近开关）为对象，若信号从开关流入（信号从 PLC 流出，向开关流入），则 PLC 的输入为 NPN 型接法。

(3) CPU 1214C (DC/DC/RLY) 的数字量输出端子的接线

CPU 1214C 的数字量输出有两种形式：一种是 24 V 直流输出（即晶体管输出）；另一种是继电器输出。标注为“CPU 1214C (DC/DC/DC)”的含义是：第一个 DC 表示供电电源电压为 DC 24 V；第二个 DC 表示输入端的电源电压为 DC 24 V；第三个 DC 表示输出为 DC 24 V，在 CPU 的输出点接线端子旁边印刷有“24 V DC OUTPUTS”字样，含义是晶体管输出。标注为“CPU 1214C (AC/DC/RLY)”的含义是：AC 表示供电电源电压为 AC 120~240 V，通常用 AC 220 V；DC 表示输入端的电源电压为 DC 24 V；RLY 表示输出为继电器输出，在 CPU 的输出点接线端子旁边印刷有“RELAY OUTPUTS”字样，含义是继电器输出。

CPU 1214C 输出端子的接线（继电器输出）如图 2-10 所示。可以看出，输出是分组安排的，每组既可以是直流电源又可以是交流电源，而且每组电源的电压大小可以不同，接直流电源时，CPU 模块没有方向性要求。

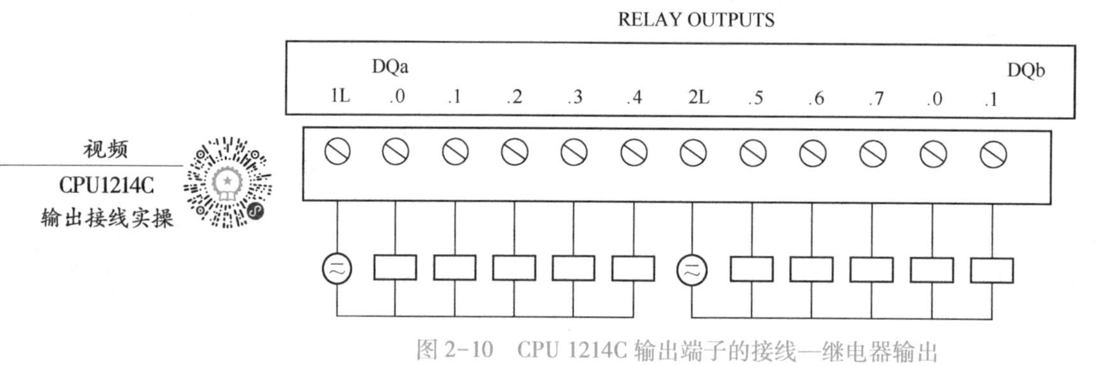

图 2-10　CPU 1214C 输出端子的接线—继电器输出

在给 CPU 进行供电接线时，一定要特别小心，分清是哪一种供电方式，如果把 AC 220 V 接到 DC 24 V 供电的 CPU 上，或者不小心接到 DC 24 V 传感器的输出电源上，都会造成 CPU 的损坏。

(4) CPU 1214C (DC/DC/DC) 的数字量输出端子的接线

目前 24 V 直流输出只有一种形式，即 PNP 型输出，也就是常说的高电平输出，这点与三菱 FX 系列 PLC 不同，三菱 FX 系列 PLC（FX3U 除外，FX3U 有 PNP 型和 NPN 型两种可选择的输出形式）为 NPN 型输出，也就是低电平输出，理解这一点十分重要，特别是利用 PLC 进行运动控制（如控制步进电动机时）时，必须考虑这一点。

CPU 1214C 输出端子的接线（晶体管输出）如图 2-11 所示，负载电源只能是直流电源，且输出高电平信号有效，因此是 PNP 型输出。

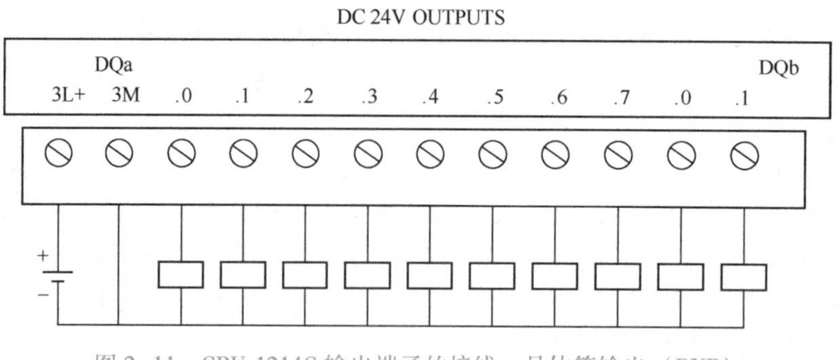

图 2-11　CPU 1214C 输出端子的接线—晶体管输出（PNP）

2.2　S7-1200 PLC 的扩展模块及其接线

2.2.1　S7-1200 PLC 数字量扩展模块及接线

S7-1200 PLC 的数字量扩展模块比较丰富，包括数字量输入模块（SM1221）、数字量输出模块（SM1222）、数字量输入/直流输出模块（SM1223）和数字量输入/交流输出模块（SM1223）。

1. 数字量输入模块（SM1221）

数字量输入模块将外部的开关量信号转换成 PLC 可以识别的信号，通常与按钮和接近开关等连接。SM1221 数字量输入模块的接线如图 2-12 所示，可以为 PNP 型输入，也可以为 NPN 型输入。目前 S7-1200 PLC 的数字量输入模块有多个规格，主要有 8 点和 16 点直流输入模块 SM1221。以下将介绍几个典型的扩展模块。

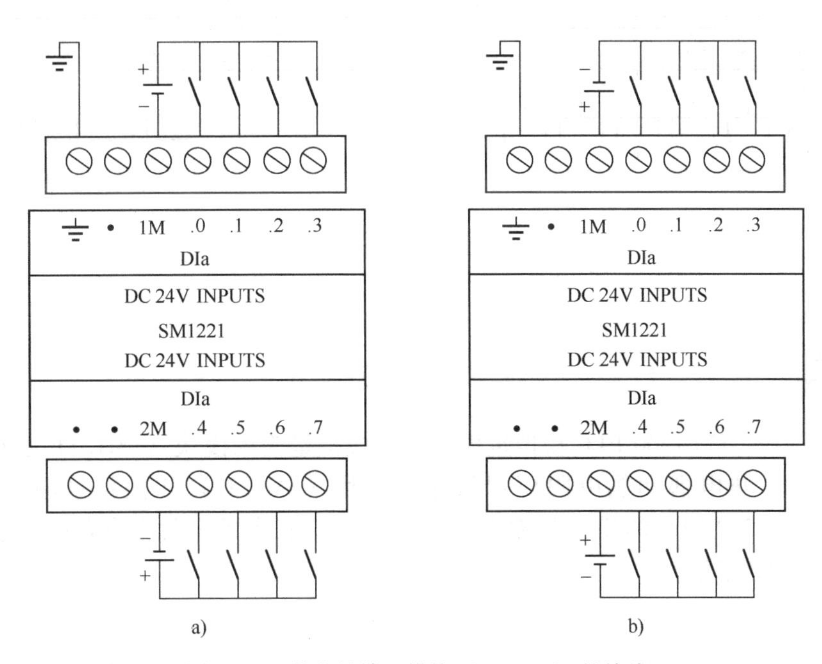

图 2-12　数字量输入模块（SM1221）的接线
a）PNP 输入　b）NPN 输入

2. 数字量输出模块（SM1222）

目前 S7-1200 PLC 的数字量输出模块有多个规格，把 PLC 运算的布尔结果送到外部设备，最常见的是与中间继电器的线圈和指示灯相连接，主要有 8 点和 16 点晶体管/继电器输出模块 SM1222。在工程中继电器输出模块更加常用。

SM1222 数字量继电器输出模块的接线如图 2-13a 所示，L+和 M 端子是模块的 DC 24 V 供电接入端子，而 1L 和 2L 可以接入直流和交流电源，是给负载供电，这点要特别注意。可以发现，数字量输入/输出扩展模块的接线与 CPU 的数字量输入/输出端子的接线是类似的。

SM1222 数字量晶体管输出模块的接线如图 2-13b 所示，为 PNP 型输出，不能为 NPN 型输出。当然也有 NPN 型输出的数字量输出模块。

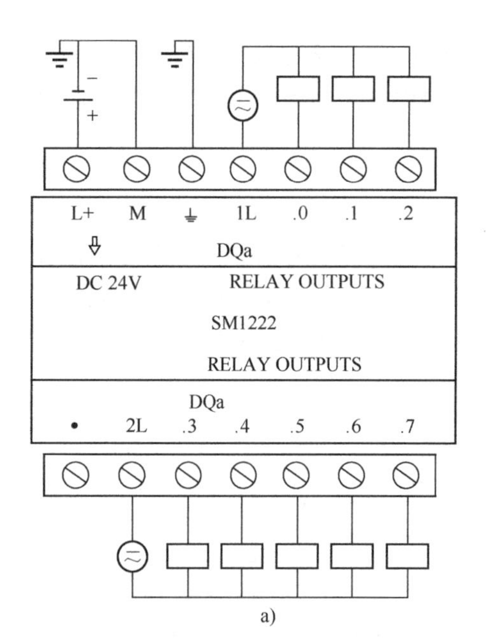

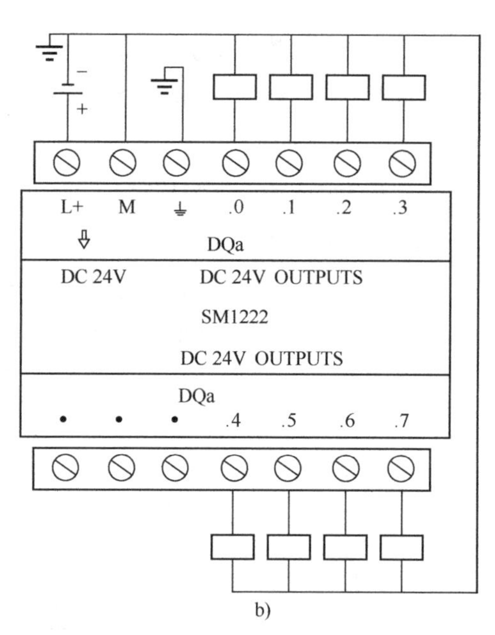

图 2-13　数字量输出模块（SM1222）的接线
a）继电器输出　b）晶体管输出（PNP）

视频
S7-1200 PLC
模拟量模块及
其接线

2.2.2　S7-1200 PLC 模拟量模块

S7-1200 PLC 模拟量模块包括模拟量输入模块（SM1231）、模拟量输出模块（SM1232）、热电偶和热电阻模拟量输入模块（SM1231）和模拟量输入/输出模块（SM1234）。S7-1200 PLC 的模拟量输入模块主要用于把外部的电流或者电压信号转换成 CPU 可以识别的数字量。

1. 模拟量输入模块（SM1231）的接线

模拟量输入模块 SM1231 的接线如图 2-14 所示，表示模拟量信号，其中的箭头表示电流/电压信号流向，SM1231 通常与各类模拟量传感器和变送器相连接，通道 0 和 1 只能同时测量电流或电压信号，二选其一；通道 2 和 3 也是如此。其信号范围：±10 V、±5 V、±2.5 V 和 0~20 mA；满量程数据范围：-27648~27648，这点与 S7-300/400/1500 PLC 相同。

2. 模拟量输出模块的接线

模拟量输出模块 SM1232 的接线如图 2-15 所示，两个通道的模拟输出电流或电压信号，可以按需要选择。其信号范围：±10 V、0~20 mA 和 4~20 mA；满量程数据范围：-27648~27648，这点与 S7-300/400 PLC 相同，但不同于 S7-200 PLC。

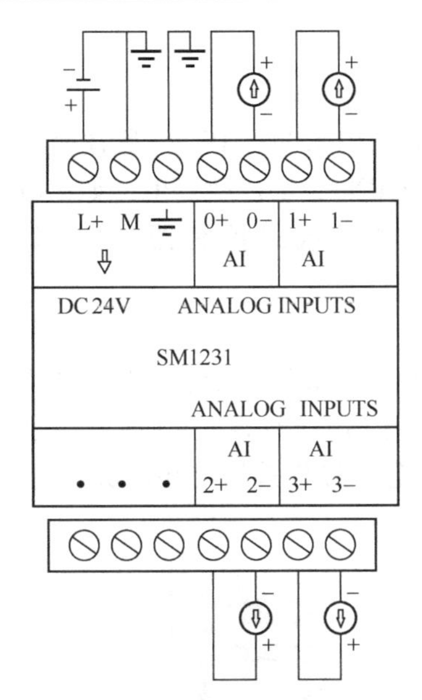

图 2-14　模拟量输入模块（SM1231）的接线

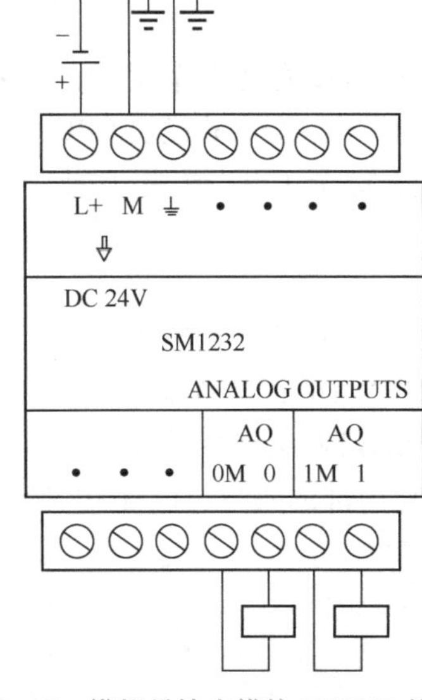

图 2-15　模拟量输出模块 SM1232 的接线

2.3　S7-1500 PLC 常用模块及其接线

视频 认识 S7-1500 模块

S7-1500 PLC 的硬件系统主要包括电源模块、CPU 模块、信号模块、通信模块、工艺模块和分布式模块（如 ET200SP 和 ET200MP）。S7-1500 PLC 的中央机架上最多可以安装 32 个模块，而 S7-300 最多只能安装 11 个。

2.3.1　电源模块

S7-1500 PLC 电源模块是 S7-1500 PLC 系统中的一员。S7-1500 PLC 有两种电源：系统电源（PS）和负载电源（PM）。

1. 系统电源（PS）

系统电源（PS）通过 U 形连接器连接到背板总线，并专门为背板总线提供内部所需的系统电源，这种系统电源可为模块电子元件和 LED 指示灯供电。当 CPU 模块、PROFIBUS 通信模块、Ethernet 通信模块、接口模块等没有连接到 DC 24V 电源上，系统电源可为这些模块供电。系统电源的特点如下：

- 总线电气隔离和安全电气隔离符合 EN 61131-2—2016 标准。
- 支持固件更新、标识数据 I&M0 到 I&M4、在 RUN 模式下组态、诊断报警和诊断中断。

2. 负载电源（PM）

负载电源（PM）与背板总线没有连接，负载电源为 CPU 模块、IM 模块、I/O 模块、PS 电源等提供高效、稳定、可靠的 DC 24 V 供电，其输入电源是 AC 120~230 V，不需要调节，可以自适应世界各地供电网络。负载电源的特点如下：

- 具有输入抗过电压性能和输出过电压保护功能，有效提高了系统的运行安全。
- 具有启动和缓冲能力，增强了系统的稳定性。
- 符合 SELV，提高了 S7-1500 PLC 的应用安全。
- 具有 EMC 兼容性能，符合 S7-1500 PLC 系统的 TIA 集成测试要求。

此电源可以由普通开关电源替代。

2.3.2　S7-1500 PLC 模块及其附件

S7-1500 PLC 有几十个型号，分为标准 CPU（如：CPU1511-1PN）、紧凑型 CPU（如：CPU1512C-1PN）、分布式模块 CPU（如：CPU1510SP-1 PN）、工艺型 CPU（如：CPU1511T-1PN）、故障安全 CPU 模块（如：CPU1511F-1PN）和开放式控制器（如：CPU1515SP PC）等。

1. S7-1500 PLC 的外观及显示面板

S7-1500 PLC 的外观如图 2-16 所示。S7-1500 PLC 的 CPU 都配有可拆卸的显示面板，CPU1516-3PN/DP 配置的显示面板如图 2-17 所示。3 盏 LED 指示灯，分别是运行状态指示灯、错误指示灯和维修指示灯。显示屏显示 CPU 的信息。操作按钮与显示屏配合使用，可以查看 CPU 内部的故障、设置 IP 地址等。

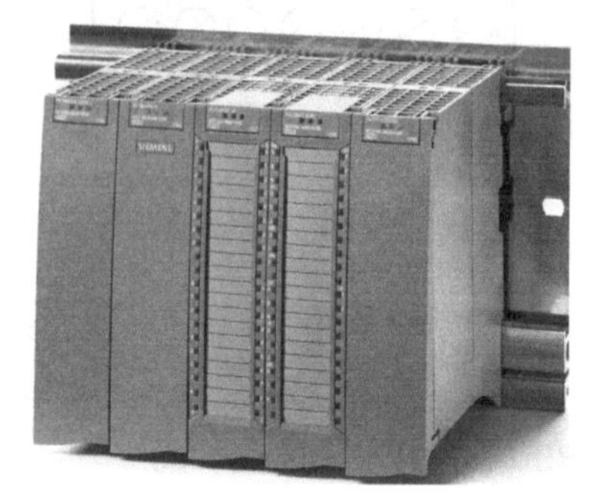

图 2-16　S7-1500 PLC 的外观

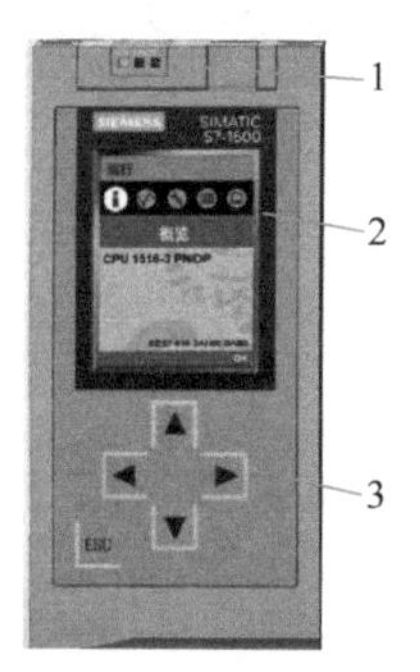

图 2-17　CPU1516-3PN/DP 配置的显示面板
1—LED 指示灯　2—显示屏　3—操作按钮

将显示面板拆下，其 CPU 模块的前视图如图 2-18 所示，后视图如图 2-19 所示。

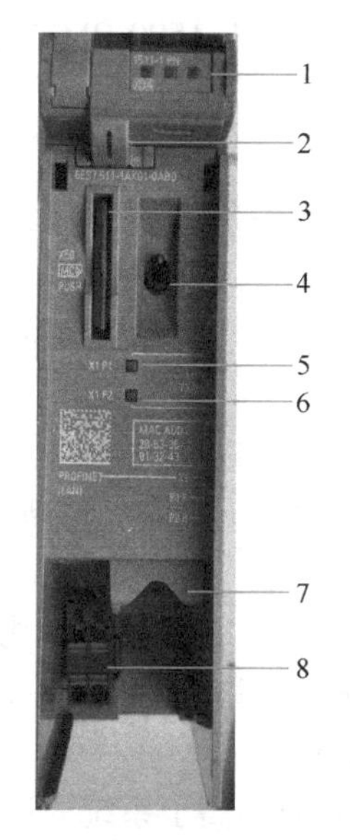

图 2-18　CPU 模块的前视图
1—LED 指示灯　2—USB 接口　3—SD 卡　4—模式转换开关
5—X1P1 的 LED 指示灯　6—X1P2 的 LED 指示灯
7—PROFINET 接口 X1　8—24 V 电源接头

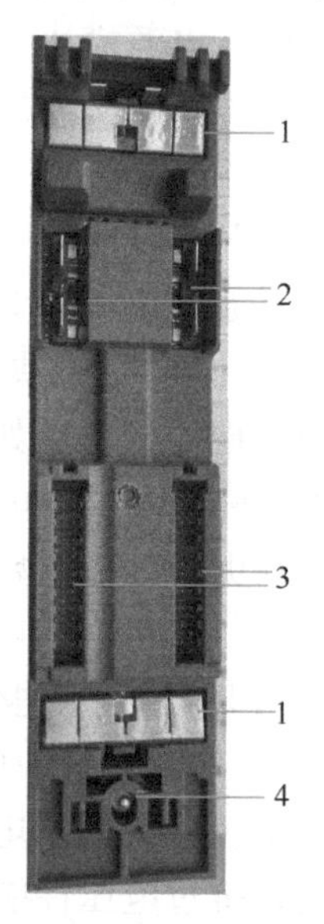

图 2-19　CPU 模块的后视图
1—屏蔽端子表面　2—电源直插式连接
3—背板总线的直插式连接　4—紧固螺钉

2. S7-1500 PLC 的指示灯

图 2-20 所示为 S7-1500 PLC 的指示灯，上面的分别是运行状态指示灯（RUN/STOP LED）、错误指示灯（ERROR LED）和维修指示灯（MAINT LED），中间的是网络端口指示灯（P1 端口和 P2 端口指示灯）。

S7-1500 PLC 的操作模式和诊断状态 LED 指示灯的含义见表 2-3。

S7-1500 PLC 的每个端口都有 LINK RX/TX LED，其 LED 指示灯的含义见表 2-4。

表 2-4　S7-1500 PLC 的 LINK RX/TX LED 指示灯的含义

LINK RX/TX LED	含义
指示灯熄灭	PROFINET 设备的 PROFINET 接口与通信伙伴之间没有以太网连接 当前未通过 PROFINET 接口收发任何数据 没有 LINK 连接
绿色指示灯闪烁	已执行“LED 指示灯闪烁测试”。
绿色指示灯点亮	PROFINET 设备的 PROFINET 接口与通信伙伴之间没有以太网连接。
黄色指示灯闪烁	当前正在通过 PROFINET 设备的 PROFINET 接口从以太网上的通信伙伴接收数据。

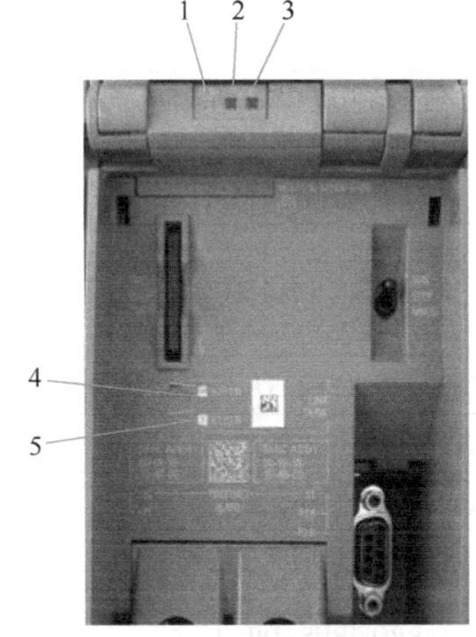

图 2-20　S7-1500 PLC 指示灯
1—RUN/STOP 指示灯　2—ERROR 指示灯
3—MAINT 指示灯　4—X1P1 的 LED 指示灯
5—X1P2 的 LED 指示灯

3. S7-1500 PLC 的技术参数

目前 S7-1500 PLC 已经推出的有 20 多个型号，部分 S7-1500 PLC 的技术参数见表 2-5。

表 2-5　S7-1500 PLC 的技术参数

参数	标准型 CPU			
	CPU1511-1 PN	CPU1513-1 PN	CPU1515-2 PN	CPU1518-4 PN/DP
支持的编程语言	LAD，FBD，STL，SCL，GRAPH			
工作温度/℃	0~60（水平安装）；0~40（垂直安装）			
典型功耗/W	5.7		6.3	24
中央机架最大模块数量/个	32			
分布式 I/O 模块	通过 PROFINET（CPU 上集成的 PN 口或 CM）连接，或 PROFIBUS（通过 CM/CP）连接			
装载存储器插槽式（SIMATIC 存储卡）/GB	最大 32			
总计/块	2000	2000	6000	10000
DB 最大容量/MB	1	1.5	3	10
FB 最大容量/KB	150	300	500	512
FC 最大容量/KB	150	300	500	512
OB 最大容量/KB	150	300	500	512
最大模块/子模块数量	1024	2048	8192	16384
I/O 地址区域：输入/输出	输入/输出各 32 KB；所有输入/输出均在过程映像中			
转速轴数量/定位轴数量/个	6/6	6/6	30/30	128/128

（续）

参数	标准型 CPU			
	CPU1511-1 PN	CPU1513-1 PN	CPU1515-2 PN	CPU1518-4 PN/DP
同步轴数量/外部编码器数量/个	3/6	3/6	15/30	64/128
通信				
扩展通信模块 CM/CP 数量（DP、PN、以太网）	最多 4 个	最多 6 个	最多 8 个	
S7 路由连接资源数	16	16	16	64
集成的以太网接口数量	1×PROFINET（2 端口交换机）		1×PROFINET（2 端口交换机）1×ETHERNET	1×PROFINET（2 端口交换机）2×ETHERNET
X1/X2 支持的 SIMATIC 通信协议	S7 通信，服务器/客户端			
X1/X2 支持的开放式 IE 通信协议	TCP/IP，ISO-on-TCP（RFC1006），UDP，DHCP，SNMP，DCP，LLDP			
X1/X2 支持的 Web 服务器协议	HTTP，HTTPS			
X1/X2 支持的其他协议	MODBUS-TCP			
PROFIBUS-DP 口	无			PROFIBUS-DP 主站 SIMATIC 通信

视频

S7-1500 的 CPU 模块

4. S7-1500 PLC 的分类

（1）标准型 CPU

标准型 CPU 最为常用，目前已经推出产品分别是：CPU1511-1PN、CPU1513-1PN、CPU1515-2PN、CPU1516-3PN/DP、CPU1517-3PN/DP、CPU1518-4PN/DP 和 CPU1518-4PN/DP ODK。

CPU1511-1PN、CPU1513-1PN 和 CPU1515-2PN 只集成了 PROFINET 或以太网通信口，没有集成 PROFIBUS-DP 通信口，但可以扩展 PROFIBUS-DP 通信模块。

CPU1516-3PN/DP、CPU1517-3PN/DP、CPU1518-4PN/DP 和 CPU1518-4PN/DP ODK 除了集成了 PROFINET 或以太网通信口外，还集成了 PROFIBUS-DP 通信口。

S7-1500 PLC 的 CPU 应用范围见表 2-6。

表 2-6　S7-1500 PLC 的 CPU 的应用范围

CPU	性 能 特 性	工作存储器容量/MB	位运算的处理时间/ns
CPU1511-1 PN	适用于中小型应用的标准 CPU	1. 23	60
CPU1513-1 PN	适用于中等应用的标准 CPU	1. 95	40
CPU1515-2 PN	适用于大中型应用的标准 CPU	3. 75	30
CPU1516-3 PN/DP	适用于高要求应用和通信任务的标准 CPU	6. 5	10
CPU1517-3 PN/DP	适用于高要求应用和通信任务的标准 CPU	11	2
CPU1518-4 PN/DP CPU1518-4 PN/DPODK	适用于高性能应用、高要求通信任务和超短响应时间的标准 CPU	26	1

（2）紧凑型 CPU

目前紧凑型 CPU 只有两个型号，分别是 CPU1511C-1PN 和 CPU1512C-1PN。

紧凑型 CPU 基于标准型控制器，集成了离散量、模拟量输入/输出和高达 400 kHz（4 倍频）的高速计数功能，还可以如标准型控制器一样扩展 25 mm 和 35 mm 的 I/O 模块。

（3）分布式模块 CPU

分布式模块 CPU 是一款集 S7-1500 PLC 的突出性能与 ET 200SP I/O 简单易用、身形小巧于一体的控制器，它为对机柜空间大小有严格要求的机器制造商或者分布式控制应用提供了理想的解决方案。

分布式模块 CPU 分为：CPU 1510SP-1 PN 和 CPU 1512SP-1 PN。

（4）开放式控制器（CPU 1515 SP PC）

开放式控制器（CPU 1515SP PC）是将 PC-based 平台与 ET 200SP 控制器功能相结合的可靠、紧凑的控制系统，可以用于特定的 OEM 设备以及工厂的分布式控制。控制器右侧可直接扩展 ET 200SP I/O 模块。

CPU 1515SP PC 开放式控制器使用双核 1 GHz，AMD G Series APU T40E 处理器，2 GB/4 GB 内存，使用 8 GB/16 GB CFast 卡作为硬盘，Windows 7 嵌入版 32 位或 64 位操作系统。

目前 CPU 1515SP PC 开放式控制器有多个订货号供选择。

（5）S7-1500 PLC 软控制器

S7-1500 PLC 软控制器采用 Hypervisor 技术，在安装到 SIEMENS 工控机后，将工控机的硬件资源虚拟成两套硬件系统，其中一套运行 Windows 系统，另一套运行 S7-1500 PLC 实时系统，两套系统并行运行，通过 SIMATIC 通信的方式交换数据。软 PLC 与 S7-1500 PLC 硬 PLC 代码 100%兼容，其运行独立于 Windows 系统，可以在软 PLC 运行时重启 Windows 系统。

目前 S7-1500 PLC 软控制器只有两个型号，分别是 CPU 1505S 和 CPU 1507S。

（6）S7-1500 PLC 故障安全 CPU

故障安全自动化系统（简称 F 系统）用于具有较高安全要求的系统。F 系统用于控制过程，确保中断后这些过程可立即处于安全状态，也就是说，这些过程中发生即时中断不会危害人身或环境。

故障安全 CPU 除了拥有 S7-1500 PLC 所有特点外，还集成了安全功能，支持高达 SIL3 级别的安全完整性等级，其将安全技术轻松地和标准自动化无缝集成在一起。

故障安全 CPU 目前已经推出两大类，目前推出的产品规格分别如下：

1）S7-1500F CPU（故障安全 CPU 模块）：CPU 1511F-1PN、CPU 1513F-1PN、CPU 1515-2PN、CPU 1516F-3PN/DP、CPU 1517F-3PN/DP、CPU 1517TF-3PN/DP、CPU 1518F-4PN/DP 和 CPU 1518F-4PN/DP ODK。

2）ET 200 SP F CPU（故障安全 CPU 模块）：CPU 1510SP F-1 PN 和 CPU 1512SP F-1 PN。

（7）S7-1500 PLC 工艺型 CPU

S7-1500 PLC 工艺型 CPU，即 S7-1500T 系列，可通过工艺对象控制速度轴、定位轴、同步轴、外部编码器、凸轮、凸轮轨迹和测量输入，支持标准 Motion Control 功能。

目前推出的工艺型 CPU 有 CPU 1511T-1 PN、CPU 1515T-2 PN、CPU 1517T-3 PN/DP 和 CPU 1517TF-3PN/DP 等型号。

5. S7-1500 PLC 的电源接线

标准的 S7-1500 PLC 模块只有电源接线端子，接线如图 2-21 所示，1L+端子与电源 DC 24 V 相连接，1 M 与电源 0 V 相连接。

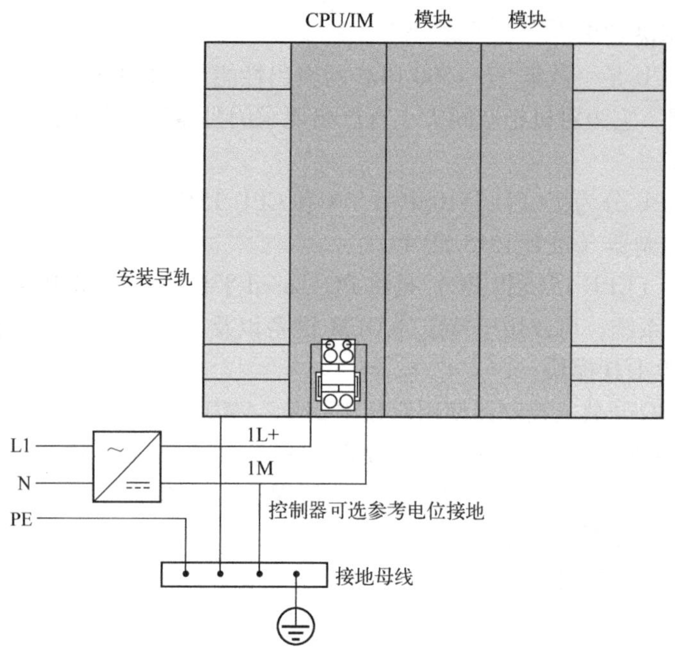

图 2-21 S7-1500 PLC 电源接线端子的接线

2.3.3 S7-1500 PLC 信号模块及其接线

信号模块通常是控制器和过程之间的接口。S7-1500 PLC 标准型 CPU 连接的信号模块和 ET200MP 的信号模块是相同的，且在工程中最为常见，以下将作为重点介绍。

信号模块分为数字量模块和模拟量模块。数字量模块又分为数字量输入模块（DI）、数字量输出模块（DQ）和数字量输入/输出混合模块（DI/DQ）。模拟量模块分为模拟量输入模块（AI）、模拟量输出模块（AQ）和模拟量输入/输出混合模块（AI/AQ）。

此外，信号模块还有 35 mm 宽和 25 mm 宽之分。25 mm 宽模块自带前连接器，而 35 mm 宽模块不带前连接器，需要购置。

视频
S7-1500 PLC 数字量模块及其接线

1. 数字量输入模块

数字量输入模块（DI）将现场的数字量信号转换成 S7-1500 PLC 可以接收的信号，S7-1500 PLC 的 DI 有直流 16 点、直流 32 点和交流 16 点三种。

数字量输入模块分为高性能型（模块上有 HF 标记）和基本型（模块上有 BA 标记）。高性能型模块有通道诊断功能和高数计数功能。

典型的直流输入模块（6ES7521-1BH00-0AB0）的接线如图 2-22 所示，图中所示是 PNP 型输入模块，即输入为高电平有效，较为常见，也有 NPN 型输入模块。

交流模块一般用于强干扰场合。典型的交流输入模块（6ES7521-1FH00-0AA0）的接线如图 2-23 所示。注意：交流模块的电源电压是 AC 120 V/230 V，其公共端子 8、18、28、38 与交流电源的中性线 N 相连接。

此外，还有交直流模块，但使用并不常见。

2. 数字量输出模块

数字量输出模块将 S7-1500 PLC 内部的信号转换成过程需要的电平信号输出。

数字量输出模块分为高性能型（模块上有 HF 标记）和标准型（模块上有 ST 标记）。高性能型模块有通道诊断功能。

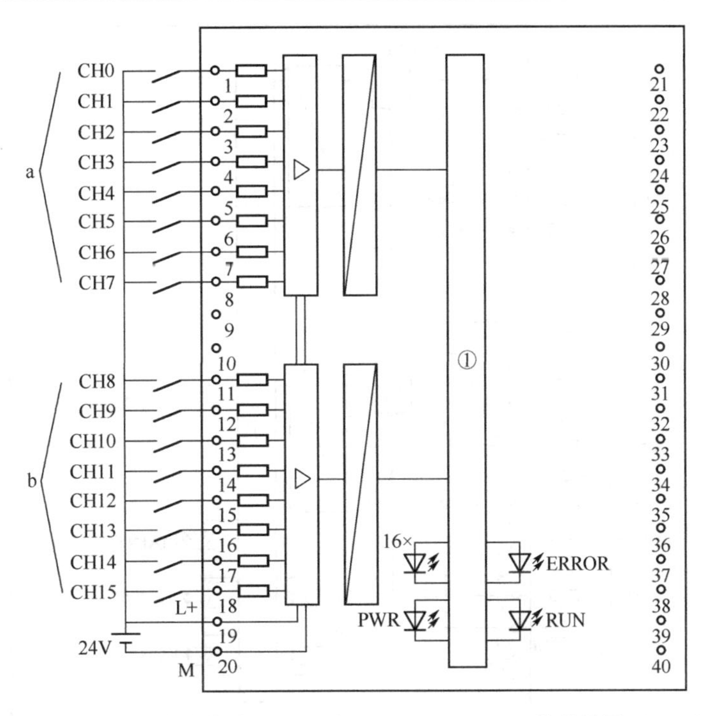

图 2-22　直流输入模块（6ES7521-1BH00-0AB0）的接线图（PNP）

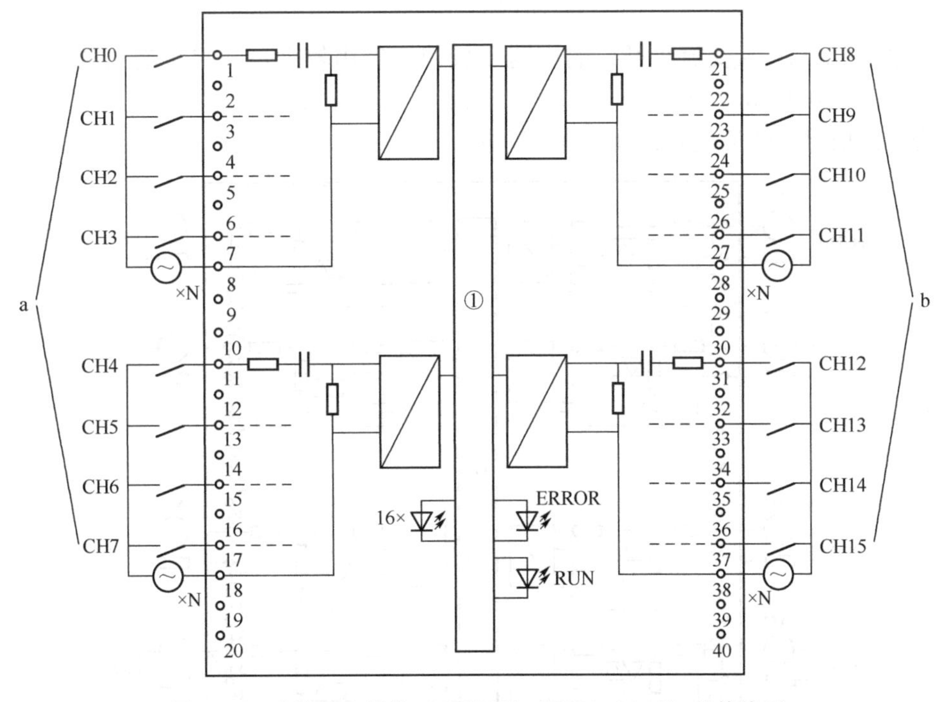

图 2-23　交流输入模块（6ES7521-1FH00-0AA0）的接线图

数字量输出模块可以驱动继电器、电磁阀和信号灯等负载，主要有 3 类：

1）晶体管输出：只能接直流负载，响应速度最快。晶体管输出的数字量模块（6ES7 522-1BH01-0AB0）的接线如图 2-24 所示，有 16 个点输出，8 个点为一组，输出信号为高电平有效，即 PNP 型输出。负载电源只能是直流电。

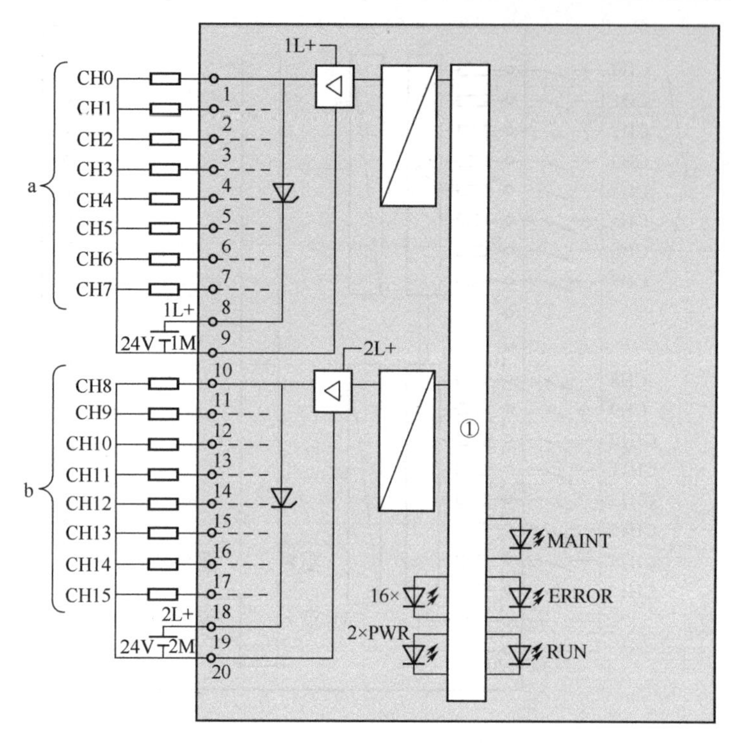

图 2-24 晶体管输出的数字量模块（6ES7 522-1BH01-0AB0）的接线图

2）晶闸管输出：接交流负载，响应速度较快，应用较少。晶闸管输出的数字量模块（6ES7 522-1FF00-0AB0）的接线如图 2-25 所示，有 8 个点输出，每个点为单组一组，输出信号为交流信号，即负载电源只能是交流电。

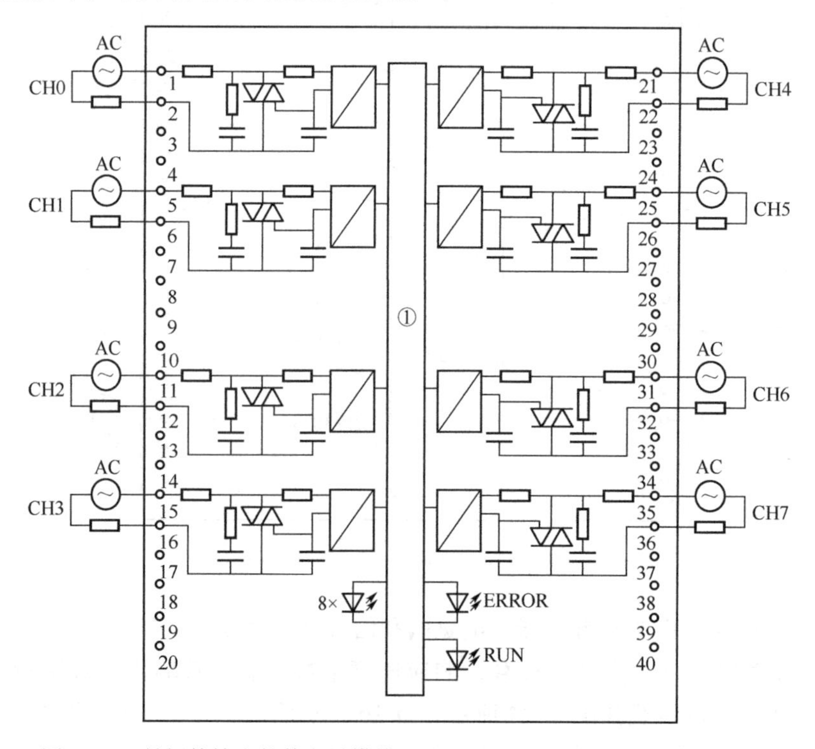

图 2-25 晶闸管输出的数字量模块（6ES7 522-1FF00-0AB0）的接线图

3）继电器输出：接交流和直流负载，响应速度最慢，但应用最广泛。继电器输出的数字量模块（6ES7 522-5HH00-0AB0）的接线如图 2-26 所示，有 8 个点输出，每个点为单组一组，输出信号为继电器的开关触点，所以其负载电源可以是直流电或交流电，通常交流电压不高于 230 V。

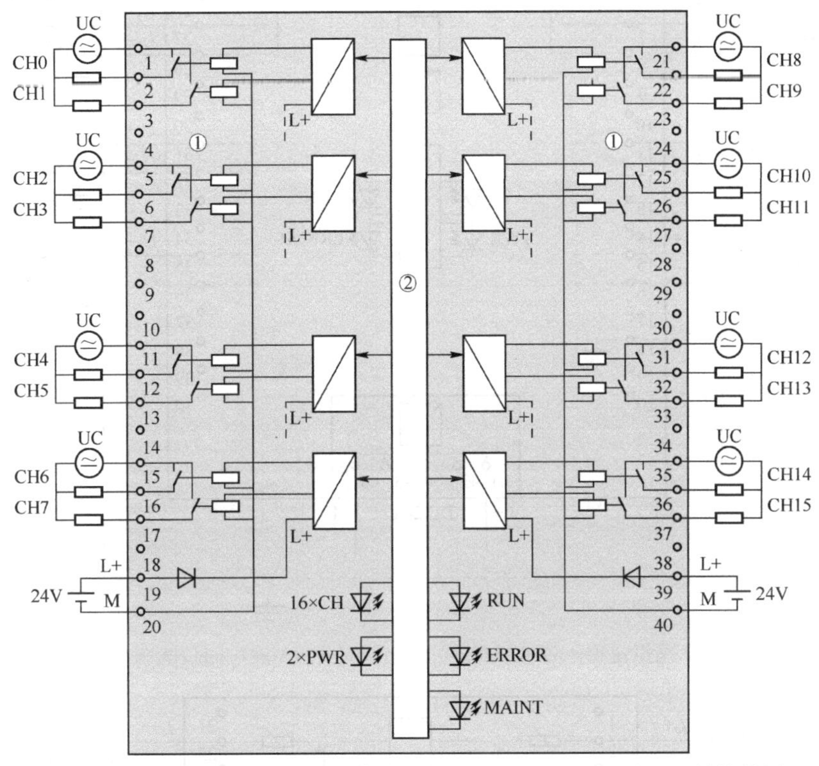

图 2-26　继电器输出的数字量模块（6ES7 522-5HH00-0AB0）的接线图

注意： 此模块的供电电源是直流 24 V。

此外，数字量输出模块还有交直流型模块。

3. 数字量输入/输出混合模块

数字量输入/输出混合模块就是一个模块上既有数字量输入点也有数字量输出点。典型的数字量输入/输出混合模块（6ES7 523-1BL00-0AA0）为 16 点的数字量输入（为直流输入），高电平信号有效，即 PNP 型输入。16 点的数字量输出为直流输出，高电平信号有效，即 PNP 型输出。

4. 模拟量输入模块

S7-1500 PLC 的模拟量输入模块是将采集模拟量（如电压、电流、温度等）转换成 CPU 可以识别的数字量的模块，一般与传感器或变送器相连接。

以下仅以模拟量输入模块（6ES7 531-7KF00-0AB0）为例介绍模拟量输入模块的接线。此模块功能比较强大，可以测量电流、电压，还可以通过电阻、热电阻和热电偶测量温度。其测量电压信号的接线如图 2-27 所示，连接电源电压与端子是 41（L+）和 44（M），然后通过端子 42（L+）和 43（M）为下一个模块供电。

注： 图 2-27 中的虚线是等电位连接电缆，当信号有干扰时，可采用。

测量电流信号的四线式接线如图 2-28 所示，二线式接线如图 2-29 所示。标记⑤表示等电位接线。

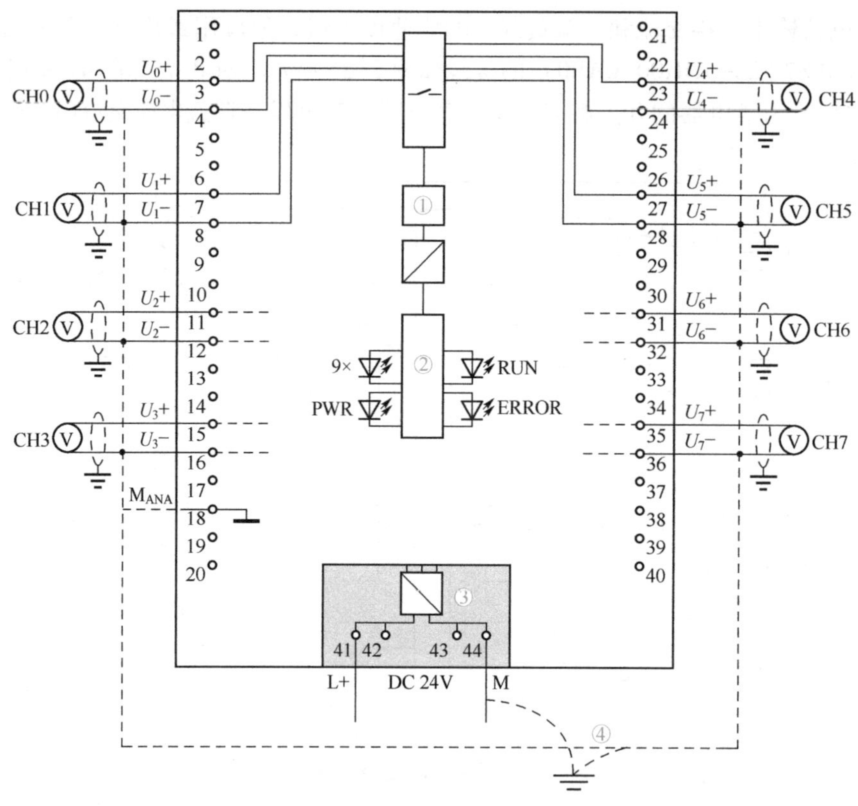

图 2-27　模拟量输入模块（6ES7 531-7KF00-0AB0）的接线图（电压）

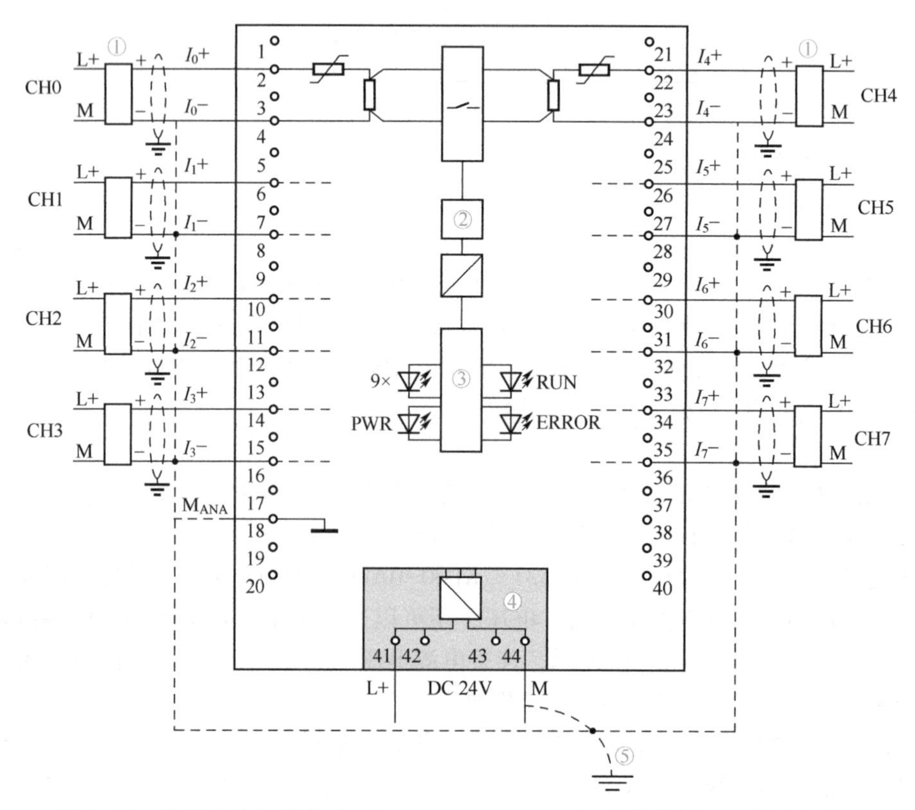

图 2-28　模拟量输入模块（6ES7 531-7KF00-0AB0）的接线图（四线式电流）

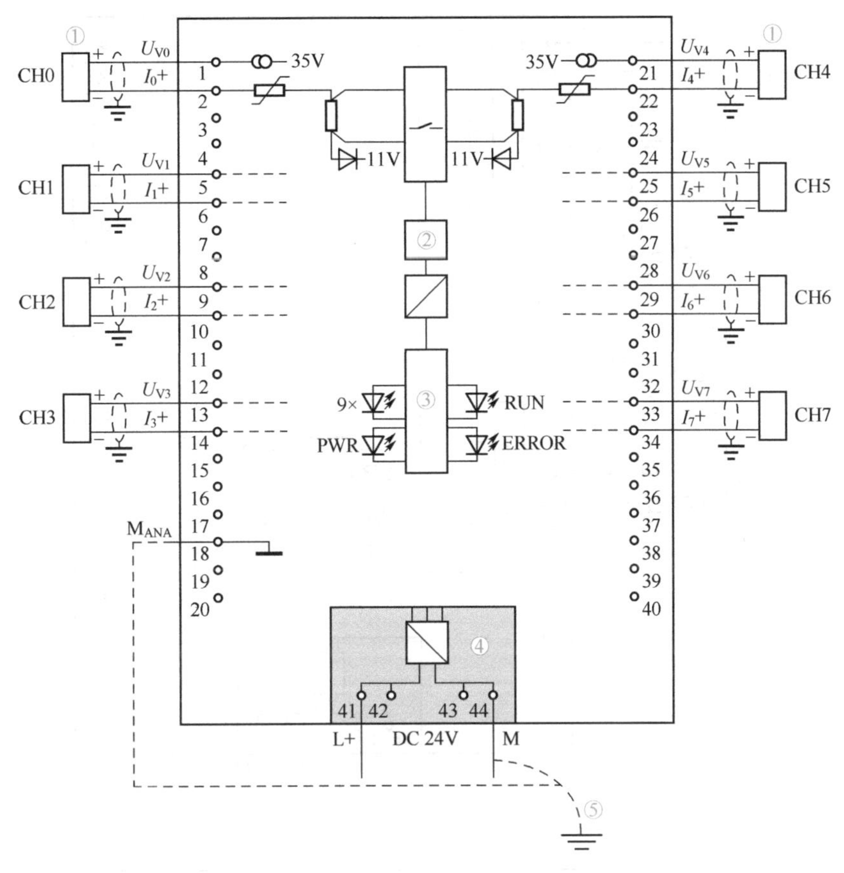

图 2-29　模拟量输入模块（6ES7 531-7KF00-0AB0）的接线图（二线式电流）

5. 模拟量输出模块

S7-1500 PLC 模拟量输出模块是将 CPU 传来的数字量转换成模拟量（电流和电压信号），一般用于控制阀门的开度或者变频器的频率给定等。

模拟量输出模块（6ES7 532-5HD00-0AB0）电压输出的接线如图 2-30 所示，标记①是电压输出二线式接法，无电阻补偿，精度相对低些，标记②是电压输出四线式接法，有电阻补偿，精度比二线式接法高。

模拟量输出模块（6ES7 532-5HD00-0AB0）电流输出的接线如图 2-31 所示。

6. 模拟量输入/输出混合模块

S7-1500 PLC 模拟量输入/输出混合模块就是一个模块上有模拟量输入通道和模拟量输出通道。用法和模拟量输入和模拟量输出模块类似，在工程上也比较常用，在此不再赘述。

2.3.4　S7-1500 PLC 通信模块

通信模块集成有各种接口，可与不同接口类型设备进行通信，而具有安全功能的工业以太网模块，可以极大提高连接的安全性。

S7-1500 PLC 的通信模块包括 CM 通信模块和 CP 通信处理器模块。CM 通信模块主要用于小数据量通信场合，而 CP 通信处理器模块主要用于大数据量的通信场合。

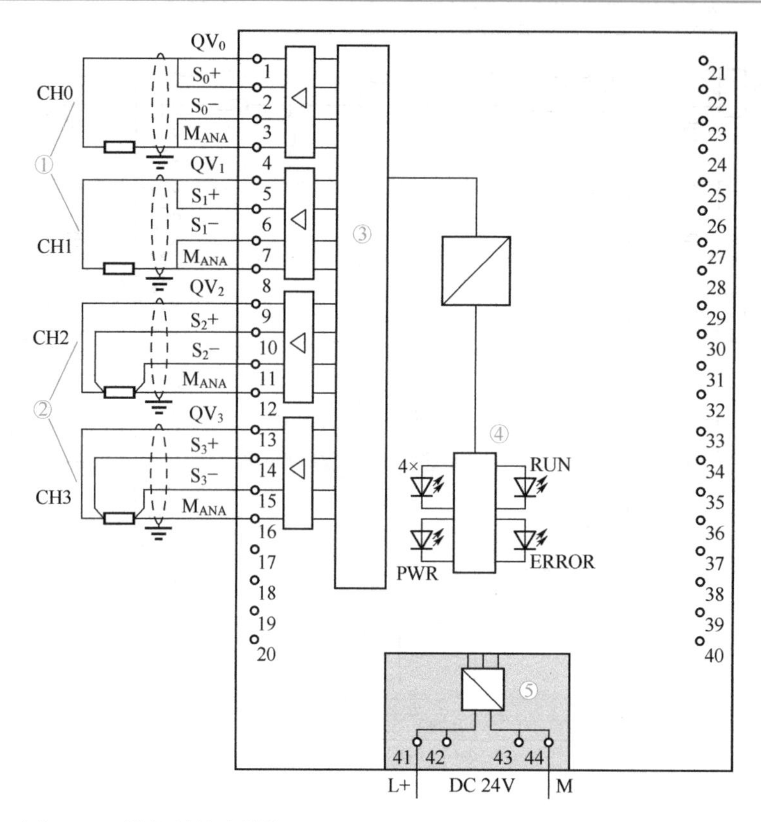

图 2-30　模拟量输出模块（6ES7 532-5HD00-0AB0）电压输出的接线

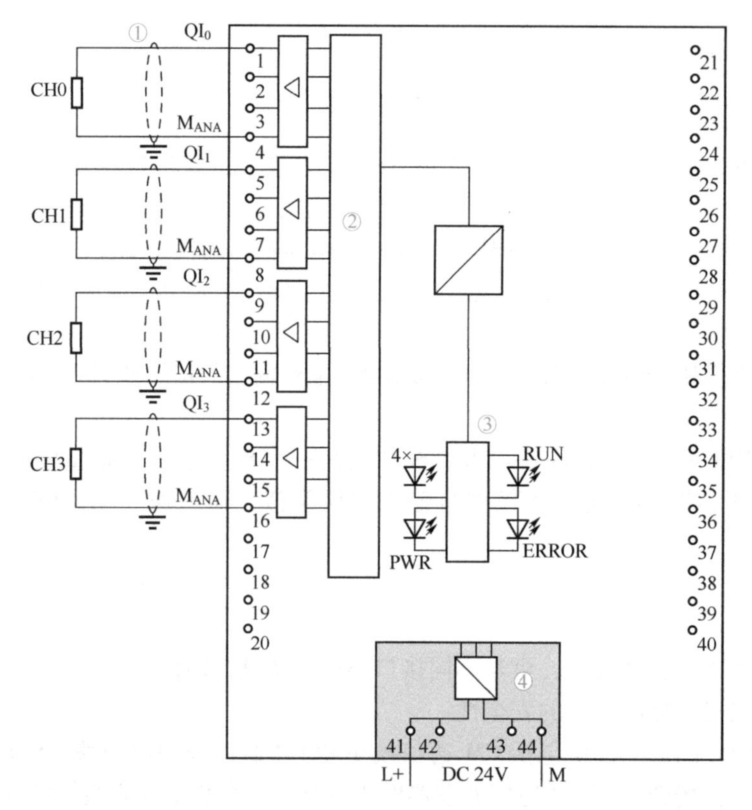

图 2-31　模拟量输出模块（6ES7 532-5HD00-0AB0）电流输出的接线

通信模块按照通信协议分，主要有 PROFIBUS 模块（如 CM1542-5）、点对点连接串行通信模块（如 CM PtP RS232 BA）、以太网通信模块（如 CP1543-1）和 PROFINET 通信模块（如 CM1542-1）等。

2.3.5　分布式模块

S7-1200/1500 PLC 支持的分布式模块分为 ET200MP 和 ET200SP。ET200MP 是一个可扩展且高度灵活的分布式 I/O 系统，用于通过现场总线（PROFINET 或 PROFIBUS）将过程信号连接到中央控制器。相较于分布式模块 ET200M 和 ET200S，ET200MP 和 ET200SP 的功能更加强大。

1. ET200MP 模块

ET200MP 模块包含 IM 接口模块和 I/O 模块。ET200MP 的 IM 接口模块将 ET200MP 连接到 PROFINET 或 PROFIBUS 总线，与 S7-1500 PLC 通信，实现 S7-1200/1500 PLC 的扩展。ET200MP 模块的 I/O 模块与 S7-1500 PLC 本机上的 I/O 模块通用，前面已经介绍，在此不再重复介绍。

2. ET200SP 模块

ET200SP 是新一代分布式 I/O 系统，具有体积小、使用灵活及性能突出的特点，具体如下：

- 防护等级为 IP20，支持 PROFINET 和 PROFIBUS。
- 更加紧凑的设计，单个模块最多支持 16 通道。
- 直插式端子，不需要工具单手可以完成接线。
- 模块、基座的组装更方便。
- 各种模块任意组合。
- 各个负载电势组的形成不需要 PM-E 电源模块。
- 运行中可以更换模块（热插拔）。

ET 200SP 安装于标准 DIN 导轨，一个站点基本配置包括支持 PROFINET 或 PROFIBUS 的 IM 通信接口模块、各种 I/O 模块、功能模块以及所对应的基座单元和最右侧用于完成配置的服务模块（不需要单独订购，随接口模块附带）。

每个 ET200SP 接口通信模块最多可以扩展 32 个模块或者 64 个模块。

ET 200SP 的 I/O 模块非常丰富，包括数字量输入模块、数字量输出模块、模拟量输入模块、模拟量输出模块、工艺模块和通信模块等。

2.4　习题

一、单选题

1. 下列哪个 CPU 模块不能向右侧扩展？（　　）

   A. CPU 1217C　　B. CPU 1215C　　C. CPU 1212C　　D. CPU 1211C

2. S7-1200 PLC 的 CPU 模块最多能扩展几个通信模块（通信板）？（　　）

   A. 1　　B. 2　　C. 3　　D. 4

3. S7-1200 的 PN 口内置的通信协议有（　　）。

   A. PROFINET　　B. MODBUS-TCP　　C. A 和 B　　D. 以上都不对

4. S7-1200 的 PN 口不支持的通信协议有（　　）。

A. OUC 通信　　B. MODBUS-TCP　　C. MODBUS-RTU　　D. S7 通信

5. 关于 SM1231（6ES7 231-4HD32-0XB0）模块，以下说法不正确的是（　　）。

A. 0 通道和 1 通道可以同时测量电流信号

B. 2 通道和 3 通道可以同时测量电压信号

C. 0 通道测量电压信号，同时 1 通道测量电流信号

D. 通过变送器，可与热电偶相连接

二、问答题

1. S7 系列的 PLC 有哪几类？

2. S7-1200 系列 PLC 有什么特色？

3. S7-1200 PLC 的存储区有哪几种？

4. S7-1200 的 CPU 模块的输出有哪几种？

5. CPU 1211C、CPU 1212C、CPU 1214C 的左侧分别最多能扩展几个模块？

6. 数字量输入模块通常和什么电气元件相连接？数字量输出模块通常和什么电气元件相连接？

7. 模拟量输入模块通常和什么电气元件相连接？模拟量输出模块通常和什么电气元件相连接？

第3章　TIA Portal（博途）软件使用入门

本章介绍TIA Portal（博途）软件的使用方法，并用两种方法介绍使用TIA Portal软件编译一个简单程序完整过程的例子，这是学习本书后续内容必要的准备。

3.1　TIA Portal（博途）软件简介

3.1.1　初识TIA Portal（博途）软件

TIA Portal（博途）软件是西门子推出的，面向工业自动化领域的新一代工程软件平台，目前常用的主要包括三个部分：SIMATIC STEP 7、SIMATIC WinCC和SINAMICS StartDrive。此外还有SIMOTION SCOUT TIA、SIMATIC WinCC Unified（全新开发的可视化软件）和SIRIUS SIMOCODE ES等。TIA Portal软件的体系结构如图3-1所示。

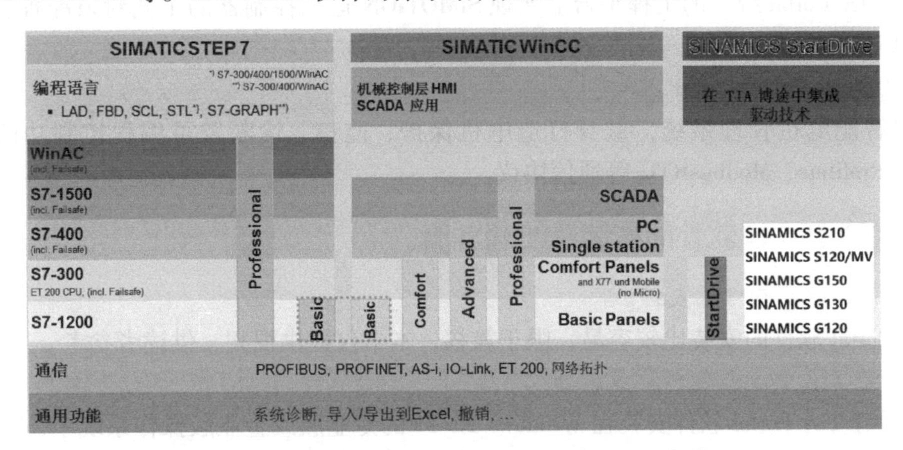

图3-1　TIA Portal软件的体系结构（常用的三部分）

1. SIMATIC STEP 7（TIA Portal）

SIMATIC STEP 7（TIA Portal）是用于组态SIMATIC S7-1200、S7-1500、S7-300/400和WinAC控制器系列的工程组态软件。SIMATIC STEP 7（TIA Portal）有两个版本，具体使用取决于可组态的控制器系列，分别介绍如下。

1）STEP 7 Basic主要用于组态S7-1200，并且自带WinCC Basic，用于Basic面板的组态。

2）STEP 7 Professional用于组态S7-1200、S7-1500、S7-300/400和WinAC，且自带WinCC Basic，用于Basic面板的组态。

2. SIMATIC WinCC（TIA Portal）

SIMATIC WinCC（TIA Portal）是使用WinCC Runtime Advanced或SCADA系统WinCC Runtime Professional可视化软件，可组态SIMATIC面板、SIMATIC工业PC以及标准PC的工程组态软件。

SIMATIC WinCC（TIA Portal）有4个版本，具体使用取决于可组态的操作员控制系统，分别介绍如下。

1）WinCC Basic 用于组态精简系列面板，WinCC Basic 包含在每款 STEP 7 Basic 和 STEP 7 Professional 产品中。

2）WinCC Comfort 用于组态包括精智面板和移动面板的所有面板。

3）WinCC Advanced 用于通过 WinCC Runtime Advanced 可视化软件，组态所有面板和 PC。WinCC Runtime Advanced 是基于 PC 单站系统的可视化软件。WinCC Runtime Advanced 外部变量许可根据个数购买，有 128 个、512 个、2000 个、4000 个以及 8000 个外部变量许可出售。

4）WinCC Professional 用于使用 WinCC Runtime Advanced 或 SCADA 系统 WinCC Runtime Professional 组态面板和 PC。WinCC Professional 有以下版本：带有 512 个和 4096 个外部变量的 WinCC Professional 以及 WinCC Professional（最大外部变量）。

3. SINAMICS StartDrive（TIA Portal）

SINAMICS StartDrive 软件能够将 SINAMICS 变频器集成到自动化环境中，并使用 TIA Portal 对 SINAMICS 变频器（如 G120、S120 等）进行参数设置、工艺对象配置、调试和诊断等操作等。

4. SIMOTION SCOUT TIA

它在 TIA Portal 统一的工程平台上实现 SIMOTION 运动控制器的工艺对象配置、用户编程、调试和诊断。

5. SIRIUS SIMOCODE ES

它是智能电机管理系统，量身打造电机保护、监控、诊断及可编程控制功能；支持 Profinet、Profibus、ModbusRTU 等通信协议。

3.1.2 TIA Portal 软件的安装及注意事项

1. TIA Portal 软件的安装

TIA Portal 软件的安装比较容易，限于篇幅，本书仅提供视频，供读者参考。

2. 安装 TIA Portal 软件注意事项

1）推荐 TIA Portal 软件安装在 Windows 10/11 的专业版或企业版操作系统中，TIA Portal 软件仅与 Windows Server 完全版兼容。32 位操作系统的专业版与 TIA Portal V14 及以后的软件不兼容，TIA Portal V13 及之前的版本与 32 位操作系统兼容。

2）安装 TIA Portal 软件时，最好关闭监控和杀毒软件。

3）安装软件时，软件的存放目录中不能有汉字，若弹出错误信息，表明目录中有不能识别的字符。例如将软件存放在“C：/软件/STEP 7”目录中就不能安装。建议放在根目录下安装。这一点初学者最易忽略。

4）在安装 TIA Portal 软件的过程中出现提示“You must restart your computer before you can run setup. Do you want reboot your computer now?”字样。重启计算机有时是可行的方案，有时会重复提示重启计算机，在这种情况下解决方案如下：

在 Windows 的菜单命令下，单击“Windows 系统”→“运行”，在运行对话框中输入“regedit”命令，打开注册表编辑器。选中注册表中的“HKEY_LOCAL_MACHINE\System\CurrentControlSet\Control”中的“Session manager”选项，删除右侧窗口的“PendingFileRenameOperations”选项。重新安装，就不会出现重启计算机的提示了。这个解决方案也适合安装其他的软件。

5）允许在同一台计算机的同一个操作系统中安装 STEP7 V5.7、STEP7 V17、STEP7 V18 和 STEP7 V19。经典版的 STEP7 V5.6 和 STEP7 V5.7 不能安装在同一个操作系统中。

3.2　TIA Portal 视图与项目视图

3.2.1　TIA Portal 视图结构

TIA Portal 视图的结构如图 3-2 所示，以下分别对各个主要部分进行说明。

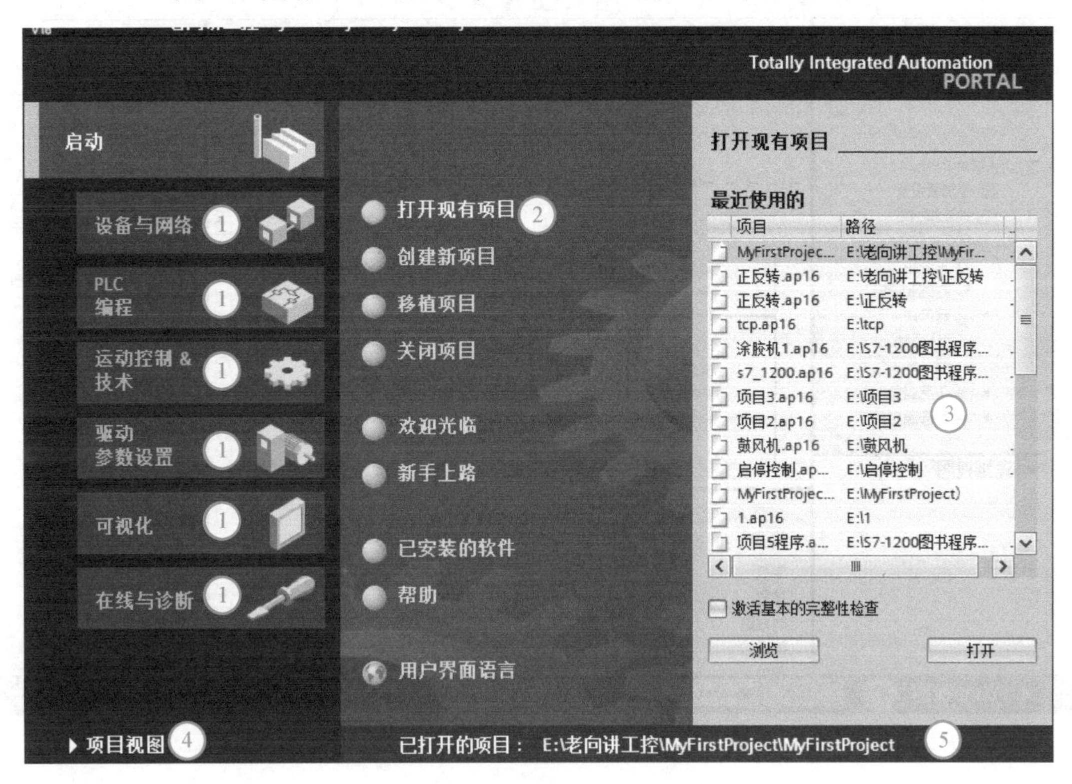

图 3-2　TIA Portal 视图的结构

（1）登录选项

登录选项为各个任务区提供了基本功能，如图 3-2 所示的序号①。在 TIA Portal 视图中提供的登录选项取决于所安装的产品。

（2）所选登录选项对应的操作

图 3-2 所示的序号②，提供了在所选登陆选项中可使用的操作，可在每个登录选项中调用上下文相关的帮助功能。

（3）所选操作的选择面板

所有登录选项中都提供了选择面板，如图 3-2 所示的序号③。此面板的内容取决于操作者的当前选择。

（4）切换到项目视图

图 3-2 所示的序号④，可以使用“项目视图”链接切换到项目视图。

(5) 当前打开的项目的显示区域

图 3-2 所示的序号⑤，可了解当前打开的是哪个项目。

3.2.2 项目视图

项目视图是项目所有组件的结构化视图，如图 3-3 所示。项目视图是项目组态和编程的界面。

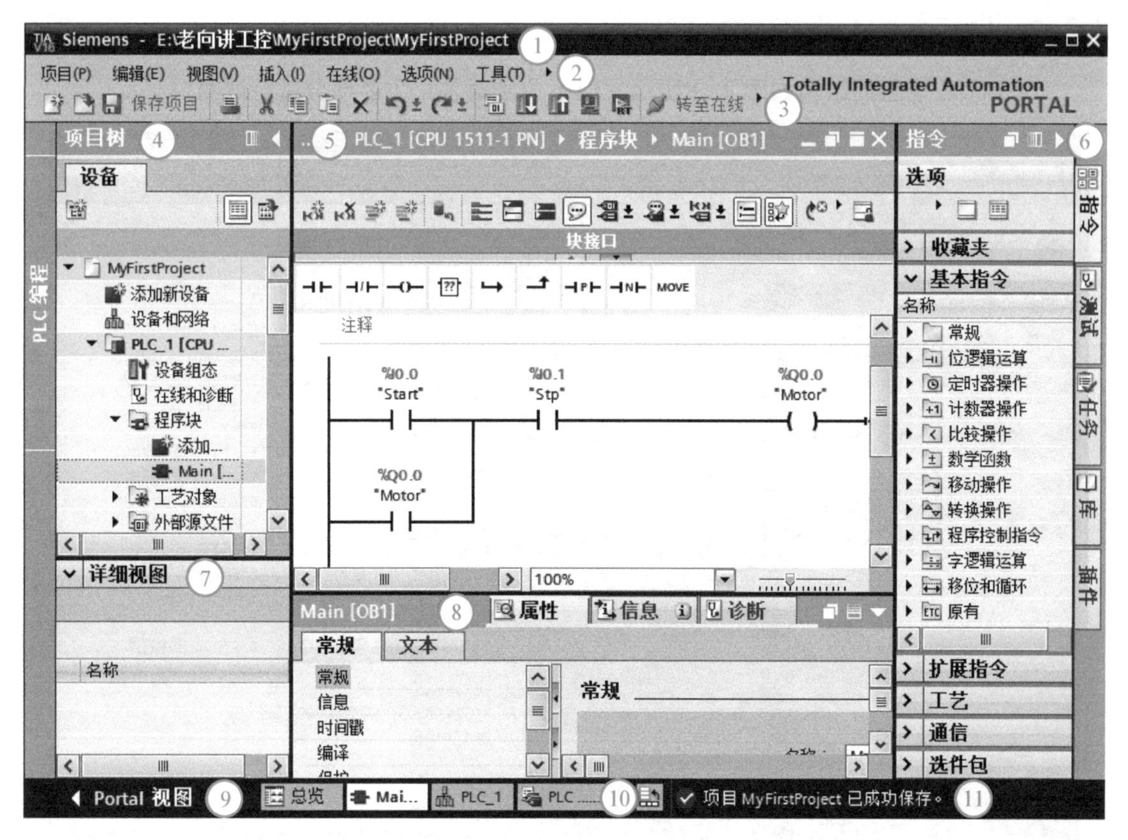

图 3-3 项目视图的组件

单击如图 3-2 所示 TIA Portal 视图界面的“项目视图”按钮，可以打开项目视图界面，界面中包含如下区域：

(1) 标题栏

项目名称显示在标题栏中，如图 3-3 所示的①处的“MyFirstProject”。

(2) 菜单栏

菜单栏如图 3-3 所示的②处，包含工作所需的全部命令。

(3) 工具栏

工具栏如图 3-3 所示的③处，提供了常用命令按钮，可以更快地访问“复制”“粘贴”“上传”和“下载”等命令。

(4) 项目树

项目树如图 3-3 所示的④处。使用项目树功能，可以访问所有组件和项目数据。可在项目树中执行以下任务：

1）添加新组件。

2）编辑现有组件。

3）扫描和修改现有组件的属性。

（5）工作区

工作区如图 3-3 所示的⑤处。在工作区内显示打开的对象，例如，编辑器、视图和表格。

在工作区可以打开若干个对象，但通常每次在工作区中只能看到其中一个对象。在编辑器栏中，所有其他对象均显示为选项卡。如果在执行某些任务时要同时查看两个对象，则可以水平或垂直方式平铺工作区，或浮动停靠工作区的元素。如果没有打开任何对象，则工作区是空的。

（6）任务卡

任务卡如图 3-3 所示的⑥处，根据所编辑对象或所选对象，提供了用于执行附加操作的任务卡。这些操作包括：

1）从库中或者从硬件目录中选择对象。

2）在项目中搜索和替换对象。

3）将预定义的对象拖拽到工作区。

在屏幕右侧的条形栏中可以找到可用的任务卡。可以随时折叠和重新打开这些任务卡。哪些任务卡可用取决于所安装的产品。比较复杂的任务卡会划分为多个窗格，这些窗格也可以折叠和重新打开。

（7）详细视图

详细视图如图 3-3 所示的⑦处。详细视图中显示总览窗口或项目树中所选对象的特定内容。其中可以包含文本列表或变量，但不显示文件夹的内容。要显示文件夹的内容，可使用项目树或巡视窗口。

（8）巡视窗口

巡视窗口如图 3-3 所示的⑧处，对象或所执行操作的附加信息均显示在巡视窗口中。巡视窗口有 3 个选项卡：属性、信息和诊断。

1）“属性”选项卡。

此选项卡显示所选对象的属性。可以在此处更改可编辑的属性。属性的内容非常丰富，读者应重点掌握。

2）“信息”选项卡。

此选项卡显示有关所选对象的附加信息以及执行操作（例如编译）时发出的报警。

3）“诊断”选项卡。

此选项卡中将提供有关系统诊断事件，已组态消息事件以及连接诊断的信息。

（9）切换到 Portal 视图

单击如图 3-3 所示⑨处的“Portal 视图”按钮，可从项目视图切换到 Portal 视图。

（10）编辑器栏

编辑器栏如图 3-3 所示的⑩处。编辑器栏显示打开的编辑器。如果已打开多个编辑器，它们将组合在一起显示，可以使用编辑器栏在打开的元素之间进行快速切换。

（11）带有进度显示的状态栏

状态栏如图 3-3 所示的⑪处，在状态栏中，显示当前正在后台运行的过程的进度条。

其中还包括一个图形方式显示的进度条。将鼠标指针放置在进度条上，系统将显示一个工具提示，描述正在后台运行的过程的其他信息。单击进度条边上的按钮，可以取消后台正在运行的过程。

如果当前没有任何过程在后台运行，则状态栏中显示最新生成的报警。

3.2.3　项目树

在项目视图左侧项目树界面中主要包括的区域如图 3-4 所示。

(1) 标题栏

项目树的标题栏有两个按钮，可以自动和手动折叠项目树。手动折叠项目树时，此按钮将“缩小”到左边界。它此时会从指向左侧的箭头变为指向右侧的箭头，并可用于重新打开项目树。在不需要时，可以使用“自动折叠”按钮自动折叠到项目树。

图 3-4　项目树

(2) 工具栏

可以在项目树的工具栏中执行以下任务：

1) 用按钮，创建新的用户文件夹，例如，为了组合“程序块”文件夹中的块。

2) 用按钮向前浏览到链接的源，用按钮往回浏览到链接本身。项目树中有两个用于链接的按钮。可使用这两个按钮从链接浏览到源，然后再往回浏览。

3) 用按钮，在工作区中显示所选对象的总览。

显示总览时，将隐藏项目树中元素的更低级别的对象和操作。

(3) 项目

在“项目”文件夹中，可以找到与项目相关的所有对象和操作，例如：

1) 设备。

2) 语言和资源。

3) 在线访问。

(4) 设备

项目中的每个设备都有一个单独的文件夹，该文件夹具有内部的项目名称，属于该设备的对象和操作都排列在此文件夹中。

(5) 公共数据

此文件夹包含可跨多个设备使用的数据，例如公用消息类、日志、脚本和文本列表。

(6) 文档设置

在此文件夹中，可以指定要在以后打印的项目文档的布局。

(7) 语言和资源

可在此文件夹中确定项目语言和文本。

（8）在线访问

此文件夹包含了 PG/PC 的所有接口，即使未用于与模块通信的接口也包括在其中，这个条目极为常用。

（9）读卡器/USB 存储器

此文件夹用于管理连接到 PG/PC 的所有读卡器和其他 USB 存储介质。

3.3　用离线硬件组态法创建一个完整的 TIA Portal 项目

3.3.1　在 TIA Portal 视图中新建项目

新建 TIA Portal 项目的方法如下：

（1）方法 1：打开 TIA Portal 软件，如图 3-5 所示，选中“启动”→“创建新项目”选项，在“项目名称”中输入新建的项目名称（本例为 MyFirstProject），单击“创建”按钮，完成新建项目。

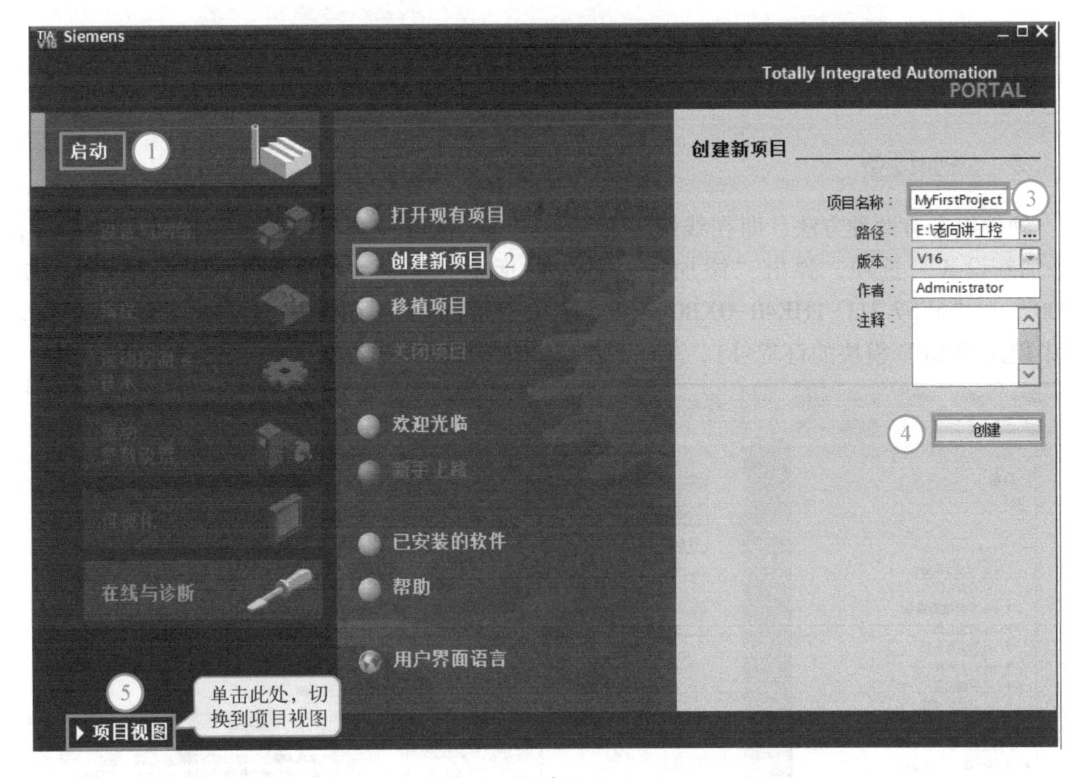

图 3-5　新建项目（一）

（2）方法 2：如果 TIA Portal 软件处于打开状态，在项目视图中，选中菜单栏中“项目”选项，单击“新建”按钮，如图 3-6 所示，弹出如图 3-7 所示的界面，在“项目名称”中输入新建的项目名称（本例为：MyFirstProject），单击“创建”按钮，完成新建项目。

（3）方法 3：如果 TIA Portal 软件处于打开状态，而且在项目视图中，单击工具栏中“新建”按钮，弹出如图 3-7 所示的界面，在“项目名称”中输入新建的项目名称（本例为：MyFirstProject），单击“创建”按钮，完成新建项目。

图 3-6　新建项目（二）

图 3-7　新建项目（三）

3.3.2　添加设备

硬件组态有两种方法，即在线组态和离线组态。先介绍离线组态，在图 3-8 中，双击“添加新设备”选项，弹出“添加新设备”对话框，选中“控制器”→“SIAMTIC S7-1200”→“6ES7 211-1HE40-0XB0”（项目中使用的 CPU 模块的序列号）→“V4.4”（项目中使用的 CPU 模块的订货号），单击“确定”按钮。

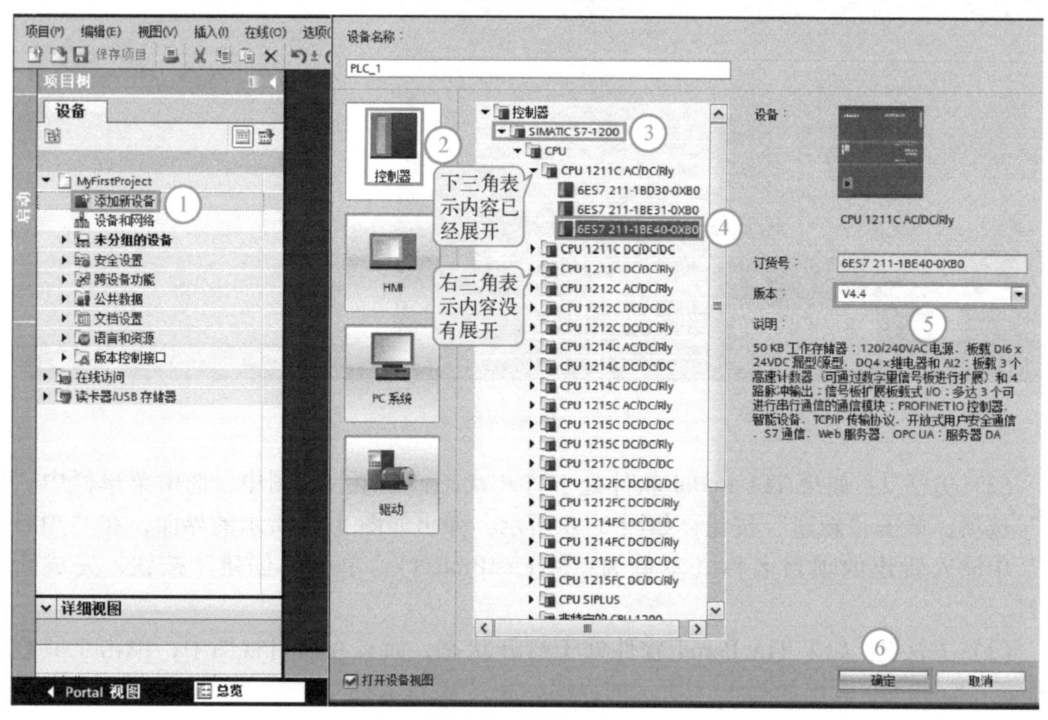

图 3-8　硬件组态

3.3.3　CPU 参数配置

单击机架中的 CPU，可以看到 TIA Portal 软件底部 CPU 的属性视图，在此可以配置 CPU 的各种参数，如 CPU 的起动特性、组织块（OB）以及存储区的设置等。以下主要以 CPU 1211C 为例介绍 CPU 的参数设置。本例的 CPU 参数全部可以采用默认值，不用设置，初学者可以跳过。

1. 常规

单击属性视图中的“常规”选项卡，在属性视图右侧的常规界面中可见 CPU 的项目信息、目录信息与标识和维护。用户可以浏览 CPU 的简单特性描述，也可以在“名称”“注释”等空白处做提示性的标注。对于设备名称和位置标识符，用户可以用于识别设备和设备所处的位置，如图 3-9 所示。

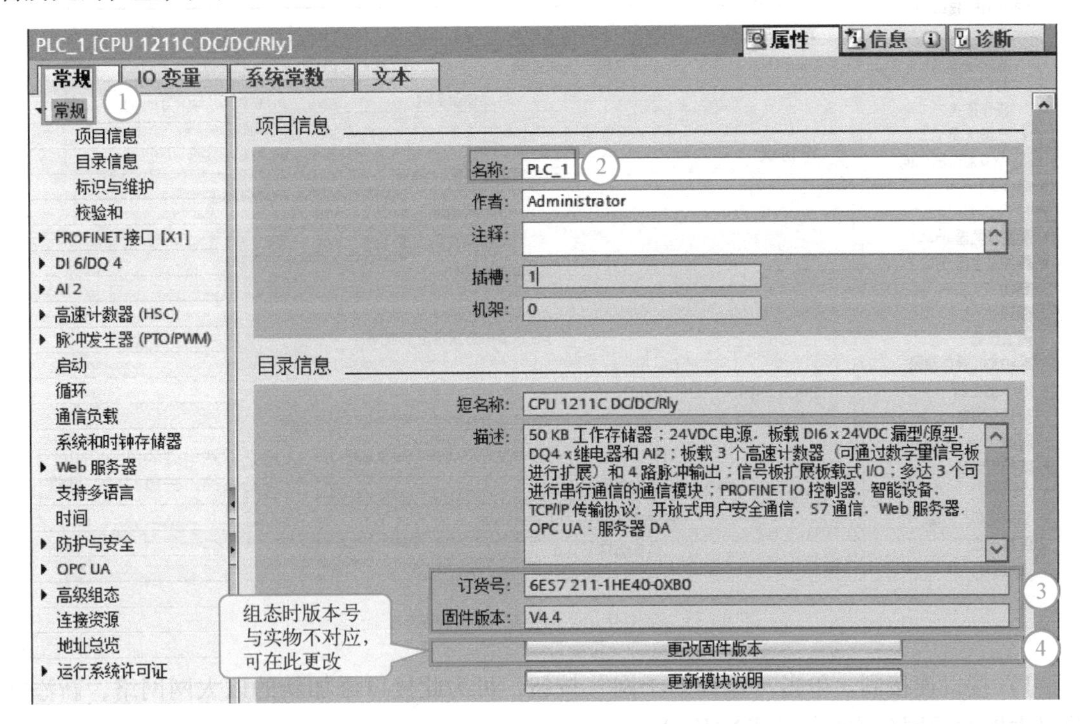

图 3-9　CPU 属性常规信息

2. PROFINET 接口

PROFINET 接口中包含常规、以太网地址、时间同步、操作模式、高级选项、Web 服务器访问和硬件标识，以下介绍部分常用功能。

（1）常规

在 PROFINET 接口选项卡中，单击“常规”选项，如图 3-10 所示，在属性视图右侧的常规界面中可见 PROFINET 接口的常规信息和目录信息。用户可在“名称”“作者”和“注释”中做一些提示性的标注。

（2）以太网地址

选中“以太网地址”选项卡，可以创建新网络，设置 IP 地址等，如图 3-11 所示。以下将说明“以太网地址”选项卡主要参数和功能。

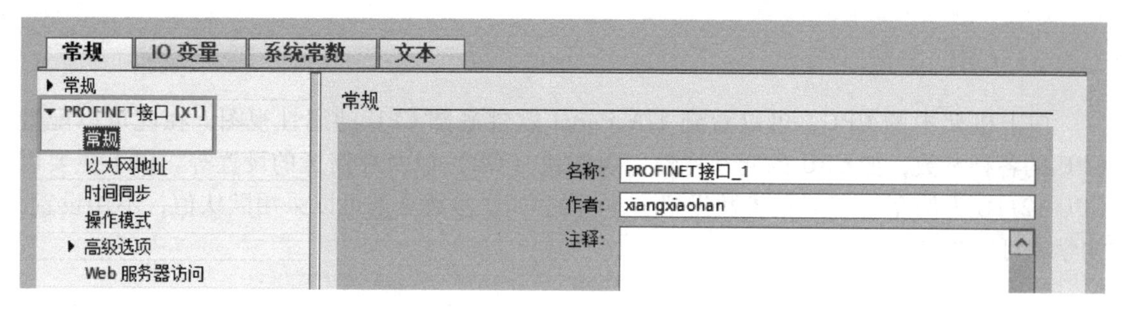

图 3-10　PROFINET 接口常规信息

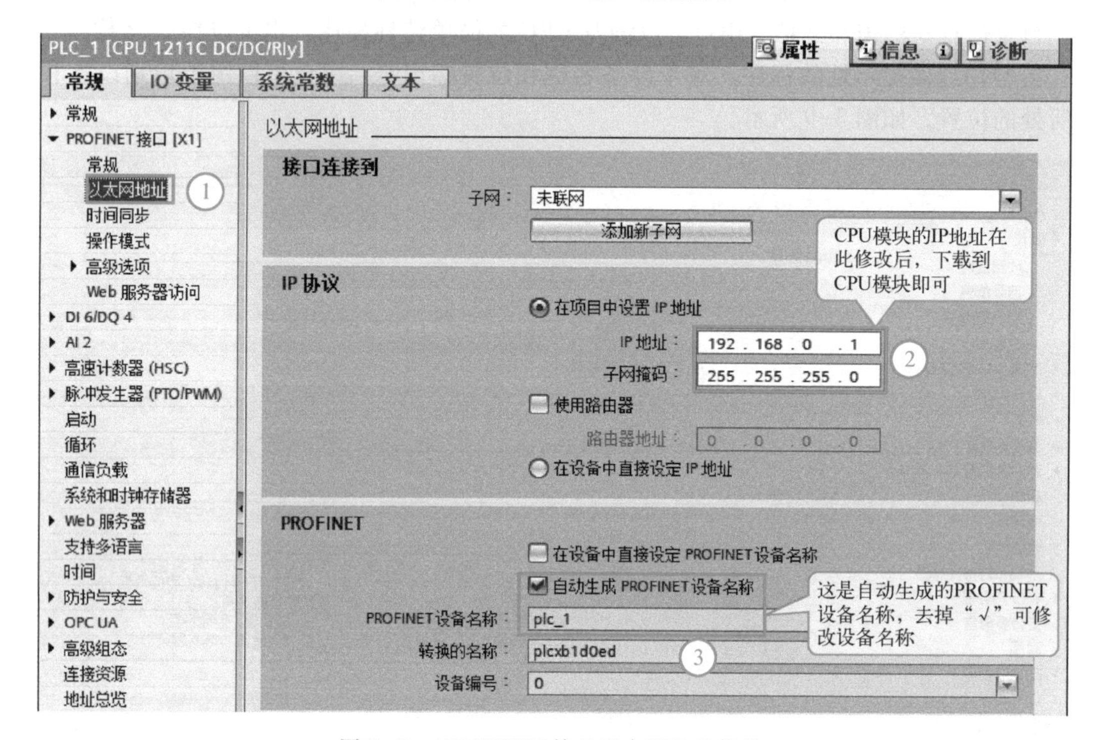

图 3-11　PROFINET 接口以太网地址信息

1）接口连接到。单击“添加新子网”按钮，可为此接口添加新的以太网网络，新添加的以太网的子网名称默认为 PN/IE_1。

2）IP。可根据实际情况设置 IP 地址和子网掩码，如图 3-11 中，默认 IP 地址为“192. 168. 0. 1”，默认子网掩码为“255. 255. 255. 0”。如果该设备需要和非同一网段的设备通信，那么还需要激活“使用 IP 路由器”选项，并输入路由器的 IP 地址。

3）PROFINET。“PROFINET 的设备名称”表示对于 PROFINET 接口的模块，每个接口都有各自的设备名称，且此名称可以在项目树中修改；“转换的名称”表示此 PROFINET 设备名称转换成符合 DNS 习惯的名称；“设备编号”表示 PROFINET IO 设备的编号，IO 控制器的编号是无法修改的，为默认值“0”。

（3）操作模式

PROFINET 的操作模式参数设置界面如图 3-12 所示。其主要参数及选项功能介绍如下：

PROFINET 的操作模式表示 PLC 可以通过此接口作为 PROFINET IO 的控制器或者 IO 设备。

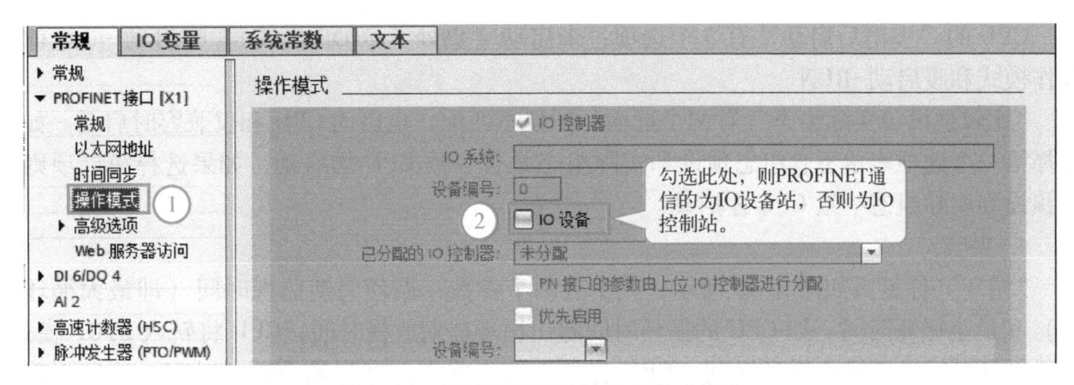

图 3-12　PROFINET 接口操作模式信息

默认时，“IO 控制器”选项是使能的，如果组态了 PROFINET IO 设备，那么会出现 PROFINET 系统名称。如果此 PLC 作为智能设备，则需要激活“IO 设备”选项，并选择“已分配的 IO 控制器”。如果需要“已分配的 IO 控制器”给智能设备分配参数时，选择“此 IO 控制器对 PROFINET 接口的参数化”。

（4） Web 服务器访问

CUP 的存储区中存储了一些含有 CUP 信息和诊断功能的 HTML 页面。Web 服务器功能使得用户可通过 Web 浏览器执行访问此功能。

激活“启用使用该端口访问 Web 服务器”，则意味着可以通过 Web 浏览器访问此 CPU，如图 3-13 所示。本节内容前述部分已经设定 CPU 的 IP 地址为：192. 168. 0. 1。如打开 Web 浏览器（例如 Internet Explorer），并输入“http://192. 168. 0. 1”（CPU 的 IP 地址），刷新 Internet Explorer，即可浏览访问该 CPU 了。

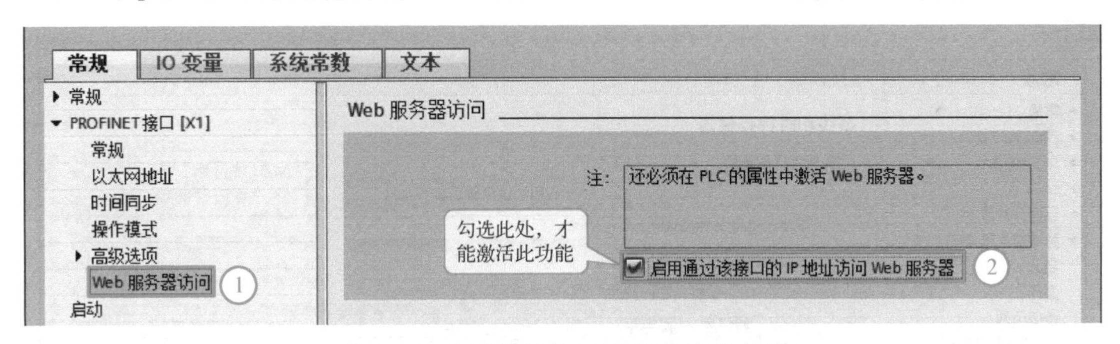

图 3-13　启用使用该端口访问 Web 服务器

3. 启动

单击“启动”选项，弹出“启动”参数设置界面，如图 3-14 所示。

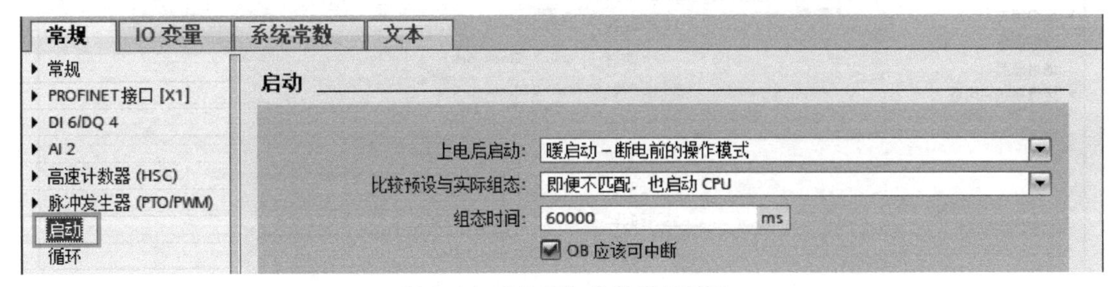

图 3-14　“启动”参数设置界面

CPU 的“上电后启动”有 3 个选项：未启动（仍处于 STOP 模式）、暖启动-断电前的操作模式和暖启动-RUN。

“比较预设与实际组态”有两个选项：即便不匹配，也启动 CPU 和仅兼容时启动。如果选择第一个选项表示不管组态预设和实际组态是否一致 CPU 均启动，如果选择第二项则组态预设和实际组态一致 CPU 才启动。

4. 循环

“循环”标签页如图 3-15 所示，其中有两个参数：循环周期监视时间（即最大循环时间）和最小循环时间。如 CPU 的循环时间超出循环周期监视时间，CPU 将转入 STOP 模式。如果循环时间少于最小循环时间，CPU 将处于等待状态，直到最小循环时间，然后再重新循环扫描。

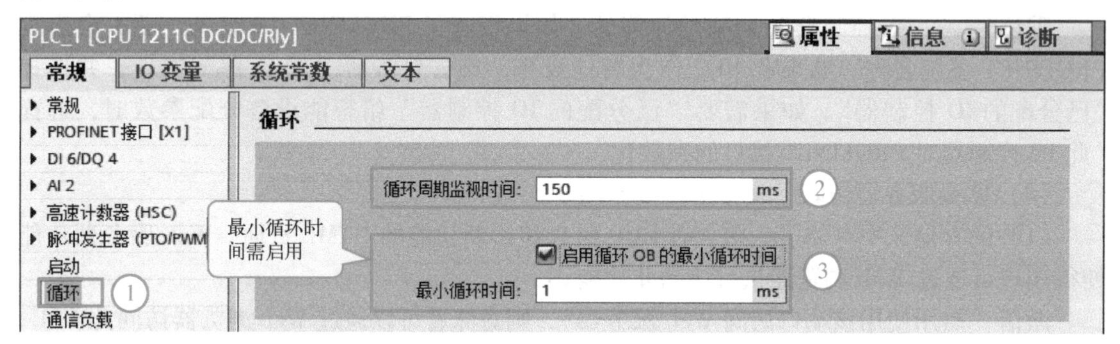

图 3-15 “循环”标签页

5. 系统和时钟存储器

单击“系统和时钟存储器”标签，弹出如图 3-16 所示的界面。有两项参数，具体介绍如下：

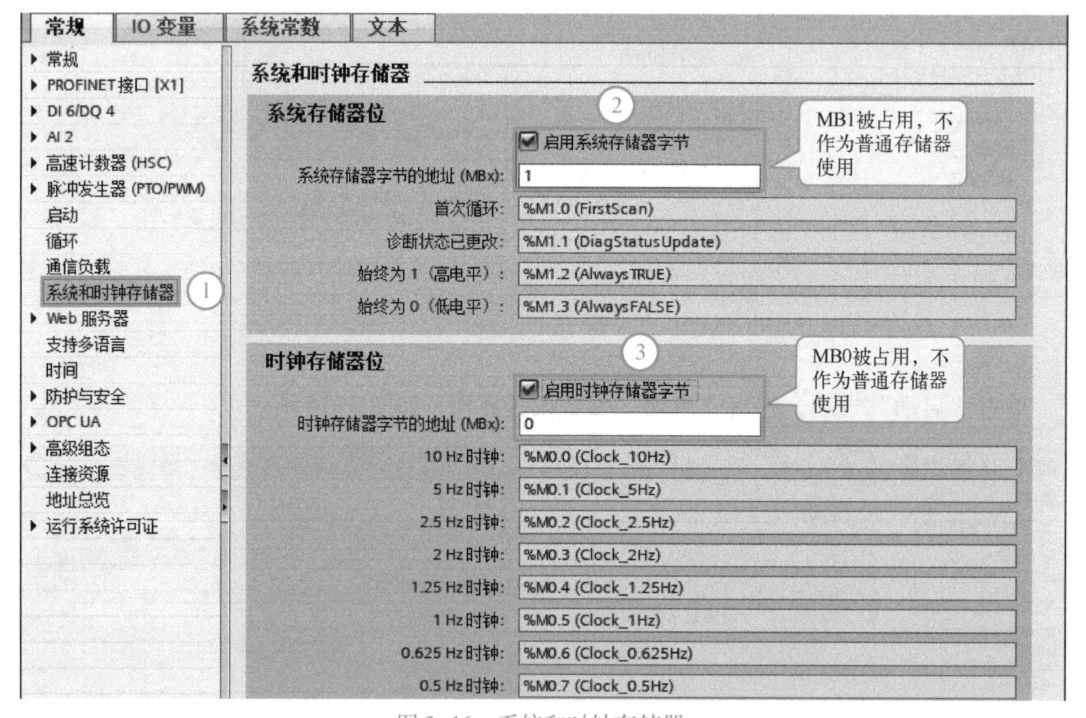

图 3-16 系统和时钟存储器

（1）系统存储器位

激活“系统存储字节”，系统默认为“1”，代表的字节为“MB1”，用户也可以指定其他的存储字节。目前只用到了该字节的前 4 位，以 MB1 为例，其各位的含义介绍如下：

1）M1.0（FirstScan）：首次扫描为 1，之后为 0。

2）M1.1（DiagStatus Update）：诊断状态已更改。

3）M1.2（Always TRUE）：CPU 运行时，始终为 1。

4）M1.3（Always FALSE）：CPU 运行时，始终为 0。

5）M1.4~M1.7 未定义，且数值为 0。

注意： S7-300/400 没有此功能。

（2）时钟存储器位

时钟存储器是 CPU 内部集成的时钟存储器。激活“时钟存储字节”，系统默认为“0”，代表的字节为“MB0”，用户也可以指定其他的存储字节，其各位的含义见表 3-1。

表 3-1　时钟存储器位

时钟存储器的位	7	6	5	4	3	2	1	0
频率/Hz	0.5	0.625	1	1.25	2	2.5	5	10
周期/s	2	1.6	1	0.8	0.5	0.4	0.2	0.1

注意： 以上功能是非常常用的，如果激活了以上功能，仍然不起作用，先检查是否有变量冲突，如无变量冲突，将硬件“完全重建”后再下载，一般可以解决。

3.3.4　I/O 参数的配置

S7-1200 模块的一些重要的参数是可以修改的，如数字量 I/O 和模拟量 I/O 的地址修改、诊断功能的激活和取消激活等。本例可以不做修改 I/O 参数的配置。

1. 数字量输入参数的配置

数字量输入参数是比较重要的，设置如图 3-17 所示，特别在使用高速计算器时，需要修改滤波时间，一般默认的“输入滤波器”是 6.4 ms，通常要修改成微妙级别，否则不能完成高速计数。

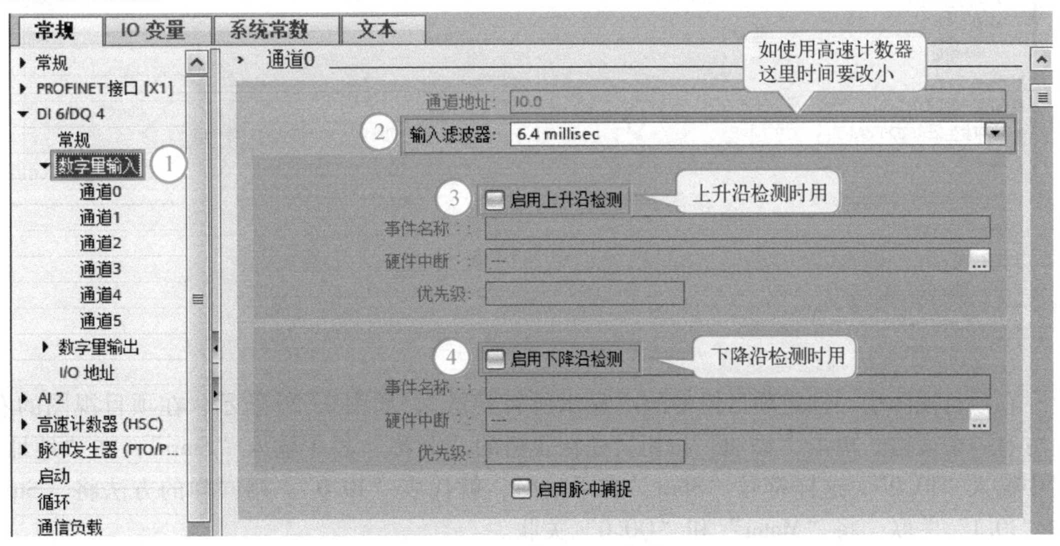

图 3-17　数字量输入参数

CPU 模块或在机架上插入数字量 I/O 模块时，系统自动为每个模块分配逻辑地址，删除和添加模块不会造成逻辑地址冲突。在工程实践中，修改模块地址是比较常见的操作，如编写程序时，程序的地址和模块地址不匹配，即可修改程序地址，也可以修改模块地址。修改数字量输入地址方法为：先选中 I/O 地址，在起始地址中输入希望修改的地址（如输入 10），单击键盘上的“Enter”键即可，结束地址（10）是系统自动计算生成的，如图 3-18 所示。

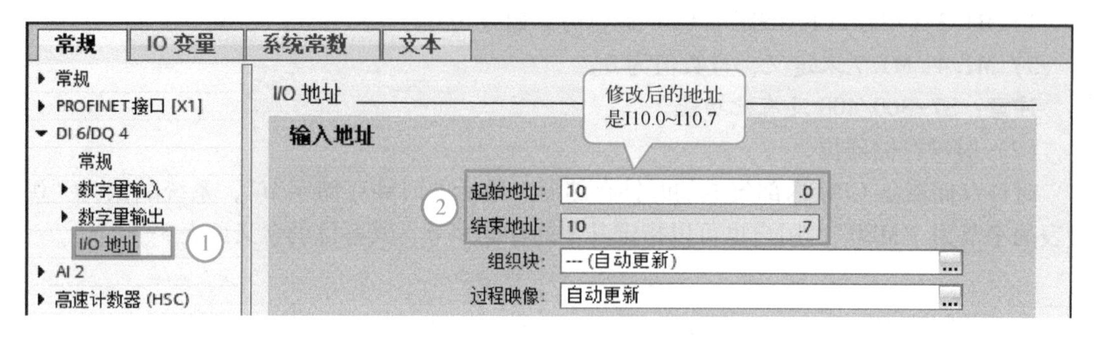

图 3-18　修改数字量输入的地址

如果输入的起始地址和系统有冲突，系统会弹出提示信息。

2. 数字量输出参数的配置

在“输出参数”选项中，如图 3-19 所示，可选择“对 CPU STOP 模式的响应”为“保持上一个值”的含义是 CPU 处于 STOP 模式时，这个模块输出点输出不变，保持以前的状态；“使用替代值”含义是 CPU 处于 STOP 模式时，这个模块输出点状态替代为“1”。

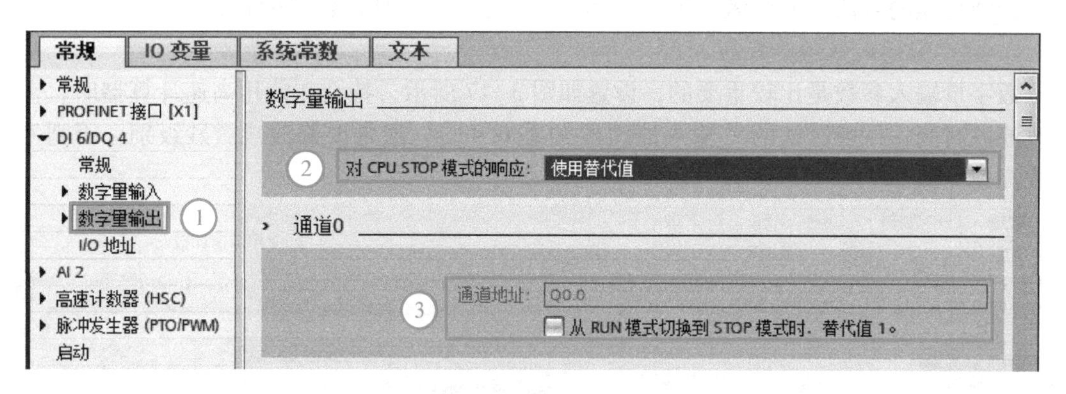

图 3-19　DO 参数

3.3.5　程序的输入

1. 将符号名称与地址变量关联

在项目视图中，选定项目树中的“显示所有变量”，如图 3-20 所示，在项目视图的右上方有一个表格，单击“添加”按钮，先在表格的“名称”栏中输入“Start”，在“地址”栏中输入“I0.0”，这样符号“Start”在寻址时，就代表“I0.0”。用同样的方法将“Stp”和“I0.1”关联，将“Motor”和“Q0.0”关联。

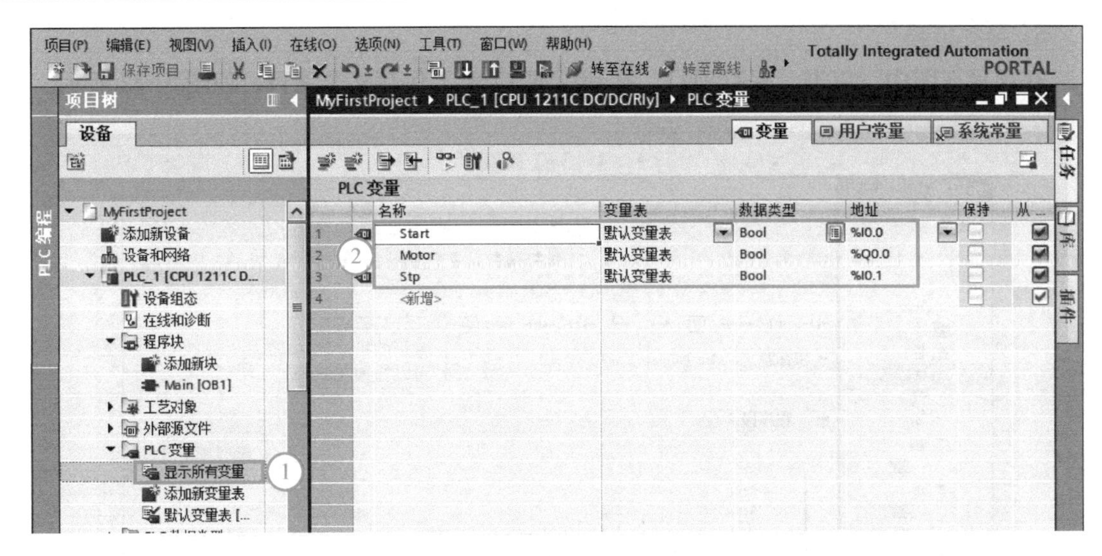

图 3-20　将符号名称与地址变量关联

2. 打开主程序

双击图 3-20 所示项目树中“Main[OB1]”，打开主程序，如图 3-21 所示。

3. 输入触点和线圈

先把“常用”工具栏中的常开触点和线圈拖放到如图 3-21 所示的位置。用鼠标选中“双箭头”，按住鼠标左键不放，向上拖动鼠标，直到出现单箭头后松开鼠标。

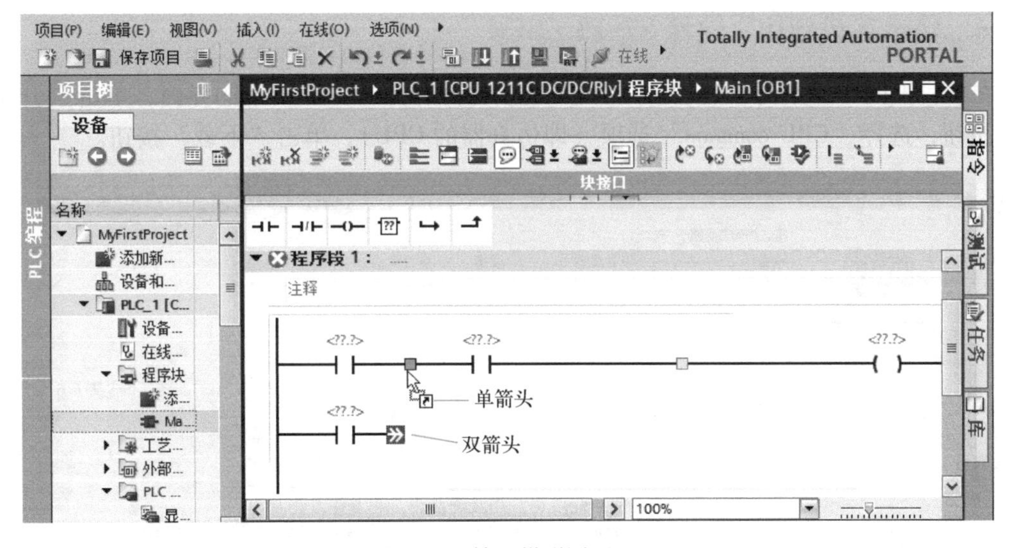

图 3-21　输入梯形图（一）

4. 输入地址

在图 3-21 中的问号处，输入对应的地址，梯形图的第一行分别输入：I0.0、I0.1 和 Q0.0；梯形图的第二行输入 Q0.0，输入完成后，如图 3-22 所示。

5. 编译项目

在项目视图中，单击“编译”按钮，编译整个项目，如图 3-22 所示。

6. 保存项目

在项目视图中，单击“保存项目”按钮 保存项目，保存整个项目，如图 3-22 所示。

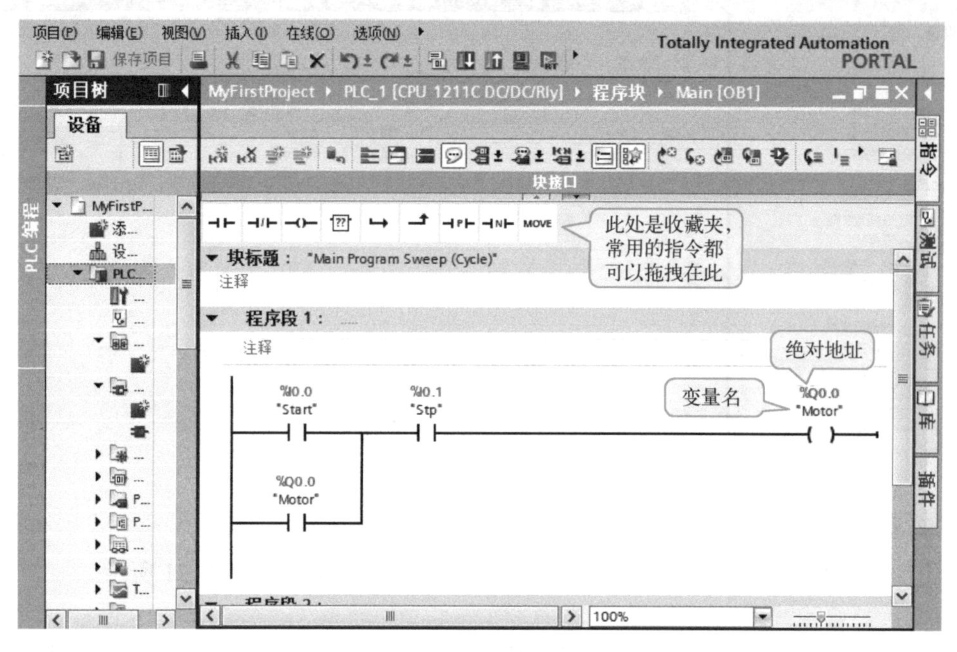

图 3-22　输入梯形图（二）

3.3.6　程序下载到仿真软件 S7-PLCSIM

在项目视图中，单击“启动仿真”按钮，弹出如图 3-23 所示的界面，单击“开始搜索”按钮，选择“CPU common”选项（即仿真器的 CPU），单击“下载”按钮。

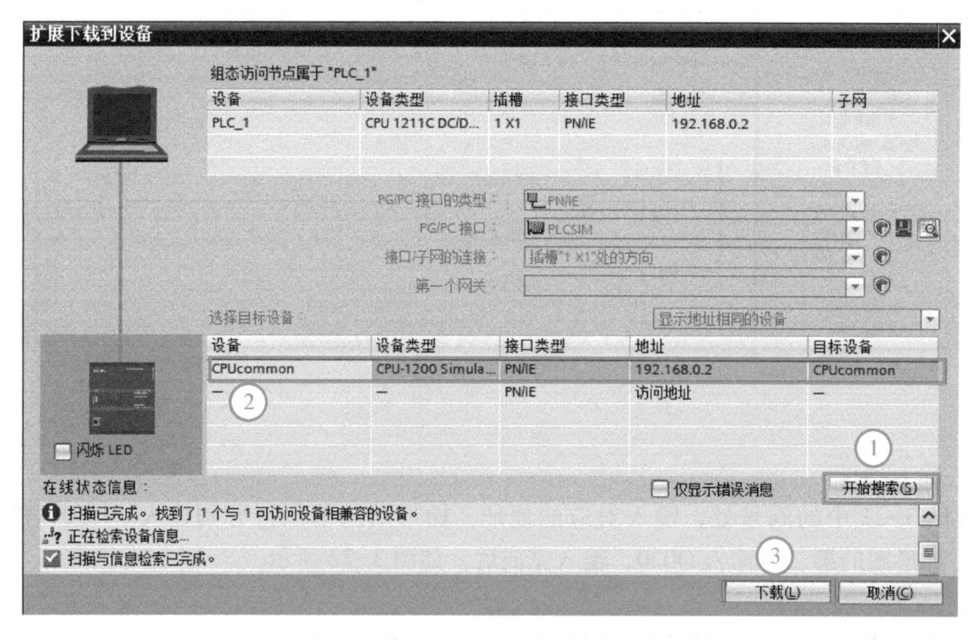

图 3-23　扩展下载到设备

如图 3-24 所示，单击“装载”按钮，弹出 3-25 所示的界面，选择“启动模块”选项，单击“完成”按钮即可。至此，程序已经下载到仿真器。

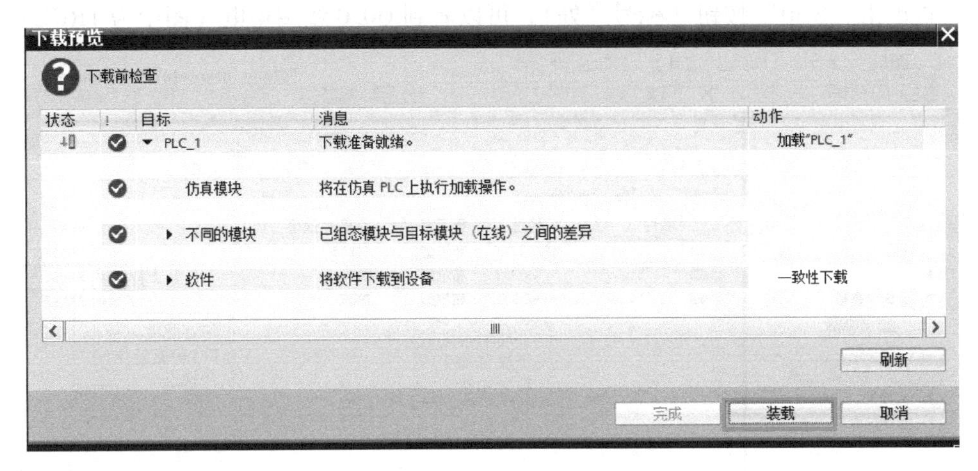

图 3-24　下载预览

图 3-25　下载结果

如要使用输入映像寄存器 I 的仿真功能，需要打开仿真器的项目视图。单击仿真器上的“切换到项目视图”按钮，仿真器切换到项目视图，单击“新建项目”按钮，新建一个仿真器项目，如图 3-26 所示，单击“创建”按钮即可，之前下载到仿真器的程序，也会自动下载到项目视图的仿真器中。

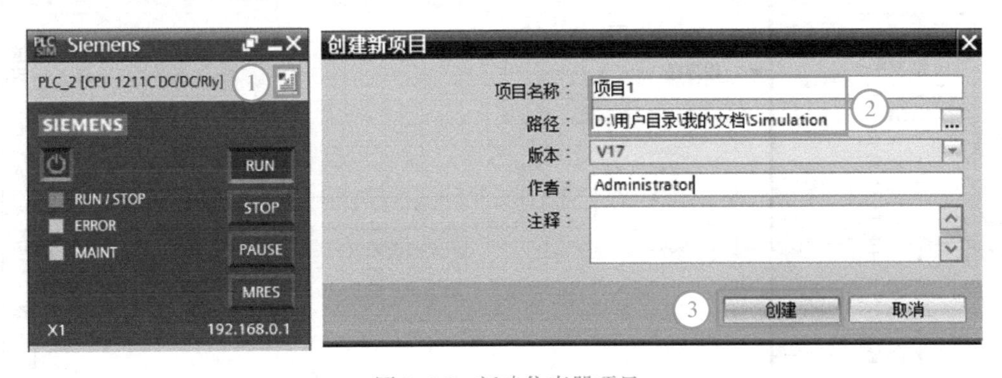

图 3-26　新建仿真器项目

如图 3-27 所示，双击打开“SIM 表…”，按图输入地址，名称自动生成，反之亦然。先勾选“I0.1:P”，模拟 SB2 是常闭触点，这点要注意。再选中“I0.0:P”（即 Start，标号③处），再单击“Start”按钮（标号④处），可以看到 Q0.0 线圈得电（图中为 TRUE）。

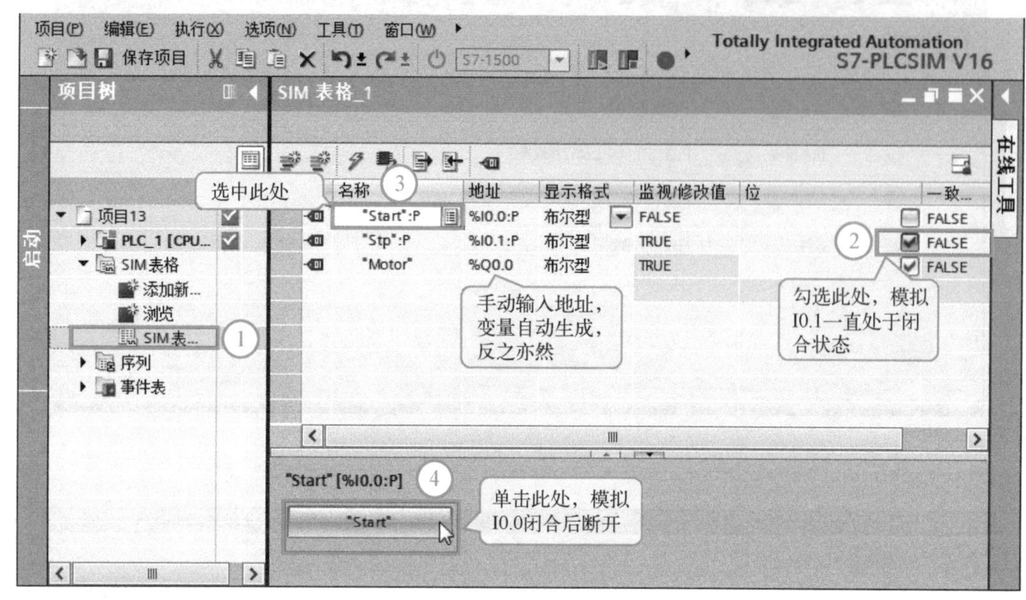

图 3-27 仿真

3.3.7 程序的监视

程序的监视功能在程序的调试和故障诊断过程中很常用。要使用程序的监视功能，必须将程序下载到仿真器或者 PLC 中。如图 3-28 所示，先单击项目视图的工具栏中的“转至在线”按钮 转至在线，再单击程序编辑器工具栏中的“启用/停止监视”按钮，使得程序处于在线状态。虚线表示断开，而实线表示导通。

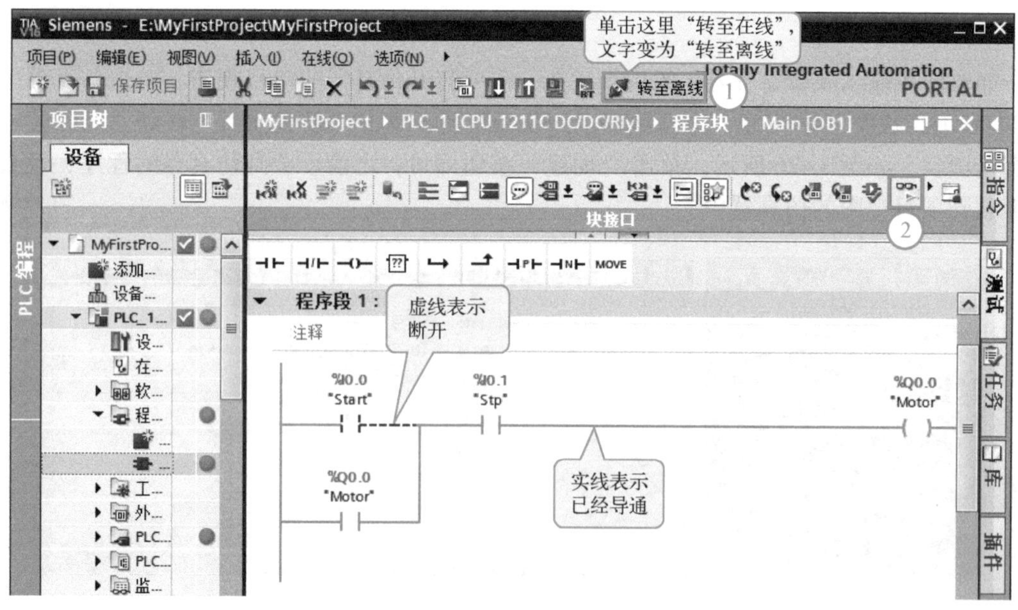

图 3-28 程序的监视

3.4　用在线检测法创建一个完整的 TIA Portal 项目

用在线检测法创建 TIA Portal 项目，这在工程中很常用，其好处是硬件组态快捷，效率高，而且不必预先知道所有模块的订货号和版本号，但前提是必须有硬件，并处于在线状态。建议初学者尽量采用这种方法。

3.4.1　在项目视图中新建项目

首先打开 TIA Portal 软件，切换到项目视图，如图 3-29 所示，单击工具栏的“新建项目”按钮，弹出如图 3-7 所示对话框，在“项目名称”中输入新建的项目名称（本例为：MyFirstProject），单击“创建”按钮，完成新建项目。

图 3-29　项目视图中新建项目

3.4.2　在线检测设备

1. 更新可访问的设备

将计算机的网口与 CPU 模块的网口用网线连接，之后保持 CPU 模块处于通电状态。如图 3-30 所示，单击“在线访问”→“有线网卡”（不同的计算机可能不同），双击“更新可访问的设备”选项，之后显示所有能访问到设备的设备名和 IP 地址，本例为 plc_1 [192.168.0.1]，这个地址是很重要的，可根据这个 IP 地址修改计算机的 IP 地址，使计算机的 IP 地址与之在同一网段（即 IP 地址的前 3 个字节相同）。

2. 修改计算机的 IP 地址

在计算机的“网络连接”中，如图 3-31 所示，选择有线网卡，单击鼠标右键，弹出快捷菜单，单击“属性”选项，弹出 3-32 所示的界面，按照图进行设置，最后单击“确定”按钮即可。

注意： 要确保计算机的 IP 地址与搜索设备的 IP 地址在同一网段，且网络中任何设备的 IP 地址都是唯一的。

3. 添加设备

如图 3-33 所示，双击项目树中的“添加新设备”命令，在弹出界面，选中“控制器”→“SIMATIC S7-1200”→“CPU”→“Unspecified CPU 1200”（非特定 CPU 1200）→“6ES7 2XX-XXXXX-XXXXX”，单击“确定”按钮。

图 3-30 更新可访问的设备

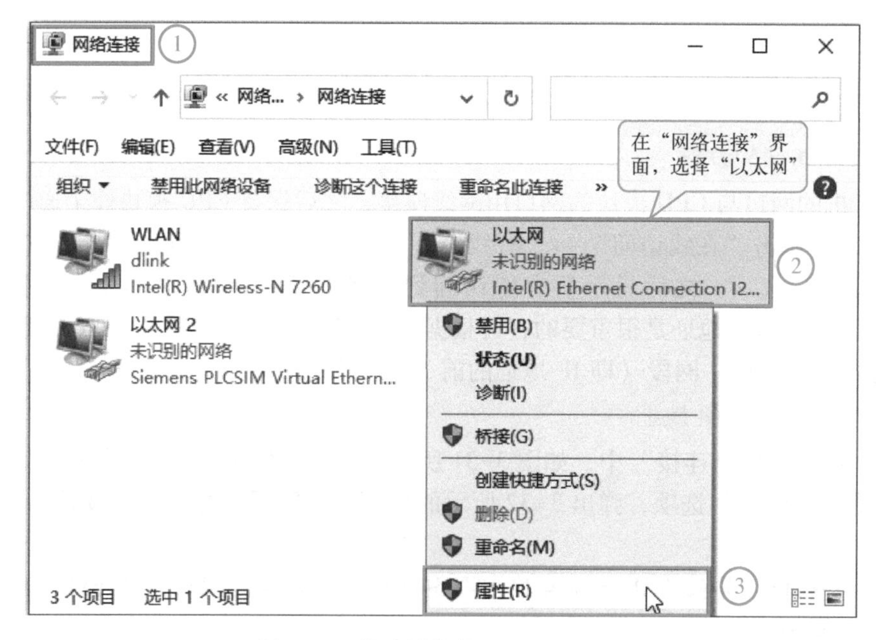

图 3-31 修改计算的 IP 地址（一）

如图 3-34 所示，单击“获取”按钮，弹出如图 3-35 所示的界面。选择读者计算机的有线以太网卡，单击“开始搜索”按钮，选择搜索到的设备“plc_1”，单击“检测”按钮。硬件组态全部“检测”到 TIA Portal 软件中，如图 3-36 所示。

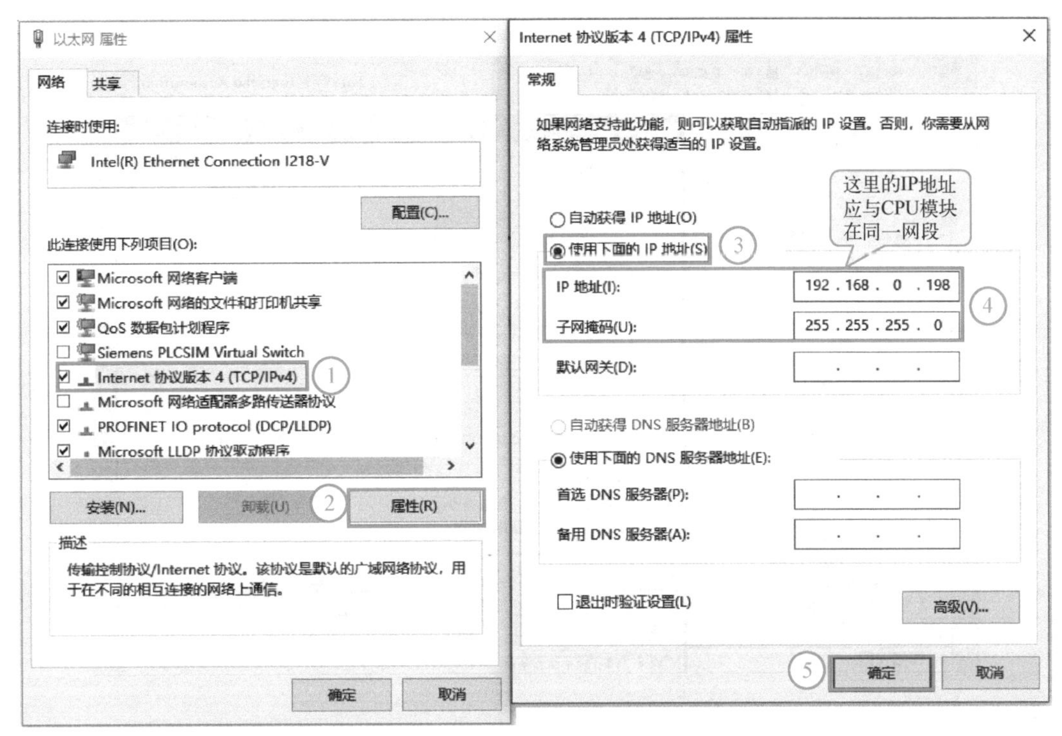

图 3-32　修改计算的 IP 地址（二）

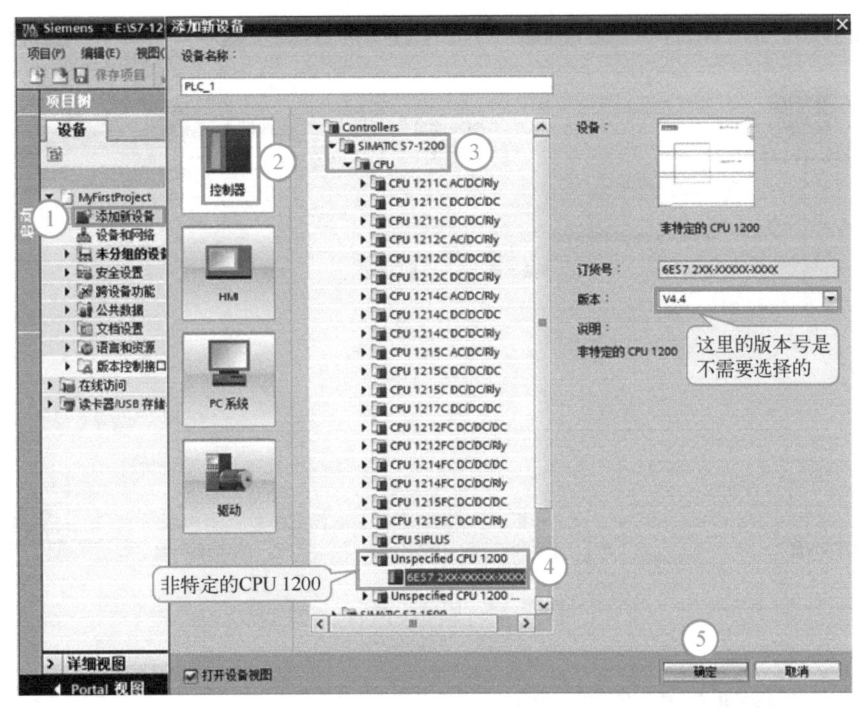

图 3-33　添加设备（一）

如图 3-35 所示，先选择以太网接口和有线网卡，单击“开始搜索”按钮，弹出如图 3-36 所示界面，选择搜索到的设备“plc_1”，单击“检测”按钮，硬件检测完成后弹出如图 3-37 所示的界面。可以看到，一次把 3 个设备都添加完成，而且硬件的订货号和版本号都是匹配的。

图 3-34 添加设备（二）

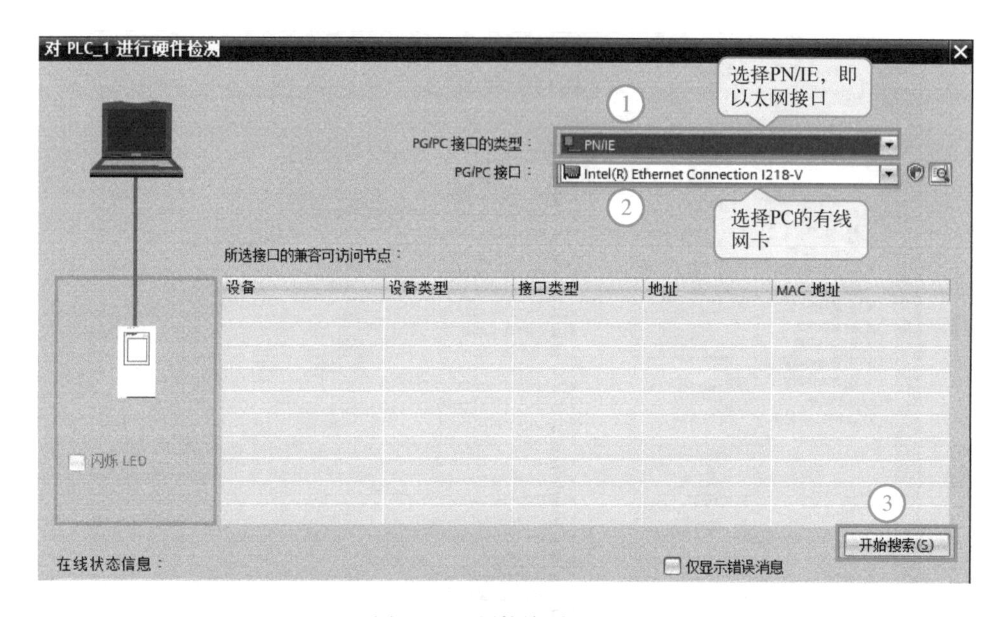

图 3-35 硬件检测（一）

3.4.3 程序下载到 CPU 模块

程序的输入与 3.3.5 节相同，在此不再重复，如图 3-38 所示，选中要下载的 CPU 模块（本例为 PLC_1），单击“下载到设备”按钮，弹出如图 3-39 所示的界面，单击“开始搜索”按钮，选中搜索的设备“PLC_1”，单击“下载”按钮。

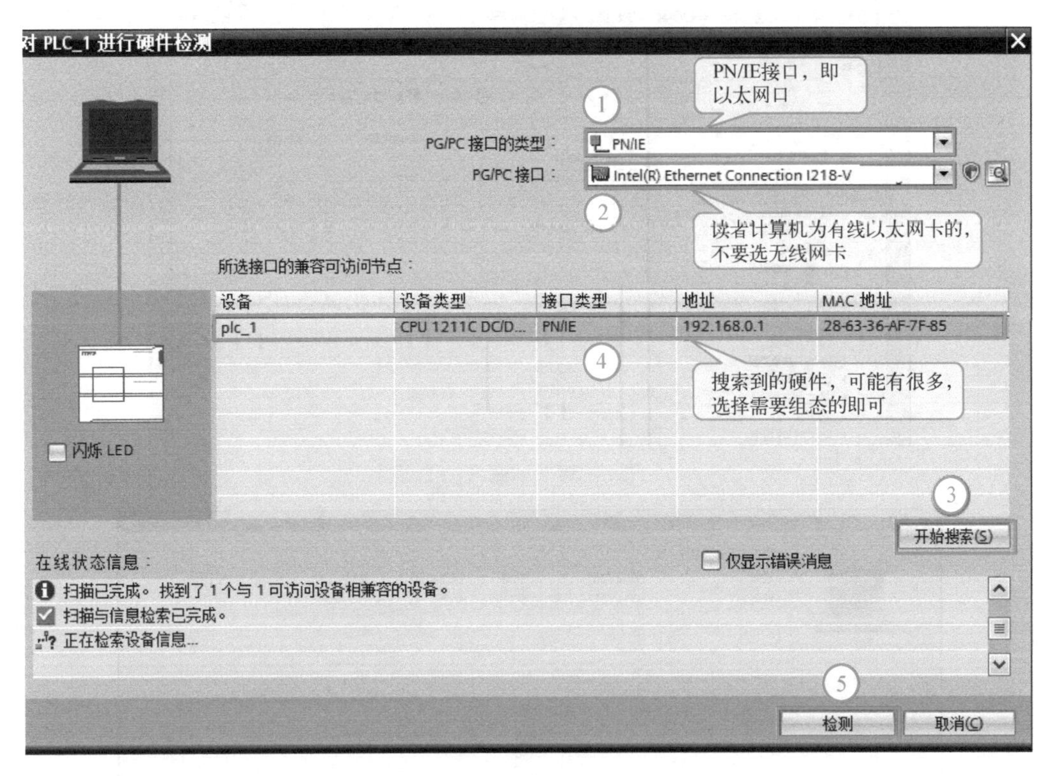

图 3-36　硬件检测（二）

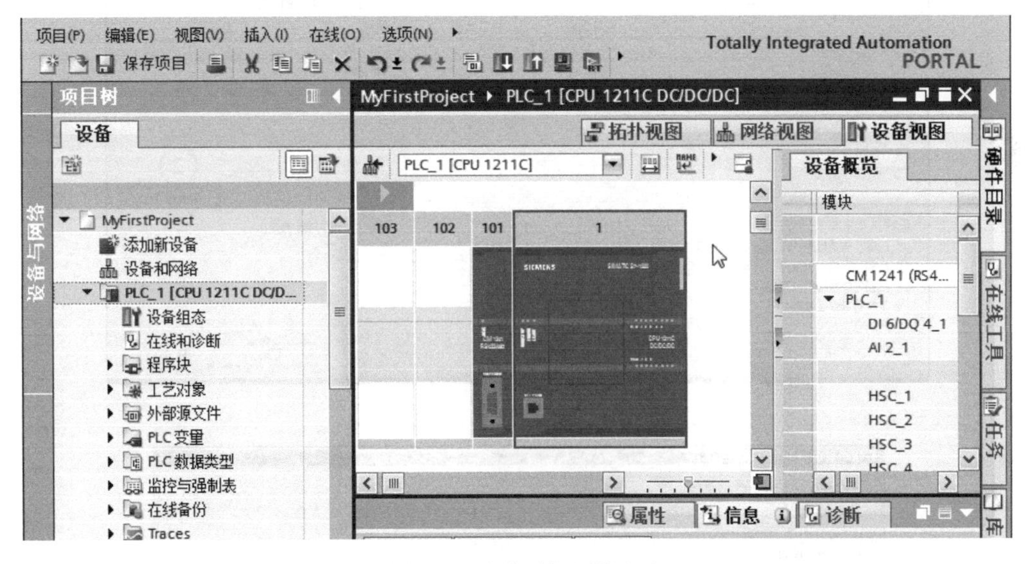

图 3-37　在线添加硬件完成

如图 3-40 所示，单击“在不同步的情况下继续”按钮，弹出如图 3-41 所示的界面，单击“装载”按钮，当装载完成后弹出如图 3-42 所示的界面。显示“错误：0”，表示项目下载成功。

程序的监视与 3.3.7 节相同，在此不再赘述。

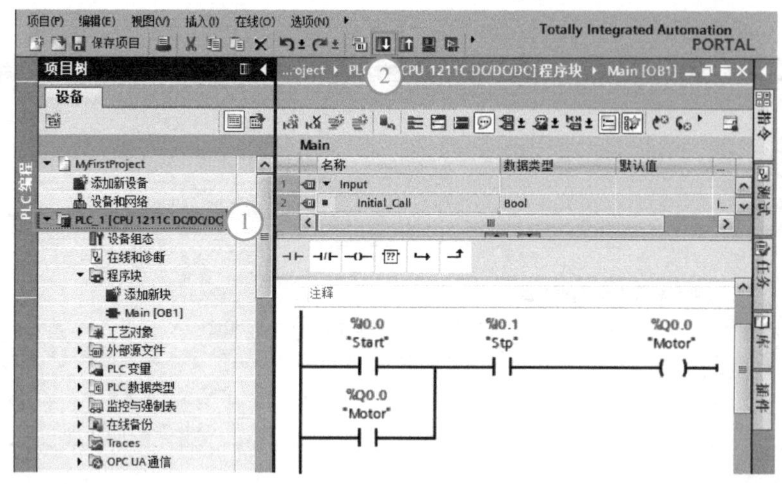
图 3-38　下载（一）

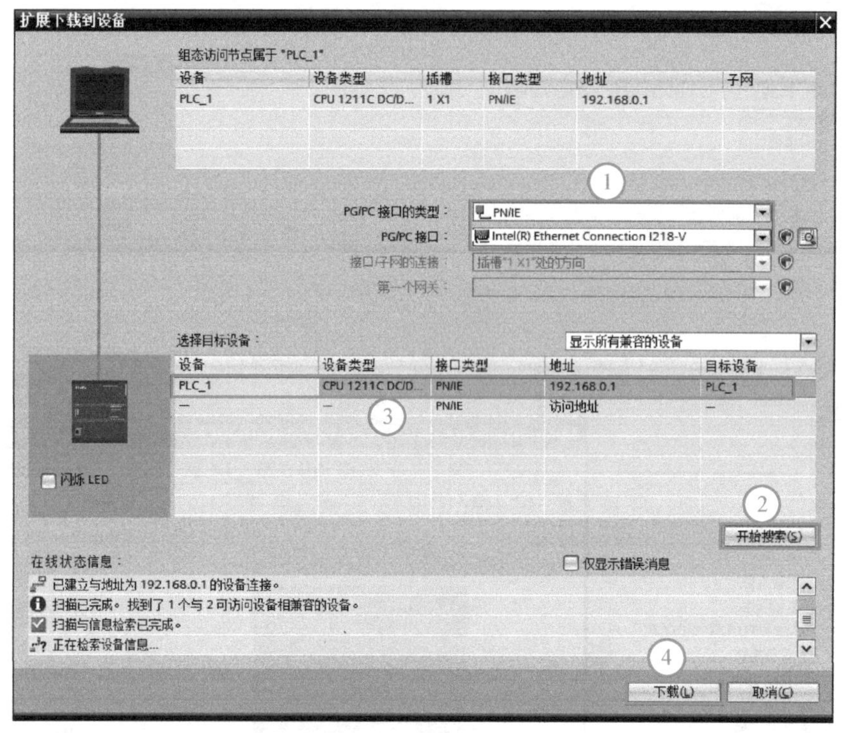
图 3-39　下载（二）

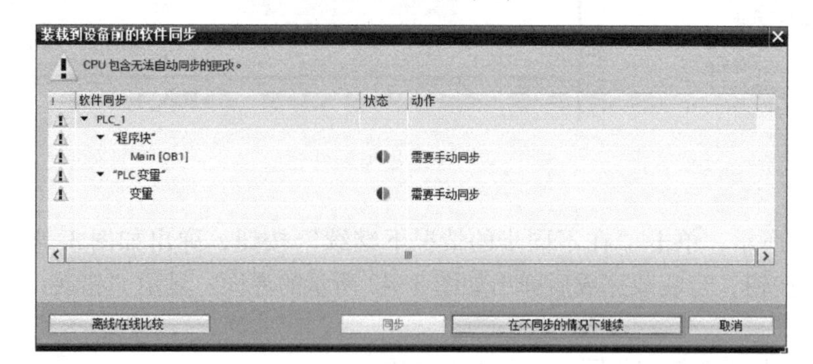
图 3-40　下载（三）

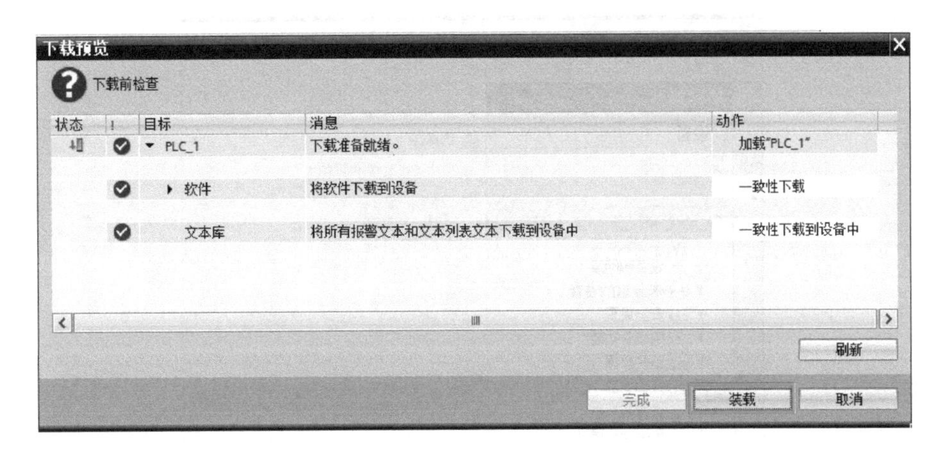

图 3-41　下载（四）

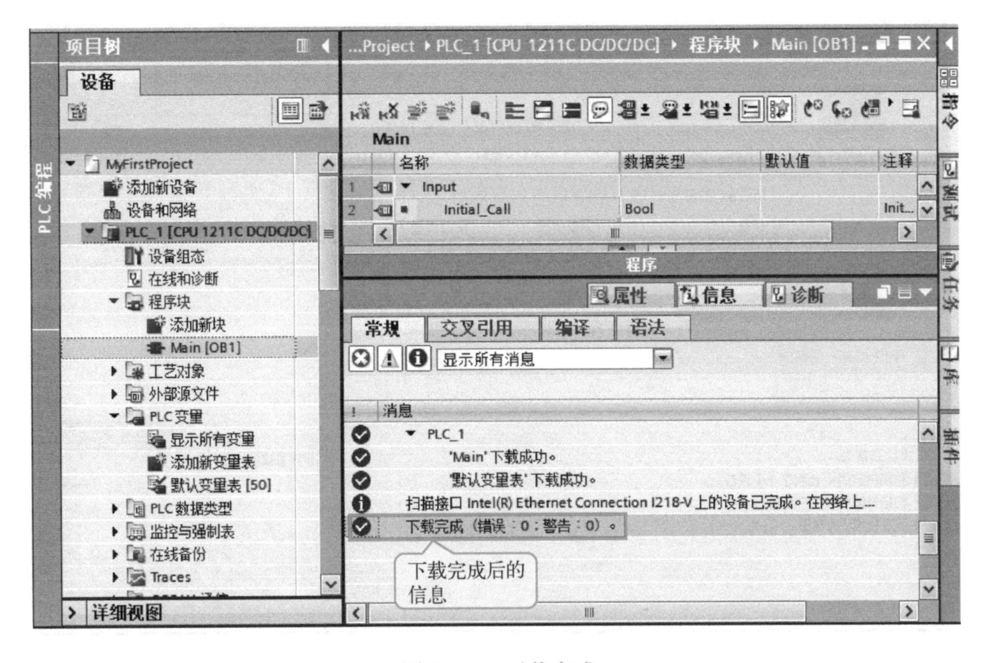

图 3-42　下载完成

3.5　程序上载

视频
S7-1200 PLC
程序上载
（上传）

程序上载与硬件的检测是有区别的。硬件的检测可以理解为硬件的上载，且不需要密码，而程序的上载需要密码（如程序已经加密），可以上载硬件和软件。

新建一个空项目，如图 3-43 所示，选中项目名“Upload”，再单击菜单栏中的“在线”→“将设备作为新站上传（硬件和软件）”命令，弹出如图 3-44 所示的界面。选择计算机的以太网口“PN/IE”，单击“开始搜索”按钮，选中搜索到的设备“plc_1”，单击“从设备上传”按钮，设备中的“硬件和软件”，上传到计算机中。

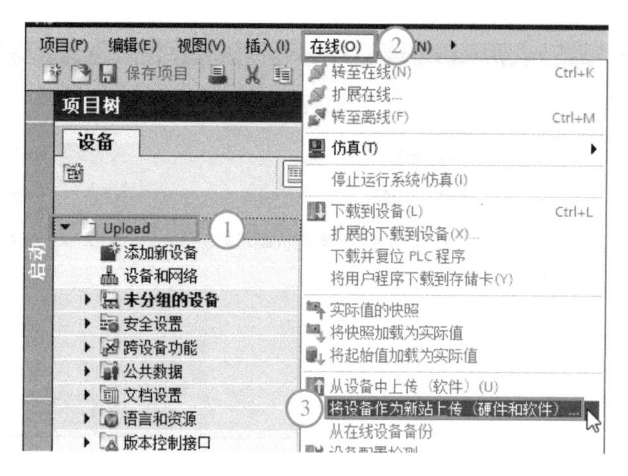

图 3-43　上传（一）

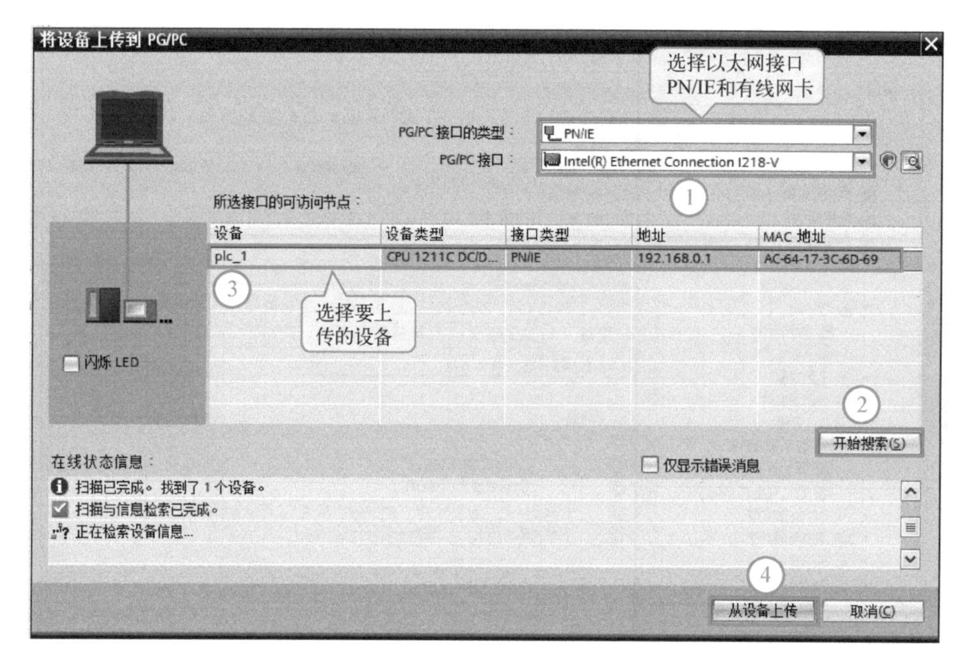

图 3-44　上传（二）

3.6　使用快捷键

在程序的输入和编辑过程中，使用快捷键能极大地提高项目编辑效率，使用快捷键是良好的工程习惯。常用的快捷键与功能的对照见表 3-2。

注意：有的计算机在使用快捷键时，还需要在表 3-2 列出快捷键前面加〈Fn〉键。

以下用一个简单的例子介绍快捷键的使用。

在 TIA Portal 软件的项目视图中，打开块 OB1，选中“程序段 1”，依次按快捷键〈Shift+F2〉〈Shift+F3〉和〈Shift+F7〉，则依次插入常开触点、常闭触点和线圈，如图 3-45 所示。

表 3-2　常用的快捷键与功能的对照

序号	功　　能	快捷键	序号	功　　能	快捷键
1	插入常开触点-| |-	Shift+F2	16	打开“信息”选项卡	Alt+7
2	插入常闭触点-|/|-	Shift+F3	17	打开“诊断”选项卡	Alt+8
3	插入线圈-( )-	Shift+F7	18	编译对象	Ctrl+B
4	插入空功能框[??]	Shift+F5	19	在线设备编辑	Ctrl+D
5	打开分支↳	Shift+F8	20	在线设备	Ctrl+K
6	关闭分支↲	Shift+F9	21	离线设备	Ctrl+M
7	插入程序段	Ctrll+R	22	下载设备	Ctrl+L
8	展开所有程序段	Alt+F11	23	修改变量为 1	Ctrl+F2
9	折叠所有程序段	Alt+F12	24	修改变量为 0	Ctrl+F3
10	打开/关闭项目树	Alt+1	25	编程时定义变量	Ctrl+Shift+I
11	打开/关闭总览	Alt+2	26	停止 CPU	Ctrl+Shift+Q
12	打开/关闭任务卡	Alt+3	27	启动 CPU	Ctrl+Shift+E
13	打开/关闭详细视图	Alt+4	28	修改变量数值	Ctrl+Shift+2
14	打开/关闭巡视窗口	Alt+5	29	竖直排列窗口	F12
15	打开“属性”选项卡	Alt+6	30		

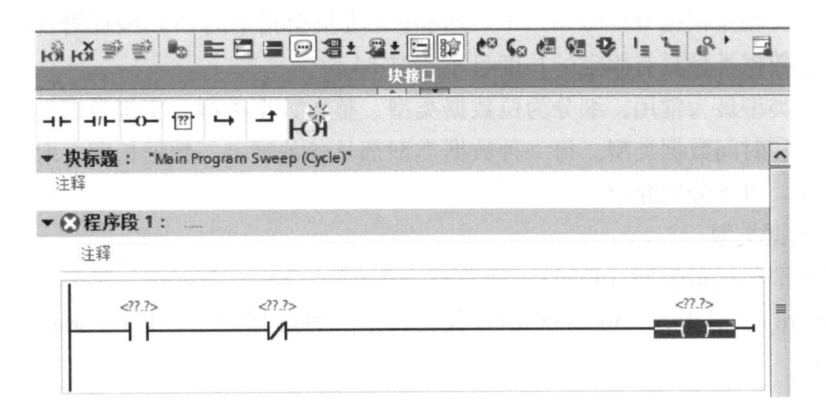

图 3-45　用快捷键输入程序

3.7　习题

1. 安装 TIA Portal 软件的注意事项有哪些？
2. 计算机安装 TIA Portal 软件需要哪些软、硬件条件？
3. TIA Portal 软件包括哪几部分？
4. 在线和离线组态硬件的特点是什么？
5. 怎样用 TIA Portal 软件修改 S7-1200/1500 CPU 模块的 IP 地址？

第 4 章　S7-1200/1500 PLC 的编程语言

本章介绍 S7-1200/1500 PLC 的编程基础知识（数据类型和数据存储区）、指令系统及其应用。本章内容较多，是 PLC 入门的关键，掌握本章内容标志着 S7-1200/1500 初步入门。

4.1　S7-1200/1500 PLC 的编程基础知识

视频
S7-12001500
PLC 的数据
类型

4.1.1　数据类型

数据是程序处理和控制的对象，在程序运行过程中，数据是通过变量来存储和传递的。变量有两个要素：名称和数据类型。对程序块或者数据块的变量声明时，都要包括这两个要素。

数据的类型决定了数据的属性，例如数据长度和取值范围等。TIA Portal 软件中的数据类型分为三大类：基本数据类型、复杂数据类型和其他数据类型。

1. 基本数据类型

基本数据类型是根据 IEC 61131-3（国际电工委员会指定的 PLC 编程语言标准）来定义的，每个基本数据类型具有固定的长度且不超过 64 位。

基本数据类型最为常用，细分为位数据类型、整数数据类型、字符数据类型、定时器数据类型及日期和时间数据类型。每一种数据类型都具备关键字、数据长度、取值范围和常数表等格式属性。以下分别介绍。

（1）位数据类型

位数据类型包括布尔型（Bool）、字节型（Byte）、字型（Word）、双字型（DWord）和长字型（LWord）。对于 S7-300/400 PLC 仅支持前 4 种数据类型。TIA Portal 软件的位数据类型见表 4-1。

表 4-1　位数据类型

关键字/说明	长度（位）	取 值 范 围	输 入 实 例
Bool/布尔型	1	True 或 False（1 或 0）	TRUE、BOOL#1、BOOL#TRUE
Byte/字节型	8	B#16#0~B#16#FF	15、BYTE#15、BYTE#10#15、B#15、IB0
Word/字型	16	十六进制：W#16#0~W#16#FFFF	16#F0F0、WORD#16#F0F0、W#16#F0F0、IW0
DWord/双字型	32	十六进制：（DW#16#0~DW#16#FFFF_FFFF）	16#00F0_FF0F、DW#16#00F0_FF0F、DWORD#16#00F0_FF0F、ID0
LWord/长字型	64	十六进制：（LW#16#0~LW#16#FFFF_FFFF_FFFF_FFFF）	16#0000_0000_5F52_DE8B、LWORD#16#0000_0000_5F52_DE8B、LW#16#0000_0000_5F52_DE8B；仅 S7-1500 支持

注：在 TIA Portal 软件中，关键字不区分大小写，如 Bool 和 BOOL 都是合法的，不必严格区分。

（2）整数和浮点数的数据类型

整数数据类型包括有符号整数和无符号整数。有符号整数包括：短整数型（SInt）、整数型（Int）、双整数型（DInt）和长整数型（LInt）。无符号整数包括：无符号短整数型（USInt）、无符号整数型（UInt）、无符号双整数型（UDInt）和无符号长整数型（ULInt）。整数没有小数点。对于 S7-300/400 PLC 仅支持整数型（Int）和双整数型（DInt）。

实数数据类型包括实数（Real）和长实数（LReal）。实数也称为浮点数。对于 S7-300/400 PLC 仅支持实数（Real）。浮点数有正负且带小数点。TIA Portal 软件的整数和浮点数数据类型见表 4-2。

表 4-2　整数和浮点数数据类型

关键字/说明	长度（位）	取值范围	输入实例
SInt/8 位有符号整数	8	-128~127	+44、SINT#+44、SINT#10#+44、MB0
Int/16 位有符号整数	16	-32768~32767	+3_785、INT#+3_785、INT#10#+3_785、MW0
DInt/32 位有符号整数	32	-L#2147483648~L#2147483647	+125_790、DINT#+125_790、DINT#10#+125_790、L#275、MD0
LInt/64 位有符号整数	64	-9223372036854775808~+9223372036854775807	+154_325_790_816_159、LINT#+154_325_790_816_159、LINT#10#+154_325_790_816_159、MD0；仅 S7-1500 支持
USInt/8 位无符号整数	8	0~255	78、USINT#78、USINT#10#78、MB0
UInt/16 位无符号整数	16	0~65535	65_295、UINT#65_295、UINT#10#65_295、MW0
UDInt/32 位无符号整数	32	0~4294967295	4_042_322_160、UDINT#4_042_322_160、UDINT#10#4_042_322_160、MD0
ULInt/64 位无符号整数	64	0~18446744073709551615	154_325_790_816_159、ULINT#154_325_790_816_159、ULINT#10#154_325_790_816_159；仅 S7-1500 支持
Real/实数/32 位 IEEE 754 标准浮点数	32	-3.402823E38~-1.175495E-38 +1.175495E-38~+3.402823E38	1.8、1.0e-5、REAL#1.0e-5、MD0
LReal/长实数/64 位 IEEE 754 标准浮点数	64	-1.7976931348623158e+308~-2.2250738585072014e-308 +2.2250738585072014e-308~+1.7976931348623158e308	1.8、1.0e-5、LREAL#1.0e-5；仅 S7-1200/1500 支持

（3）字符数据类型

字符数据类型有字符 Char 和宽字符 WChar，数据类型 Char 的操作数长度为 8 位，在存储器中占用 1Byte。Char 数据类型以 ASCII 格式存储单个字符，例如大写字母 A 的 ASCII 是 65，即存放字符'A'的变量值是 65。其使用时输入举例，如 Char#'A'。

对于英语的每个字母和数字，使用 ASCII 码的 128 个字符中单个字符表达就足够了，但对于汉语和日语就不够，要使用 2 字节表达的“Unicode”。宽字符 WChar 数据类型存储以 Unicode 格式存储的扩展字符集中的单个字符，但只涉及整个 Unicode 范围的一部分。控制字符在输入时，以美元符号表示。其使用时输入举例，如 WChar#'A'。

TIA Portal 软件的字符数据类型见表 4-3。

表 4-3 字符数据类型

关键字/说明	长度/位	取 值 范 围	输 入 举 例
Char/字符	8	ASCII 字符集	'A'、Char#'A'
WChar/长字符	16	Unicode 字符集，$0000~$D7FF	WChar#'A'

（4）定时器数据类型

定时器数据类型主要包括时间（Time）、S5 时间（S5Time）和长时间（LTime）数据类型。对于 S7-300/400 PLC 仅支持前两种数据类型。

S5 时间数据类型（S5Time）以 BCD 格式保存持续时间，用于数据长度为 16 位 S5 定时器。持续时间由 0~999（2H_46M_30S）范围内的时间值和时间基线决定。时间基线指示定时器时间值按步长 1 减少，直至为“0”的时间间隔。时间的分辨率可以通过时间基线来控制。

时间数据类型（Time）的操作数内容以毫秒表示，用于数据长度为 32 位的 IEC 定时器，表示信息包括天（d）、小时（h）、分钟（m）、秒（s）和毫秒（ms）。

长时间数据类型（LTime）的操作数内容以纳秒表示，用于数据长度为 64 位的 IEC 定时器，表示信息包括天（d）、小时（h）、分钟（m）、秒（s）、毫秒（ms）、微秒（μs）和纳秒（ns）。TIA Portal 软件的定时器数据类型见表 4-4。

表 4-4 定时器数据类型

关键字/说明	长度/位	取 值 范 围	输 入 举 例
S5Time/S5 时间	16	S5T#0MS~S5T#2H_46M_30S_0MS	S5T#10s、S5TIME#10s；S7-1200 不支持
Time/IEC 时间	32	T#-24d20h31m23s648ms~T#+24d20h31m-23s647ms	T#20s_630ms、TIME#20s_630ms
LTime/IEC 长时间	64	LT#-106751d23h47m16s854ms775us808ns~LT#+106751d23h47m16s854ms775us807ns	LT#20s_630ms、LTIME#20s_630ms；仅 S7-1500 支持

（5）日期和时间数据类型

日期和时间数据类型包括：日期（Date）、日时间（TOD）、长日时间（LTOD）、日期时间（Date_And_Time）、日期长时间（Date_And_LTime）和长日期时间（DTL），以下分别介绍。

1）日期（Date）。Date 数据类型将日期作为无符号整数保存，表示法中包括年、月和日。数据类型 Date 的操作数为十六进制形式，对应于自 1990 年 1 月 1 日以后的日期值。

2）日时间（TOD）。TOD（Time_Of_Day）数据类型占用一个双字，存储从当天 0:00h 开始的毫秒数，为无符号整数。

3）日期时间（Date_And_Time）。数据类型 DT（Date_And_Time）存储日期和时间信息，格式为 BCD。TIA Portal 软件的日期和时间数据类型见表 4-5。

表 4-5 日期和时间数据类型

关键字/说明	长度（字节）	取 值 范 围	输 入 举 例
Date/日期	2	D#1990-01-01~D#2168-12-31	D#2009-12-31、DATE#2009-12-31
Time_Of_Day/日时间	4	TOD#00:00:00.000~TOD#23:59:59.999	TOD#10:20:30.400、TIME_OF_DAY#10:20:30.400

（续）

关键字/说明	长度（字节）	取值范围	输入举例
LTime_Of_Day/长日时间	8	LTOD#00:00:00.000000000 ~ LTOD#23:59:59.999999999	LTOD#10:20:30.400_365_215、LTIME_OF_DAY#10:20:30.400_365_215；仅 S7-1500 支持
Date_And_Time/日期时间	8	最小值：DT#1990-01-01-00:00:00.000 最大值：DT#2089-12-31-23:59:59.999	DT#2008-10-25-08:12:34.567、DATE_AND_TIME#2008-10-25-08:12:34.567
Date_And_LTime/日期长时间	8	最小值：LDT#1970-01-01-0:0:0.000000000 最大值：LDT#2200-12-31-23:59:59.999999999	LDT#2008-10-25-08:12:34.567；仅 S7-1500 支持
DTL/长日期时间	12	最小值：DTL#1970-01-01-00:00:00.0 最大值：DTL#2200-12-31-23:59:59.999999999	DTL#2008-12-16-20:30:20.250；仅 S7-1500 支持

2. 复杂数据类型

复杂数据类型是一种由其他数据类型组合而成的，或者长度超过 32 位的数据类型，TIA Portal 软件中的复杂数据类型包含：String（字符串）、WString（宽字符串）、Array（数组类型）、Struct（结构体类型）和 UDT（PLC 数据类型），复杂数据类型相对较难理解和掌握，以下分别介绍。

（1）字符串和宽字符串

1）String（字符串）。其长度最多有 254 个字符的组（数据类型 Char）。为字符串保留的标准区域是 256 个字节长。这是保存 254 个字符和 2 个字节的标题所需要的空间。可以通过定义即将存储在字符串中的字符数目来减少字符串所需要的存储空间（例如：String[10]、'Siemens'、STRING#'NAME'）。

2）WString（宽字符串）。数据类型为 WString（宽字符串）的操作数存储一个字符串中多个数据类型为 WChar 的 Unicode 字符。如果不指定长度，则字符串的长度为预置的 254 个字符。在字符串中，可使用所有 Unicode 格式的字符。这意味着也可在字符串中使用中文字符，实例表示：WSTRING#'Hello World'。

（2）Array（数组类型）

Array（数组类型）表示一个由固定数目的同一种数据类型元素组成的数据结构。允许使用除了 Array 之外的所有数据类型。

1）数组元素通过下标进行寻址。在数组声明中，下标限值定义在 Array 关键字之后的方括号中。下限值必须小于或等于上限值。一个数组最多可以包含 6 维，并使用逗号隔开维度限值。

例如：数组 Array[1..20] of Real 的含义是包括 20 个元素的一维数组，元素数据类型为 Real；数组 Array[1..2, 3..4] of Char 含义是包括 4 个元素的二维数组，元素数据类型为 Char。

2）创建数组的方法。在项目视图的项目树中，双击“添加新块”选项，弹出新建块界面，新建“DB1”，在“名称”栏中输入“Ary”，在“数据类型”栏中输入“Array[1..20] of Real”，如图 4-1 所示，数组创建完成。单击 Ary 前面的三角符号▸，可以查看到数组的所有元素，还可以修改每个元素的“起始值”（初始值），如图 4-2 所示。

（3）Struct（结构体类型）

该类型是由不同数据类型组成的复合型数据，通常用来定义一组相关数据。例如电动机的一组数据可以按照如图 4-3 所示的方式定义，在“DB1”的“名称”栏中输入“Motor”，在“数据类型”栏中输入“Struct”（也可以单击下拉三角选取），之后可创建结构体的其他元素，如本例的“Speed”。DB1. Motor. Speed 的起始值为 98. 0。

保持实际值　快照　将快照值复制到起始值中

DB1

	名称	数据类型	起始值	保持	从 HMI/OPC..	从 H...
1	▼ Static			☐	☐	☐
2	▶ Ary	Array[1..20] of Real		☐	☑	☑
3	<新增>			☐	☐	☐

图 4-1　创建数组

保持实际值　快照　将快照值复制到起始值中

DB1

	名称	数据类型	起始值	保持	从 HMI/OPC..	从 H...
1	▼ Static			☐	☐	☐
2	▼ Ary	Array[1..20] of Real		☐	☑	☑
3	Ary[1]	Real	0.0	☐	☑	☑
4	Ary[2]	Real	0.0	☐	☑	☑
5	Ary[3]	Real	0.0	☐	☑	☑
6	Ary[4]	Real	0.0	☐	☑	☑
7	Ary[5]	Real	0.0	☐	☑	☑

图 4-2　查看数组元素

保持实际值　快照　将快照值复制到起始值中

DB1

	名称	数据类型	起始值	保持	从 HMI/OPC..
1	▼ Static			☐	☐
2	▶ Ary	Array[1..20] of Real		☐	☑
3	▼ Motor	Struct		☐	☑
4	Start	Bool	false	☐	☑
5	EStop	Bool	false	☐	☑
6	Speed	Real	98.0	☐	☑

图 4-3　创建结构

（4）UDT（PLC 数据类型）

UDT 是由不同数据类型组成的复合型数据，与 Struct 不同的是，UDT 是一个模版，可以用来定义其他的变量，UDT 在经典 STEP 7 中称为自定义数据类型。PLC 数据类型的创建方法如下：

1）在项目视图的项目树中，双击“添加新数据类型”选项，弹出如图 4-4 所示界面，创建一个名称为“UDT”的结构，并将新建的 PLC 数据类型名称重命名为“Motor”。

UDT

	名称	数据类型	默认值	从 HMI/OPC..	从 H...	在 HMI ...
1	▼ Motor	Struct		☑	☑	☑
2	Speed	Real	0.0	☑	☑	☑
3	Start	Bool	false	☑	☑	☑
4	EStop	Bool	false	☑	☑	☑

图 4-4　创建 PLC 数据类型（一）

2）在“DB1”的“名称”栏中输入“Motor1”和“Motor2”，在“数据类型”栏中输入“UDT”，这样操作后，“Motor1”和“Motor2”的数据类型变成了“UDT”，如图 4-5 所示。

保持实际值　快照　将快照值复制到起始值中

DB1

	名称	数据类型	起始值	保持	从 HMI/OPC..
1	▼ Static			☐	☐
2	▪ ▶ Motor1	"UDT"		☐	☑
3	▪ ▼ Motor2	"UDT"		☐	☑
4	▪ ▼ Motor	Struct		☐	☑
5	▪ Speed	Real	0.0	☐	☑
6	▪ Start	Bool	false	☐	☑
7	▪ EStop	Bool	false	☐	☑
8	▪ ▶ Motor3	"UDT"		☐	☑

图 4-5　创建 PLC 数据类型（二）

使用 PLC 数据类型给编程带来较大的便利性，因此较为重要，相关内容在后续章节还要介绍。

3. 其他数据类型

对于 S7-1200/1500 PLC，除了基本数据类型和复杂数据类型外，还有包括指针、参数类型、系统数据类型和硬件数据类型等。

【例 4-1】请指出以下数据的含义，DINT#58、S5T#58s、58、BYTE#10#58、T#58s、P# M0. 0 Byte 10。

解：

1）DINT#58：表示双整数 58。

2）S5T#58s：表示 S5 和 S7 定时器中的定时时间 58 s，S7-1200 不支持。

3）58：表示整数 58。

4）BYTE#10#58：表示计十进制的 58，字节数据类型。

5）T#58s：表示 IEC 定时器中定时时间 58 s。

6）P#M0. 0Byte 10：表示从 MB0 开始的 10 个字节。

> **关 键 提 示**
>
> 理解例 4-1 中的数据表示方法至关重要，无论对于编写程序还是阅读程序都是必须要掌握的。

4. 1. 2　S7-1200/1500 PLC 的存储区

视频
S7-12001500 PLC 的数据存储区

S7-1200/1500 PLC 的存储区由装载存储器、工作存储器、保持存储器和系统存储器组成。工作存储器类似于计算机的内存条，装载存储器类似于计算机的硬盘。以下分别介绍 4 种存储器。

1. 装载存储器

装载存储器用于保存逻辑块、数据块和系统数据。下载程序时，用户程序下载到装载存储器。在 PLC 上电时，CPU 把装载存储器中可执行的部分复制到工作存储器。而 PLC 断电时，需要保存的数据自动保存在装载存储器中。装载存储器是非易失性存储器（断电不丢失数据），相当于计算机的硬盘。S7-1200 CPU 内置装载存储器，其 SD 卡是非必选件，而 S7-1500 CPU 没有内置装载存储器，其 SD 卡是必选件。

对于 S7-300/400 PLC 符号表、注释和 UDT 不能下载，只保存在编程设备中。而对于 S7-1200/1500 PLC，变量表、注释和 UDT 均可以下载到装载存储器。

2. 工作存储器

工作存储器集成在 CPU 中的高速存取的 RAM 存储器，是易失性存储器（断电丢失数据），用于存储 CPU 运行时的用户程序和数据，如组织块、功能块等。工作存储器相当于计算的内存，当 CPU 上电后，先把用户程序中的可执行代码和所需要的数据从装载存储器拷贝到工作存储器，然后才开始执行程序。用模式选择开关复位 CPU 的存储器时，RAM 中程序被清除，但装载存储器中的程序不会被清除。

3. 保持存储器

保持存储器的数据断电后仍然保持，保持存储器是非易失性存储器。位存储器、定时器、计数器和数据块的属性中有“可保持性”选项，如选中此项，当断电时，数据拷贝到保持存储器中。当系统再次上电数据从保持存储器拷贝到相应的变量中。

4. 系统存储器

系统存储器是 CPU 为用户提供的存储组件，用于存储用户程序的操作数据，例如过程映像输入、过程映像输出、位存储、定时器、计数器、块堆栈和诊断缓冲区等。系统存储器是易失性存储器。

注意：

1）S7-1500 PLC 没有内置装载存储器，必须使用 SD 卡。SD 卡的外形如图 4-6 所示。此卡为黑色，不能用 S7-300/400 PLC 用的绿色卡替代。此卡不可带电插拔（热插拔）。

2）S7-1200/1500 PLC 的 RAM 不可扩展。RAM 不够用的明显标志是 PLC 频繁死机，解决办法是更换 RAM 更大的 PLC（通常是更高端的 CPU 模块）。

图 4-6　S7-1200/1500 PLC 用 SD 卡外形

（1）过程映像输入区（I）

过程映像输入区与输入端相连，是专门用来接收 PLC 外部开关信号的元件。在每次扫描周期的开始，CPU 对物理输入点进行采样，并将采样值写入过程映像输入区中。可以按位、字节、字或双字来存取过程映像输入区中的数据，等效电路如图 4-7 所示，真实的回路中当按钮闭合，线圈 I0.0 得电，经过 PLC 内部电路的转化，使得梯形图中常开触点 I0.0 闭合，常闭触点 I0.0 断开，理解这一点很重要。

位格式：I[字节地址].[位地址]，如 I0.0。

字节、字和双字格式：I[长度][起始字节地址]，如 IB0、IW0 和 ID0。

若要存取存储区的某一位（访问一个地址），则必须指定地址，包括存储器标识符、字节地址和位地址。图 4-8 是一个位表示法的例子。其中，存储器区、字节地址（I 代表输入，2 代表字节 2）用点号（.）隔开。

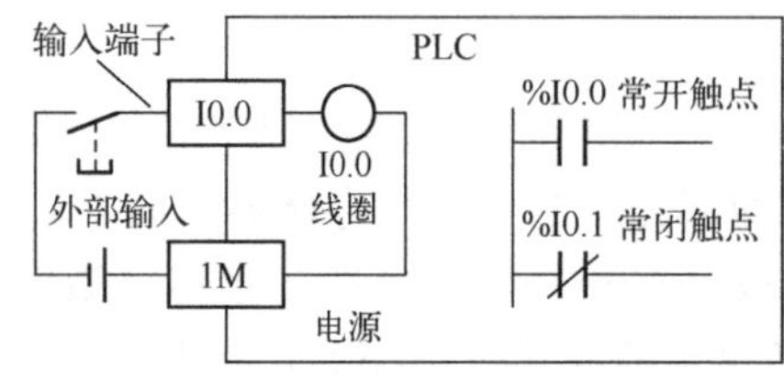

图 4-7　过程映像输入区 I0.0 的等效电路

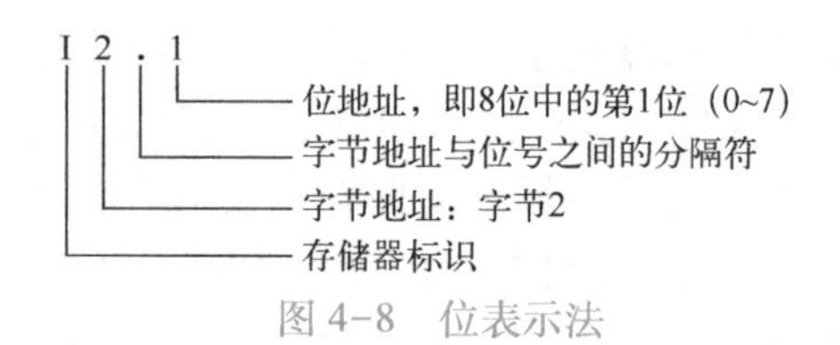

图 4-8　位表示法

（2）过程映像输出区（Q）

过程映像输出区是用来将 PLC 内部信号输出传送给外部负载（用户输出设备）。过程映像输出区线圈是由 PLC 内部程序的指令驱动，其线圈状态传送给输出单元，再由输出单元对应的硬触点来驱动外部负载。

过程映像输入和输出区等效电路如图 4-9 所示。当输入端的 SB1 按钮闭合（输入端硬件线路组成回路)→I0.0 线圈得电，经过 PLC 内部电路的转化→梯形图中的 I0.0 常开触点闭合→梯形图的线圈 Q0.0 得电自锁→经过 PLC 内部电路的转化，使得真实回路中的常开触点 Q0.0 闭合→从而使得外部设备线圈得电（输出端硬件线路组成回路)。当输入端的 SB2 按钮闭合（输入端硬件线路组成回路)→I0.1 线圈得电，经过 PLC 内部电路的转化→梯形图中的 I0.1 常闭触点断开→梯形图的线圈 Q0.0 断电→经过 PLC 内部电路的转化，使得真实回路中的常开触点 Q0.0 断开→从而使得外部设备线圈断电，理解这一点很重要。

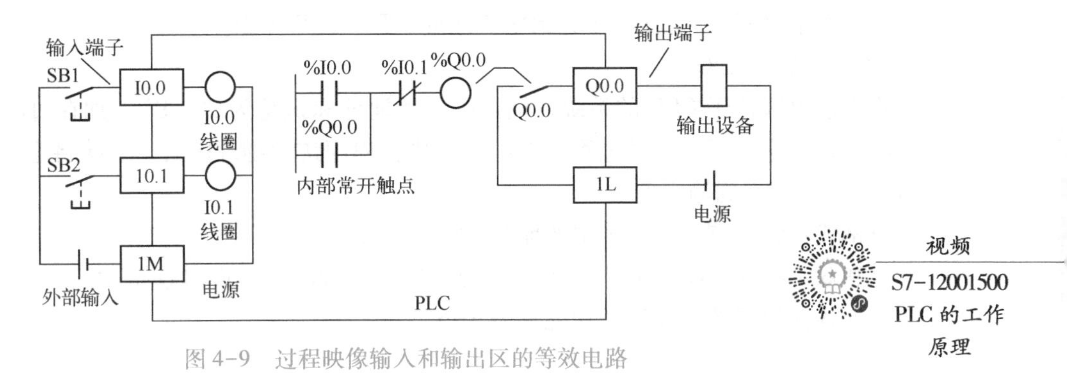

图 4-9　过程映像输入和输出区的等效电路

在每次扫描周期的结尾，CPU 将过程映像输出区中的数值复制到物理输出点上，可以按位、字节、字或双字来存取过程映像输出区。

位格式，Q[字节地址].[位地址]，如 Q1.1。

字节、字和双字格式，Q[长度][起始字节地址]，如 QB8、QW8 和 QD8。

（3）标识位存储区（M）

标识位存储区是 PLC 中数量较多的一种存储区。一般的标识位存储区与继电器控制系统中的中间继电器相似。标识位存储区不能直接驱动外部负载，这点请初学者注意，负载只能由过程映像输出区的外部触点驱动。标识位存储区的常开与常闭触点在 PLC 内部编程时，可无限次使用。M 的数量根据不同型号的 PLC 而不同。可以用位存储区来存储中间操作状态和控制信息，并且可以按位、字节、字或双字来存取位存储区。

位格式：M[字节地址].[位地址]，如 M2.7。

字节、字和双字格式：M[长度][起始字节地址]，如 MB10、MW10 和 MD10。

（4）数据块存储区（DB）

数据块可以存储在装载存储器、工作存储器以及系统存储器中（块堆栈)，共享数据块的标识符为“DB”。数据块的大小与 CPU 的型号相关。数据块默认为掉电保持，不需要额外设置。

（5）本地数据区（L）

本地数据区位于 CPU 的系统存储器中，其地址标识符为“L”，包括函数、函数块的临时变量、组织块中的开始信息、参数传递信息以及梯形图的内部结果。在程序中访问本地数据区的表示法与输入相同。本地数据区的数量与 CPU 的型号有关。

本地数据区和标识位存储区 M 很相似，但只有一个区别：标识位存储区 M 是全局有效的，而本地数据区只在局部有效。全局是指同一个存储区可以被任何程序存取（包括主程序、子程序和中断服务程序），局部是指存储器区和特定的程序相关联。

位格式：L[字节地址].[位地址]，如 L0.0。

字节、字和双字格式：L[长度][起始字节地址]，如 LB0。

（6）物理输入区

物理输入区位于 CPU 的系统存储器中，其地址标识符为“：P”，加在过程映像区地址的后面。物理输入区不经过过程映像区的扫描，程序访问物理区时，直接将输入模块的信息读入，并作为逻辑运算的条件。

位格式：I[字节地址].[位地址]，如 I2.7:P。

字或双字格式：I[长度][起始字节地址]:P，如 IW8:P。

（7）物理输出区

物理输出区位于 CPU 的系统存储器中，其地址标识符为“：P”，加在过程映像区地址的后面。物理输出区不经过过程映像区的扫描，程序访问物理区时，直接将逻辑运算的结果（写出信息）写出到输出模块。

位格式：Q[字节地址].[位地址]，如 Q2.7:P。

字和双字格式：Q[长度][起始字节地址]:P，如 QW8:P 和 QD8:P。

以上各存储器的存储区及功能见表 4-6。

表 4-6　存储区及功能

地址存储区	范　围	S7 符号	举例	功能描述
过程映像输入区	输入（位）	I	I0.0	扫描周期期间，CPU 从模块读取输入，并记录此区域中的值
	输入（字节）	IB	IB0	
	输入（字）	IW	IW0	
	输入（双字）	ID	ID0	
过程映像输出区	输出（位）	Q	Q0.0	扫描周期期间，程序计算输出值并将它放入此区域，扫描结束时，CPU 发送计算输出值到输出模块
	输出（字节）	QB	QB0	
	输出（字）	QW	QW0	
	输出（双字）	QD	QD0	
标识位存储区	标识位存储区（位）	M	M0.0	用于存储程序的中间计算结果
	标识位存储区（字节）	MB	MB0	
	标识位存储区（字）	MW	MW0	
	标识位存储区（双字）	MD	MD0	
数据块存储区	数据（位）	DBx.DBX	DB1.DBX0.0	可以被所有的逻辑块使用
	数据（字节）	DBx.DBB	DB1.DBB0	
	数据（字）	DBx.DBW	DB1.DBW0	
	数据（双字）	DBx.DBD	DB1.DBD0	
本地数据区	本地数据（位）	L	L0.0	当块被执行时，此区域包含块的临时数据
	本地数据（字节）	LB	LB0	

（续）

地址存储区	范　　围	S7 符号	举例	功 能 描 述
本地数据区	本地数据（字）	LW	LW0	当块被执行时，此区域包含块的临时数据
	本地数据（双字）	LD	LD0	
物理输入区	物理输入位	I:P	I0.0:P	外围设备输入区允许直接访问中央和分布式的输入模块，不受扫描周期限制
	物理输入字节	IB:P	IB0:P	
	物理输入字	IW:P	IW0:P	
	物理输入双字	ID:P	ID0:P	
物理输出区	物理输出位	Q:P	Q0.0:P	外围设备输出区允许直接访问中央和分布式的输出模块，不受扫描周期限制
	物理输出字节	QB:P	QB0:P	
	物理输出字	QW:P	QW0:P	
	物理输出双字	QD:P	QD0:P	

【例 4-2】如果 MD0＝16#1F，那么 MB0、MB1、MB2、MB3、M0.0 和 M3.0 的数值是多少？

解：

MD0＝16#1F＝16#0000001F＝2#0000_0000_0000_0000_0000_0000_0001_1111（数据中的短线是为了阅读方便，可以没有），根据图 4-10，MB0＝0；MB1＝0；MB2＝0；MB3＝16#1F＝2#0001_1111。由于 MB0＝0，所以 M0.7～M0.0＝0；又由于 MB3＝16#1F＝2#0001_1111，将之与 M3.7～M3.0 对应，所以 M3.0＝1。

这点不同于三菱 PLC，读者要注意区分。如不理解此知识点，在编写通信程序时，如 DCS 与 S7-1200 PLC 交换数据，容易出错。

注意：在 MD0 中，由 MB0、MB1、MB2 和 MB3 共 4 字节组成，MB0 是高字节，而 MB3 是低字节，字节、字和双字的起始地址，如图 4-10 所示。

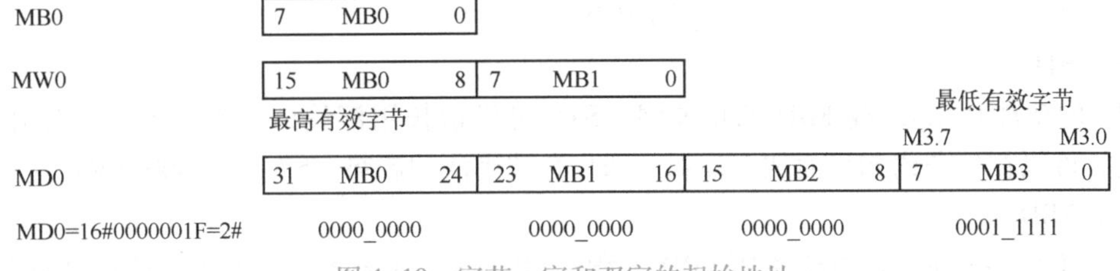

图 4-10　字节、字和双字的起始地址

4.1.3　全局变量与区域变量

1. 全局变量

全局变量可以在 CPU 的整个范围内被所有的程序块调用，例如 OB（组织块）、FC（函数）和 FB（函数块）中使用，在某一个程序块中赋值后，在其他的程序块中可以读出，没有使用限制。全局变量的地址包括 I、Q、M、T、C、DB、I:P 和 Q:P 等数据区。

例如，“Start”的地址是 I0.0，“Start”在同一台 S7-1200/1500 的组织块 OB1、函数 FC1 等中，“Start”都代表同一地址 I0.0。全局变量用双引号引用。

2. 区域变量

区域变量也称为局部变量。区域变量只能在所属块（OB、FC 和 FB）范围内调用，在程序块调用时有效，程序块调用完成后被释放，所以不能被其他程序块调用，本地数据区（L）中的变量为区域变量，例如每个程序块中的临时变量都属于区域变量。这个概念和计算机高级语言 VB、C 语言中的局部变量概念相同。

例如，#Start 的地址是 L10.0，#Start 在同一台 S7-1200/1500 的组织块 OB1 和函数 FC1 中不是同一地址。区域变量前面加前缀#。

4.1.4 编程语言

1. PLC 编程语言的国际标准

IEC 61131-3:2003（Programmable controllers Part 3:Programming languages，可编程程序控制器第 3 部分：编程语言），国家标准 GB/T 15969.3-2017 等同此标准，其定义了 5 种编程语言，分别是指令表（Instruction List，IL）、结构文本（Structured Text，ST）、梯形图（Ladder Diagram，LD）、功能块图（Function Block Diagram，FBD）和顺序功能图（Sequential Function Chart，SFC）。

2019 年 IEC 和美国著名网站 Automation.com 做了一个调研，这些语言的使用排名是：结构文本、梯形图、功能块图和顺序功能图。

2. TIA Portal 软件中的编程语言

TIA Portal 软件中有 LAD、STL、FBD、SCL 和 Graph，共 5 种基本编程语言。以下简要介绍。

（1）Graph

TIA Portal 软件中的 Graph 实际就是顺序功能图，Graph 是针对顺序控制系统进行编程的图形编程语言，特别适合顺序控制程序编写。S7-300/400/1500 支持 Graph。这种语言使用的人越来越多。

（2）LAD

LAD 直观易懂，适合于数字量逻辑控制。LAD 适合于熟悉继电器电路的用户使用。设计复杂的触点电路时适合用 LAD，其应用广泛。

（3）STL

STL 的功能比 LAD 或 FBD 的功能强。STL 可供擅长用汇编语言编程的用户使用。STL 输入快，可以在每条语句后面加上注释。STL 有被淘汰的趋势。S7-300/400/1500 支持 STL。

（4）FBD

"LOGO!"系列微型 PLC 使用 FBD 编程。FBD 适合于熟悉数字电路的用户使用。FBD 与 LAD 可以在程序中相互切换。

（5）SCL

TIA Portal 软件中的 SCL（结构化控制语言）实际就是 ST（结构文本），它符合 IEC 61131-3 标准。SCL 适合于复杂的公式计算、复杂的计算任务和最优化算法或管理大量的数据等。S7-SCL 编程语言适合于熟悉高级编程语言（例如 PASCAL 或 C 语言）的用户使用。SCL 编程语言的使用将越来越广泛。

在 TIA Portal 软件中，如果程序块没有错误，并且被正确地划分为网络，在 LAD 和 FBD 之间可以相互转换，但 LAD 和 IL（西门子称 STL）不可相互转换。

注意：在经典 STEP 7 中 LAD、STL 之间可以相互转换。S7-1200 不支持 S7-Graph 和 STL。

4.1.5　变量表（Tag Table）

1. 变量表简介

TIA Portal 软件中可定义两类符号：全局符号和局部符号。全局符号利用变量表来定义，可以在用户项目的所有程序块中使用。局部符号是在程序块的变量声明表中定义的，只能在该程序块中使用。

PLC 的变量表包含整个 CPU 范围有效的变量和符号常量的定义。系统会为项目中使用的每个 CPU 创建一个变量表，用户也可以创建其他的变量表用于常量和变量进行归类和分组。

在 TIA Portal 软件中添加了 CPU 设备后，会在项目树中 CPU 设备下出现一个“PLC 变量”文件夹，在此文件夹中有 3 个选项：显示所有的变量、添加新变量表和默认变量表，如图 4-11 所示。

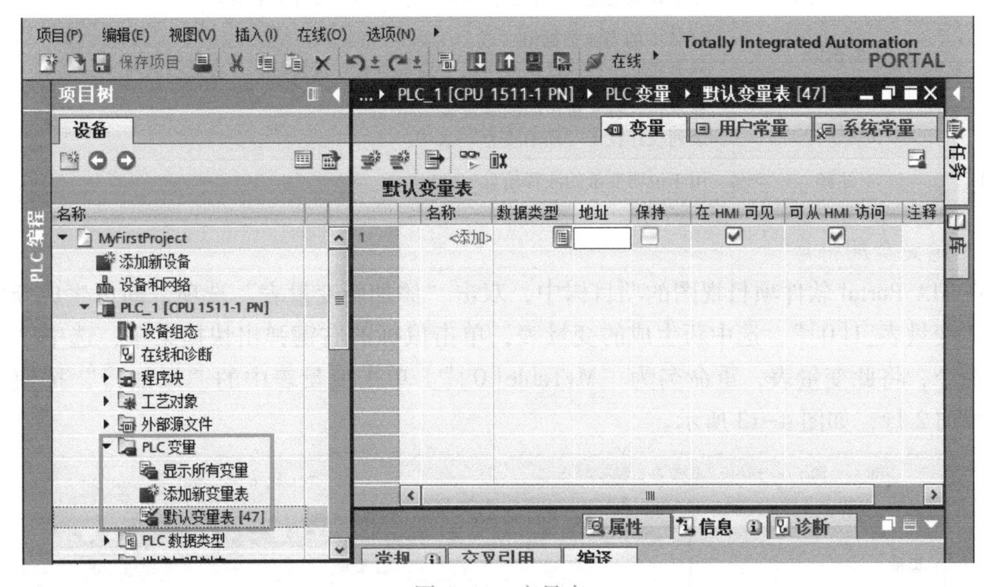

图 4-11　变量表

“显示所有变量”概括包含有全部的 PLC 变量、用户常量和 CPU 系统常量。该表不能删除或移动。

“默认变量表”是系统创建，项目的每个 CPU 均有一个标准变量表。该表不能删除、重命名或移动。默认变量表包含 PLC 变量、用户常量和系统常量。可以在默认变量表中声明所有的 PLC 变量，或根据需要创建其他的用户定义变量表。

双击“添加新变量表”选项，可以创建用户定义变量表，可以根据要求为每个 CPU 创建多个针对组变量的用户定义变量表。可以对用户定义的变量表重命名、整理合并为组或删除。用户定义变量表包含 PLC 变量和用户常量。

（1）变量表的工具栏

变量表的工具栏如图 4-12 所示，从左到右含义分别为：插入行、新建行、导出、全部监视和保持性。

图 4-12　变量表的工具栏

（2）变量的结构

每个 PLC 变量表包含变量选项卡和用户常量选项卡。默认变量表和所有变量表还均包括“系统常量”选项卡。表 4-7 为“常量”选项卡的各列的含义，所显示的列编号可能有所不同，可以根据需要显示或隐藏列。

表 4-7　变量表中“常量”选项卡的各列含义

序号	列	说　明
1		通过单击图标，并将变量拖动到程序中作为操作数
2	名称	常量在 CPU 范围内的唯一名称
3	数据类型	变量的数据类型
4	地址	变量地址
5	保持性	将变量标记为具有保持性 保持性变量的值将保留，即使在电源关闭后也是如此
6	可从 HMI 访问	显示运行期间 HMI 是否可访问此变量
7	HMI 中可见	显示默认情况下，在选择 HMI 的操作数时变量是否显示
8	监视值	CPU 中的当前数据值 只有建立了在线连接并单击“监视所有”按钮时，才会显示该列
9	变量表	显示包含有变量声明的变量表 该列仅存在于“所有变量”表中
10	注释	用于说明变量的注释信息

2. 定义全局符号

在 TIA Portal 软件项目视图的项目树中，双击“添加新变量表”选项，即可生成新的变量表“变量表_1[0]”，选中新生成的变量表，单击鼠标的右键弹出快捷菜单，选中“重命名”命令，将此变量表，重命名为“MyTable[0]”。单击变量表中的“添加行”按钮 2 次，添加 2 行，如图 4-13 所示。

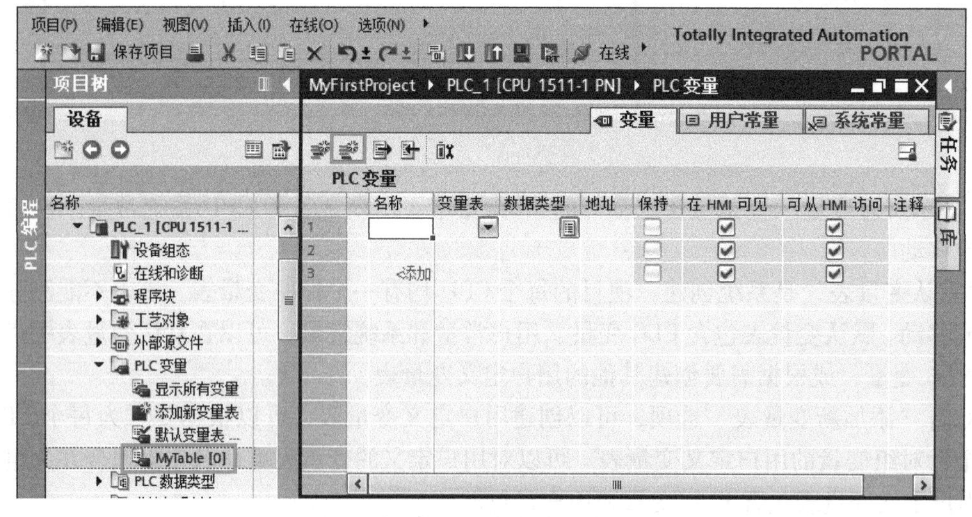

图 4-13　添加新变量表

在变量表的“名称”栏中，分别输入“btnStart”“btnStop”“coilMotor”。在“地址”栏中输入“I0.0”“I0.1”“Q0.0”。3 个符号的数据类型均选为“Bool”，如图 4-14 所示。至此，全局符号定义完成，因为这些符号关联的变量是全局变量，所以这些符号在所有的程序中均可使用。关于变量的命名方法有：匈牙利命名法、驼峰命名法和帕斯卡命名法。本书建议尽量不采用汉字命名变量，而采用驼峰命名法。驼峰命名法就是除第一个单词小写之外，其他单词首字母大写，如“lampOn”。

PLC 变量

		名称	变量表	数据类型	地址
1		btnStart	默认变量表	Bool	%I0.0
2		btnStop	默认变量表	Bool	%I0.1
3		coilMotor	默认变量表	Bool	%Q0.0

图 4-14　在变量表中，定义全局符号

打开程序块 OB1，可以看到梯形图中的符号和地址关联在一起，且一一对应，如图 4-15 所示。

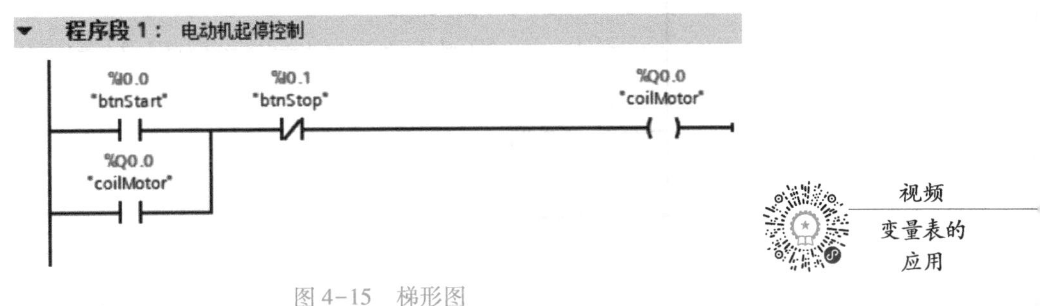

图 4-15　梯形图

视频
变量表的应用

4.2　位逻辑运算指令

位逻辑运算指令用于二进制数的逻辑运算。位逻辑运算的结果简称为 RLO。

位逻辑运算指令是最常用的指令之一，主要有置位运算指令、复位运算指令和线圈指令等。

4.2.1　触点与线圈相关逻辑

1. 触点与线圈相关逻辑

1）与逻辑：表示常开触点的串联。

2）或逻辑：表示常开触点的并联。

3）与逻辑取反：表示常闭触点的串联。

4）或逻辑取反：表示常闭触点的并联。

5）赋值：将 CPU 中保存的逻辑运算结果（RLO）的信号状态分配给指定操作数。

6）赋值取反：可将逻辑运算的结果（RLO）进行取反，然后将其赋值给指定操作数。

与运算及赋值逻辑示例如图 4-16 所示。当常开触点 I0.0、I0.1 和常开触点 I0.2 都接通时，输出线圈 Q0.0 得电（Q0.0=1），Q0.0=1 实际上就是运算结果 RLO 的数值，I0.0、I0.1 和 I0.2 是串联关系。当 I0.1 和 I0.2（硬接线回路中停止按钮接常闭触点）中，1 个或 2 个断开时，线圈 Q0.0 断开。这是典型的实现多地停止功能的梯形图。

注意： 硬接线回路中停止按钮接常闭触点。

或运算及赋值逻辑示例如图 4-17 所示，当常开触点 I0.0、I0.1 和 Q0.0 有一个或多个接通时，输出线圈 Q0.0 得电（Q0.0=1），I0.0、I0.1 和 Q0.0 是并联关系。这是典型的实现多地起动功能的梯形图。

注意： 硬接线回路中停止按钮接常闭触点。

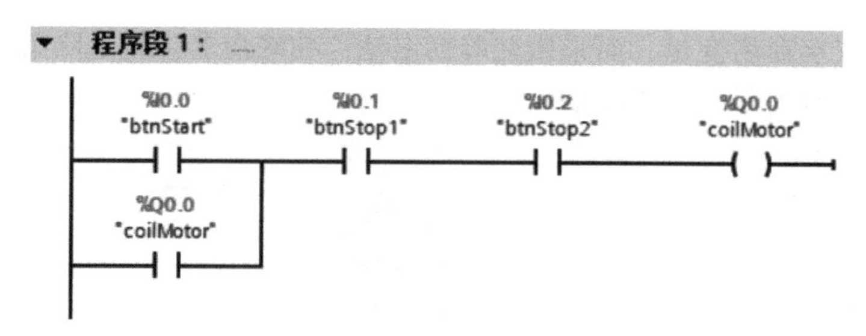

图 4-16　与运算及赋值逻辑示例

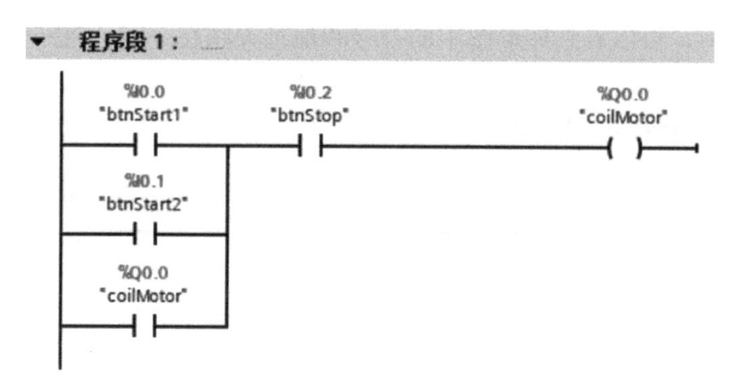

图 4-17　或运算及赋值逻辑示例

触点和赋值逻辑的 LAD 和 SCL 指令对应关系见表 4-8。为了节省篇幅，本书把 SCL 和梯形图指令罗列在一张表格中，部分程序同时有梯形图和 SCL 程序，建议初学者学习第 6 章时，再学习 SCL 指令和程序。

表 4-8　触点和赋值逻辑的 LAD 和 SCL 指令对应关系

LAD	SCL 指令	功能说明	说　　明

"IN"
-| |-
	IF IN THEN
	Statement;
	ELSE
	Statement;
	END_IF;
		常开触点	可将触点相互连接并创建用户自己的组合逻辑

"IN"
-|/|-
	IF NOT (IN) THEN
	Statement;
	ELSE
	Statement;
	END_IF;
		常闭触点	

"OUT" -( )-	OUT := <布尔表达式>;	赋值	将 CPU 中保存的逻辑运算结果的信号状态，分配给指定操作数
"OUT" -(/)-	OUT := NOT <布尔表达式>;	赋值取反	将 CPU 中保存的逻辑运算结果的信号状态取反后，分配给指定操作数

【例 4-3】CPU 上电运行后，对 MB20~MB23 清零复位，设计此程序。

解：

S7-1200/1500 PLC 虽然可以设置上电闭合一个扫描周期的特殊寄存器（firstScan），但可以用如图 4-18 所示程序取代此特殊寄存器。另一种解法要用到起动组织块 OB100，将在后续章节讲解。

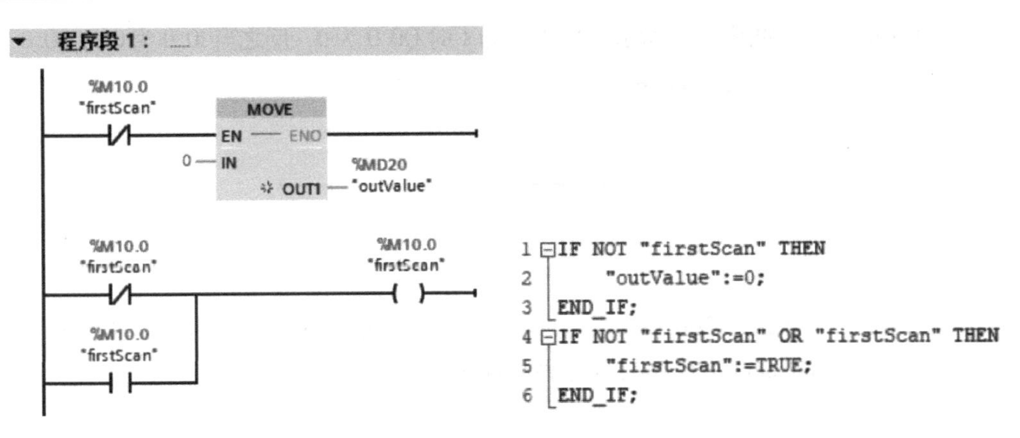

图 4-18　例 4-3 梯形图和 SCL 程序

① 第一个扫描周期时，M10.0 的常闭触点闭合，0 传送到 MD20 中，实际就是对 MB20~MB23 清零复位，之后 M10.0 线圈得电自锁。

② 第二个及之后的扫描周期，M10.0 常闭触点一直断开，所以 M10.0 的常闭触点只接通了一个扫描周期。

【例 4-4】CPU 上电运行后，对 M10.2 置位，并一直保持为 1，设计梯形图。

解：

S7-1200/1500 PLC 虽然可以设置上电运行后一直闭合的特殊寄存器位（AlwaysTRUE），但设计程序如图 4-19 和图 4-20 所示，可替代此特殊寄存器位。

如图 4-19 所示，第一个扫描周期，M10.0 的常闭触点闭合，M10.0 线圈得电自锁，M10.0 常开触点闭合，之后 M10.0 常开触点一直闭合，所以 M10.2 线圈一直得电。

如图 4-20 所示，M10.0 常开触点和 M10.0 的常闭触点串联，所以 M10.0 线圈不会得电，M10.0 常闭触点一直处于闭合状态，所以 M10.2 线圈一直得电。

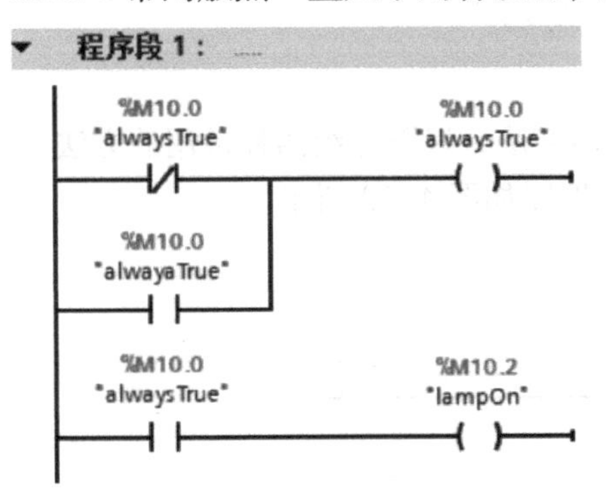

图 4-19　方法 1：梯形图

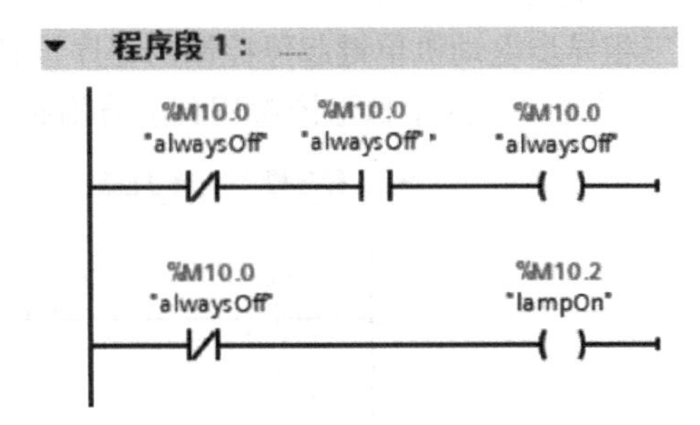

图 4-20　方法 2：梯形图

2. 取反 RLO 指令

这类指令可直接对逻辑操作结果 RLO 进行操作，改变状态字中 RLO 的状态。取反 RLO 指令见表 4-9。

表 4-9　取反 RLO 指令

梯形图指令	功 能 说 明	说　明
---｜NOT｜---	取反 RLO	在逻辑串中，对当前 RLO 取反

取反 RLO 指令示例如图 4-21 所示，当 I0.0 为 1 时 Q0.0 为 0，反之当 I0.0 为 0 时 Q0.0 为 1。

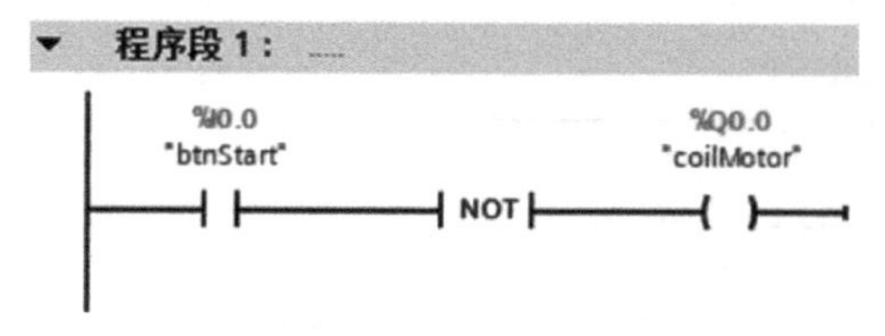

图 4-21 取反 RLO 指令示例

【例 4-5】用 S7-1200/1500 PLC 控制一台三相异步电动机，实现用一个按钮对电动机进行的起停控制，即单键起停控制（也称乒乓控制）。

解：

(1) 设计电气原理图

设计电气原理图如图 4-22 所示，KA1 是中间继电器，起隔离和信号放大作用；KM1 是接触器，KA1 触点的通断控制 KM1 线圈的得电和断电，从而驱动电动机的起停。

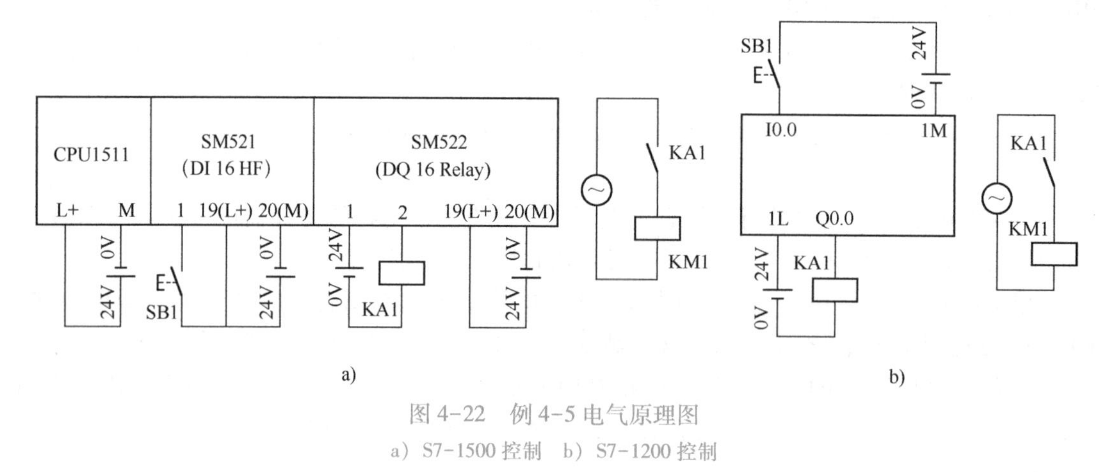

图 4-22 例 4-5 电气原理图
a）S7-1500 控制 b）S7-1200 控制

(2) 编写控制程序

三相异步电动机单键起停控制的程序设计有很多方法，以下介绍两种常用的方法。

1）方法 1。这个梯形图没用到上升沿指令。梯形图如图 4-23 所示。

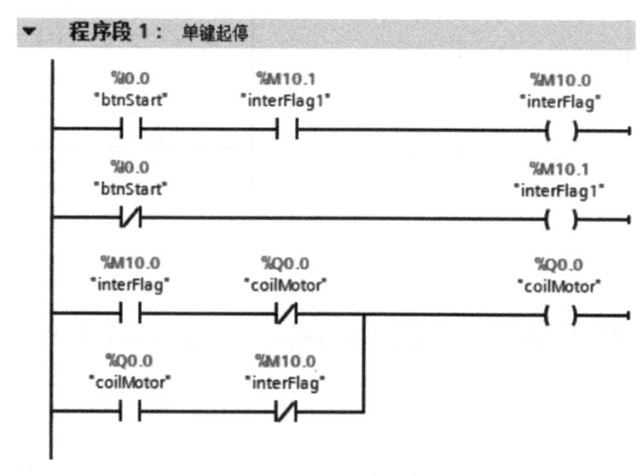

图 4-23 例 4-5 梯形图（一）

① 当按钮 SB1 不按下时，I0.0 的常闭触点闭合，M10.1 线圈得电，M10.1 常开触点闭合。

② 当按钮 SB1 第一次按下时，在第一次扫描周期里，I0.0 的常开触点闭合，M10.0 线圈得电，M10.0 常开触点闭合，Q0.0 线圈得电，电动机起动。第二扫描周期之后，M10.1 线圈断电，M10.1 常开触点断开，M10.0 线圈断电，M10.0 常闭触点闭合，Q0.0 线圈自锁，电动机持续运行。

按钮弹起后，SB1 的常开触点断开，I0.0 的常闭触点闭合，M10.1 线圈得电，M10.1 常开触点闭合。

③ 当按钮 SB1 第二次压下时，I0.0 的常开触点闭合，M10.0 线圈得电，M10.0 常闭触点断开，Q0.0 线圈断电，电动机停机。

注意：在经典 STEP7 中，图 4-23 所示的梯形图需要编写在三个程序段中。

2）方法 2。梯形图如图 4-24 所示。

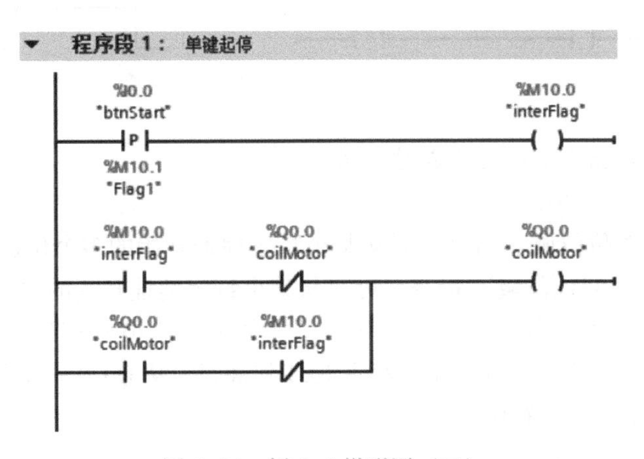

图 4-24　例 4-5 梯形图（二）

① 当按钮 SB1 第一次按下时，M10.0 接通一个扫描周期，使得 Q0.0 线圈得电一个扫描周期，电动机起动运行。当下一次扫描周期到达，M10.0 常闭触点闭合，Q0.0 常开触点闭合自锁，Q0.0 线圈得电，电动机持续运行。

② 当按钮 SB1 第二次按下时，M10.0 线圈得电一个扫描周期，使得 M10.0 常闭触点断开，Q0.0 线圈断电，电动机停机。

注意：梯形图中，双线圈输出是不允许的，所谓双线圈输出就是同一线圈在梯形图中出现大等于两处，如图 4-25 所示 Q0.0 出现了两次，是错误的，修改成如图 4-26 才正确。

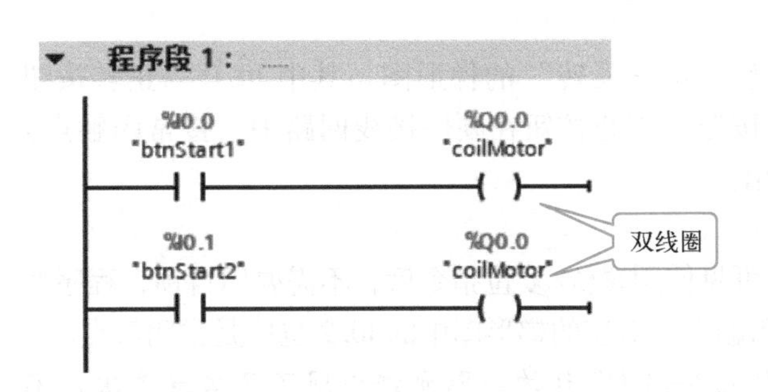

图 4-25　双线圈输出的梯形图—错误

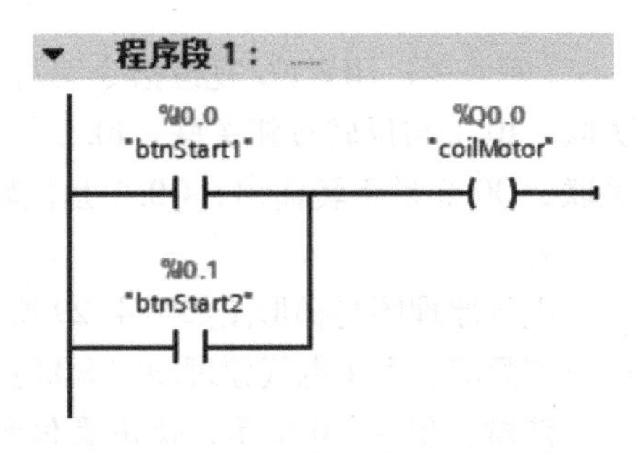

图 4-26　修改后的梯形图—正确

视频
复位、置位、复位域和置位域指令及其应用

4.2.2 复位、置位、复位域和置位域指令

1. 复位与置位指令

S：置位指令将指定的地址位置位，即变为 1，并保持。

R：复位指令将指定的地址位复位，即变为 0，并保持。

图 4-27 所示为置位/复位指令应用实例，图的左侧是梯形图，图的右侧是时序图，后续章节有的例子用到时序图。当 I0.0 接通，Q0.0 置位，之后，即使 I0.0 断开，Q0.0 保持为 1，直到 I0.1 接通时，Q0.0 复位。这两条指令非常有用。

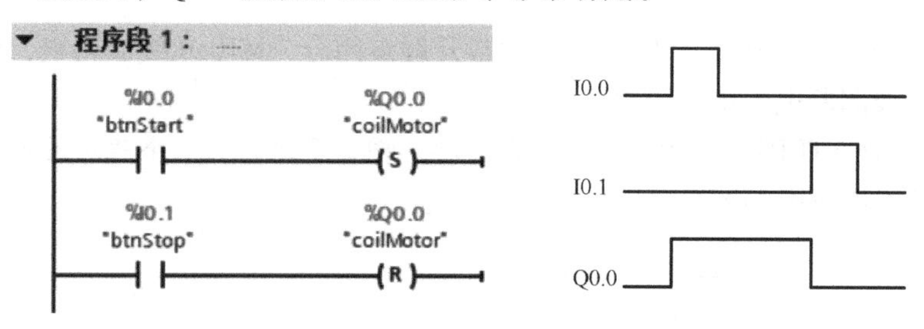

图 4-27　置位/复位指令示例

注意：置位/复位指令不一定要成对使用。

2. SET_BF 位域/RESET_BF 位域

1）SET_BF：“置位位域”指令，对从某个特定地址开始的多个位进行置位。

2）RESET_BF：“复位位域”指令，可对从某个特定地址开始的多个位进行复位。

置位位域和复位位域应用如图 4-28 所示，当常开触点 I0.0 接通时，从 Q0.0 开始的 3 个位（即 Q0.0~Q0.2）置位，而当常开触点 I0.1 接通时，从 Q0.0 开始的 3 个位（即 Q0.0~Q0.2）复位。这两条指令很有用。

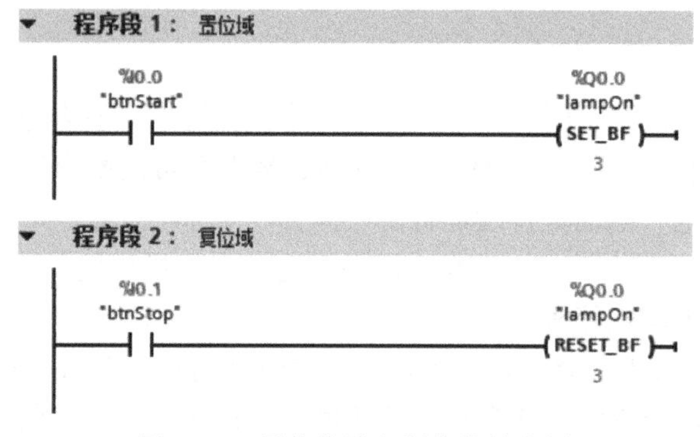

图 4-28　置位位域和复位位域应用

【例 4-6】用置位/复位指令编写“正转—停—反转”的梯形图，其中 I0.0 与正转按钮关联，I0.1 与反转按钮关联，I0.2 与停止按钮（停止按钮在硬件接线回路中，接常闭触点）关联，Q0.0 是正转输出，Q0.1 是反转输出。

解：

电气原理图与梯形图如图 4-29 所示，可见使用置位/复位指令后，不需要用自锁，程序变得更加简洁。由于电气原理图中 SB3 接常闭触点，对应的梯形图中的 I0.2 也应是常闭触点。

注意：图 4-30 所示，使用置位和复位指令时 Q0.0 的线圈允许出现了 2 次或多次，不是双线圈输出。

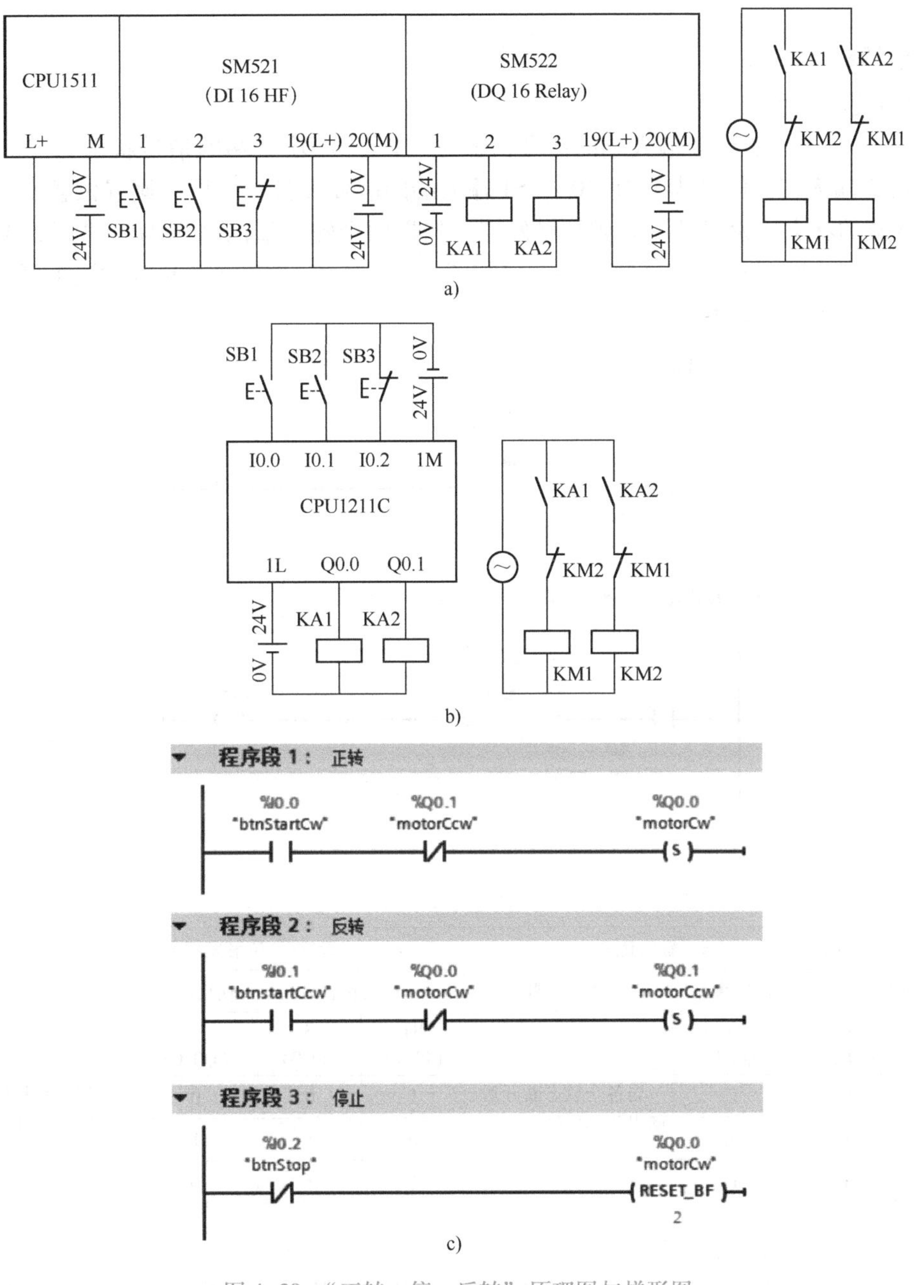

图 4-29　“正转—停—反转”原理图与梯形图
a）S7-1500 控制电气原理图　b）S7-1200 控制电气原理图　c）梯形图

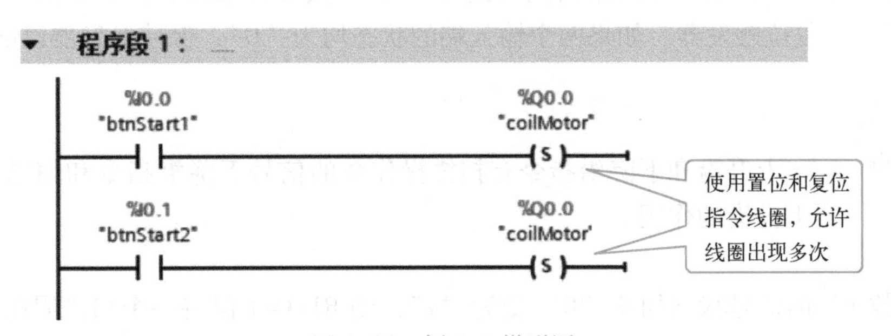

图 4-30　例 4-6 梯形图

视频
RS SR 触发器指令及其应用

4.2.3 RS /SR 触发器指令

1. RS：复位/置位触发器

如果 R 输入端的信号状态为“1”，S1 输入端的信号状态为“0”，则复位。如果 R 输入端的信号状态为“0”，S1 输入端的信号状态为“1”，则置位触发器。如果两个输入端的状态均为“1”，则置位触发器。如果两个输入端的状态均为“0”，保持触发器以前的状态。RS /SR 双稳态触发器示例如图 4-31 所示，用一个表格表示这个例子的输入与输出的对应关系，见表 4-10。

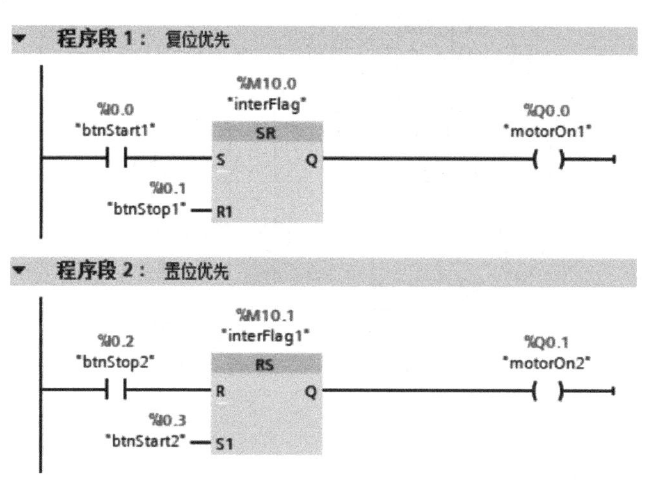

图 4-31　RS/SR 双稳态触发器示例

表 4-10　RS/SR 触发器输入与输出的对应关系

复位/置位触发器 RS（置位优先）				置位/复位触发器 SR（复位优先）			
输入状态		输出状态	说　明	输入状态		输出状态	说　明
S1（I0.3）	R（I0.2）	Q（Q0.1）	当各个状态断开后，输出状态保持	R1（I0.1）	S（I0.0）	Q（Q0.0）	当各个状态断开后，输出状态保持
1	0	1		1	0	0	
0	1	0		0	1	1	
1	1	1		1	1	0	

2. SR：置位/复位触发器

如果 S 输入端的信号状态为“1”，R1 输入端的信号状态为“0”，则置位。如果 S 输入端的信号状态为“0”，R1 输入端的信号状态为“1”，则复位触发器。如果两个输入端的状态均为“1”，则复位触发器。如果两个输入端的状态均为“0”，保持触发器以前的状态。

视频
上升沿和下降沿指令及其应用

4.2.4 上升沿和下降沿指令

上升沿和下降沿指令有扫描操作数的信号下降沿指令和扫描操作数的信号上升沿的作用。

1. 上升沿指令

“操作数 1”的信号状态如从“0”变为“1”，则 RLO=1 保持一个扫描周期。该指令将比较“操作数 1”的当前信号状态与上一次扫描的信号状态“操作数 2”中。如果该指令检测到逻辑运算结果（RLO）从“0”变为“1”，则说明出现了一个上升沿。

上升沿示例的梯形图及时序图如图 4-32 所示，当与 I0.0 关联的按钮按下时，产生一个上升沿，输出 Q0.0 得电一个扫描周期，且无论按钮闭合多长的时间，输出 Q0.0 只得电一个扫描周期。

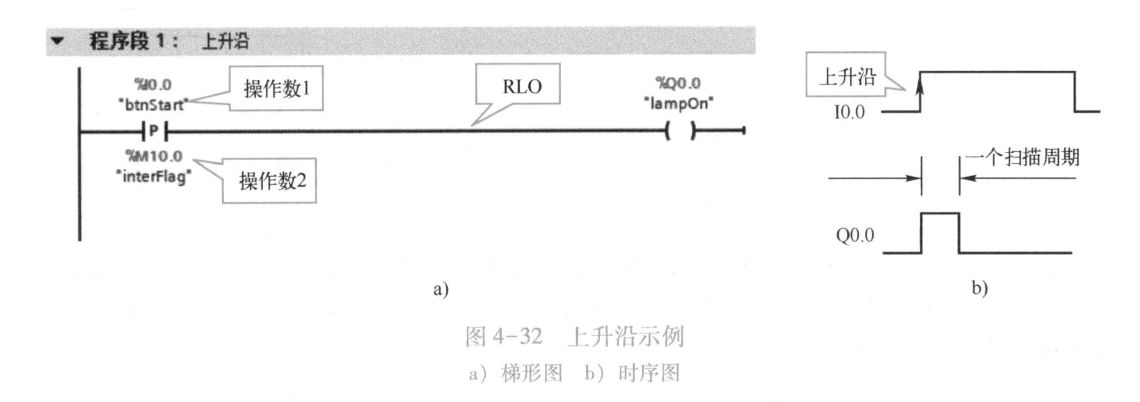

图 4-32　上升沿示例
a）梯形图　b）时序图

2. 下降沿指令

“操作数 1”的信号状态如从“1”变为“0”，则 RLO=1 保持一个扫描周期。该指令将比较“操作数 1”的当前信号状态与上一次扫描的信号状态“操作数 2”中。如果该指令检测到逻辑运算结果（RLO）从“1”变为“0”，则说明出现了一个下降沿。

下降沿示例的梯形图和时序图如图 4-33 所示，当与 I0.0 关联的按钮按下后弹起时，产生一个下降沿，输出 Q0.0 得电一个扫描周期，这个时间是很短的。在后面的章节中多处用到时序图，请读者务必掌握这种表达方式。

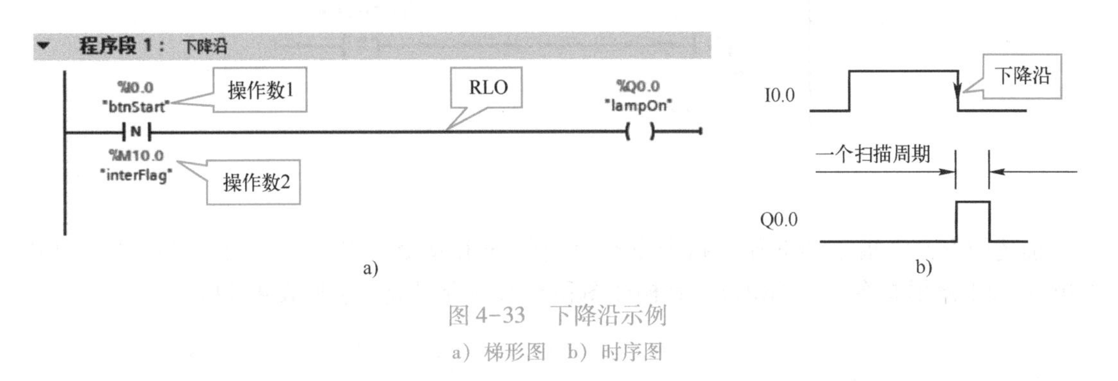

图 4-33　下降沿示例
a）梯形图　b）时序图

【例 4-7】梯形图如图 4-34 所示，如果当与 I0.0 关联的按钮，闭合 1 s 后弹起，请分析程序运行结果。

解：

时序图如图 4-35 所示，当与 I0.0 关联的按钮压下时，产生上升沿，触点产生一个扫描周期的时钟脉冲，驱动输出线圈 Q0.1 通电一个扫描周期，Q0.0 也通电，使输出线圈 Q0.0 置位，并保持。

当与 I0.0 关联的按钮弹起时，产生下降沿，触点产生一个扫描周期的时钟脉冲，驱动输出线圈 Q0.2 通电一个扫描周期，使输出线圈 Q0.0 复位，并保持，Q0.0 得电共 1 s。

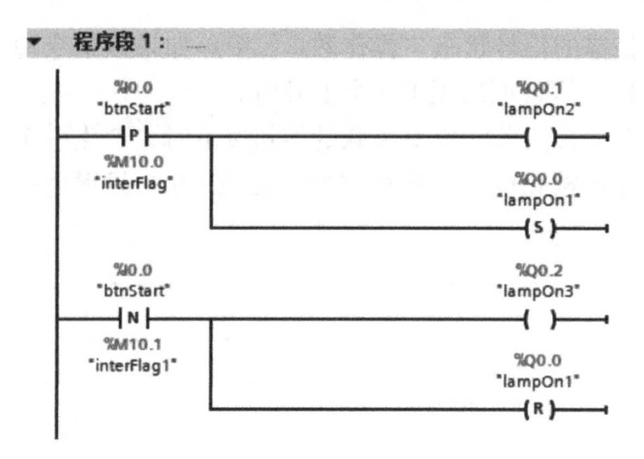

图 4-34　边沿检测指令示例

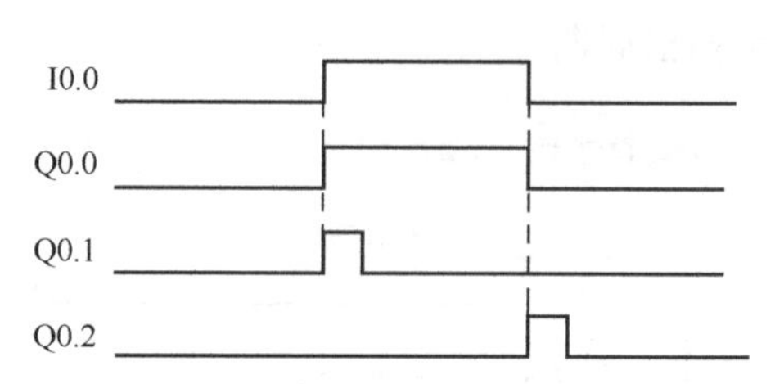

图 4-35　边沿检测指令示例时序图

注意：上升沿和下降沿指令的第二操作数，在程序中不可重复使用，否则会出错，如图 4-36 中，上升沿的第二操作数 M10.0 在标记“1”“2”和标记“3”处，使用了三次，虽无语法错误，但程序逻辑是错误的。

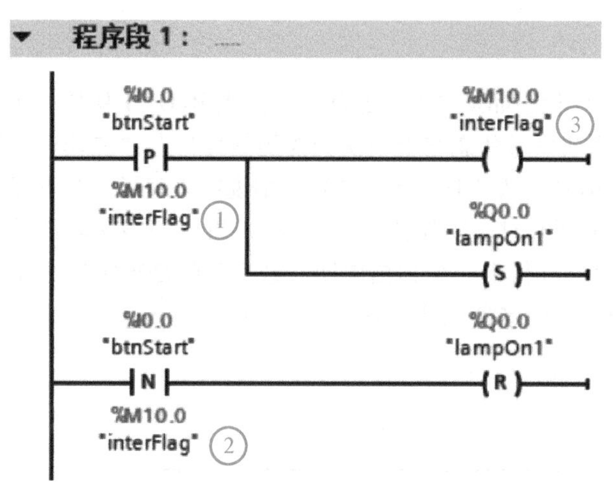

图 4-36　第二操作数重复使用

前述的上升沿指令和下降沿指令没有对应的 SCL 指令。以下介绍的上升沿指令（R_TRIG）和下降沿指令（F_TRIG），其梯形图和 SCL 指令对应关系见表 4-11。

表 4-11　上升沿指令（R_TRIG）和下降沿指令（F_TRIG）的 LAD 和 SCL 指令对应关系

LAD	SCL 指令	功能说明	说　明
"R_TRIG_DB" R_TRIG EN　ENO CLK　Q	"R_TRIG_DB"(CLK:=_in_, Q=> _bool_out_);	上升沿指令	在信号上升沿置位变量
"F_TRIG_DB_1" F_TRIG EN　ENO CLK　Q	"F_TRIG_DB"(CLK:=_in_, Q=> _bool_out_);	下降沿指令	在信号下降沿置位变量

【例 4-8】电气原理图如图 4-22 所示，设计一个程序，实现点动功能。

解：

编写点动程序有多种方法，本例使用上升沿指令（R_TRIG）和下降沿指令（F_TRIG），梯形图如图 4-37 所示。

① 当 I0.0 闭合时，产生上升沿，M10.0 得电一个扫描周期，M10.0 常开触点闭合，Q0.0 置位得电。

② 当 I0.0 断开时，产生下降沿，M10.1 得电一个扫描周期，M10.1 常开触点闭合，Q0.0 复位断电。

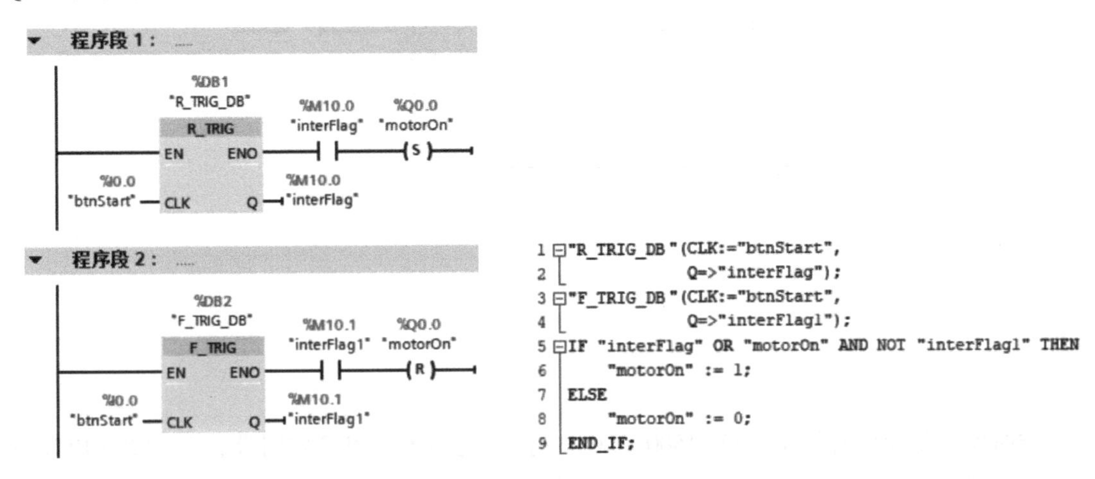

图 4-37　例 4-8 梯形图和 SCL 程序

【例 4-9】电气原理图如图 4-22 所示，用 S7-1200/1500 PLC 控制一台三相异步电动机，实现用一个按钮对电动机进行的起停控制，即单键起停控制（也称乒乓控制）。

解：

梯形图如图 4-38 所示，可见使用 SR 触发器指令后，不需要用自锁功能，程序变得十分简洁。

① 当未按下按钮 SB1 时，Q0.0 常开触点断开，当第一次按下按钮 SB1 时，S 端子高电平，R1 端子低电平，Q0.0 线圈得电，电动机起动运行，Q0.0 常开触点闭合，常闭触点断开。

② 当第二次按下按钮 SB1 时，由于 Q0.0 常开触点闭合，常闭触点断开，所以 R1 端子同时高电平，所以 Q0.0 线圈断电，电动机停机。

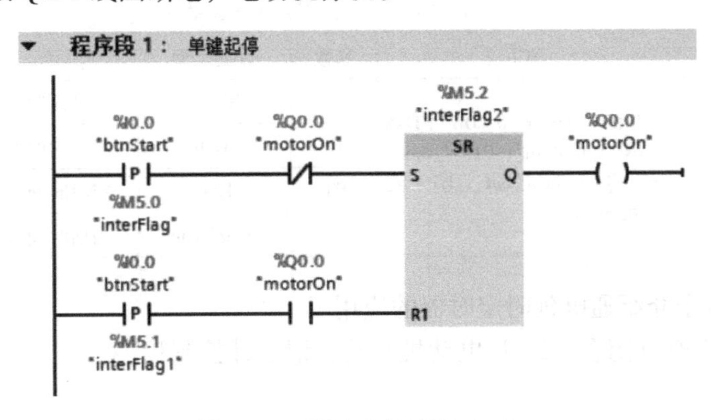

图 4-38　例 4-9 梯形图（一）

这个题目还有另一种类似解法，就是用 RS 触发器指令，梯形图如图 4-39 所示。

① 当第一次按下按钮 SB1 时，S1 和 R 端子同时高电平，由于置位优先 Q0.0 线圈得电，电动机起动运行，Q0.0 常开触点闭合，常闭触点断开。

② 当第二次按下按钮 SB1 时，由于 Q0.0 常开触点闭合，常闭触点断开，所以 R 端子高电平，Q0.0 线圈断电，电动机停机。

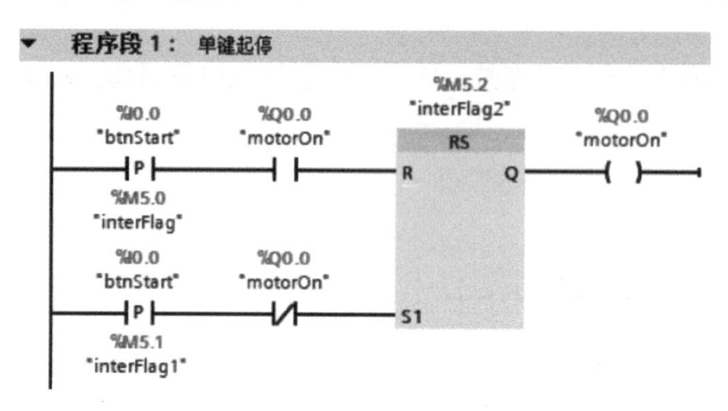

图 4-39　例 4-9 梯形图（二）

4.3　定时器指令

定时器主要起延时作用，S7-1500 PLC 支持 S7 定时器和 IEC 定时器，S7-1200 PLC 只支持 IEC 定时器。IEC 定时器集成在 CPU 的操作系统中，S7-1200/1500 PLC 有以下定时器：脉冲定时器（TP）、通电延时定时器（TON）、通电延时保持型定时器（TONR）和断电延时定时器（TOF）。

4.3.1　通电延时定时器（TON）

当输入端 IN 接通，指令起动定时开始，连续接通时间超出预置时间 PT 之后，即定时时间到，输出 Q 的信号状态将变为“1”，任何时候 IN 断开，输出 Q 的信号状态将变为“0”。通电延时定时器（TON）有线框指令和线圈指令，以下分别讲解。

1. 通电延时定时器（TON）线框指令

通电延时定时器（TON）的参数见表 4-12。

表 4-12　通电延时定时器指令和参数

LAD	SCL	参数	数据类型	说　明
TON Time IN Q PT ET	"IEC_Timer_0_DB".TON(IN:=_bool_in_, PT:=_time_in_, Q=>_bool_out_, ET=>_time_out_);	IN	BOOL	启动定时器
		Q	BOOL	超过时间 PT 后，置位的输出
		PT	Time	定时时间
		ET	Time/LTime	当前时间值

以下用 2 个例子介绍通电延时定时器的应用。

【例 4-10】当 I0.0 闭合，3 s 后电动机起动，请设计控制程序。

解：

先插入 IEC 定时器 TON，弹出如图 4-40 所示界面，单击“确定”按钮，分配数据块，这是自动生成数据块的方法，相对比较简单。再编写程序如图 4-41 所示。当 I0.0 闭合时，起动定时器，T#3s 是定时时间，3 s 后 Q0.0 为 1，MD10 中是定时器定时的当前时间。

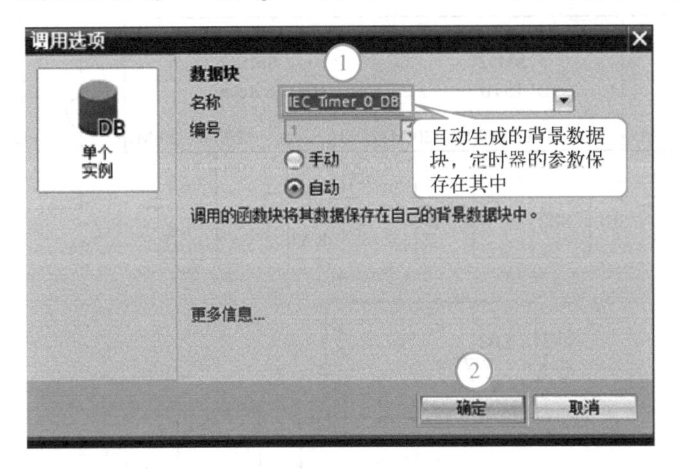

图 4-40　插入数据块

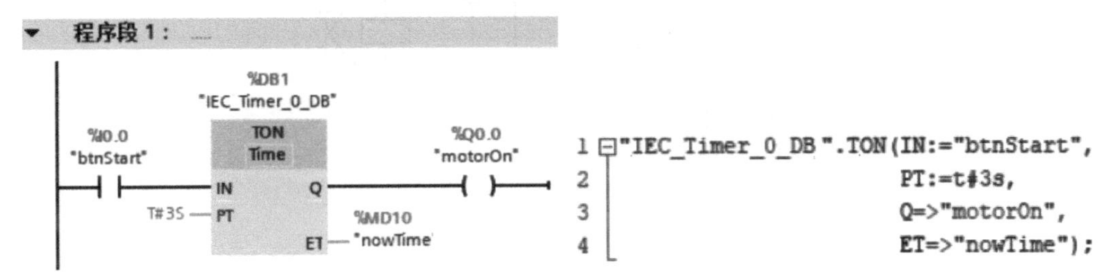

图 4-41　例 4-10 梯形图和 SCL 程序

【例 4-11】用 S7-1200/1500 PLC 控制“气炮”。“气炮”是一种形象叫法，在工程中，混合粉末状物料（例如水泥厂的生料、熟料和水泥等），通常使用压缩空气循环和间歇供气，将粉状物料混合均匀，也可用“气炮”冲击力清理人不容易到达的罐体的内壁。要求设计“气炮”，实现通气 3 s，停 2 s，如此循环。

解：

（1）设计电气原理图

PLC 采用 CPU 1511-1PN，原理图如图 4-42a 所示，PLC 采用 CPU 1211C，原理图如图 4-42b 所示。

（2）编写控制程序

首先创建数据块 DB_Timer，即定时器的背景数据块，如图 4-43 所示，然后在此数据块中，创建变量 T0，特别要注意变量的数据类型为“IEC_TIMER”，最后要编译数据块，否则容易出错。这是创建定时器数据块的第二种办法，在项目中有多个定时器时，这种方法更加实用。

梯形图如图 4-44 所示。控制过程是：当 SB1 闭合，M10.0 线圈得电自锁，定时器 T0 低电平输出，经过“NOT”取反，Q0.0 线圈得电，阀门打开供气。定时器 T0 定时 3 s 后高电平输出，经过“NOT”取反，Q0.0 断电，控制的阀门关闭供气，与此同时定时器 T1 起动定时，2 s 后，"DB_Timer".T1.Q 的常闭触点断开，造成 T0 和 T1 的线圈断电，逻辑取反后，Q0.0 阀门打开供气；下一个扫描周期"DB_Timer".T1.Q 的常闭触点又闭合，T0 又开始定时，如此周而复始，Q0.0 控制阀门开/关，产生“气炮”功能。

注意：由于停止按钮接常闭触点，与梯形图对应的 I0.2 是常开触点，这点特别重要。

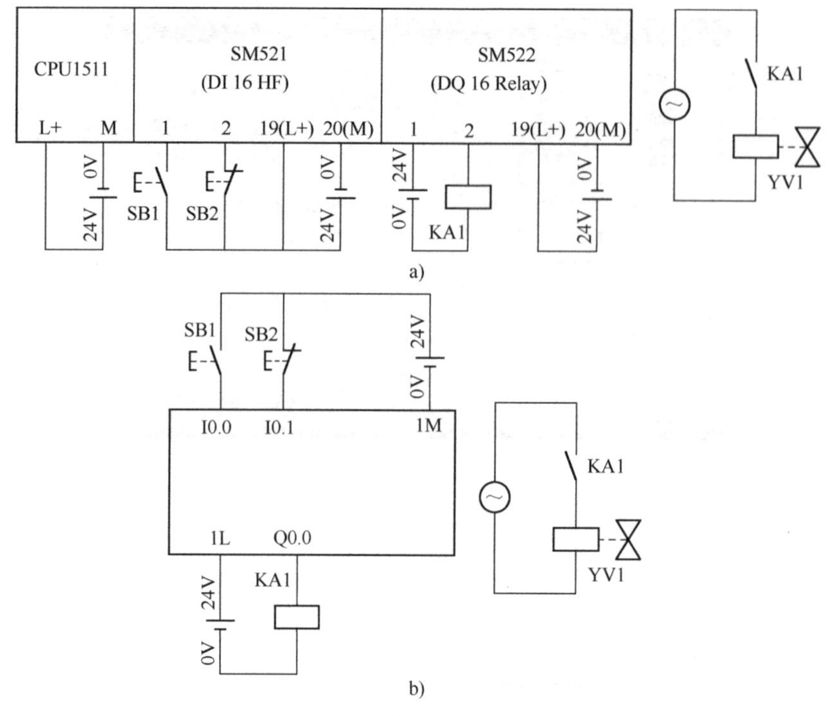

图 4-42　例 4-11 原理图

a）S7-1500 控制　b）S7-1200 控制

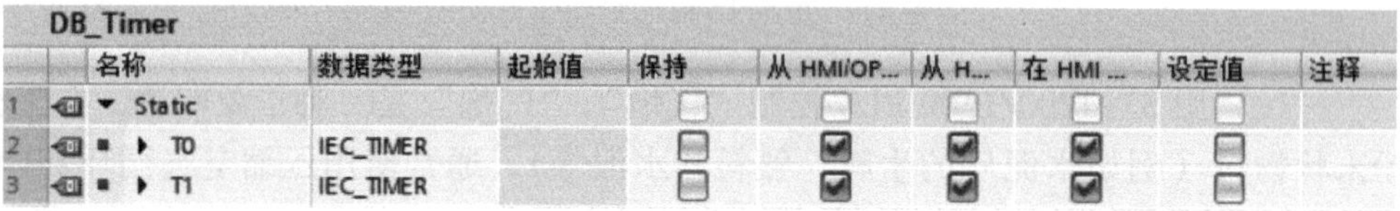

DB_Timer

	名称	数据类型	起始值	保持	从 HMI/OP...	从 H...	在 HMI ...	设定值	注释
1	▼ Static			☐	☐	☐	☐	☐	
2	▸ T0	IEC_TIMER		☐	☑	☑	☑	☐	
3	▸ T1	IEC_TIMER		☐	☑	☑	☑	☐	

图 4-43　DB_Timer 数据块

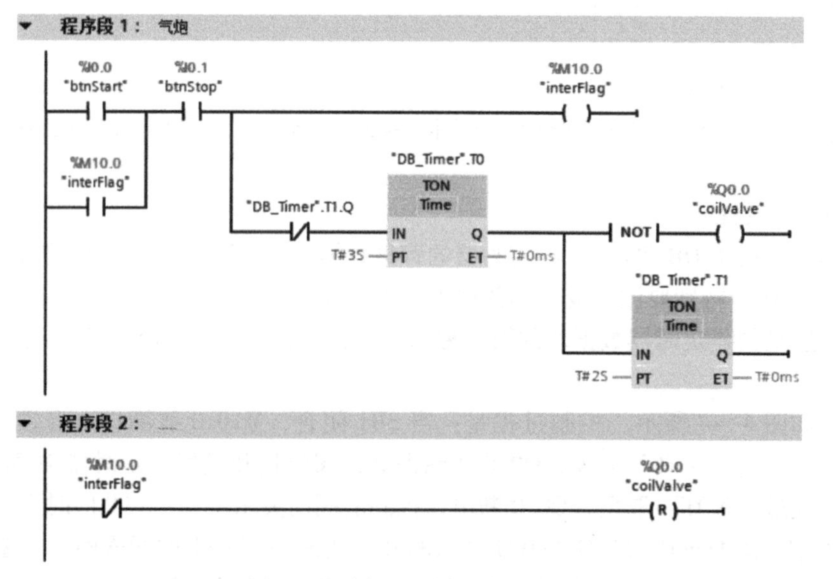

图 4-44　例 4-11 梯形图（一）

2. 通电延时定时器（TON）线圈指令

通电延时定时器（TON）线圈指令与线框指令类似，但没有 SCL 指令，以下仅用例 4-10 介绍其用法。

创建数据块 DB_Timer，即定时器的背景数据块，如图 4-43 所示，然后在此数据块中，创建变量 T0。梯形图如图 4-45 所示。

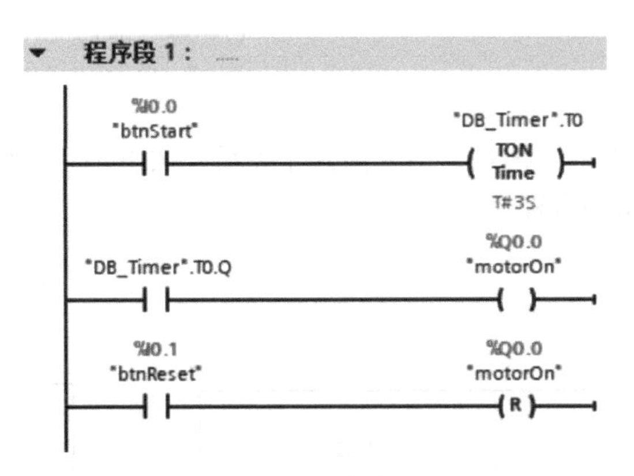

图 4-45　例 4-11 梯形图（二）

4.3.2　断电延时定时器（TOF）

1. 断电延时定时器（TOF）线框指令

当输入端 IN 接通，输出 Q 的信号状态立即变为“1”，即输出，之后当输入端 IN 断开指令起动，定时开始，超出预置时间 PT 之后，即定时时间到，输出 Q 的信号状态立即变为“0”。断电延时定时器指令和参数见表 4-13。

表 4-13　断电延时定时器指令和参数

LAD	SCL	参数	数据类型	说　　明
TOF Time IN　Q PT　ET	"IEC_Timer_0_DB".TOF (IN:=_bool_in_, PT:=_time_in_, Q=>_bool_out_, ET=>_time_out_);	IN	BOOL	启动定时器
		Q	BOOL	定时器 PT 计时结束后要复位的输出
		PT	Time	关断延时的持续时间
		ET	Time/LTime	当前时间值

以下用 3 个例子介绍断电延时定时器（TOF）的应用。

【例 4-12】断开按钮 I0.0，延时 3 s 后电动机停止转动，设计控制程序。

解：

先插入 IEC 定时器 TOF，弹出如图 4-40 所示界面，分配数据块，再编写程序如图 4-46 所示，按下与 I0.0 关联的按钮时，Q0.0 得电，电动机起动。T#3s 是定时时间，断开与 I0.0 关联的按钮时，起动定时器，3 s 后 Q0.0 为 0，电动机停转，MD10 中是定时器定时的当前时间。

2. 断电延时定时器（TOF）线圈指令

断电延时定时器线圈指令与线框指令类似，但没有 SCL 指令，以下仅用一个例子介绍其用法。

▼ 程序段 1： ……

%DB1 "IEC_Timer_0_DB"

%I0.0 "btnStart"　TOF Time　IN　Q　%Q0.0 "motorOn"

T#3S — PT　ET — %MD10 "nowTime"

```
1 ⊟"IEC_Timer_0_DB".TOF(IN:="btnStart",
2                        PT:=t#3s,
3                        Q=>"motorOn",
4                        ET=>"nowTime");
```

图 4-46　梯形图和 SCL 程序

【例 4-13】某车库中有一盏灯，当人离开车库后，按下停止按钮，5 s 后灯熄灭，原理图如图 4-47 所示，要求编写程序。

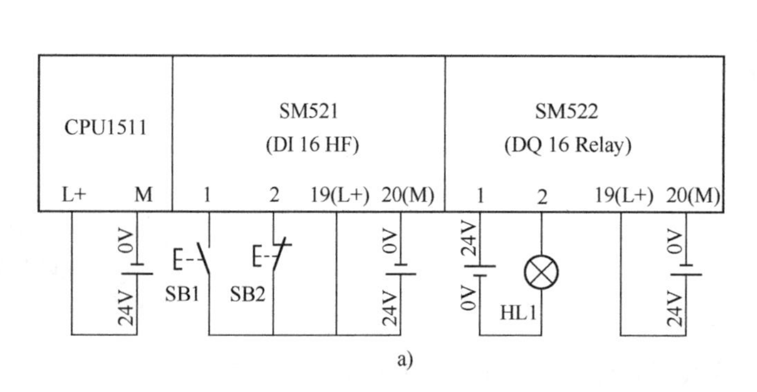

a)

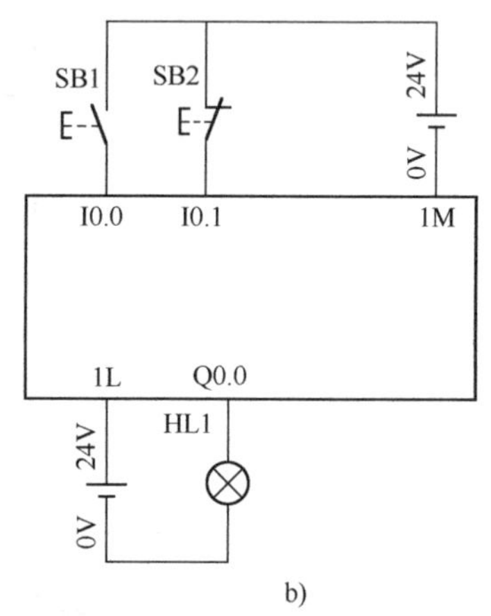

b)

图 4-47　例 4-13 原理图

a）S7-1500 控制　b）S7-1200 控制

解：

先插入 IEC 定时器 TOF，分配数据块，如图 4-48 所示梯形图。当接通 SB1 按钮，灯 HL1 亮；按下 SB2 按钮 5 s 后，灯 HL1 灭。

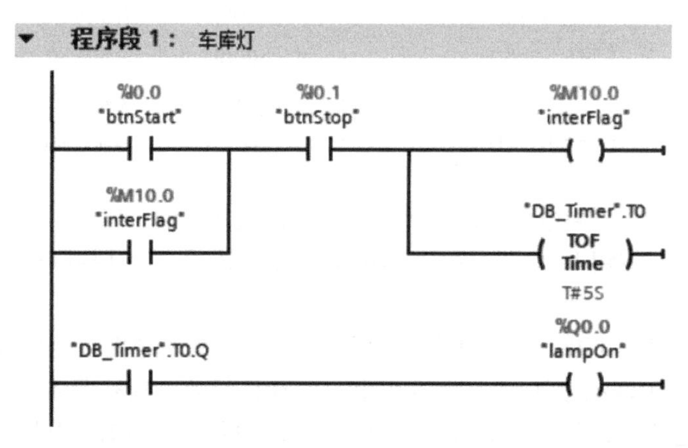

图 4-48　例 4-13 梯形图

【例 4-14】用 S7-1200/1500 PLC 控制一台鼓风机，鼓风机系统一般由引风机和鼓风机两级构成。当按下起动按钮之后，引风机先工作，工作 5 s 后，鼓风机工作。按下停止按钮之后，鼓风机先停止工作，5 s 之后，引风机才停止工作。

解：

1. 设计电气原理图

1）PLC 的 I/O 分配见表 4-14。

表 4-14　PLC 的 I/O 分配表

输　　入			输　　出		
名　　称	符　　号	输入点	名　　称	符　　号	输出点
开始按钮	SB1	I0.0	鼓风机	KA1	Q0.0
停止按钮	SB2	I0.1	引风机	KA2	Q0.1

2）设计控制系统的原理图。

设计电气原理图如图 4-49 所示，KA1 和 KA2 是中间继电器，起隔离和信号放大作用；KM1 和 KM2 是接触器，KA1 和 KA2 触点的通断控制 KM1 和 KM2 线圈的得电和断电，从而驱动电动机的起停。

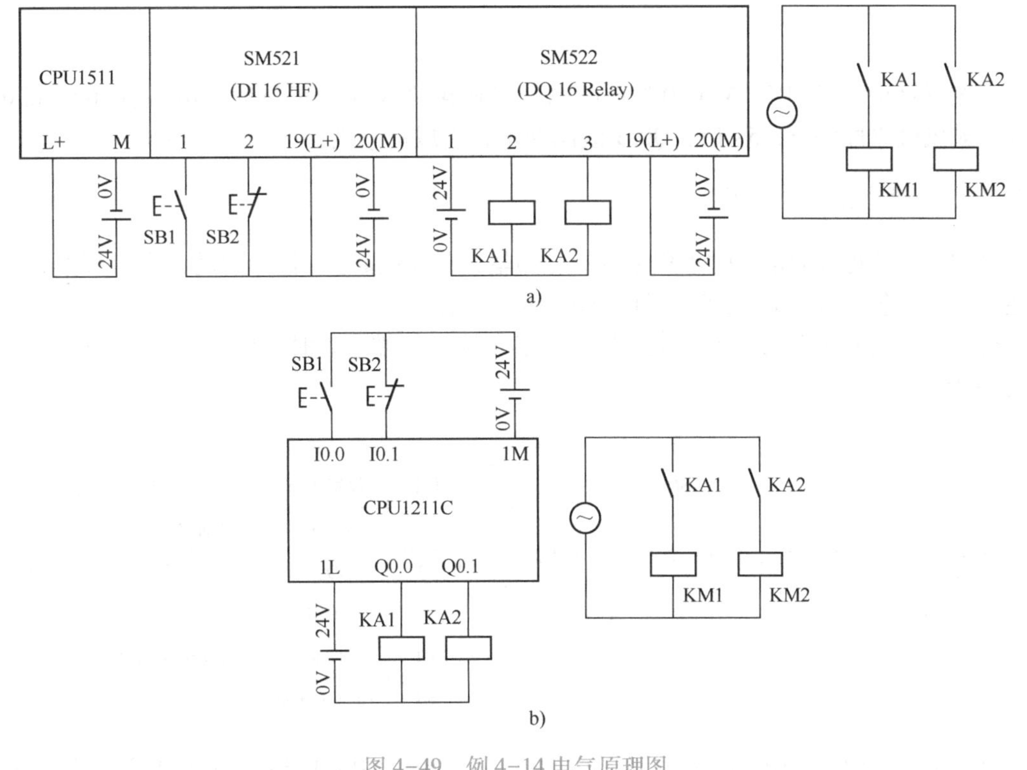

图 4-49　例 4-14 电气原理图
a）S7-1500 控制　b）S7-1200 控制

2. 编写控制程序

引风机在按下停止按钮后还要运行 5 s，容易想到要使用 TOF 定时器；鼓风机在引风机工作 5 s 后才开始工作，因而用 TON 定时器。

1）首先创建数据块 DB_Timer，即定时器的背景数据块，如图 4-43 所示，然后在此数据块中，创建两个变量 T0 和 T1，特别要注意变量的数据类型为“IEC_TIMER”，最后要编译数据块，否则容易出错。

2）编写梯形图如图 4-50 所示。当按下起动按钮 SB1，M10.0 线圈得电自锁。定时器

TON 和 TOF 同时得电，Q0.1 线圈得电，引风机立即起动。5 s 后，Q0.0 线圈得电，鼓风机起动。

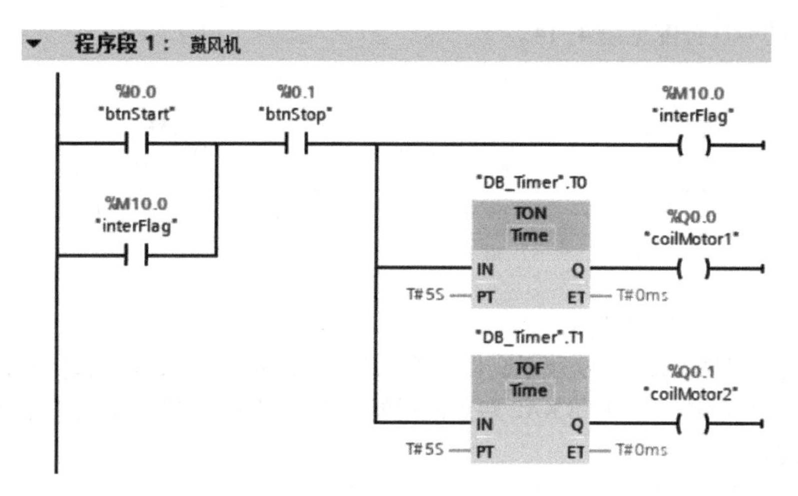

图 4-50　鼓风机控制梯形图

当按下停止按钮 SB2，M10.0 线圈断电。定时器 TON 和 TOF 同时断电，Q0.0 线圈立即断开，鼓风机立即停止，5 s 后，Q0.1 线圈断电，引风机停机。

4.3.3　时间累加器（TONR）

时间累加器也称通电延时累积定时器。当输入端 IN 接通，指令启动，定时开始，累计接通时间超出预置时间 PT 之后，即定时时间到，输出 Q 的信号状态将变为“1”。IN 的断开不会影响输出 Q 的信号状态，定时器复位必须接通 R 端子。时间累加器（TONR）的参数见表 4-15。

表 4-15　时间累加器指令和参数

LAD	SCL	参数	数据类型	说　明
TONR Time IN Q R ET PT	"IEC_Timer_0_DB".TONR(IN:=_bool_in_, R:=_bool_in_, PT:=_in_, Q=>_bool_out_, ET=>_out_);	IN	BOOL	启动定时器
		Q	BOOL	超过时间 PT 后，置位的输出
		R	BOOL	复位输入
		PT	Time	时间记录的最长持续时间
		ET	Time/LTime	当前时间值

以下用一个例子介绍时间累加器（TONR）的应用。如图 4-51 所示的程序，当 I0.0 闭合的时间累加和大于等于 10 s（即 I0.0 闭合一次或者闭合数次时间累加和大于等于 10 s），Q0.0 线圈得电，如需要 Q0.0 线圈断电，则要 I0.1 闭合。

【例 4-15】梯形图如图 4-52 所示，I0.0 和 I0.1 的时序图如图 4-52a 所示，请绘制 Q0.0 的时序图，并指出 Q0.0 得电几秒。

解：

绘制 Q0.0 的实序图如图 4-52b 所示。在第 12 s 时，I0.0 累计闭合时间为 10 s，从第12 s 开始，Q0.0 的线圈得电。第 15 s 时，I0.1 闭合，时间累加器复位，Q0.0 的线圈断电。Q0.0 共得电 3 s

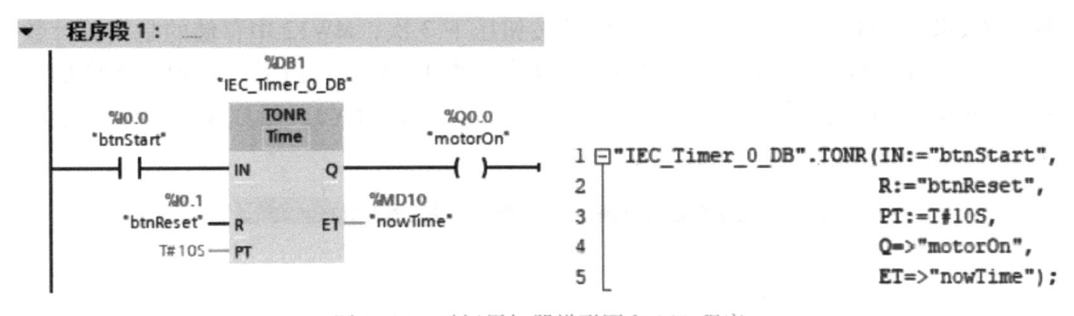

图 4-51　时间累加器梯形图和 SCL 程序

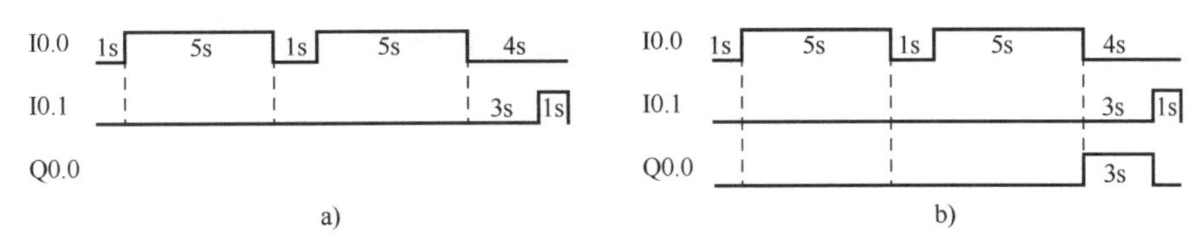

图 4-52　例 4-15 时序图

4.4　计数器指令

计数器主要用于计数，如计算产量等。S7-1500 PLC 支持 S7 计数器和 IEC 计数器，S7-1200 PLC 仅支持 IEC 计数器。IEC 计数器集成在 CPU 的操作系统中。在 CPU 中有以下计数器：加计数器（CTU）、减计数器（CTD）和加减计数器（CTUD）。

4.4.1　加计数器（CTU）

视频
计数器指令及其应用

如果输入 CU 的信号状态从“0”变为“1”（信号上升沿），则执行该指令，同时输出 CV 的当前计数器值加 1，当 CV≥PV 时，Q 输出为 1；R 为 1 时，复位，CV 和 Q 变为 0。加计数器（CTU）指令和参数见表 4-16。

表 4-16　加计数器（CTU）指令和参数

LAD	SCL	参数	数据类型	说　明
CTU ??? CU Q R CV PV	"IEC_COUNTER_DB".CTU(CU:= "Tag_Start", R := "Tag_Reset", PV := "Tag_PresetValue", Q => "Tag_Status", CV => "Tag_CounterValue");	CU	BOOL	计数器输入
		R	BOOL	复位，优先于 CU 端
		PV	Int	预设值
		Q	BOOL	计数器的状态，CV≥PV，Q 输出 1，CV<PV，Q 输出 0
		CV	整数、Char、WChar、Date	当前计数值

从指令框的“???”下拉列表中选择该指令的数据类型。

以下以加计数器（CTU）为例介绍 IEC 计数器的应用。

【例 4-16】按下与 I0.0 关联的按钮 3 次后，灯亮，按下与 I0.1 关联的按钮，灯灭，请设计控制程序。

解：

将 CTU 计数器拖拽到程序编辑器中，弹出如图 4-53 所示界面，单击“确定”按钮，输入梯形图如图 4-54 所示。当与 I0.0 关联的按钮压下 3 次，MW12 中存储的是当前计数值（CV）为 3，等于预设值（PV），所以 Q0.0 状态变为 1，灯亮；当按下与 I0.1 关联的复位按钮，MW12 中存储的当前计数值变为 0，小于预设值（PV），所以 Q0.0 状态变为 0，灯灭。

图 4-53　调用选项

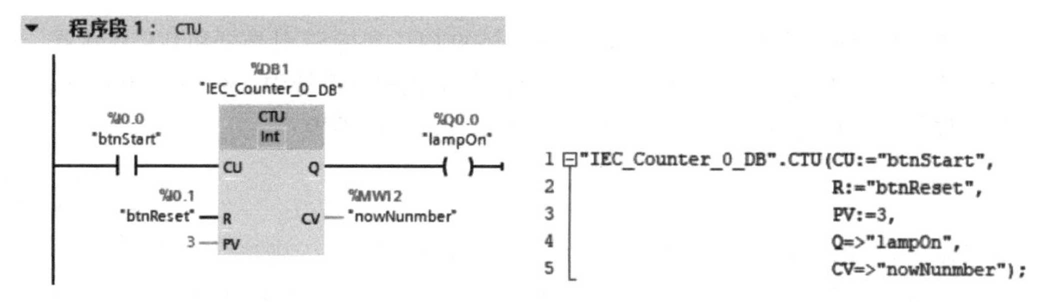


```
1 "IEC_Counter_0_DB".CTU(CU:="btnStart",
2                        R:="btnReset",
3                        PV:=3,
4                        Q=>"lampOn",
5                        CV=>"nowNunmber");
```

图 4-54　例 4-16 梯形图和 SCL 程序

【例 4-17】电气原理图如图 4-22 所示，设计一个程序，实现用一个单按钮控制一盏灯的亮和灭，即按奇数次按钮时，灯亮，偶数次按钮时，灯灭。按钮 SB1 与 I0.0 关联。

解：

当 SB1 第一次闭合时，M10.0 接通一个扫描周期，使得 Q0.0 线圈得电一个扫描周期，Q0.0 常开触点闭合自锁，灯亮。

当 SB1 第二次闭合时，M10.0 接通一个扫描周期，当计数器计数为 2 时，M10.1 线圈得电，从而 M10.1 常闭触点断开，Q0.0 线圈断电，使得灯灭，同时计数器复位。梯形图如图 4-55 所示。

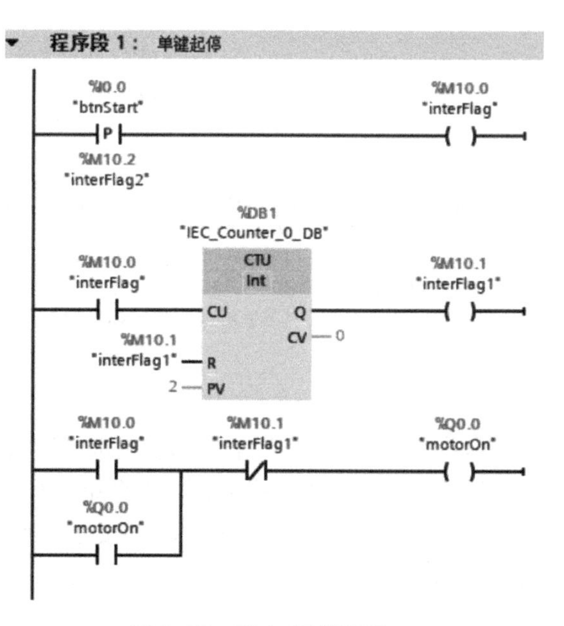

图 4-55　例 4-17 梯形图

4.4.2　减计数器（CTD）

输入 LD 的信号状态变为“1”时，将输出 CV 的值设置为参数 PV 的值；输入 CD 的信号状态从“0”变为“1”（信号上升沿），则执行该指令，输出 CV 的当前计数器值减 1，当前值 CV 减为 0 时，Q 输出为 1。减计数器（CTD）的参数见表 4-17。

表 4-17　减计数器（CTD）指令和参数

LAD	SCL	参数	数据类型	说　明
CTD ??? CD　Q LD　CV PV	"IEC_Counter_0_DB_1".CTD(CD:=_bool_in_, LD:=_bool_in_, PV:=_in_, Q=>_bool_out_, CV=>_out_);	CD	BOOL	计数器输入
		LD	BOOL	装载输入
		PV	Int	预设值
		Q	BOOL	使用 LD=1 置位输出 CV 的目标值
		CV	整数、Char、WChar、Date	当前计数值

从指令框的“???”下拉列表中选择该指令的数据类型。

以下用一个例子说明减计数器（CTD）的用法。

梯形图如图 4-56 所示。当 I0.1 闭合一次，PV 值装载到当前计数值（CV），且为 3。当 I0.0 闭合一次，CV 减 1，I0.0 闭合三次，CV 值变为 0，所以 Q0.0 状态变为 1。

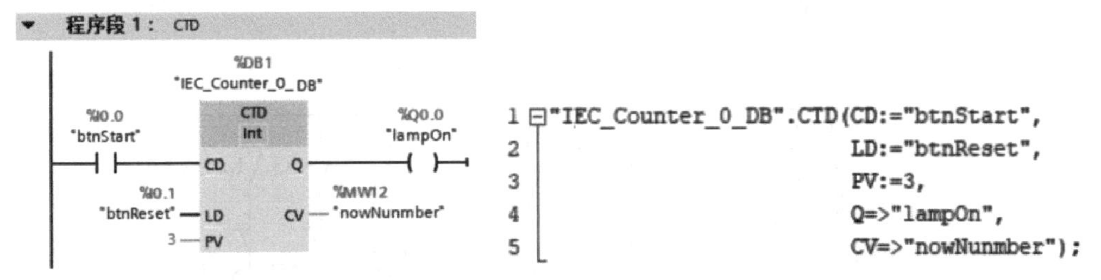

图 4-56　减计数器梯形图和 SCL 程序

4.5　传送指令、比较指令和转换指令

视频
传送指令及其应用

4.5.1　传送指令

当允许输入端的状态为“1”时，起动此指令，将 IN 端的数值输送到 OUT 端的目的地址中，IN 和 OUTx（x 为 1、2、3）有相同的信号状态，移动值指令（MOVE）及参数见表 4-18。

表 4-18　移动值指令（MOVE）及参数

LAD	SCL	参数	数 据 类 型	说明
MOVE EN　ENO IN　OUT1	OUT1 :=IN;	EN	BOOL	允许输入
		ENO	BOOL	允许输出
		OUT1	位字符串、整数、浮点数、定时器、日期时间、Char、WChar、Struct、Array、Timer、Counter、IEC 数据类型、PLC 数据类型（UDT）	目的地址
		IN		源数据源

注：每单击“MOVE”指令中的 一次，就增加一个输出端。

下面用一个例子来说明移动值指令（MOVE）的使用，梯形图和 SCL 程序如图 4-57 所示，当 I0.0 闭合，MW10 中的数值（假设为 8）传送到目的地地址 MW12 和 MW14 中，结果是 MW10 、MW12 和 MW14 中的数值都是 8。Q0.0 的状态与 I0.0 相同，也就是说，I0.0 闭合时，Q0.0 为“1”；I0.0 断开时，Q0.0 为“0”。

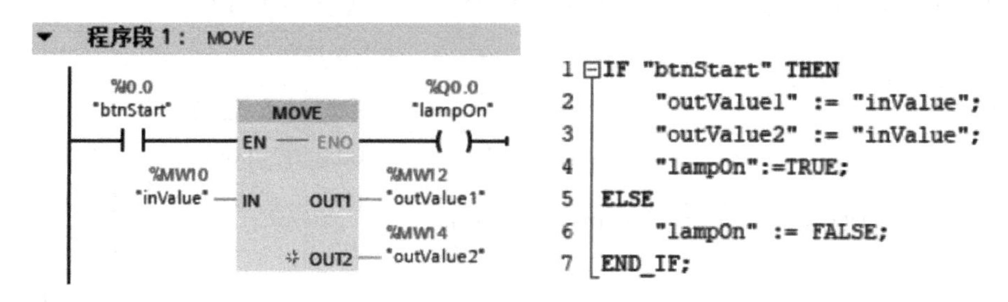

图 4-57　移动值梯形图和 SCL 程序

【例 4-18】根据图 4-58 所示电动机Y-△起动的电气原理图，编写控制程序。

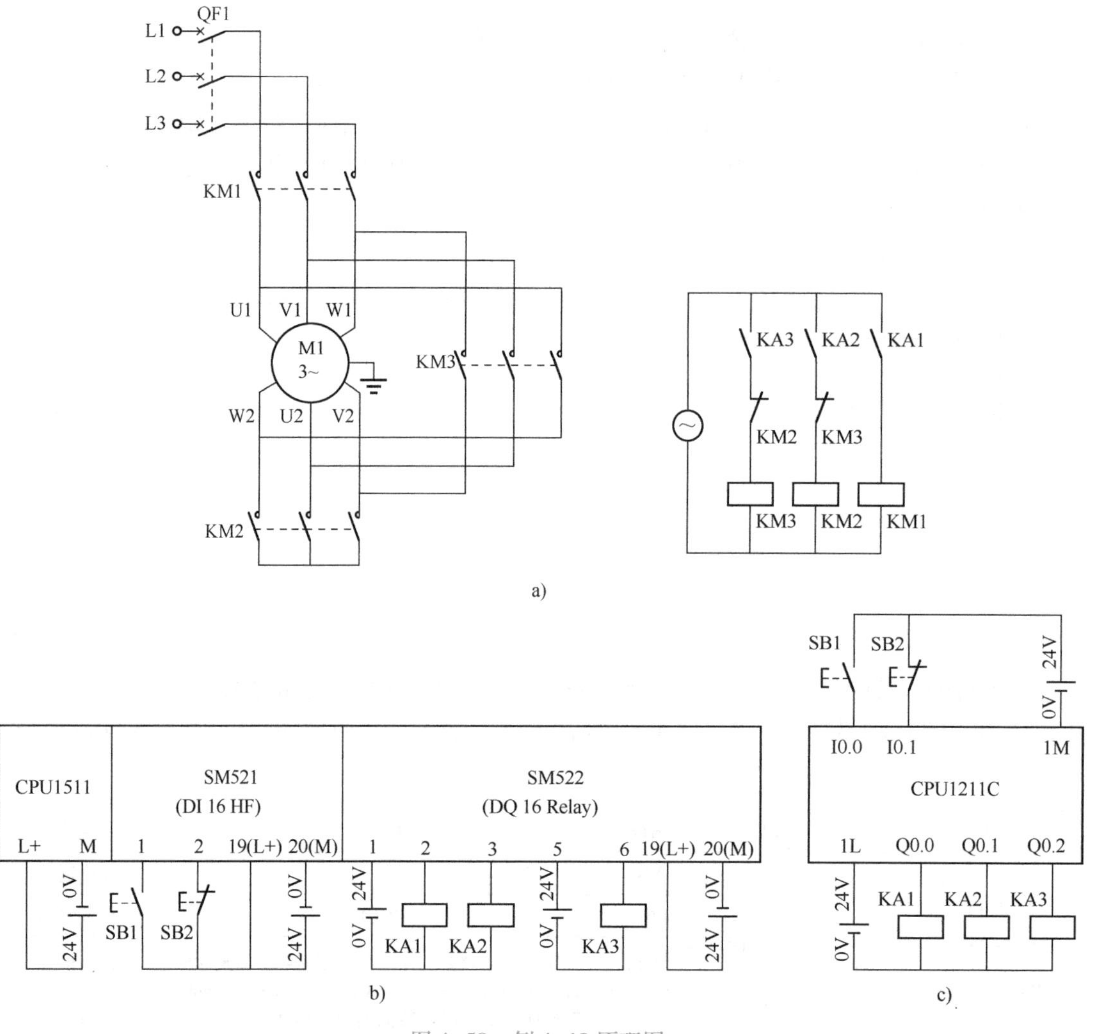

图 4-58　例 4-18 原理图

a）主回路　b）S7-1500 控制回路　c）S7-1200 控制回路

解：

本例 PLC 可采用 CPU1511-1PN/CPU1211C 两种方案。前 8 s，Q0.0 和 Q0.1 线圈得电，星形起动，第 8~8.1 s 只有 Q0.0 得电，从 8.1 s 开始，Q0.0 和 Q0.2 线圈得电，电动机为三角形运行。为了方便理解程序，列出 QB0 的数值与 Q0.0~Q0.7 的对应关系如图 4-59 所示。梯形图如图 4-60 所示。这种方法编写程序很简单，但浪费了宝贵的输出点资源。

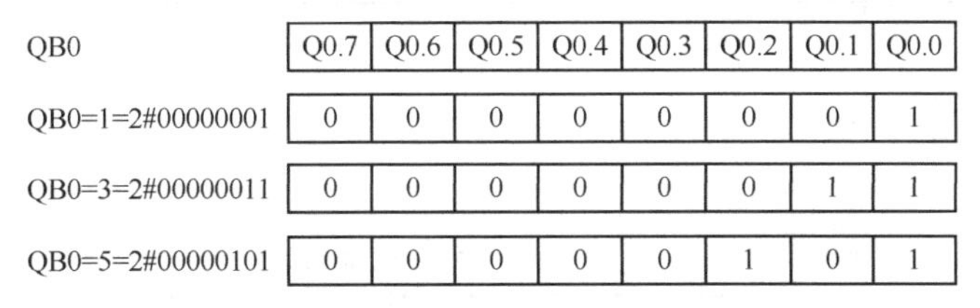

QB0	Q0.7	Q0.6	Q0.5	Q0.4	Q0.3	Q0.2	Q0.1	Q0.0
QB0=1=2#00000001	0	0	0	0	0	0	0	1
QB0=3=2#00000011	0	0	0	0	0	0	1	1
QB0=5=2#00000101	0	0	0	0	0	1	0	1

图 4-59　QB0 的数值与 Q0.0~Q0.7 的对应关系

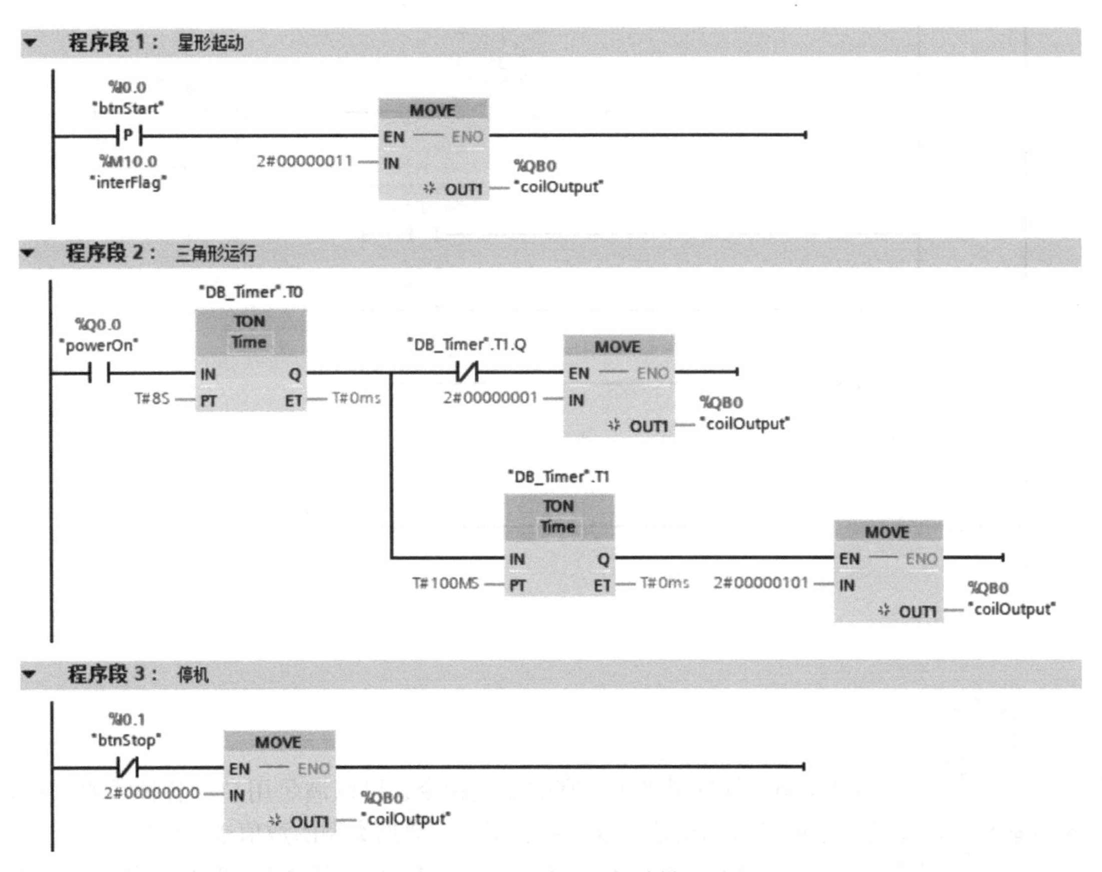

图 4-60　电动机Y-△起动梯形图

注意： 图 4-58 中，由中间继电器 KA1~KA3 驱动 KM1~KM3，而不能用 PLC 直接驱动 KM1~KM3，否则容易烧毁 PLC，这是基本的工程规范。

KM2 和 KM3 分别对应星形起动和三角形运行，应该再用接触器的常闭触点进行互锁。如果没有硬件互锁，尽管程序中 KM2 断开比 KM3 闭合早 100 ms，但由于某些特殊情况，硬件 KM2 没有及时断开，而硬件 KM3 闭合了，则会造成短路。

注意： 以上梯形图是正确的，但需占用 QB0 所有输出点，而真实使用的输出点却只有 3 个，浪费了宝贵的输出点，因此从工程的角度考虑，不是一个实用程序。

改进的梯形图如图 4-61 所示，仍然采用以上方案，但只需要使用 3 个输出点，因此是一个实用程序。

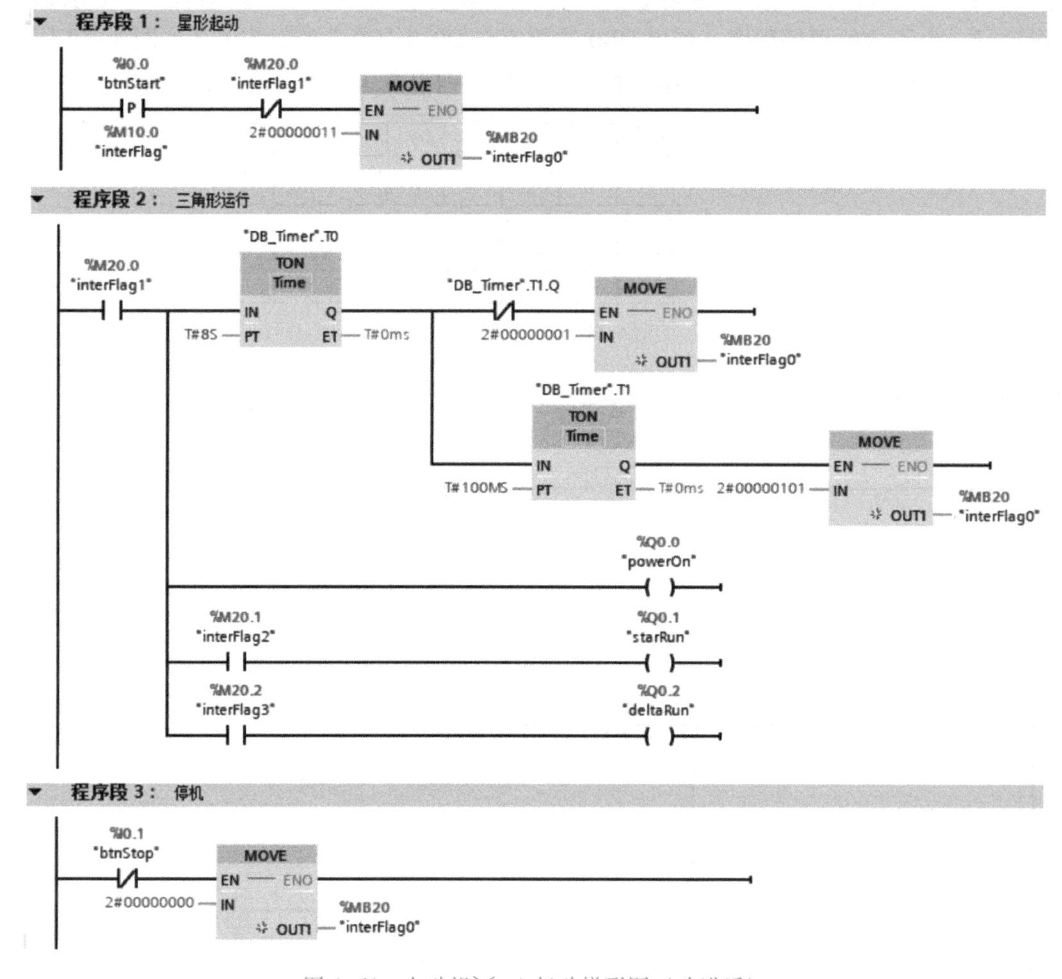

图 4-61　电动机Y-△起动梯形图（改进后）

视频
比较指令及其应用

4.5.2　比较指令

TIA Portal 软件提供了丰富的比较指令，可以满足用户的各种需要。TIA Portal 软件中的比较指令可以对如整数、双整数、实数等数据类型的数值进行比较。

比较指令有等于（CMP==）、不等于（CMP< >）、大于（CMP>）、小于（CMP<）、大于或等于（CMP>=）和小于或等于（CMP<=）。比较指令对输入操作数 1 和操作数 2 进行比较，如果比较结果为真，则逻辑运算结果 RLO 为“1”，反之则为“0”。

以下仅以等于比较指令的应用说明比较指令的使用，其他比较指令不再讲述。

1. 等于比较指令的选择示意

等于比较指令的选择示意如图 4-62 所示，单击标记①处，弹出标记③处的比较符（等于、大于等于），选择所需的比较符，单击②处，弹出标记④处的数据类型，选择所需的数据类型，最后得到标记⑤处的“整数等于比较指令”。

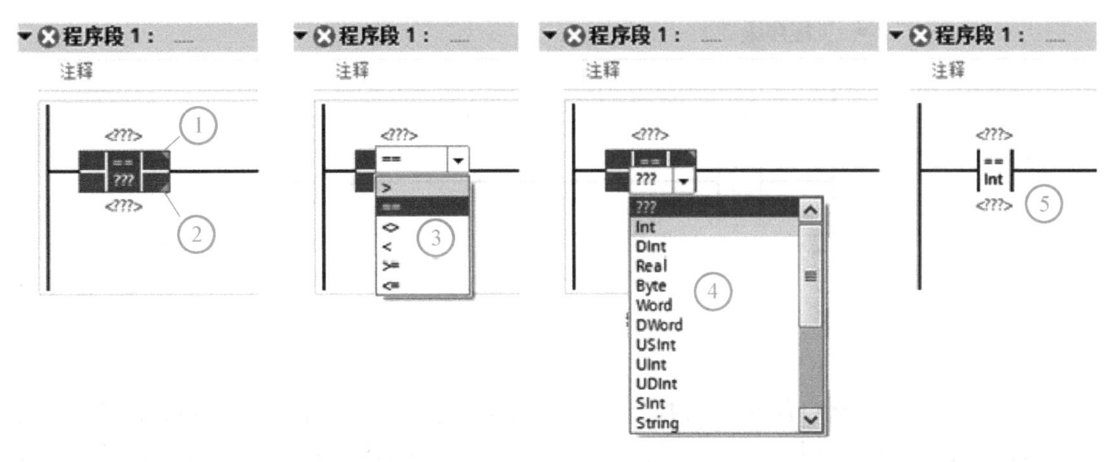

图 4-62　等于比较指令的选择示意

2. 等于比较指令的使用举例

等于指令有整数等于比较指令、双整数等于比较指令和实数等于比较指令等。等于比较指令和参数见表 4-19。

表 4-19　等于比较指令和参数

LAD	SCL	参数	数据类型	说明

<???>
==
???
<???>
	OUT:= IN1 = IN2;
	or
	IF IN1 = IN2 THEN
	OUT := 1;
	ELSE
	out := 0;
	END_IF;
		操作数 1	位字符串、整数、浮点数、字符串、Time、LTime、Date、TOD、LTOD、DTL、DT、LDT	比较的第一个数值

		操作数 2		比较的第二个数值

从指令框的“???”下拉列表中选择该指令的数据类型。

用一个例子来说明等于比较指令，梯形图和 SCL 程序如图 4-63 所示。当 MW10 中的整数和 MW12 中的整数比较，若两者相等，则 Q0.0 输出为“1”，若两者不相等，则 Q0.0 输出为“0”。

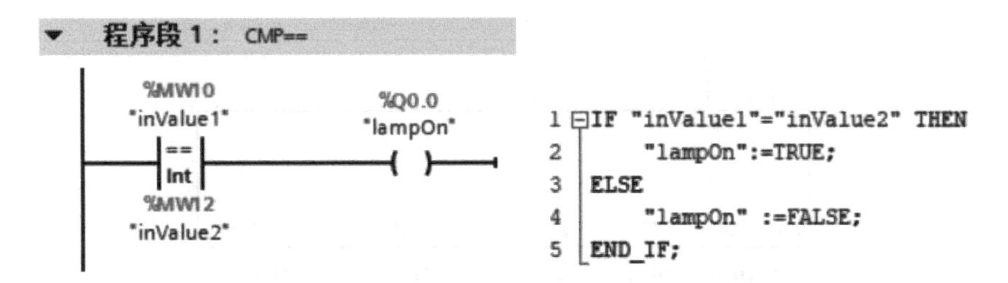

图 4-63　整数等于比较指令示例

双整数等于比较指令和实数等于比较指令的使用方法与整数等于比较指令类似，只不过操作数 1 和操作数 2 的参数类型分别为双整数和实数。

注意： 一个整数和一个实数是不能直接进行比较的，如图 4-64 所示，因为它们之间的数据类型不同。一般先将整数转换成实数，再对两个实数进行比较。

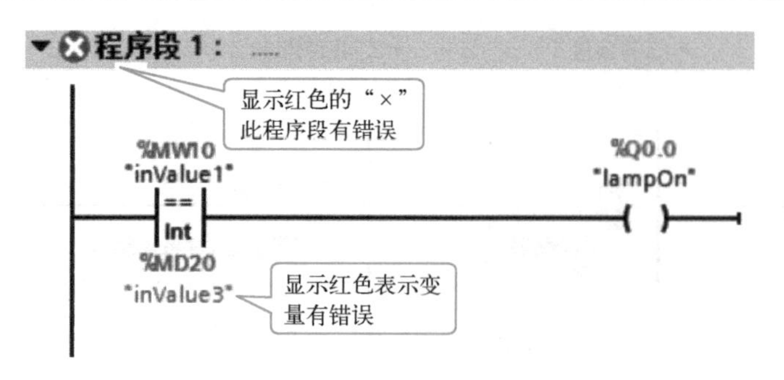

图 4-64　数据类型错误的梯形图

【例 4-19】十字路口的交通灯控制，当闭合起动按钮，东西方向亮 4 s，闪烁 2 s 后灭；黄灯亮 2 s 后灭；红灯亮 8 s 后灭；绿灯亮 4 s，如此循环，而对应东西方向绿灯、红灯、黄灯亮时，南北方向红灯亮 8 s 后灭；接着绿灯亮 4 s，闪烁 2s 后灭；红灯又亮，如此循环。

解：设计原理图如图 4-65，再根据题意绘制出时序图，如图 4-66 所示，编写梯形图主要用比较指令，例如东西方向，当时间小于等于 4s 时，绿灯亮，其余时间段用类似方法，梯形图如图 4-67 所示。

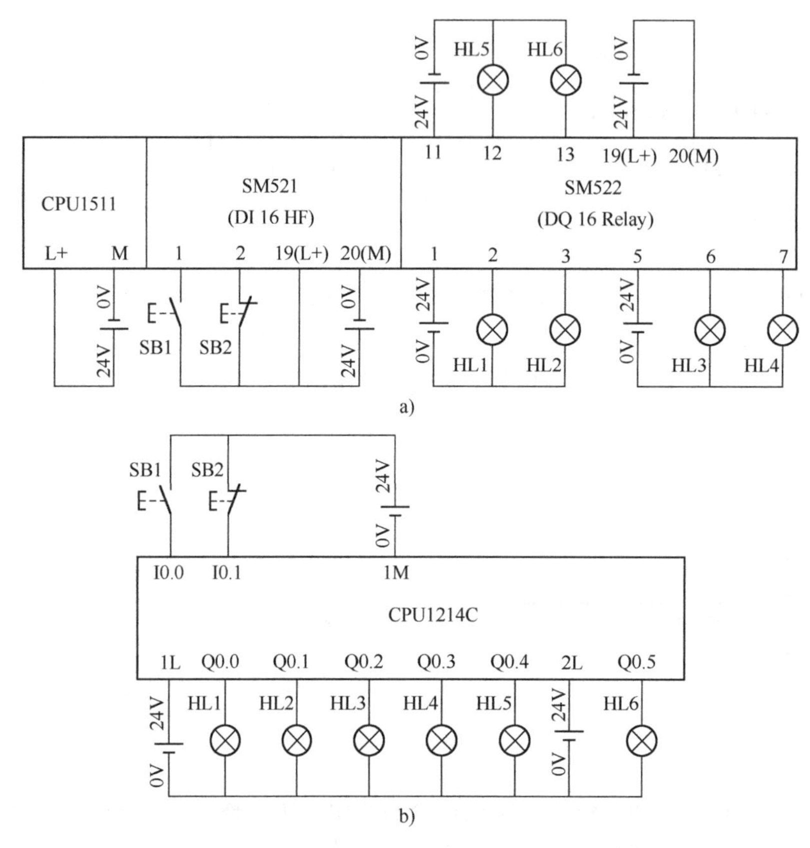

图 4-65　例 4-19 设计原理图

a）S7-1500 控制回路　b）S7-1200 控制回路

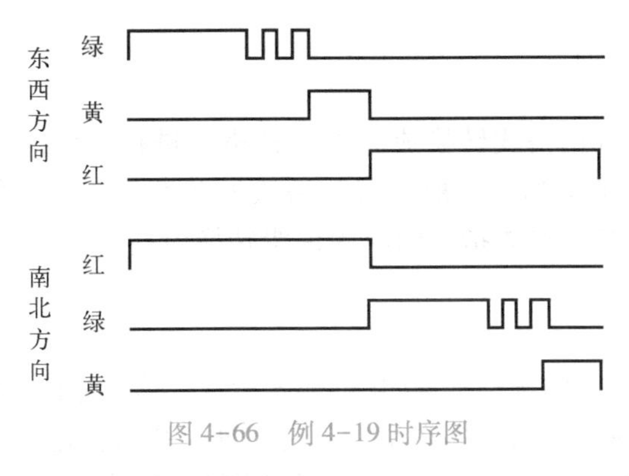

图 4-66 例 4-19 时序图

程序段 1： ……

%I0.0
"Start"
%I0.1
"Stp"
%M10.0
"Flag"
%M10.0
"Flag"
"DB_Timer".T0.Q
"DB_Timer".T0
TON
Time
T#16S

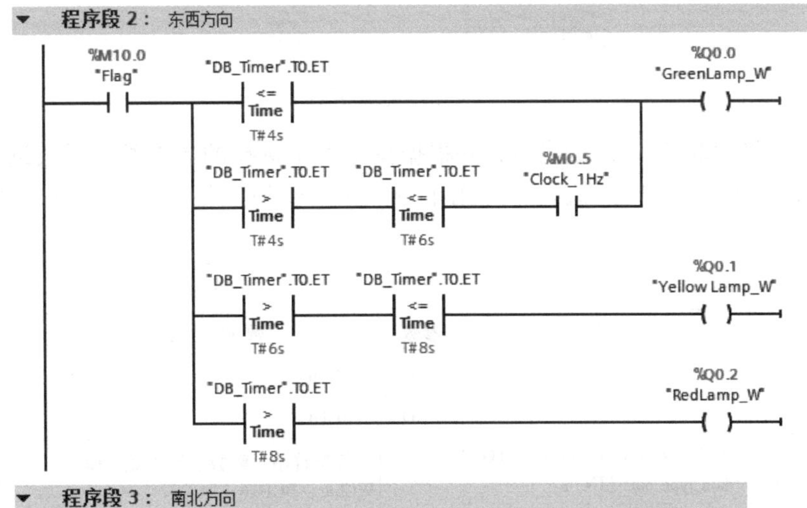

程序段 3： 南北方向

%M10.0
"Flag"
"DB_Timer".T0.ET
<=
Time
T#8s
%Q0.5
"RedLamp_S"
"DB_Timer".T0.ET
>
Time
T#8s
"DB_Timer".T0.ET
<=
Time
T#12s
%Q0.3
"GreenLamp_S"
"DB_Timer".T0.ET
>
Time
T#12s
"DB_Timer".T0.ET
<=
Time
T#14s
%M0.5
"Clock_1Hz"
"DB_Timer".T0.ET
>
Time
T#14s
%Q0.4
"Yellow Lamp_S"

图 4-67 例 4-19 梯形图

4.5.3 转换指令

转换指令是将一种数据格式转换成另外一种格式进行存储。例如，要让一个整型数据和双整型数据进行算术运算，一般要将整型数据转换成双整型数据。

以下仅以 BCD 码转换成整数指令的应用说明转换值指令（CONV）的使用，其他转换值指令不再讲述。

1. 转换值指令（CONV）

BCD 码转换成整数指令的选择示意如图 4-68 所示，单击标记①处，弹出标记③处的要转换值的数据类型，选择所需的数据类型。单击②处，弹出标记④处的转换结果的数据类型，选择所需的数据类型，最后得到标记⑤处的“BCD 码转换成整数指令”。

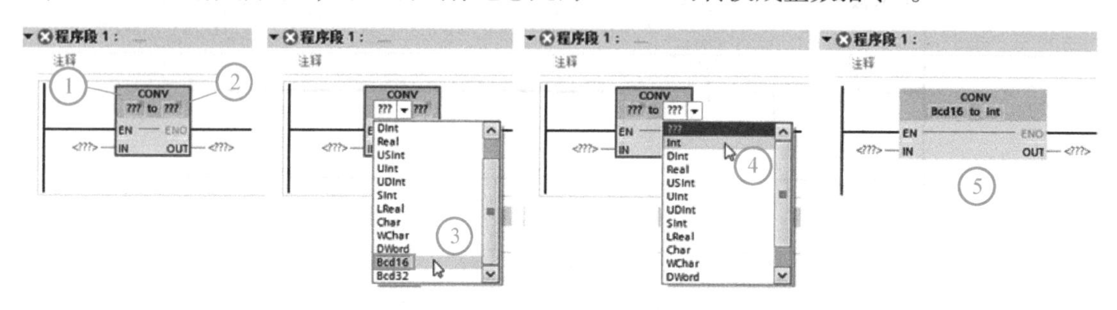

图 4-68 BCD 码转换成整数指令的选择示意

转换值指令将读取参数 IN 的内容，并根据指令框中选择的数据类型对其进行转换。转换值存储在输出 OUT 中。转换值指令应用十分灵活。转换值指令（CONVERT）和参数见表 4-20。

表 4-20 转换值指令（CONVERT）和参数

LAD	SCL	参数	数 据 类 型	说明
CONV ??? to ??? EN ENO IN OUT	OUT := <data type in>_TO_<data type out>(IN);	EN	BOOL	使能输入
		ENO	BOOL	使能输出
		IN	位字符串、整数、浮点数、Char、WChar、BCD16、BCD32	要转换的值
		OUT	位字符串、整数、浮点数、Char、WChar、BCD16、BCD32	转换结果

注意： 可以从指令框的“???”下拉列表中选择该指令的数据类型。

BCD 转换成整数指令是将 IN 指定的内容以 BCD 码二~十进制格式读出，并将其转换为整数格式，输出到 OUT 端。如果 IN 端指定的内容超出 BCD 码的范围（例如 4 位二进制数出现 1010~1111 的几种组合），则执行指令时将会发生错误，使 CPU 进入 STOP 方式。

用一个例子来说明 BCD 转换成整数指令，梯形图和 SCL 程序如图 4-69 所示。当 I0.0 闭合时，激活 BCD 转换成整数指令，IN 中的 BCD 数用十六进制表示为 16#22（就是十进制的 22），转换完成后 OUT 端的 MW16 中的整数的十六进制是 16#16。

2. 取整指令（ROUND）

取整指令将输入 IN 的值四舍五入取整为最接近的整数。该指令将输入 IN 的值为浮点数，转换为一个 DINT 数据类型的整数。取整指令（ROUND）和参数见表 4-21。

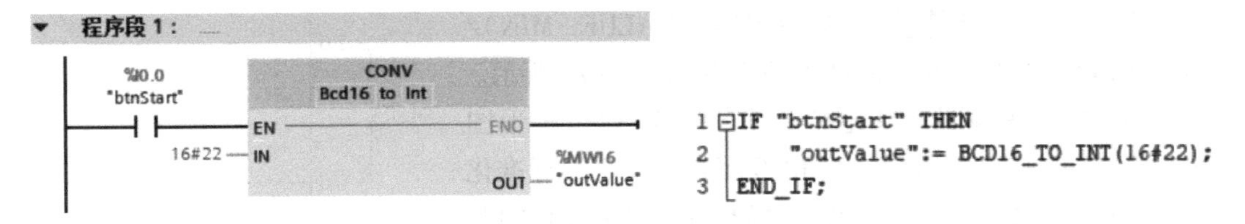

图 4-69　BCD 转换成整数指令示例

表 4-21　取整指令（ROUND）和参数

LAD	SCL	参数	数据类型	说　明
ROUND ??? to ??? EN ENO IN OUT	OUT ：=ROUND(IN)；	EN	BOOL	允许输入
		ENO	BOOL	允许输出
		IN	浮点数	要取整的输入值
		OUT	整数、浮点数	取整的结果

注意：可以从指令框的“???”下拉列表中选择该指令的数据类型。

下面用一个例子来说明取整指令，梯形图和 SCL 程序如图 4-70 所示。当 I0.0 闭合时，激活取整指令，IN 中的实数存储在 MD10 中，假设这个实数为 3.14，进行取整运算后 OUT 端的 MD20 中的双整数是 DINT#3，假设这个实数为 3.88，进行取整运算后 OUT 端的 MD10 中的双整数是 DINT#4。

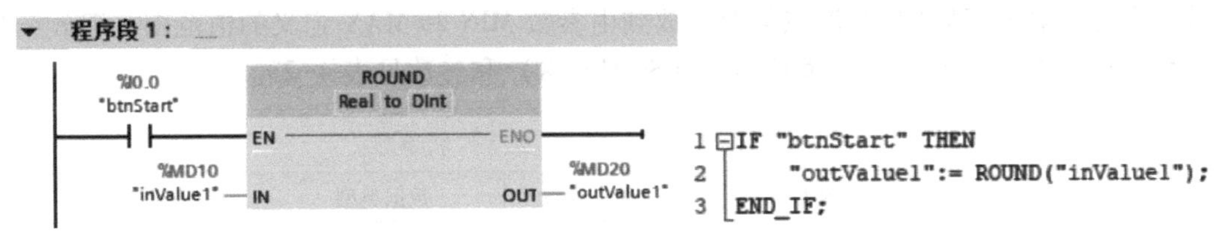

图 4-70　取整指令示例

注意：取整指令（ROUND）可以用转换值指令（CONV）替代。

3. 标准化指令（NORM_X）

使用标准化指令，可将输入 VALUE 中变量的值映射到线性标尺对其进行标准化。使用参数 MIN 和 MAX 定义输入 VALUE 值范围的限值。标准化指令（NORM_X）和参数见表 4-22。

表 4-22　标准化指令（NORM_X）和参数

LAD	参数	参数	数据类型	说　明
NORM_X ??? to ??? EN ENO MIN OUT VALUE MAX	out ：=NORM_X(min：=_in_, value：=_in_, max：=_in_)；	EN	BOOL	允许输入
		ENO	BOOL	允许输出
		MIN	整数、浮点数	取值范围的下限
		VALUE	整数、浮点数	要标准化的值
		MAX	整数、浮点数	取值范围的上限
		OUT	浮点数	标准化结果

注意：可以从指令框的“???”下拉列表中选择该指令的数据类型。

标准化指令的计算公式是：OUT＝(VALUE－MIN)/(MAX－MIN)，此公式对应的计算原理图如图 4-71 所示。

用一个例子来说明标准化指令（NORM_X），梯形图和 SCL 程序如图 4-72 所示。当 I0.0 闭合时，激活标准化指令，要标准化的 VALUE 存储在 IW64 中，VALUE 的范围是 0~27648，要 VALUE 标准化的输出范围是 0~1.0。假设 IW64 中是 13824，那么 MD20 中的标准化结果为 0.5。

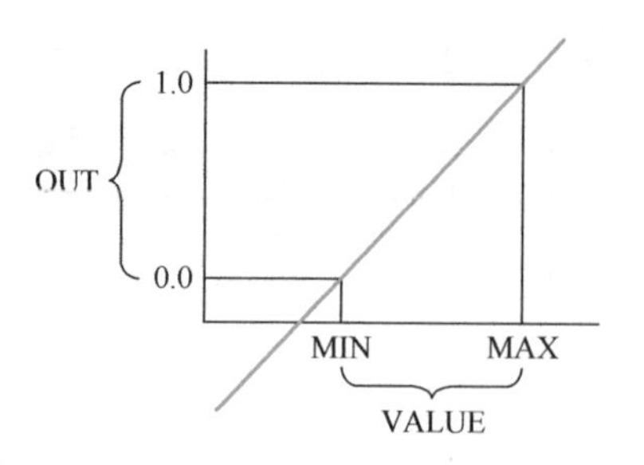

图 4-71　标准化指令计算原理图

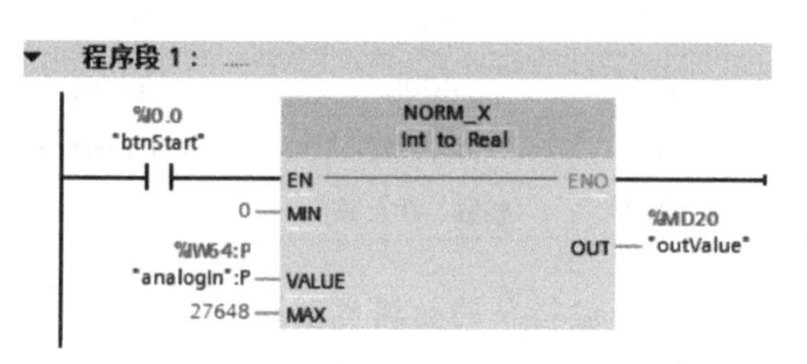

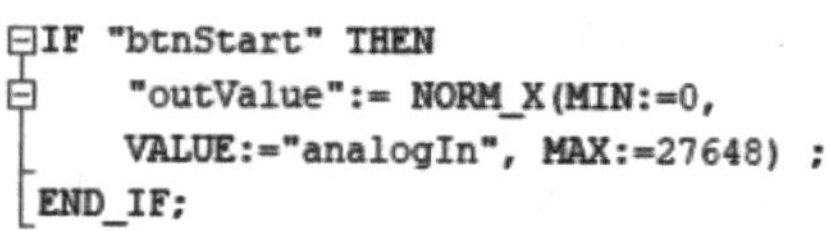

图 4-72　标准化指令示例

4. 缩放指令（SCALE_X）

使用缩放指令，通过将输入 VALUE 的值映射到指定的值范围来对其进行缩放。当执行缩放指令时，输入 VALUE 的浮点值会缩放到由参数 MIN 和 MAX 定义的值范围。缩放结果为整数，存储在 OUT 输出中。缩放指令（SCALE_X）和参数见表 4-23。

表 4-23　缩放指令（SCALE_X）和参数

LAD	SCL	参数	数据类型	说　明
SCALE_X ??? to ??? EN ENO MIN OUT VALUE MAX	out :=SCALE_X (min:=_in_, value:=_in_, max:=_in_);	EN	BOOL	允许输入
		ENO	BOOL	允许输出
		MIN	整数、浮点数	取值范围的下限
		VALUE	浮点数	要缩放的值
		MAX	整数、浮点数	取值范围的上限
		OUT	整数、浮点数	缩放结果

注意：可以从指令框的“???”下拉列表中选择该指令的数据类型。

缩放指令的计算公式是：OUT＝[VALUE×(MAX－MIN)]+MIN，此公式对应的计算原理图如图 4-73 所示。

下面用一个例子来说明缩放指令（SCALE_X），梯形图和 SCL 程序如图 4-74 所示。当 I0.0 闭合时，激活缩放指令，要标缩放的 VALUE 存储在 MD30 中，VALUE 的范围是 0~1.0，将 VALUE 缩放的输出范围是 0~27648。假设 MD30 中是 0.5，那么 QW64 中的缩放结果为 13824。

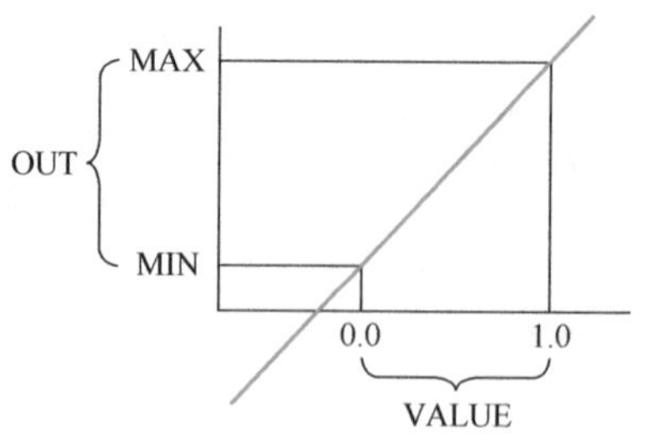

图 4-73　缩放指令计算原理图

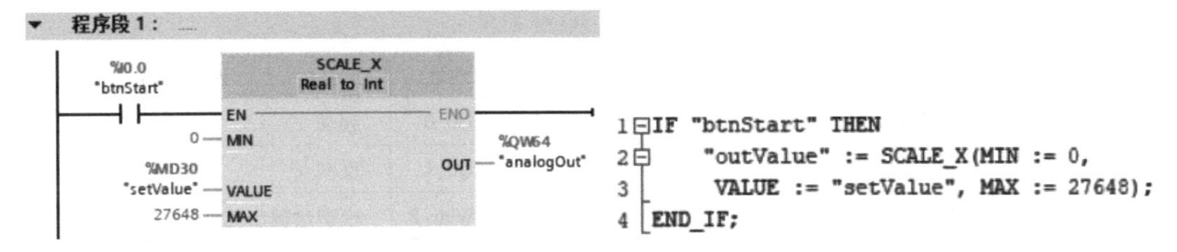

图 4-74　缩放指令示例

注意： 标准化指令（NORM_X）和缩放指令（SCALE_X）的使用大大简化了程序编写量，且通常成对使用，最常见的应用场合是 A/D 和 D/A 转换，PLC 与变频器、伺服驱动系统通信的场合。

【例 4-20】用 S7-1500 PLC 控制直流电动机的速度和正反转，并监控直流电动机的实时温度。

（1）直流电动机驱动器介绍

直流电动机驱动器的端子图和外形如图 4-75 和图 4-76 所示，表 4-24 为各个端子的功能说明。

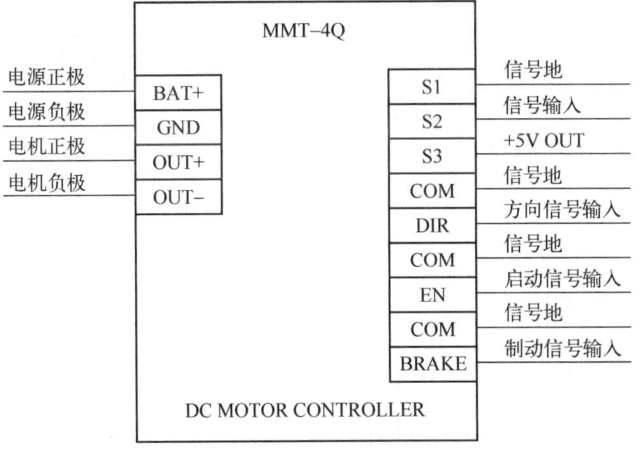

图 4-75　直流电动机驱动器的端子图

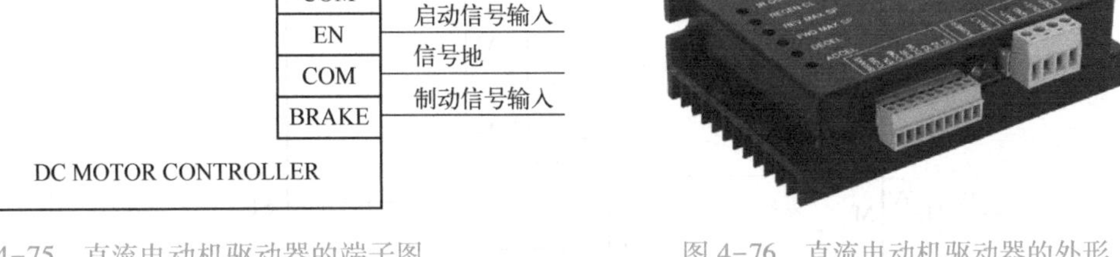

图 4-76　直流电动机驱动器的外形

表 4-24　直流电动机驱动器的端子功能说明

序号	端子	功 能 说 明	序号	端子	功 能 说 明
1	BAT+	驱动器的供电电源+24 V	7	S3	+5 V 输出
2	GND	驱动器的供电电源 0 V	8	COM	数字量信号地，公共端子
3	OUT+	直流电动机正极	9	DIR	电动机的换向控制
4	OUT-	直流电动机负极	10	EN	电动机的起停控制
5	S1	模拟量信号地	11	BRAKE	电动机的刹车控制
6	S2	模拟量信号输入+，用于速度给定			

（2）设计电气原理图

① IO 分配表。首先分配 IO，见表 4-25。

表 4-25　IO 分配表

符号	地址	说　明	符号	地址	说　明
SB1	I0.0	正转起动按钮	KA1	Q0.0	起动
SB2	I0.1	反转按钮	KA2	Q0.1	反向
SB3	I0.2	停止		QW96:P	模拟量输出地址（可修改）
	IW96:P	模拟量输入地址（可修改）			

② 设计电气原理图。设计电气原理图如图 4-77 所示。模拟量模块 SM534 既有模拟量输入通道，又有模拟量输出通道，故也称为混合模块。图 4-77 中，模拟量输入的 0 通道（1 和 2）用于测量温度，模拟量输出的 0 通道（21 和 24）用于调节直流电动机的转速，直流电动机的转速与此通道电压成正比（即调压调速）。

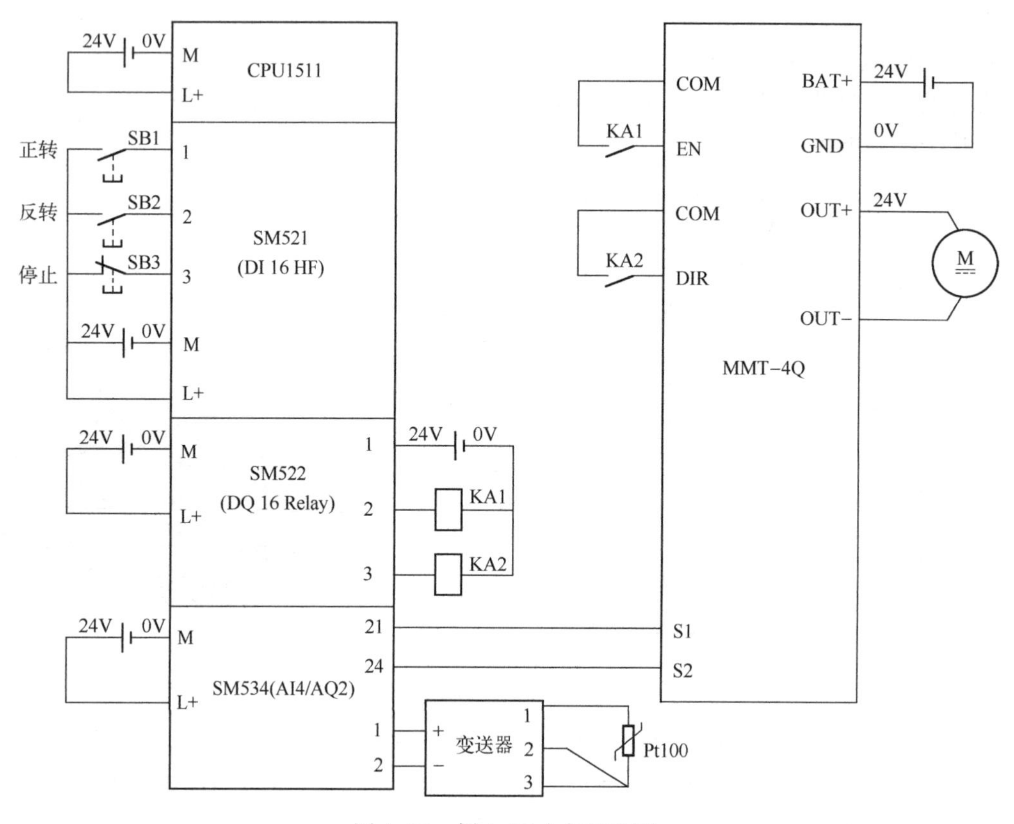

图 4-77　例 4-20 电气原理图

（3）编写控制程序

编写控制程序如图 4-78 所示。

程序段 3 说明：模拟量输入通道 0 对应的地址是 IW96：P，模拟量模块 SM534 的 0 通道的 A/D 转换值（IW96:P）的范围是 0~27648，将其进行标准化处理，处理后的值的范围是 0.0~1.0，存在 MD10 中。27648 标准化的结果为 1.0，13824 标准化的结果 0.5。标准化后的结果进行比例运算，本例的温度量程范围 0~100℃，就是将标准化的结果比例运算到 0~100。例如标准化结果是 1.0，则温度为 100℃，标准化结果是 0.5，则温度为 50℃。

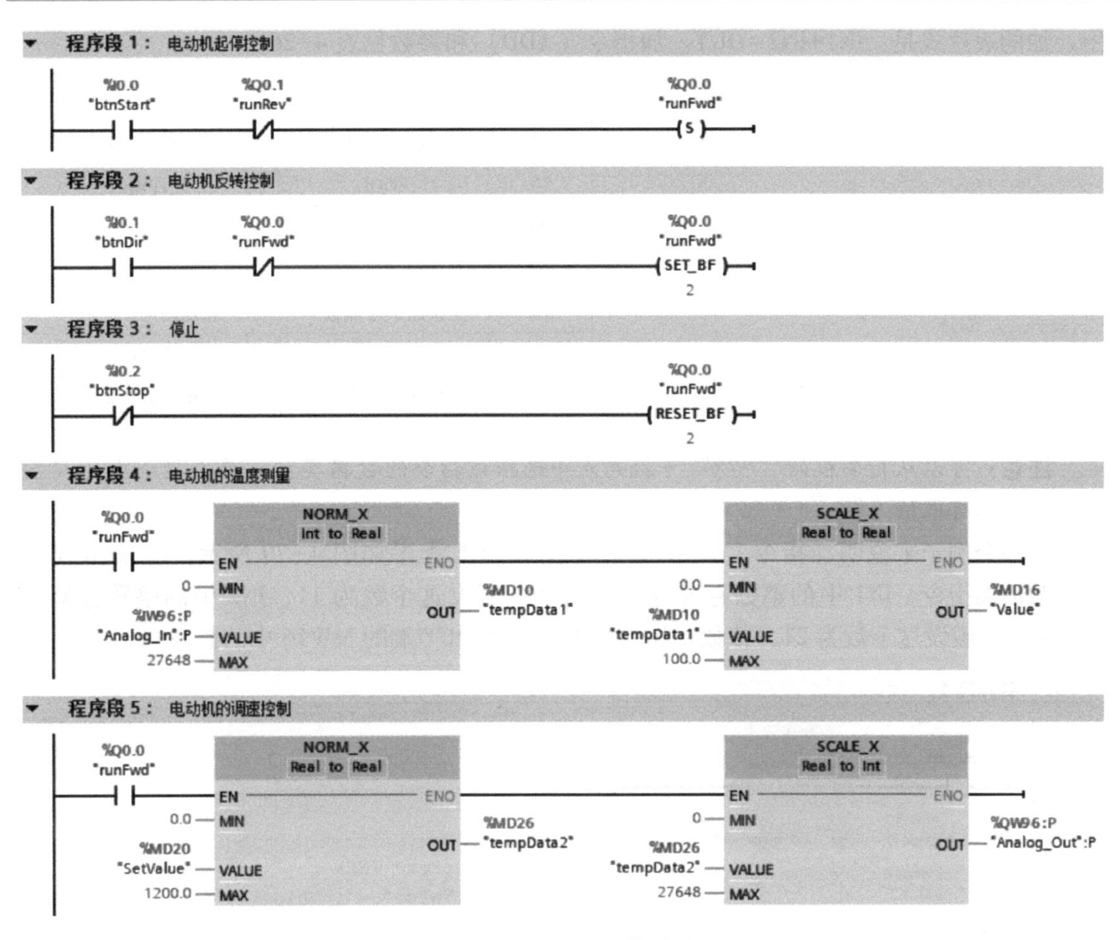

图 4-78 例 4-20 梯形图

程序段 4 说明：电动机的速度范围是 0.0～1200.0 r/min，设定值在 MD20 中（通常由 HMI 给定），将其进行标准化处理，处理后的值的范围是 0.0～1.0，存在 MD26 中。1200.0 标准化的结果为 1.0，600.0 标准化的结果 0.5。标准化后的结果进行比例运算，比例运算的结果送入 QW96:P，而 QW96:P 是模拟量输出通道 0 对应的地址，模拟量模块 SM534 的 0 通道的 D/A 转换前的数字量（QW96:P）的范围是 0～27648，因此标准化结果为 1.0 时，比例运算结果是 27648，经过 D/A 转换后，输出为模拟量 10 V，送入的电机驱动器，则电动机的转速为 1200.0 r/min。

4.6 数学函数指令、移位和循环指令

4.6.1 数学函数指令

数学函数指令非常重要，主要包含加、减、乘、除、三角函数、反三角函数、乘方、开方、对数、求绝对值、求最大值、求最小值和 PID 等指令。在模拟量的处理、PID 控制等很多场合都要用到数学函数指令。

1. 加指令（ADD）

当允许输入端 EN 为高电平“1”时，输入端 IN1 和 IN2 中的整数相加，结果送入 OUT

中。加的表达式是：IN1+IN2=OUT。加指令（ADD）和参数见表 4-26。

表 4-26　加指令（ADD）和参数

LAD	SCL	参数	数据类型	说　明
ADD Auto (???) EN　ENO IN1　OUT IN2	OUT:=IN1+IN2+…+INn;	EN	BOOL	允许输入
		ENO	BOOL	允许输出
		IN1	整数、浮点数	相加的第 1 个值
		IN2	整数、浮点数	相加的第 2 个值
		INn	整数、浮点数	要相加的可选输入值
		OUT	整数、浮点数	相加的结果

注意：可以从指令框的“???”下拉列表中选择该指令的数据类型。单击指令中的图标可以添加可选输入项。

用一个例子来说明加指令（ADD），梯形图和 SCL 程序如图 4-79 所示。当 I0.0 闭合时，激活加指令，IN1 中的整数存储在 MW10 中，假设这个数为 11，IN2 中的整数存储在 MW12 中，假设这个数为 21，整数相加的结果存储在 OUT 端的 MW16 中的数是 42。

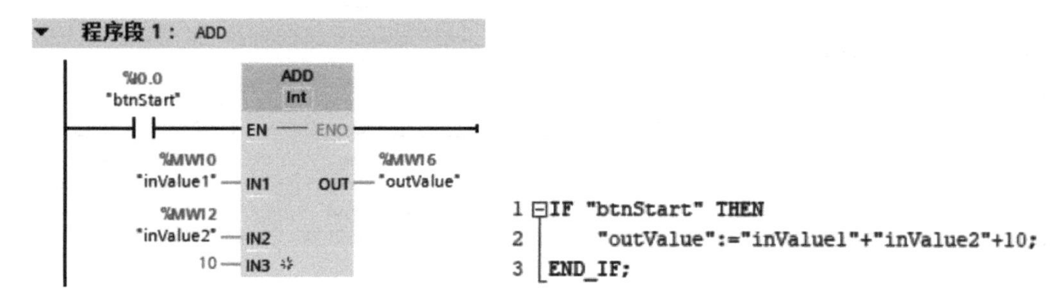

图 4-79　加指令（ADD）示例

注意：

1）同一数学函数指令最好使用相同的数据类型（即数据类型要匹配），不匹配只要不报错也是可以使用的，如图 4-80 所示，IN1 和 IN3 输入端有小方框，就是表示数据类型不匹配但仍然可以使用。但如果变量为红色则表示这种数据类型是错误的，例如 IN4 输入端就是错误的。

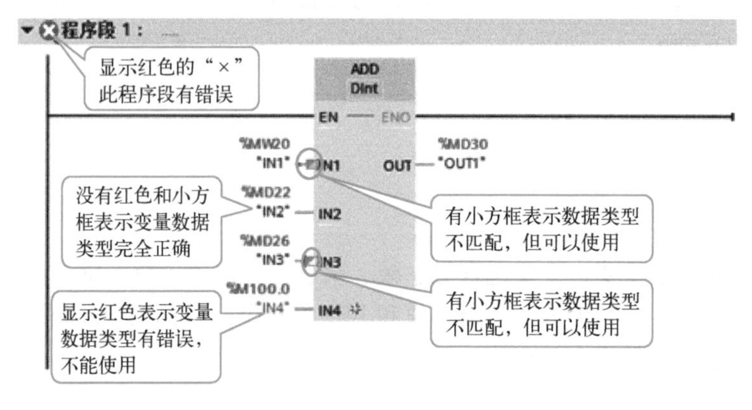

图 4-80　加指令梯形图

2）错误的程序可以保存（有的 PLC 错误的程序不能保存）。

【例 4-21】 有一个电炉，加热功率有 1000 W、2000 W 和 3000 W 三个档次，电炉有 1000 W 和 2000 W 两种电加热丝。要求用一个按钮选择三个加热档，当按一次按钮时，1000 W 电阻丝加热，即第一档；当按两次按钮时，2000 W 电阻丝加热，即第二档；当按三次按钮时，1000 W 和 2000 W 电阻丝同时加热，即第三档；当按四次按钮时停止加热。

（1）设计电气原理图

电气原理图如图 4-81 所示。

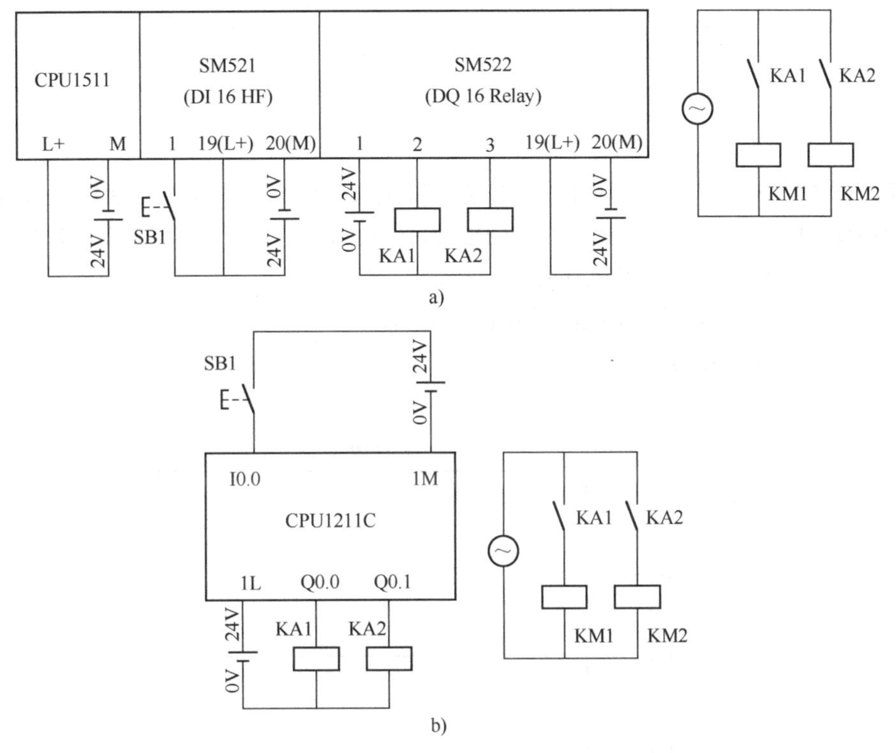

图 4-81　例 4-21 电气原理图
a）S7-1500 控制回路　b）S7-1200 控制回路

（2）编写控制程序

在解释程序之前，先回顾前面已经讲述过的知识点，QB0 是一个字节，包含 Q0.0～Q0.7 共 8 位，如图 4-82 所示。当 QB0=1 时，Q0.1～Q0.7=0，Q0.0=1。当 QB0=2 时，Q0.2～Q0.7=0，Q0.1=1，Q0.0=0。当 QB0=3 时，Q0.2～Q0.7=0，Q0.0=1，Q0.1=1。掌握基础知识，对识读和编写程序至关重要。

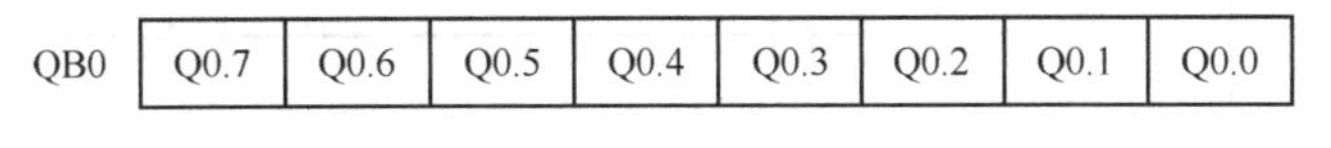

QB0	Q0.7	Q0.6	Q0.5	Q0.4	Q0.3	Q0.2	Q0.1	Q0.0

图 4-82　位和字节的关系

梯形图如图 4-83 所示。当第一次按按钮时，执行一次加法指令，QB0=1，Q0.1～Q0.7=0，Q0.0=1，第一档加热；当第二次按按钮时，执行一次加法指令，QB0=2，Q0.2～Q0.7=0，Q0.1=1，Q0.0=0，第二档加热；当第三次按按钮时，执行一次加法指令，QB0=3，Q0.2～Q0.7=0，Q0.0=1，Q0.1=1，第三档加热；当第四次按按钮时，执行一次加法指令，

QB0=4，再执行比较指令，又当 QB0≥4 时，强制 QB0=0，关闭电加热炉。

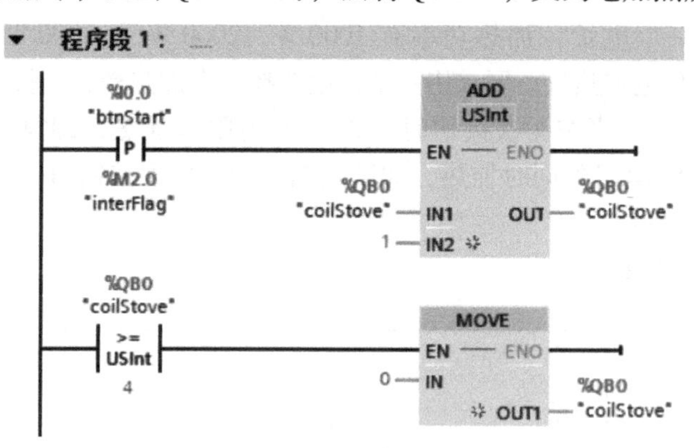

图 4-83　例 4-21 梯形图

注意： 如图 4-83 所示的梯形图，没有逻辑错误，但实际上有两处缺陷，一是上电时没有对 Q0.0~Q0.1 复位，二是浪费了 2 个 CPU1211C 输出点，对于 SM522 模块则浪费 6 个输出点，这在实际工程应用中是不允许的。

对图 4-83 所示的程序进行改进，如图 4-84 所示。

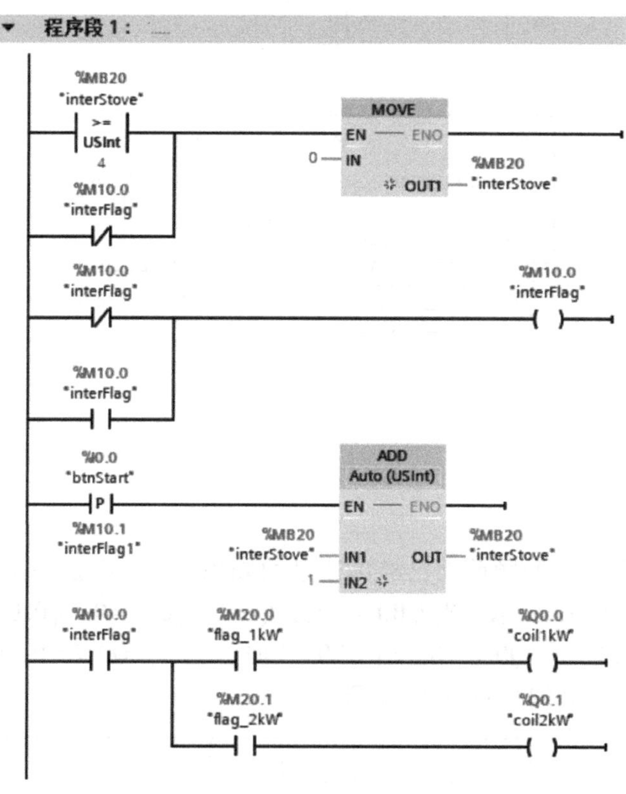

图 4-84　例 4-21 梯形图（改进后）

注意： 本项目程序中 ADD 指令可以用 INC 指令代替。

2. 减指令（SUB）

当允许输入端 EN 为高电平“1”时，输入端 IN1 和 IN2 中的数相减，结果送入 OUT 中。IN1 和 IN2 中的数可以是常数。减指令的表达式是：IN1-IN2=OUT。

减指令（SUB）和参数见表 4-27。

表 4-27　减指令（SUB）和参数

LAD	SCL	参数	数据类型	说　明
SUB Auto (???) EN ENO IN1 OUT IN2	OUT:=IN1-IN2;	EN	BOOL	允许输入
		ENO	BOOL	允许输出
		IN1	整数、浮点数	被减数
		IN2	整数、浮点数	减数
		OUT	整数、浮点数	差

注意： 可以从指令框的“???”下拉列表中选择该指令的数据类型。

用一个例子来说明减指令（SUB），梯形图和 SCL 程序如图 4-85 所示。当 I0.0 闭合时，激活双整数减指令，IN1 中的双整数存储在 MD10 中，假设这个数为 DINT#28，IN2 中的双整数为 DINT#8，双整数相减的结果存储在 OUT 端的 MD16 中的数是 DINT#20。

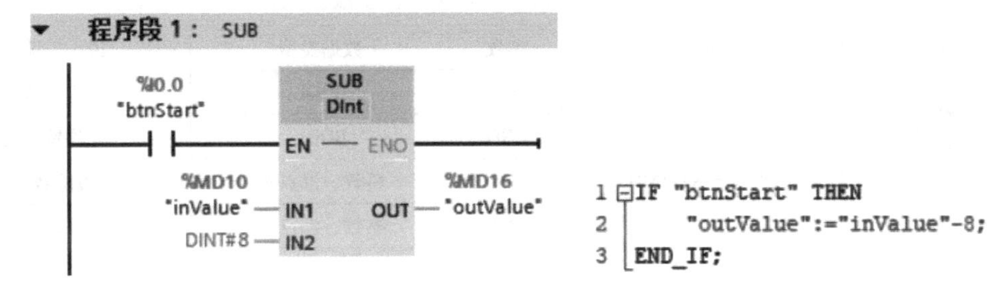

图 4-85　减指令（SUB）示例

3. 乘指令（MUL）

当允许输入端 EN 为高电平“1”时，输入端 IN1 和 IN2 中的数相乘，结果送入 OUT 中。IN1 和 IN2 中的数可以是常数。乘的表达式是：IN1×IN2=OUT。

乘指令（MUL）和参数见表 4-28。

表 4-28　乘指令（MUL）和参数

LAD	参数	参数	数据类型	说　明
MUL Auto (???) EN ENO IN1 OUT IN2	OUT:=IN1×IN2×…×INn;	EN	BOOL	允许输入
		ENO	BOOL	允许输出
		IN1	整数、浮点数	相乘的第 1 个值
		IN2	整数、浮点数	相乘的第 2 个值
		INn	整数、浮点数	要相乘的可选输入值
		OUT	整数、浮点数	相乘的结果（积）

注意： 可以从指令框的“???”下拉列表中选择该指令的数据类型。单击指令中的图标可以添加可选输入项。

用一个例子来说明乘指令（MUL），梯形图和 SCL 程序如图 4-86 所示。当 I0.0 闭合时，激活整数乘指令，IN1 中的整数存储在 MW10 中，假设这个数为 11，IN2 中的整数存储在 MW12 中，假设这个数为 11，整数相乘的结果存储在 OUT 端的 MW16 中的数是 242。

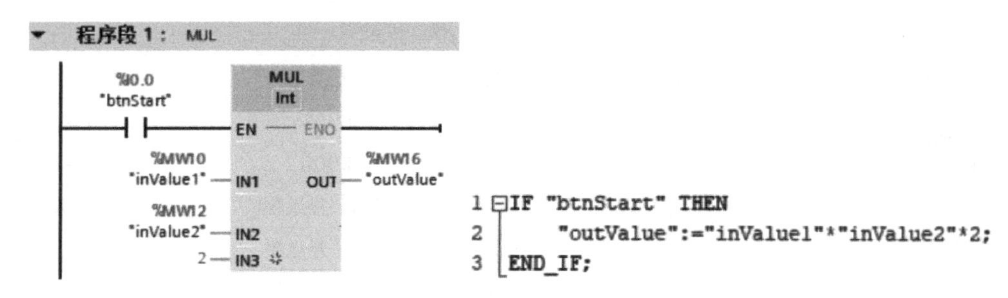

图 4-86　乘指令（MUL）示例

4. 除指令（DIV）

当允许输入端 EN 为高电平“1”时，输入端 IN1 中的数除以 IN2 中的数，结果送入 OUT 中。IN1 和 IN2 中的数可以是常数。除指令（DIV）和参数见表 4-29。

表 4-29　除指令（DIV）和参数

LAD	SCL	参数	数据类型	说　明
DIV Auto (???) EN　ENO IN1　OUT IN2	OUT：= IN1/IN2；	EN	BOOL	允许输入
		ENO	BOOL	允许输出
		IN1	整数、浮点数	被除数
		IN2	整数、浮点数	除数
		OUT	整数、浮点数	除法的结果（商）

注意： 可以从指令框的“???”下拉列表中选择该指令的数据类型。

用一个例子来说明除指令（DIV），梯形图和 SCL 程序如图 4-87 所示。当 I0.0 闭合时，激活实数除指令，IN1 中的实数存储在 MD10 中，假设这个数为 10.0，IN2 中的双整数存储在 MD14 中，假设这个数为 2.0，实数相除的结果存储在 OUT 端的 MD18 中的数是 5.0。

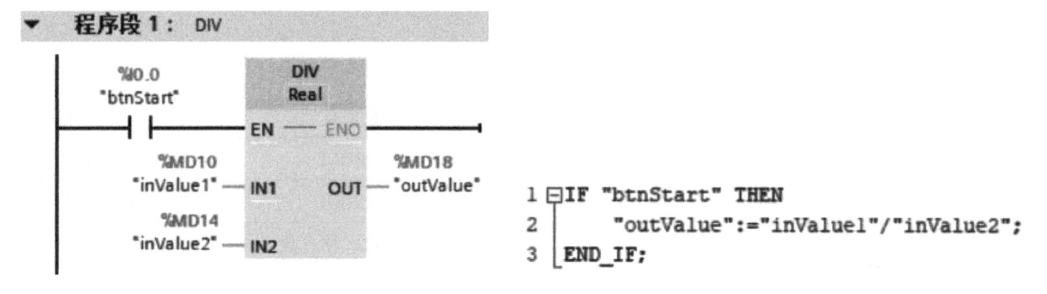

图 4-87　除指令（DIV）示例

5. 计算指令（CALCULATE）

使用计算指令定义并执行表达式，根据所选数据类型计算数学运算或复杂逻辑运算，简而言之，就是把加、减、乘、除和三角函数的关系式用一个表达式进行计算，可以大幅减少程序量。计算指令和参数见表 4-30。

表 4-30 计算指令（CALCULATE）和参数

LAD	SCL	参数	数据类型	说 明
CALCULATE ??? EN ENO OUT := <???> IN1 OUT IN2	使用标准 SCL 数学表达式创建等式	EN	BOOL	允许输入
		ENO	BOOL	允许输出
		IN1	位字符串、整数、浮点数	第 1 输入
		IN2	位字符串、整数、浮点数	第 2 输入
		INn	位字符串、整数、浮点数	其他插入的值
		OUT	位字符串、整数、浮点数	计算的结果

注意：

1）可以从指令框的“???”下拉列表中选择该指令的数据类型。

2）上方的“▦”图标可打开该对话框。表达式可以包含输入参数的名称和指令的语法。

下面用一个例子来说明计算指令，在梯形图中单击“▦”图标，弹出如图 4-88 所示界面，输入表达式，本例为：OUT=(IN1+IN2-IN3)/IN4。再输入梯形图和 SCL 程序，如图 4-89 所示。当 I0.0 闭合时，激活计算指令，IN1 中的实数存储在 MD10 中，假设这个数为 12.0，IN2 中的实数存储在 MD14 中，假设这个数为 3.0，结果存储在 OUT 端的 MD18 中的数是 6.0。由于没有超出计算范围，所以 Q0.0 输出为“1”。

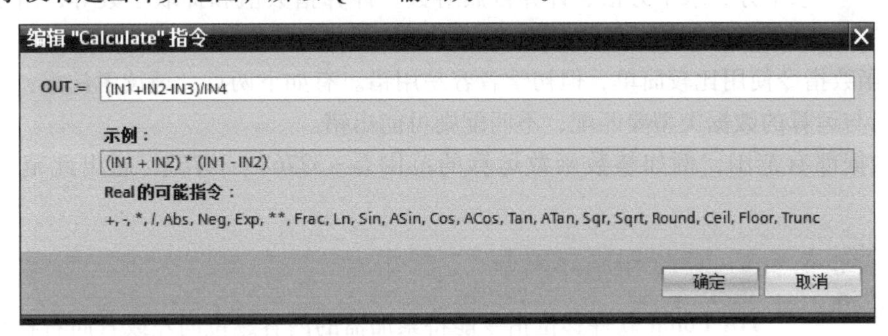

图 4-88 编辑计算指令

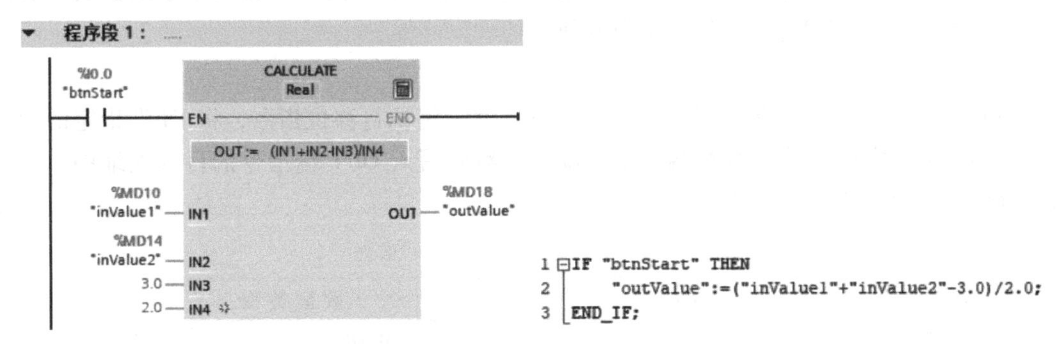

图 4-89 计算指令示例

【例 4-22】将 53 英寸（in）转换成以毫米（mm）为单位的整数，请设计控制程序。

解：

1 in=25.4 mm，涉及实数乘法，先要将整数转换成实数，用实数乘法指令将 in 为单位的长度变为以 mm 为单位的实数，最后四舍五入即可。编写程序之前，需要创建两个临时变量#tmpData1（Int 数据类型）和#tmpData2（Real 数据类型），梯形图如图 4-90 所示。

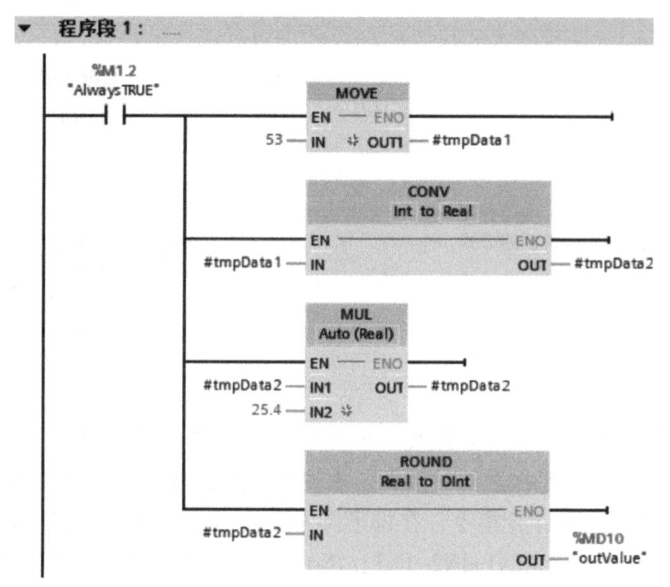

图 4-90　例 4-22 梯形图

视频
数学函数指令及其应用

数学函数中还有计算余弦、计算正切、计算反正弦、计算反余弦、取幂、求平方、求平方根、计算自然对数、计算指数值和提取小数等，由于都比较容易掌握，在此不再赘述。

数学函数指令使用比较简单，但初学者容易用错。有如下两点，请读者注意：

1）参与运算的数据类型要匹配，不匹配则可能出错。

2）数据都有范围，例如整数函数运算的范围是-32768～32767，超出此范围则是错误的。

4.6.2　移位和循环指令

TIA Portal 软件移位指令能将累加器的内容逐位向左或者向右移动。移动的位数由 N 决定。向左移 N 位相当于累加器的内容乘以 2^N，向右移相当于累加器的内容除以 2^N。移位指令在逻辑控制中使用也很方便。

1. 左移指令（SHL）

当左移指令（SHL）的 EN 位为高电平“1”时，将执行移位指令，将 IN 端指定的内容送入累加器 1 低字中，并左移 N 端指定的位数，然后写入 OUT 端指令的目的地址中。左移指令（SHL）和参数见表 4-31。

表 4-31　左移指令（SHL）和参数

LAD	SCL	参数	数据类型	说　明
SHL ??? EN ENO IN OUT N	OUT:=SHL(IN:=_in_, N:=_in_)	EN	BOOL	允许输入
		ENO	BOOL	允许输出
		IN	位字符串、整数	移位对象
		N	USINT, UINT, UDINT, ULINT	移动的位数
		OUT	位字符串、整数	移动操作的结果

注意： 可以从指令框的“???”下拉列表中选择该指令的数据类型。

下面用一个例子来说明左移指令，梯形图和 SCL 程序如图 4-91 所示。当 I0.0 闭合时，激活左移指令，IN 中的字存储在 MW10 中，假设这个数为 2#1001 1101 1111 1011，向左移 4 位后，OUT 端的 MW10 中的数是 2#1101 1111 1011 0000，左移指令示意图如图 4-92 所示。

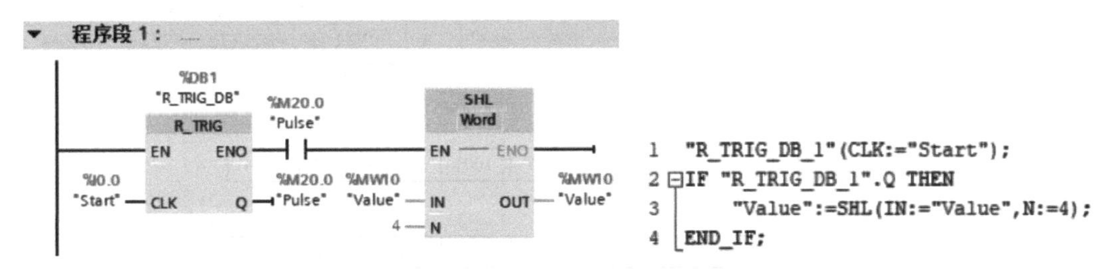

图 4-91　左移指令示例

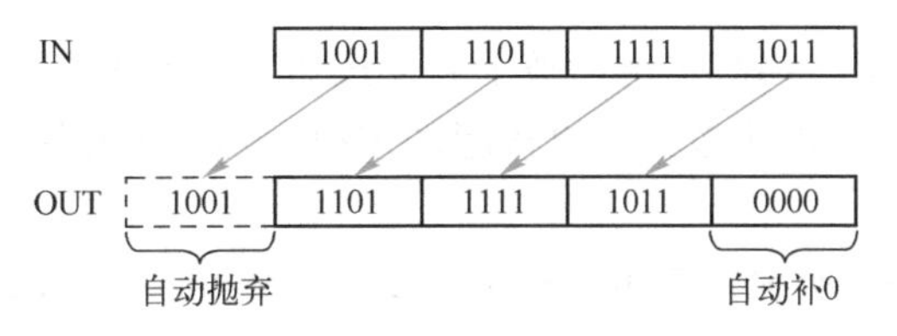

图 4-92　左移指令示意图

注意： 图 4-92 中的程序有一个上升沿，这样 I0.0 每闭合一次，左移 4 位，若没有上升沿，那么闭合一次，可能左移很多次。这一点要特别注意。移位指令一般都需要与上升沿指令配合使用。

2. 循环左移指令（ROL）

当循环左移指令（ROL）的 EN 位为高电平“1”时，将执行循环左移指令，将 IN 端指定的内容循环左移 N 端指定的位数，然后写入 OUT 端指令的目的地址中。循环左移指令（ROL）和参数见表 4-32。

表 4-32　循环左移指令（ROL）和参数

LAD	SCL	参数	数据类型	说　明
ROL ??? EN ENO IN OUT N	OUT := ROL(IN:=_variant_in_, N:=_uint_in);	EN	BOOL	允许输入
		ENO	BOOL	允许输出
		IN	位字符串、整数	要循环移位的值
		N	USINT, UINT, UDINT, ULINT	将值循环移动的位数
		OUT	位字符串、整数	循环移动的结果

注意： 可以从指令框的“???”下拉列表中选择该指令的数据类型。

下面用一个例子来说明循环左移指令（ROL）的应用，梯形图和 SCL 程序如图 4-93 所示。当 I0.0 闭合时，激活双字循环左移指令，IN 中的双字存储在 MD10 中，假设这个数为 2#1001 1101 1111 1011 1001 1101 1111 1011，除最高 4 位外，其余各位向左移 4 位后，双字的最高 4 位，循环到双字的最低 4 位，结果是 OUT 端的 MD10 中的数是 2#1101 1111 1011 1001 1101 1111 1011 1001，其示意图如图 4-94 所示。

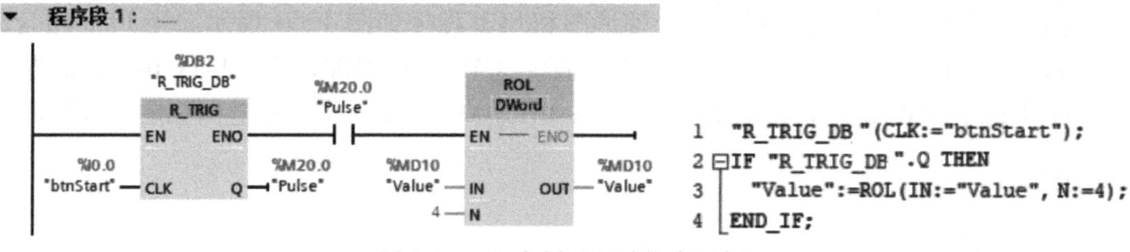

图 4-93 双字循环左移指令示例

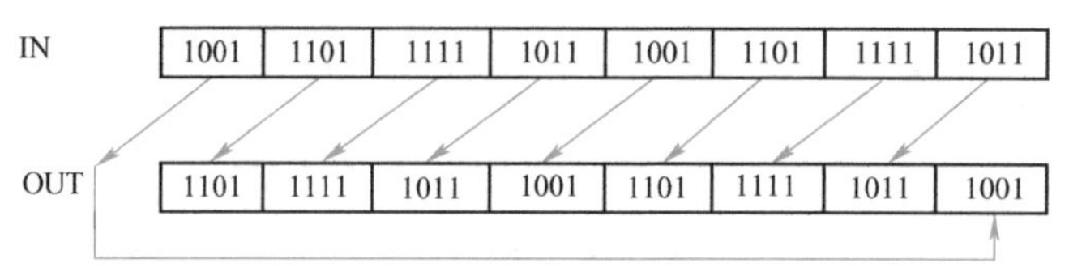

图 4-94 双字循环左移指令示意图

【例 4-23】有 16 盏灯，PLC 上电后按下起动按钮，1~4 盏亮，1 s 后 5~8 盏亮，1~4 盏灭，如此不断循环。当按下停止按钮，再按起动按钮，则从头开始循环亮灯。

（1）设计电气原理图

电气原理图如图 4-95 所示。按照工程规范要求，停止按钮 SB2 接常闭触点，梯形图应与之对应，即图 4-95 和图 4-96 中的 I0.1 为常开触点。

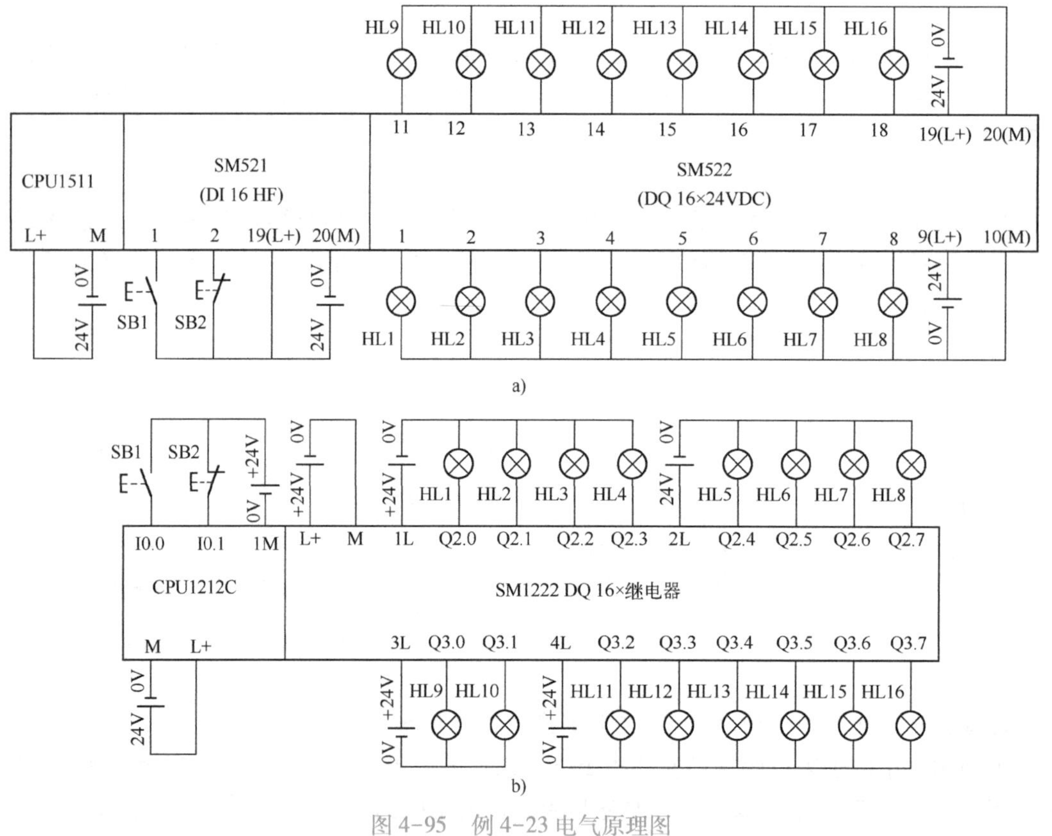

图 4-95 例 4-23 电气原理图

a）S7-1500 控制 b）S7-1200 控制

（2）编写控制程序

1）方法 1。控制梯形图如图 4-96 所示，当按下起动按钮 SB1，亮 4 盏灯，1 s 后，执行循环指令，另外 4 盏灯亮，1 s 后，执行循环指令，再 4 盏灯亮，如此循环。当按下停止按钮，所有灯熄灭。

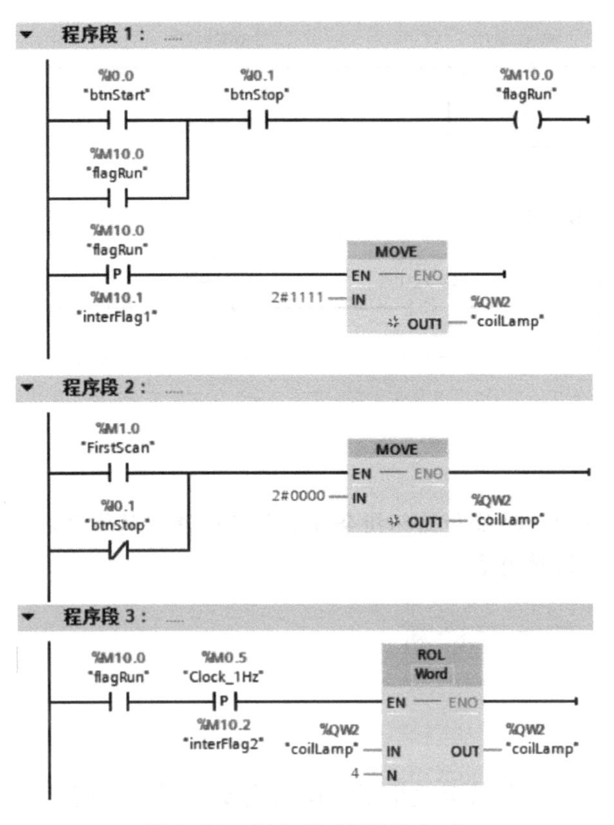

图 4-96　例 4-23 梯形图（一）

2）方法 2。控制梯形图如图 4-97 所示，当按下起动按钮 SB1，亮 4 盏灯，1 s 后，执行移位指令，另外 4 盏灯亮，1 s 后，执行循环指令，再 4 盏灯亮，此指令执行 4 次 QW2=0，执行比较指令，下一个循环开始。当按下停止按钮，所有灯熄灭。

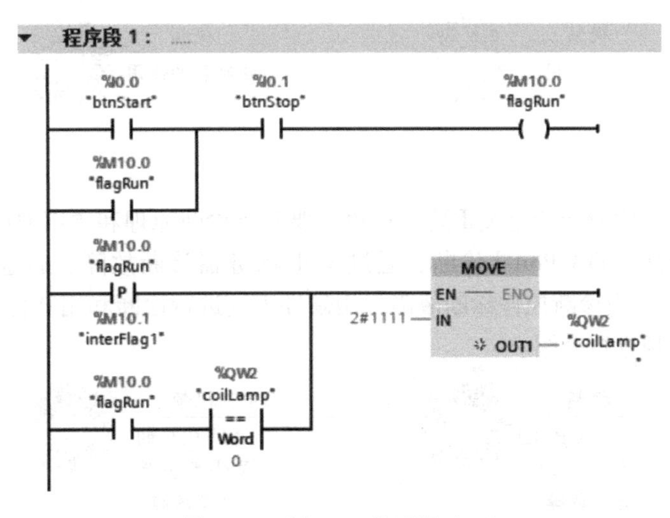

图 4-97　例 4-23 梯形图（二）

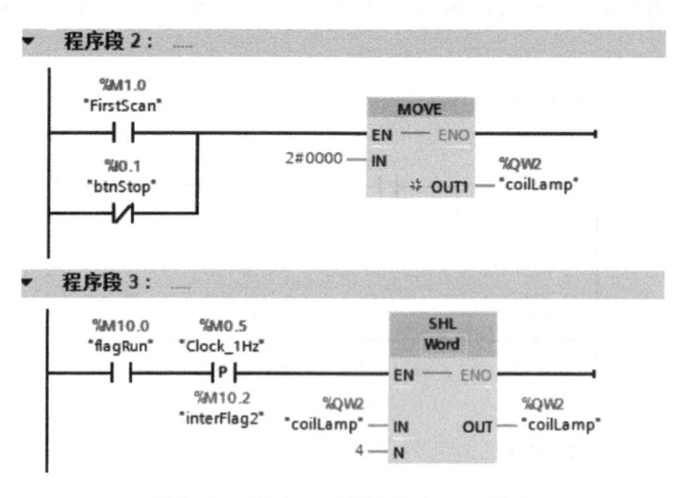

图 4-97　例 4-23 梯形图（二）（续）

总结：在工程项目中，移位和循环指令并不是必须使用的常用指令，但合理使用移位和循环指令会使得程序变得很简洁。

4.7　程序的调试与故障诊断

4.7.1　程序的调试

编写完程序进行程序的调试至关重要，这里主要介绍常用调试工具的使用，包含监控表、变量表、Trace、快照、比较、交叉参考和分配表等。篇幅所限这里用视频进行介绍。

4.7.2　故障诊断

编写完程序进行故障诊断至关重要，这里主要介绍诊断原理和常用的诊断方法，这些方法包括：LED 诊断法、TIA Portal 诊断、通过 Web 服务器诊断故障、通过用户程序诊断故障、在 HMI 上通过调用诊断控件诊断故障、用硬件工具进行诊断和用软件工具进行诊断等。篇幅所限这里用视频进行介绍。

4.8　习题

一、单选题

1. 不是 S7-1200 PLC 的存储区的是（　　）。

A. 装载存储器　　B. 工作存储器　　C. 系统存储器　　D. SM1231

2. 对于 S7-1200 PLC，以下哪个表达方式是不合法的？（　　）

A. V0.0　　B. I0.0:P　　C. q0.0　　D. DB1.DBX0.0

3. （　　）是 S7-1200 PLC 的字节寻址。

A. VB0　　B. DB1.DB0　　C. IB0:P　　D. MW0

4. 下载 S7-1200 PLC 的程序到（　　）区域。

A. 装载存储器　　B. 工作存储器　　C. 系统存储器　　D. RAM

5. 如 QW0=1，则以下哪个正确？（　　）

A. Q0.0=1　　B. QB0=1　　C. QB1=1　　D. Q1.0=0

二、问答题

1. 将 16#33FF 转换成二进制数，将 2#11001111 转换成十六进制数。

2. 将 255 转换成 BCD 码，将 BCD 码 16#255 转化成十进制数。

3. S7-1200 PLC 支持哪些编程语言？

4. 指出如下能下载 S7-1200 PLC 中的有哪些？

（1）变量表；（2）程序；（3）硬件组态；（4）程序注释；（5）监控表；（6）UDT（PLC 数据类型）。

5. 以下哪些表达有错误，请改正？

8#11、10#22、16#FF、16#FFH、2#110、2#21

三、编程题

1. 若系统中有四个输入，其中任何一个输入打开时，系统的传送机起动，系统中另有三个故障检测输入开关，若其中任何一个有输入时传送机即停止工作。

2. 用置位和复位指令编写电动机正反转的程序。

3. 设计一个三个按钮控制一盏灯的电路，要求三个按钮位于不同位置。按任意一个按钮灯亮，再按任意一个按钮灯灭。

4. 设计出满足如图 4-98 所示时序图的梯形图。

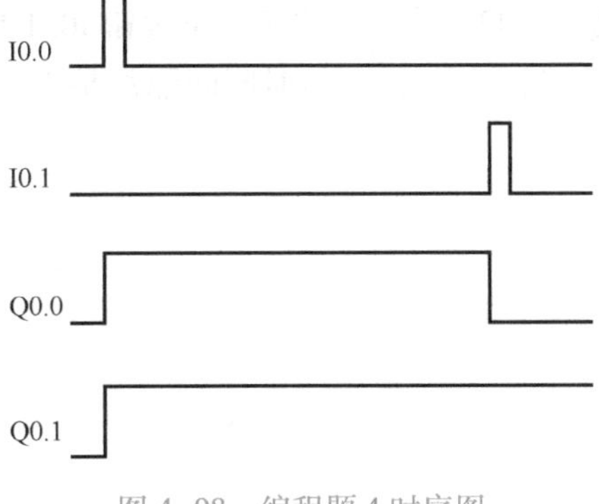

图 4-98　编程题 4 时序图

5. 试编制程序实现下述控制要求：用一个开关控制三盏灯的亮灭。开关闭合一次一盏灯点亮；开关闭合两次两盏灯点亮；开关闭合三次三盏灯点亮；开关闭合四次三盏灯全灭；开关再闭合一次一盏灯又点亮……如此循环。

6. 有四台电动机，用一个按钮控制。控制要求如下：①第一次按下，M1 起动；第二次按下，M2 起动；第三次按下，M3、M4 起动；再次按下，全部停止；②可循环控制；③有必要的保护措施。

请根据控制要求，列写 I/O 分配表，绘制硬件接线图，编写并调试，实现控制功能。

7. 用可编程序控制器实现两台三相异步电动机的控制，控制要求如下：

（1）两台电动机互不干扰地独立操作；

（2）能同时控制两台电动机的起停；

（3）当一台电动机过载时，两台电动机都停止工作。

试设计原理图，编写控制程序。

8. 用可编程序控制器分别实现下面的两种控制。

（1）电动机 M1 起动后，M2 才能起动，M2 停止之后，M1 才能停止；

（2）电动机 M1 既能正向起动和点动，又能反向起动和点动。

9. 有三台通风机，设计一个监视系统，监视通风机的运转，如果两台或两台以上运转，信号灯持续发光。如果只有一台运转，信号灯以 2 s 时间间隔闪烁。如果三台都停转，信号灯以 1 s 时间间隔闪烁。

10. 编写 PLC 控制程序，使 Q0.0 输出周期为 5 s，占空比为 20%的连续脉冲信号。

11. 用移位指令构成移位寄存器，实现广告牌字的闪耀控制。用 HL1～HL4 四盏灯分别照亮“欢迎光临”四个字，其控制要求见表 4-33，每步间隔时间 1 s。

表 4-33　广告牌字闪耀流程

流　　程	1	2	3	4	5	6	7	8
HL1	√				√		√	
HL2		√			√		√	
HL3			√		√		√	
HL4				√	√		√	

12. 编写一段程序，将 MB100 开始的 20 个字的数据传送到 MB200 开始的存储区。

13. 现有三台电动机 M1、M2、M3，要求按下起停按钮 I0.0 后，电动机按顺序起停（M1 起停，接着 M2 起停，最后 M3 起停），按下停止按钮 I0.1 后，电动机按顺序停止（M3 先停止，接着 M2 停止，最后 M1 停止），起停时间间隔都是 1 s。试设计其梯形图。

第5章　函数、函数块、数据块和组织块及其应用

用函数、数据块、函数块和组织块编程是西门子大中型PLC的一个特色，可以使程序结构优化，便于程序设计、调试和阅读等。通常成熟的PLC工程师不会把所有的程序写在主程序中，而会合理使用函数、数据块、函数块和组织块进行编程。

5.1　块、函数和组织块

5.1.1　块的概述

1. 块的简介

在操作系统中包含了用户程序和系统程序，操作系统已经固化在CPU中，它提供CPU运行和调试的机制。CPU的操作系统是按照事件驱动扫描用户程序的。用户程序写在不同的块中，CPU按照执行的条件成立与否执行相应的程序块或者访问对应的数据块。用户程序则是为了完成特定的控制任务，是由用户编写的程序。用户程序通常包括组织块（OB）、函数（FC）、函数块（FB）和数据块（DB）。用户程序中的块的说明见表5-1。

表5-1　用户程序中块的说明

块的类型	属　性	备　注
组织块（OB）	• 用户程序接口 • 优先级（1~27） • 在局部数据堆栈中指定开始信息	过去范围是OB1~OB122，现在OB123以上的可以用户定义功能
函数（FC）	• 参数可分配（必须在调用时分配参数） • 没有存储空间（只有临时局部数据）	过去称功能
函数块（FB）	• 参数可分配（可以在调用时分配参数） • 具有（收回）存储空间（静态局部数据）	过去称功能块
数据块（DB）	• 结构化的局部数据存储（背景数据块DB） • 结构化的全局数据存储（在整个程序中有效）	新增了优化访问数据块

2. 块的结构

块由参数声明表和程序组成。每个逻辑块都有参数声明表，参数声明表是用来说明块的局部数据。而局部数据包括参数和局部变量两大类。在不同的块中可以重复声明和使用同一局部参数，因为它们在每个块中仅有效一次。

局部参数包括两种：静态局部数据和临时局部数据。

参数是在调用块与被调用块之间传递的数据，包括输入、输出和输入/输出参数。静态局部数据和临时局部数据是仅供逻辑块自身使用的变量。表5-2为局部数据声明类型。

表5-2　局部数据声明类型

局部数据名称	参数类型	说　明
输入	Input	为调用模块提供数据，输入给逻辑模块
输出	Output	从逻辑模块输出数据结果

（续）

局部数据名称	参数类型	说明
输入/输出	In_Out	参数值既可以输入，也可以输出
静态局部数据	Static	静态局部数据存储在背景数据块中，块调用结束后，变量被保留；仅 FB 有此参数，此参数使用灵活，应重点掌握
临时局部数据	Temp	临时局部数据存储 L 堆栈中，只保留一个周期的临时本地数据；OB、FC、FB 均有此参数

图 5-1 所示为块调用的分层结构的一个例子，组织块 OB1（主程序）调用函数块 FB1，FB1 调用函数块 FB10，组织块 OB1（主程序）调用函数块 FB2，函数块 FB2 调用函数 FC5，函数 FC5 调用函数 FC10。

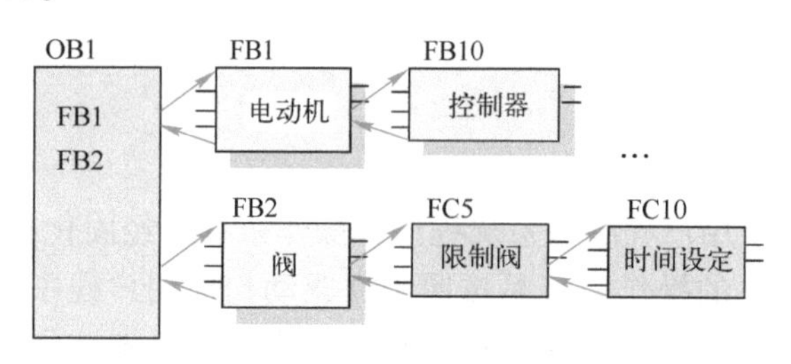

图 5-1 块调用的分层结构

视频
函数（FC）及其应用

5.1.2 函数（FC）及其应用

1. 函数（FC）简介

1）FC 是用户编写的程序块，也称为功能。由于函数没有可以存储块参数值的背景数据块，因此调用函数时，必须给所有形参分配实参。例如，如图 5-6 中，Start、Stop、Motor 都是形参，调用时必须分配实参，如 Start 分配实参为全局变量 btnStart（地址 I0.0），不分配则出错（有红色问号）。

2）FC 里有一个局域变量表和块参数。局域变量表里有：Input（输入参数）、Output（输出参数）、In_Out（输入/输出参数）、Temp（临时数据）、Return（返回值 Ret_Val）。Input（输入参数）将数据传递到被调用的块中进行处理。Output（输出参数）是将结果传递到调用的块中。In_Out（输入/输出参数）将数据传递到被调用的块中，在被调用的块中处理数据后，再将被调用的块中发送的结果存储在相同的变量中。Temp（临时数据）是块的本地数据（由 L 存储），并且在处理块时将其存储在本地数据堆栈。关闭并完成处理后，临时数据就变得不再可访问。Return 包含返回值 Ret_Val。

2. 函数（FC）的应用

函数（FC）类似于高级语言中的子程序，用户可以将具有相同控制过程的程序编写在 FC 中，然后在主程序 Main 中调用，这样处理能提高程序的可读性和执行效率。函数和后续的函数块的命名方法，建议采用帕斯卡命名法，即所有单词首字母为大写，再加上函数的编号，如“FC18_LampControl”。

创建函数的步骤是：先建立一个项目，再在 TIA Portal 软件项目视图的项目树中选中“已经添加的设备”（如：PLC_1）→“程序块”→“添加新块”选项，即可弹出要插入函数的界面。以下用一个例题讲解 FC 的应用。

【例 5-1】用函数 FC 实现电动机的起停控制。

解：

1）新建一个项目，本例为“起停控制 FC”。在 TIA Portal 软件项目视图的项目树中，选中并单击已经添加的设备“PLC_1”→“程序块”→“添加新块”选项，如图 5-2 所示，弹出添加块界面。

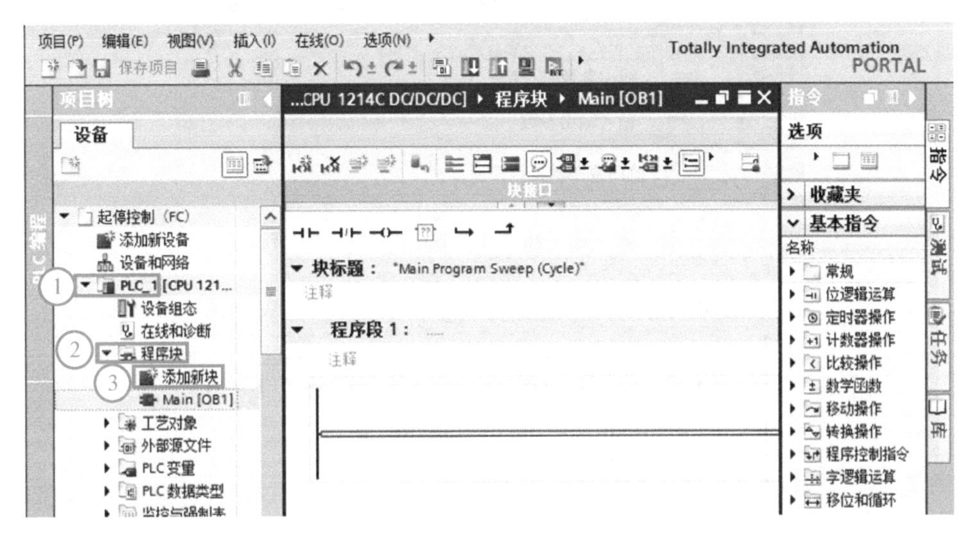

图 5-2　打开“添加新块”

2）如图 5-3 所示，在“添加新块”界面中，选择创建块的类型为“函数”，再输入函数的名称（本例为 FC1_On-offControl），之后选择编程语言（本例为 LAD），最后单击“确定”按钮，弹出函数的程序编辑器界面。

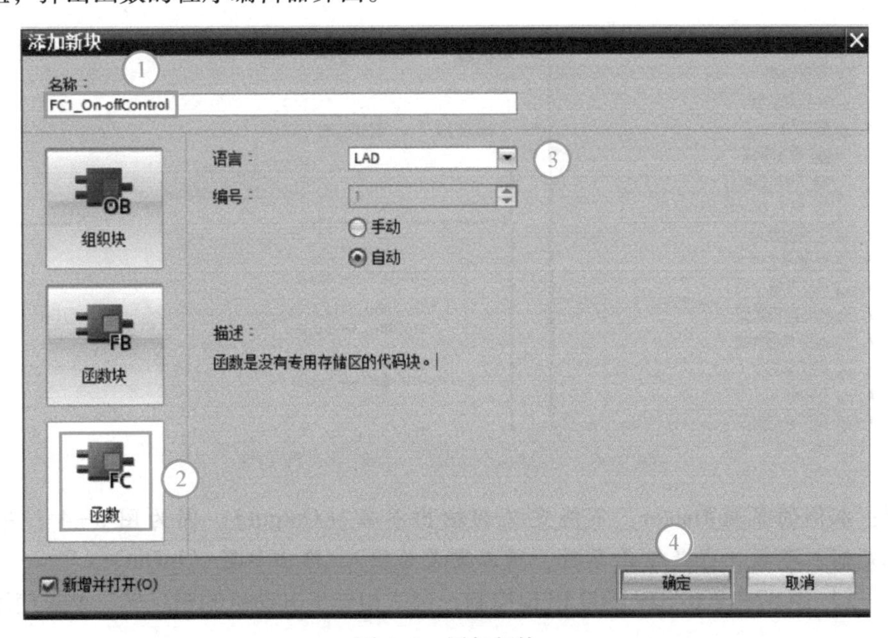

图 5-3　添加新块

3）在 TIA Portal 软件项目视图的项目树中，双击函数块“起停控制（FC）”，打开函数，弹出“程序编辑器”界面，先选中“Input”（输入参数），新建参数“start”和“stop”，数据类型为“Bool”。再选中“InOut”（输入/输出参数），新建参数“motor”，数据类型为“Bool”，如图 5-4 所示。最后在程序段 1 中输入程序，如图 5-5 所示，注意参数前都要加前缀“#”。

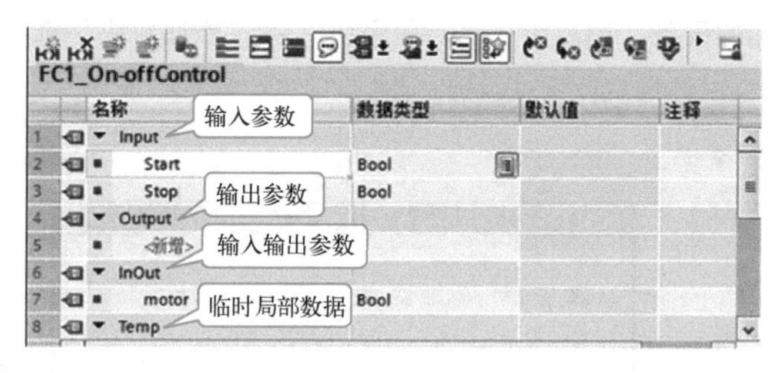

图 5-4　新建输入/输出参数

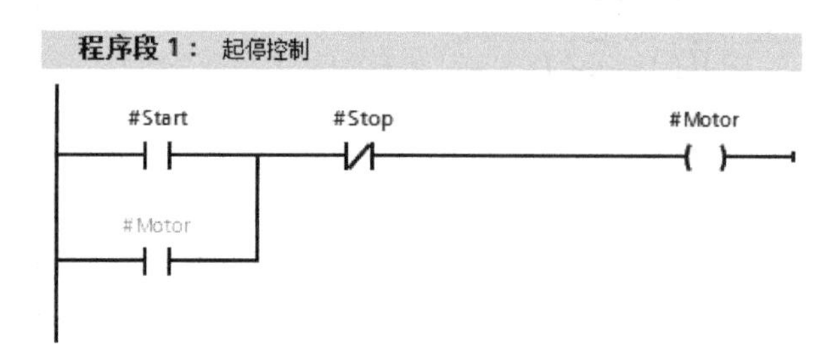

图 5-5　函数 FC1_On-offContol

4）在 TIA Portal 软件项目视图的项目树中，双击“Main[OB1]”，打开主程序块“Main[OB1]”，选中新创建的函数“FC1_On-offControl”，并将其拖拽到程序编辑器中，如图 5-6 所示。

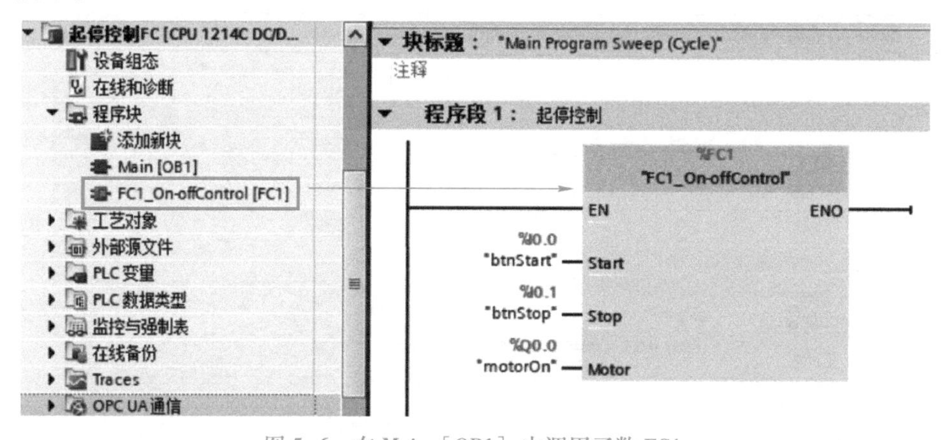

图 5-6　在 Main［OB1］中调用函数 FC1

注意：本例的参数#motor，不能定义为输出参数（Output）。因为图 5-4 程序中参数#motor 既是输入参数，也是输出参数，所以定义为输入/输出参数（InOut）。

【例 5-2】用 S7-1200/S7-1500 PLC 控制一台三相异步电动机的正反转，要求使用函数。

解：

1. 设计电气原理图

设计电气原理图如图 5-7 所示。有两点说明如下：

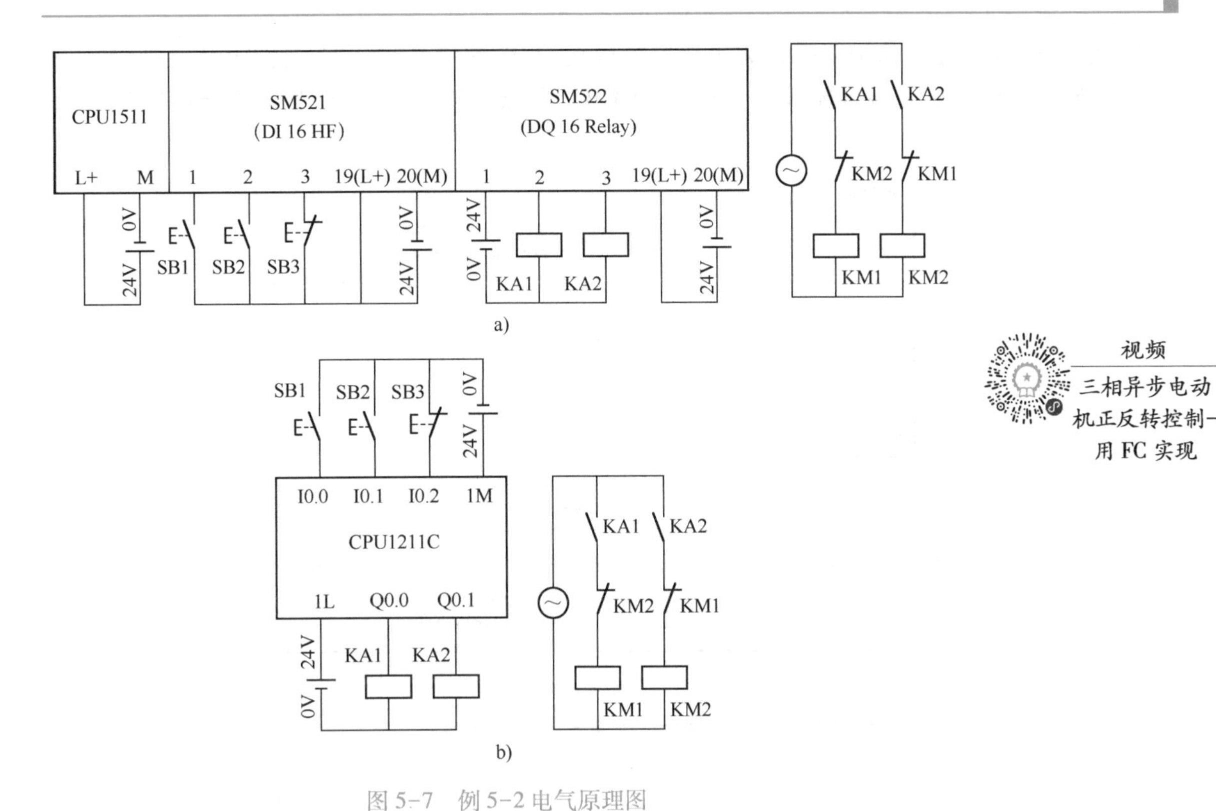

图 5-7　例 5-2 电气原理图

a）S7-1500 控制　b）S7-1200 控制

视频

三相异步电动机正反转控制-用 FC 实现

1）图 5-7 中，停止按钮 SB3 接常闭触点，是符合工程规范的，主要基于安全原因，不应设计为常开触点。

2）在硬件回路中 KM1 和 KM2 的常闭触点起互锁作用，不能省略，省略后，当一个接触器的线圈断电后，其触点没有及时断开时，会造成短路。特别注意，仅依靠程序中的互锁，并不能保证避免发生短路故障。

2. 编写控制程序

FC1_On-offControl 中的程序和块接口参数表如图 5-8 所示，注意#Stop 带“#”，表示此变量是区域变量。如图 5-9 所示，FC1 中的梯形图是主程序，“btnStop”（I0.2）是常

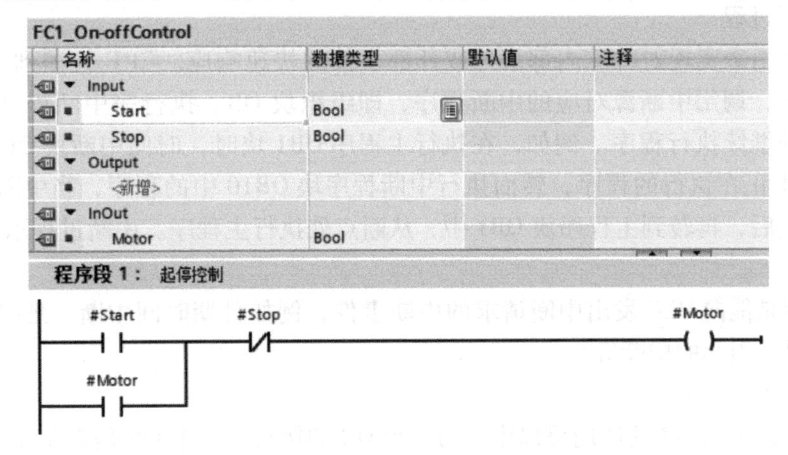

FC1_On-offControl

名称	数据类型	默认值	注释
▼ Input			
■ Start	Bool		
■ Stop	Bool		
▼ Output			
■ <新增>			
▼ InOut			
■ Motor	Bool		

图 5-8　例 5-2 FC1_On-offContol 中的程序和块接口参数表

闭触点（“btnStop”是带引号，表示全局变量），与图 5-7 中的 SB3 的常闭触点对应。注意，#Motor 既有常开触点输入，又有线圈输出，所以是输入/输出变量，不能用输出变量代替。

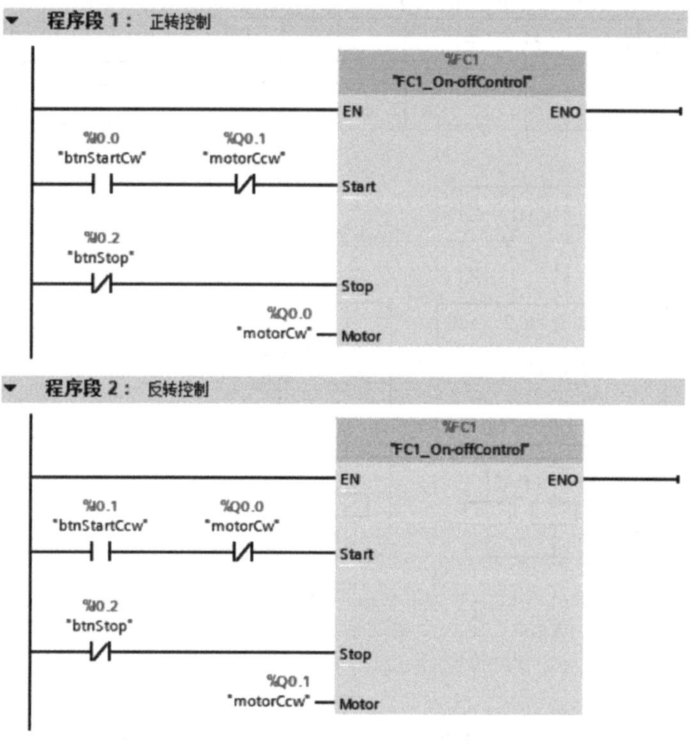

图 5-9　例 5-2 OB1 中的梯形图

视频
组织块（OB）
及其应用

5.1.3　组织块（OB）及其应用

组织块（OB）是操作系统与用户程序之间的接口。组织块由操作系统调用，控制循环中断程序执行、PLC 起动特性和错误处理等。

1. 中断的概述

（1）中断过程

中断处理用来实现对特殊内部事件或外部事件的快速响应。CPU 检测到中断请求时，立即响应中断，调用中断源对应的中断程序，即组织块 OB。执行完中断程序后，返回被中断的程序处继续执行程序。例如，在执行主程序 OB1 块时，时间中断块 OB10 可以中断主程序块 OB1 正在执行的程序，转而执行中断程序块 OB10 中的程序，当中断程序块中的程序执行完成后，再转到主程序块 OB1 中，从断点处执行主程序。中断过程示意如图 5-10 所示。

事件源就是能向 PLC 发出中断请求的中断事件，例如日期时间中断、延时中断、循环中断和编程错误引起的中断等。

（2）OB 的优先级

执行一个组织块 OB 的调用可以中断另一个 OB 的执行。一个 OB 是否允许另一个 OB 中断取决于其优先级。S7-1500 PLC 支持优先级共有 26 个，1 最低，26 最高。高优先级的 OB

可以中断低优先级的 OB。例如 OB10 的优先级是 2，而 OB1 的优先级是 1，所以 OB10 可以中断 OB1。OB 的优先级示意图如图 5-11 所示。组织块的类型和优先级见表 5-3。

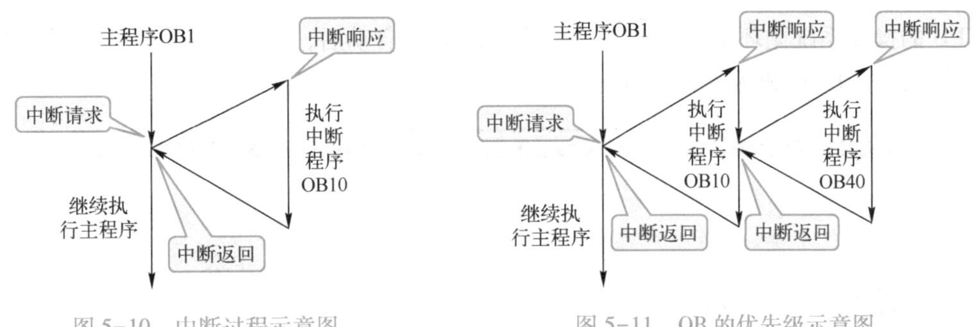

图 5-10　中断过程示意图　　图 5-11　OB 的优先级示意图

表 5-3　组织块的类型和优先级（部分）

事件源的类型	优先级（默认优先级）	可能的 OB 编号	支持的 OB 数量
启动	1	100，≥123	≥0
循环程序	1	1，≥123	≥1
时间中断	2	10~17，≥123	最多 2 个
延时中断	3（取决于版本）	20~23，≥123	最多 4 个
循环中断	8（取决于版本）	30~38，≥123	最多 4 个
硬件中断	18	40~47，≥123	最多 50 个
时间错误	22	80	0 或 1
诊断中断	5	82	0 或 1
插入/取出模块中断	6	83	0 或 1
机架故障或分布式 I/O 的站故障	6	86	0 或 1

说明：

1）在 S7-300/400 CPU 中只支持一个主程序块 OB1，而 S7-1200/1500 PLC 可支持多个主程序，但第二个主程序的编号从 123 起，由组态设定，例如 OB123 可以组态成主程序。

2）循环中断可以是 OB30~OB38。

3）S7-300/400 CPU 的启动组织块有 OB100、OB101 和 OB102，但 S7-1200/1500 PLC 不支持 OB101 和 OB102。

2. 启动组织块及其应用

启动组织块（Startup）在 PLC 的工作模式从 STOP 切换到 RUN 时执行一次。完成启动组织块扫描后，将执行主程序循环组织块（如 OB1）。启动组织块很常用，主要用于初始化。以下用一个例子说明启动组织块的应用。

【例 5-3】编写一段初始化程序，将 S7-1200/S7-1500 的 MB20~MB23 单元清零。

解：

一般初始化程序在 CPU 一启动后就运行，所以可以使用 OB100 组织块。在 TIA Portal 软件项目视图的项目树中，双击“添加新块”，弹出如图 5-12 所示的界面，选中“组织块”→“Startup”选项，再单击“确定”按钮，即可添加启动组织块。

字节 MB20~MB23 实际上就是 MD20，其梯形图如图 5-13 所示。

3. 主程序（OB1）

CPU 的操作系统循环执行 OB1。当操作系统完成启动后，将启动执行 OB1。在 OB1 中可以调用函数（FC）和函数块（FB）。

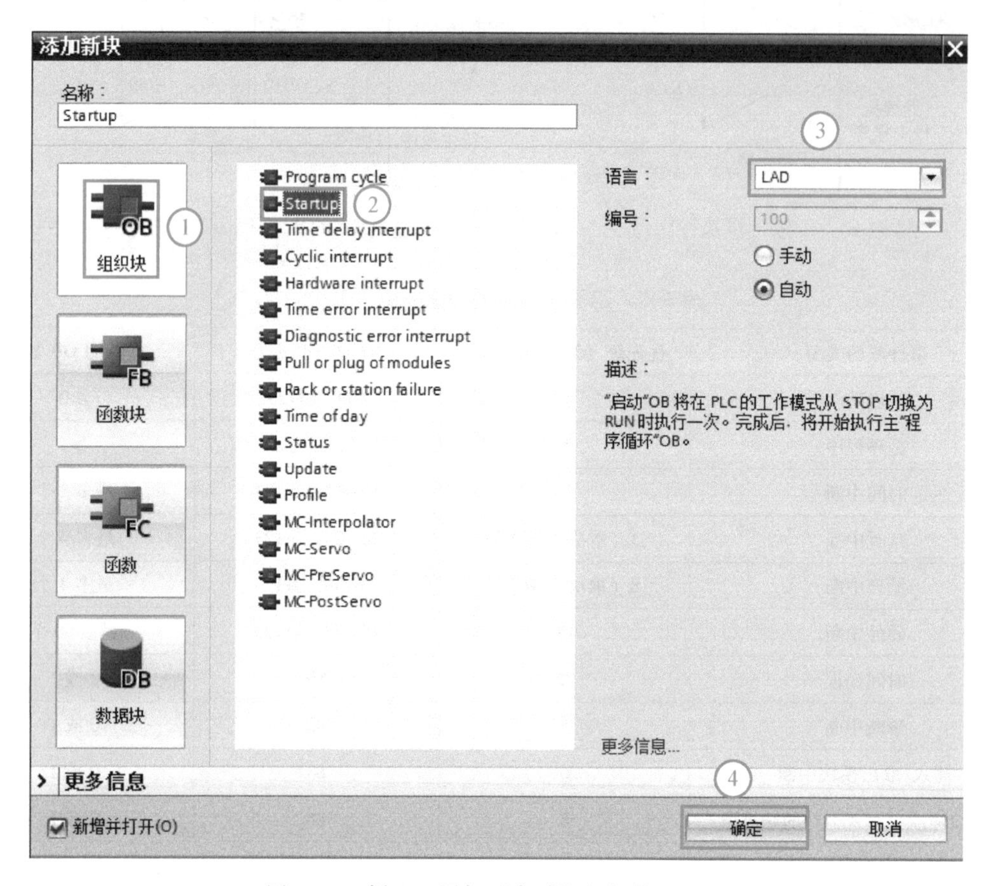

图 5-12　例 5-3 添加“启动”组织块 OB100

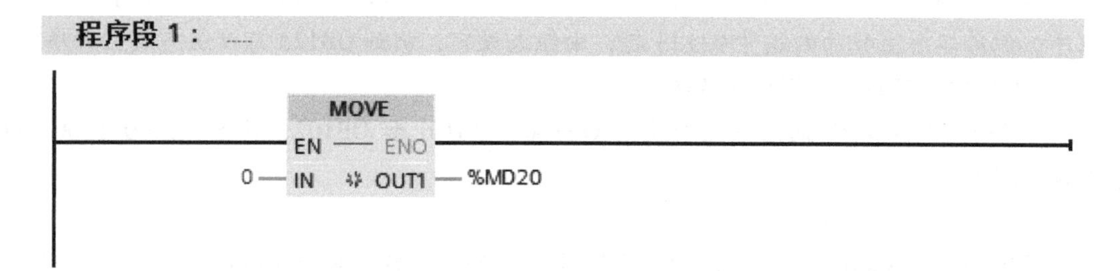

图 5-13　例 5-3 OB100 中的梯形图

执行 OB1 后，操作系统发送全局数据。重新启动 OB1 之前，操作系统将过程映像输出表写入输出模块中，更新过程映像输入表以及接收 CPU 的任何全局数据。

4. 循环中断组织块及其应用

所谓循环中断就是经过一段固定的时间间隔中断用户程序，不受扫描周期限制，循环中断很常用，例如 PID 运算时较常用。

（1）循环中断指令

循环中断组织块是很常用的，TIA Portal 软件中有 9 个固定循环中断组织块（OB30～OB38），另有 11 个未指定。激活循环中断（EN_IRT）和禁用循环中断（DIS_IRT）指令的参数见表 5-4。

表 5-4　激活循环中断（EN_IRT）和禁用循环中断（DIS_IRT）指令的参数

参　数	声　明	数据类型	存储区间	参数说明
OB_NR	INPUT	INT	I、Q、M、D、L、常数	OB 的编号
MODE	INPUT	BYTE	I、Q、M、D、L、常数	指定禁用哪些中断和异步错误
RET_VAL	OUTPUT	INT	I、Q、M、D、L	如果出错，则 RET_VAL 的实际参数将包含错误代码

参数 MODE 指定禁用哪些中断和异步错误，含义比较复杂，MODE=0 表示激活所有的中断和异步错误，MODE=1 表示启用属于指定中断类别的新发生事件，MODE=2 启用指定中断的所有新发生事件，可使用 OB 编号来指定中断。

（2）循环中断组织块的应用

【例 5-4】每隔 100 ms 时间，CPU 1511C-1PN 采集一次通道 0 上的模拟量数据。

解：

很显然要使用循环组织块，解法如下。

在 TIA Portal 软件项目视图的项目树中，双击“添加新块”，弹出如图 5-14 所示的界面，选中“组织块”→“Cyclic interrupt”选项，循环时间定为“100000 μs”，单击“确定”按钮。这个步骤的含义是：设置组织块 OB30 的循环中断时间是 100 ms，再将组态完成的硬件下载到 CPU 中。

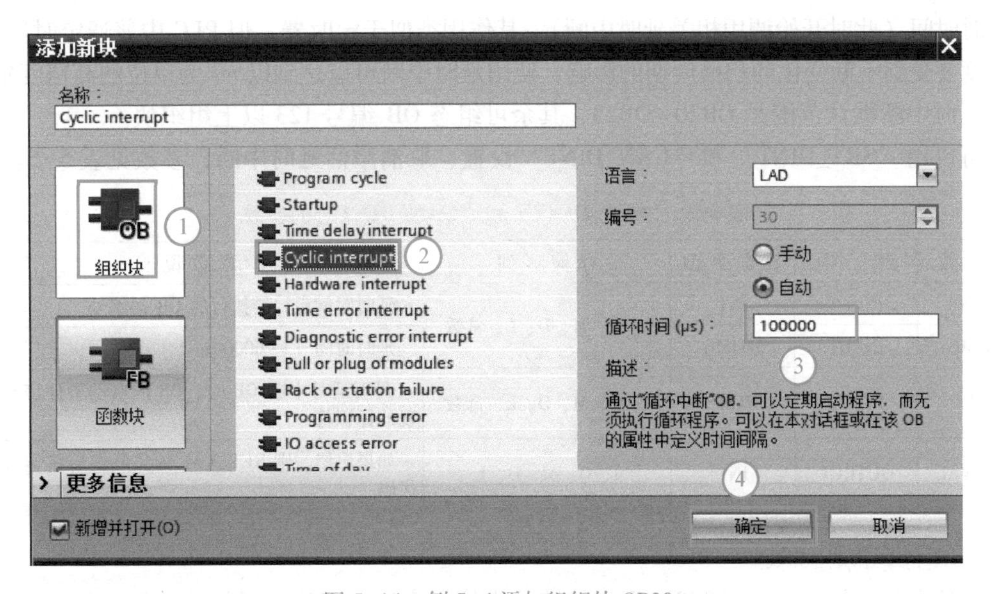

图 5-14　例 5-4 添加组织块 OB30

打开 OB30，在程序编辑器中，输入梯形图如图 5-15 所示，运行的结果是每 100 ms 将通道 0 采集到的模拟量转化成数字量送到 MW20 中。

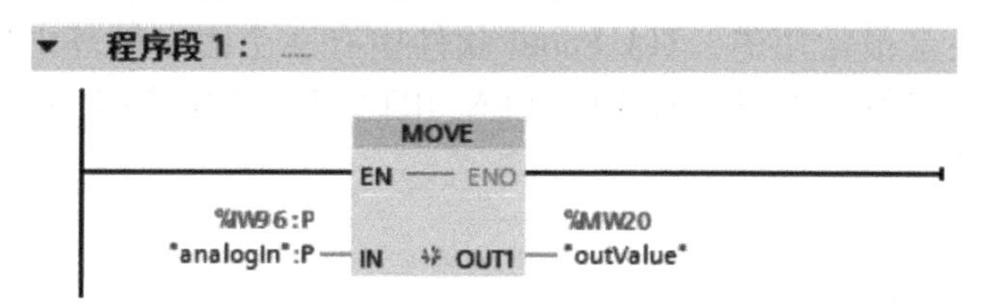

图 5-15 例 5-4 OB30 中的梯形图

打开 OB1，在程序编辑器中，输入梯形图如图 5-16 所示，I0.0 闭合时，OB30 的循环周期是 100 ms，当 I0.1 闭合时，OB30 停止循环。

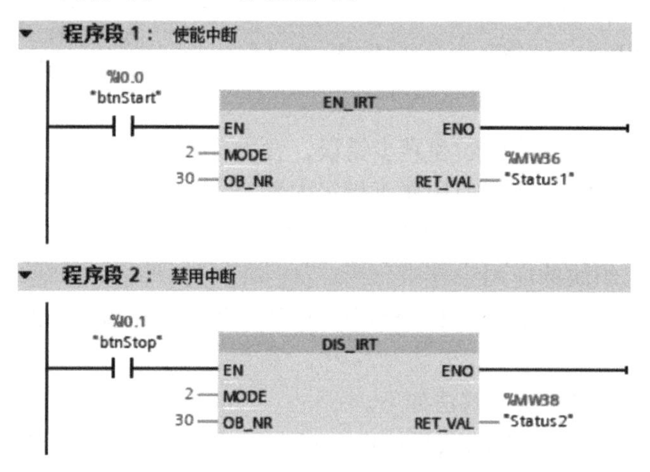

图 5-16 例 5-4 OB1 中的梯形图

5. 延时中断组织块

延时中断组织块（如 OB20）可实现延时执行某些操作，调用“SRT_DINT”指令时开始计延时时间（此时开始调用相关延时中断）。其作用类似于定时器，但 PLC 中普通定时器的定时精度要受到不断变化的扫描周期的影响，使用延时中断可以达到以 ms 为单位的高精度延时。

延时中断默认范围是 OB20~OB23，其余可组态 OB 编号 123 以上组织块。

可以用“SRT_DINT”和“CAN_DINT”设置、取消激活延时中断，参数见表 5-5。

表 5-5 “SRT_DINT”和“CAN_DINT”的参数

参数	声明	数据类型	存储区间	参数说明
OB_NR	INPUT	INT	I、Q、M、D、L、常数	延时时间后，要执行的 OB 的编号
DTIME	INPUT	DTIME		延时时间（1~60000 ms）
SIGN	INPUT	WORD	I、Q、M、D、L、常数	调用延时中断 OB 时，OB 的启动事件信息中出现的标识符
RET_VAL	OUTPUT	INT	I、Q、M、D、L	如果出错，则 RET_VAL 的实际参数将包含错误代码

6. 硬件中断组织块

硬件中断组织块（如 OB40）用于快速响应信号模块（SM）、通信处理器（CP）的信号变化。

硬件中断被模块触发后，操作系统将自动识别是哪一个槽的模块和模块中哪一个通道产生的硬件中断。硬件中断 OB 执行完后，将发送通道确认信号。

如果正在处理某一中断事件，又出现了同一模块同一通道产生的完全相同的中断事件，新的中断事件将丢失。

如果正在处理某一中断信号时同一模块中其他通道或其他模块产生了中断事件，当前已激活的硬件中断执行完后，再处理暂存的中断。

7. 错误处理组织块

S7-1200/1500PLC 具有错误（或称故障）检测和处理能力，是指 PLC 内部的功能性错误，而不是外部设备的故障。CPU 检测到错误后，操作系统调用对应的组织块，用户可以在组织块中编程，对发生的错误采取相应的措施，例如在要调用的诊断组织块 OB82 中编写报警或者执行某个动作，如关断阀门。

当 CPU 检测到错误时，会调用对应的组织块，见表 5-6。如果没有相应的错误处理 OB，对于 S7-300/400CPU，则直接进入 STOP 模式，而对于 S7-1200/1500CPU，则不会进入 STOP 模式。用户可以在错误处理 OB 中编写如何处理这种错误的程序，以减小或消除错误的影响。

表 5-6　错误处理组织块

OB 号	错误类型	优先级
OB80	时间错误	22
OB82	诊断中断	5
OB83	插入/取出模块中断	6
OB86	机架故障或分布式 I/O 的站故障	6

【例 5-5】要求用 S7-1200/1500 PLC 进行数字滤波。某系统采集一路模拟量（温度），温度传感器的测量范围是 0~100℃，要求对温度值进行数字滤波，算法是：把最新的三次采样数值相加，取平均值，即是最终温度值，当温度超过 90℃时报警，每 100 ms 采集一次温度。

解：

1. 设计电气原理图

设计电气原理图如图 5-17 所示。本例采用二线式电流型变送器，对于 SM531 模块，其内部可以提供变送器电源，而 SM1231 内部不能提供变送器电源，所以对于两种模拟量模块，接线有所不同。

2. 编写控制程序

1）数字滤波的程序是函数 FC1_DataFilter，先创建一个空的函数，打开函数，并创建输入参数“GatherV”，就是采样输入值；创建输出参数“ResultV”，就是数字滤波的结果；创建临时变量“tmpValve1”“tmpValve2”，临时变量参数既可以在方框的输入端，也可以在方框的输出端，应用也比较灵活，如图 5-18 所示。

2）在 FC1_DataFilter 中，编写滤波梯形图，如图 5-19 所示。变量“earlyValue”（当前数值）“lastValue”（上一个数值）和“lastestValue”（上上一个数值）都是整数类型，每次用最新采集的数值替代最早的数值，然后取平均值。

CALCULATE 指令采用 Dint 数据类型，若采用 Int 数据类型则会出错，因为 3 个整数相加，其范围可能超过整数（-32768~32767）的范围，这一点读者要特别注意。

3）在 OB30 中，编写梯形图如图 5-20 所示。由于温度变化较慢，没有必要每个扫描周期都采集一次，因此温度采集程序在 OB30 中，每 100 ms 采集一次，更加合适。

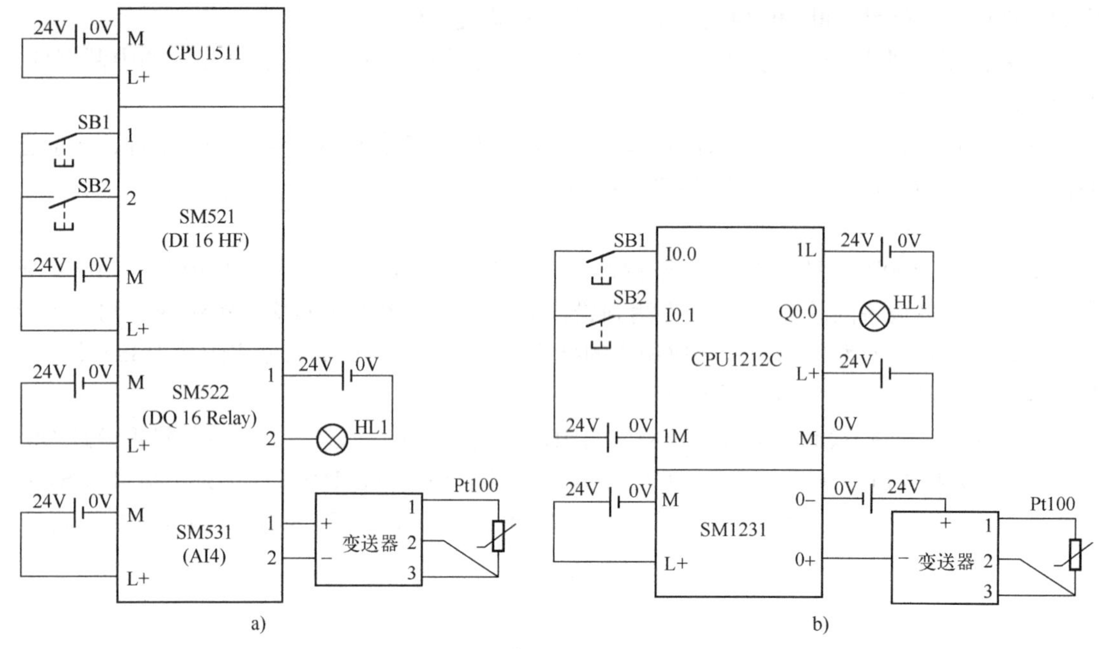

图 5-17　例 5-5 电气原理图

a）S7-1500 控制　b）S7-1200 控制

FC1_DataFilter

	名称	数据类型	默认值
1	▼ Input		
2	■ GatherV	Int	
3	▼ Output		
4	■ ResultV	Real	
5	▼ InOut		
6	■ <新增>		
7	▼ Temp		
8	■ tmpValue1	Int	
9	■ tmpValue2	Real	

图 5-18　例 5-5 新建参数

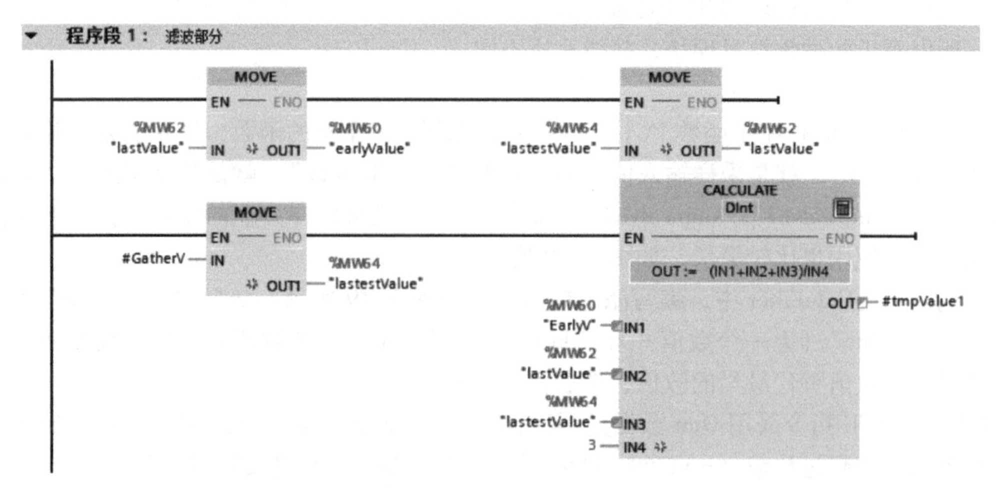

图 5-19　例 5-5 FC1_DataFilter 中的梯形图

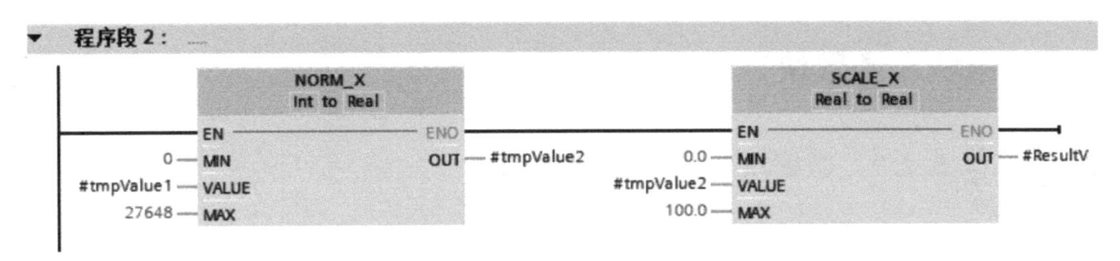

图 5-19　例 5-5 FC1_DataFilter 中的梯形图（续）

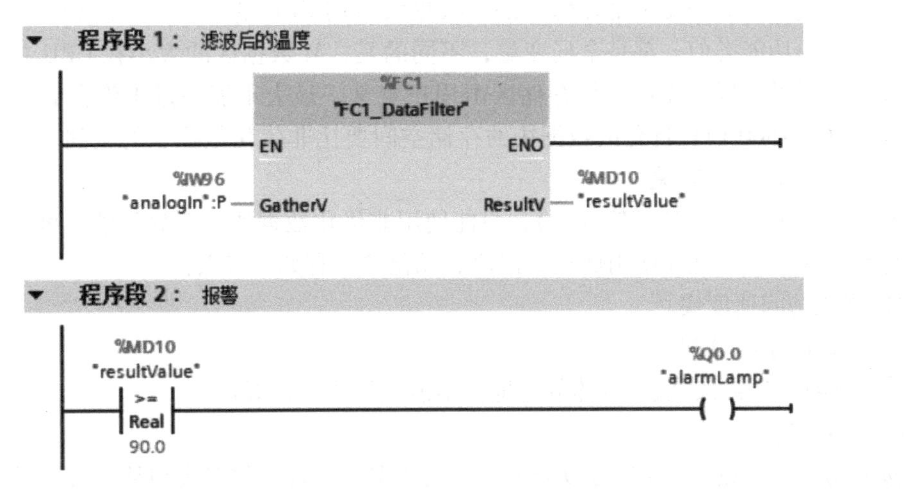

图 5-20　例 5-5 OB30 中的梯形图

4）在 OB1 中，编写梯形图，当为 S7-1500 PLC 时，程序如图 5-16 所示；当为 S7-1200 PLC 时，梯形图如图 5-21 所示，主要用于对循环中断的启动和停止控制。当按下 SB1 按钮，OB30 开始循环，循环时间为 100000 μs；当按下 SB2 按钮，循环时间为 0，OB30 停止循环扫描。

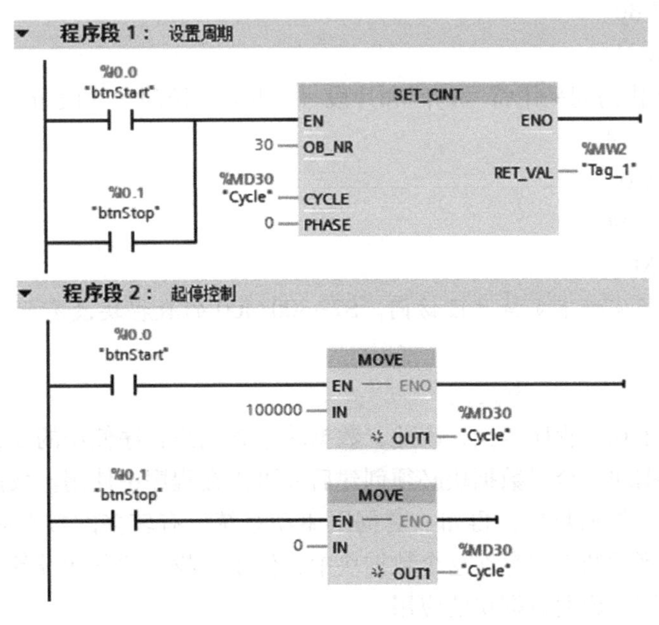

图 5-21　例 5-5 Main[OB1]中的梯形图

5.2 数据块和函数块

视频
数据块（DB）及其应用

5.2.1 数据块（DB）及其应用

1. 数据块（DB）简介

数据块用于存储用户数据及程序中间变量。新建数据块时，默认状态是优化的存储方式，且数据块中存储的变量是非保持的。数据块占用 CPU 的装载存储区和工作存储区，与标识存储器的功能类似，都是全局变量，不同的是，M 数据区的大小在 CPU 技术规范中已经定义，且不可扩展，而数据块存储区由用户定义，最大不能超过工作存储区或装载存储区。S7-1200/1500 PLC 优化的数据块的存储空间要比非优化数据块的空间大得多，但其存储空间与 CPU 的类型有关。

有的程序中（如有的通信程序），只能使用非优化数据块，多数的情形可以使用优化和非优化数据块，但应优先使用优化数据块。优化访问有如下特点：

① 优化访问速度快。

② 地址由系统分配。

③ 只能符号寻址，没有具体的地址，不能直接由地址寻址。

④ 功能多。

按照功能分，数据块 DB 可以分为：全局数据块、背景数据块和基于数据类型（用户定义数据类型、系统数据类型和数组类型）的数据块。

2. 数据块的寻址

① 数据块非优化访问用绝对地址访问，其地址访问举例如下：

双字：DB1. DBD0。

字：DB1. DBW0。

字节：DB1. DBB0。

位：DB1. DBX0. 1。

② 数据块的优化访问采用符号访问和片段（SLICE）访问，片段访问举例如下：

双字：DB1. a. %D0。

字：DB1. a. %W0。

字节：DB1. a. %B0。

位：DB1. a. %X0。

注意：实数和长实数不支持片段访问。S7-300/400 的数据块没有优化访问，只有非优化访问。

3. 全局数据块（DB）及其应用

全局数据块用于存储程序数据，因此，数据块包含用户程序使用的变量数据。一个程序中可以创建多个数据块。全局数据块必须创建后才可以在程序中使用。数据块在工程中极为常用，例如通信场合传输数据，再如一套伺服驱动系统，有较多的数据时，创建一个数据块，把程序中要用到的数据保存在这个数据块中，便于查找、编程和设备的诊断。

以下用一个例题来说明数据块的应用。

【例 5-6】用数据块实现电动机的起停控制，并把采集的温度数值保存在数据块中。

解：

1）新建一个项目，本例为“第 5 章程序”，如图 5-22 所示，在项目视图的项目树中，选中并单击“新添加设备”（本例为 PLC_1）→“程序块”→“添加新块”，弹出界面“添加新块”。

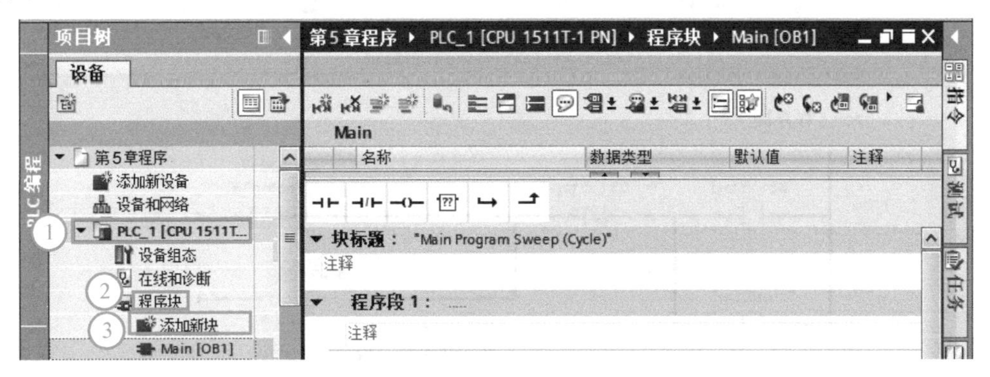

图 5-22　例 5-6 打开“添加新块”

2）如图 5-23 所示，在“添加新块”界面中，选中“添加新块”的类型为 DB，输入数据块的名称，再单击“确定”按钮，即可添加一个新的数据块，但此数据块中没有数据。

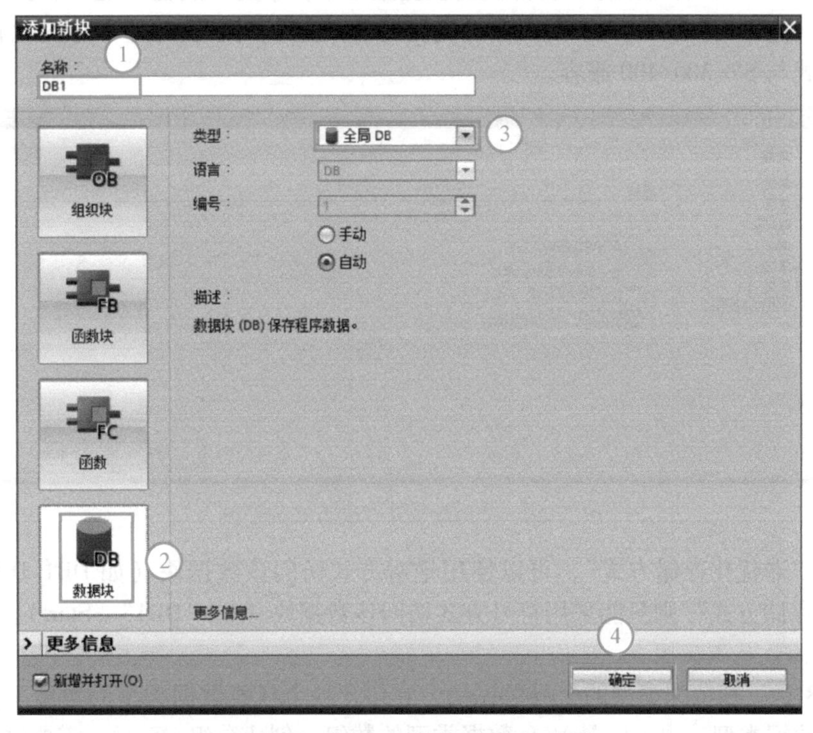

图 5-23　例 5-6“添加新块”界面

3）打开“DB1”，如图 5-24 所示，在“DB1”中，新建三个变量，如果是非优化访问，DB1. Start 地址实际就是 DB1. DBX0. 0，优化访问没有具体地址，只能进行符号寻址。数据块创建完毕，一般要立即“编译”，否则容易出错。

4）在“程序编辑器”中，编写如图 5-25 所示的梯形图。

在数据块创建后，在全局数据块的属性中可以切换存储方式。在项目视图的项目树中，

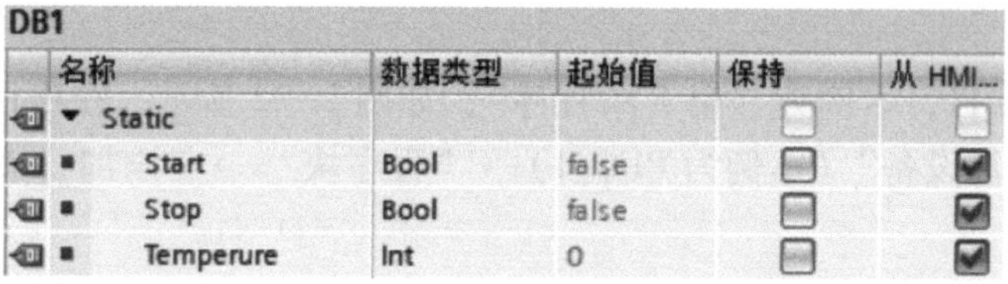

DB1

	名称	数据类型	起始值	保持	从 HMI...
	▼ Static			☐	☐
	■ Start	Bool	false	☐	☑
	■ Stop	Bool	false	☐	☑
	■ Temperure	Int	0	☐	☑

图 5-24　例 5-6 新建变量

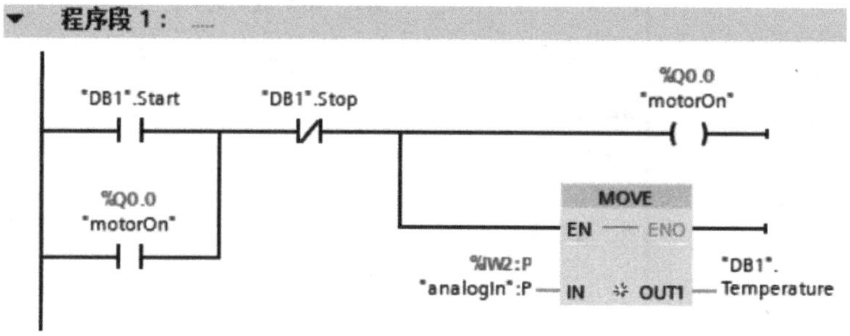

图 5-25　例 5-6 Main[OB1]中的梯形图

选中并单击“DB1”，右击鼠标，在弹出的快捷菜单中，单击“属性”选项，弹出如图 5-26 所示的界面，选中“属性”，如果取消“优化的块访问”，则切换到“非优化存储方式”，这种存储方式与 S7-300/400 兼容。

图 5-26　全局数据块存储方式的切换

如果是“非优化存储方式”，可以使用绝对方式访问该数据块（如 DB1. DBX0. 0），如果是“优化存储方式”则只能采用符号方式访问该数据块（如“DB1”. Start）。

4. 数组 DB 及其应用

数组 DB 是一种特殊类型的全局数据块，它包含一个任意数据类型的数组。其数据类型可以为基本数据类型，也可以是 PLC 数据类型的数组。创建数组 DB 时，需要输入数组的数据类型和数组上限，创建完数组 DB 后，可以修改其数组上限，但不能修改数据类型。数组 DB 始终启用“优化块访问”属性，不能进行标准访问，并且为非保持型属性，不能修改为保持属性。

数组 DB 在 S7-1200/S7-1500 PLC 中较为常用，以下的例子是用数据块创建数组。

【例 5-7】用数据块创建一个数组 ary[0..5]，数组中包含 6 个整数，并编写程序把模拟量通道 IW2 采集的数据保存到数组的第 2 个元素中。

解：

1）新建项目，进行硬件组态，并创建共享数据块 DB1，并打开数据块 “DB1”，创建方法参考例 5-6。

2）在 DB1 中创建数组。数组名称为 ary，数组为 Array[0..5]，表示数组中有 6 个元素，Int 表示数组元素的数据为整数，如图 5-27 所示，保存创建的数组。

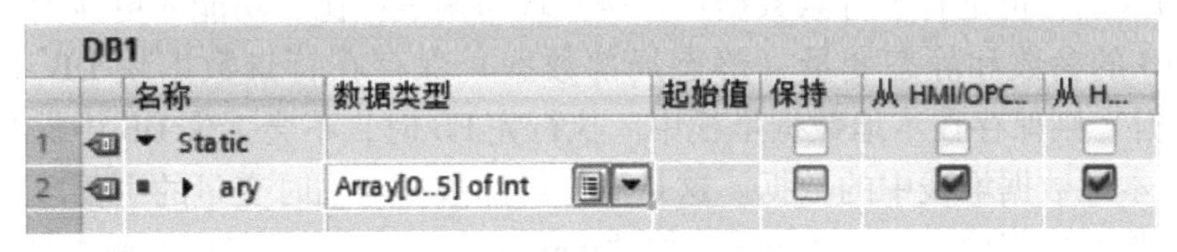

		名称	数据类型	起始值	保持	从 HMI/OPC..	从 H...
1		▼ Static			☐	☐	☐
2		▪ ▸ ary	Array[0..5] of Int		☐	☑	☑

图 5-27　例 5-7 创建数组

3）在 Main[OB1]中编写梯形图，如图 5-28 所示。

注意：

1）数据块在工程中极为常用，是学习的重难点，初学者往往重视不够。特别在 PLC 与上位机（HMI、DCS 等）通信时经常用到数据块。

2）优化访问的数据块没有具体地址，因而只能采用符号寻址。非优化访问的数据块有具体地址。

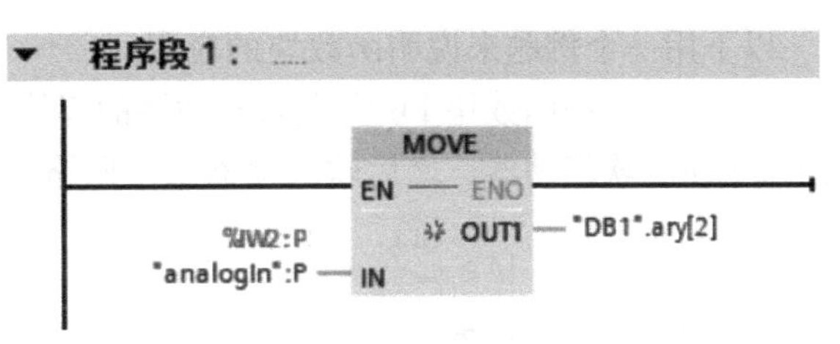

图 5-28　例 5-7 Main[OB1]中的梯形图

3）数据块创建和修改完成后，不要忘记编译数据块，否则后续使用时，可能会出现“?”（见图 5-29）或者错误（见图 5-30）。

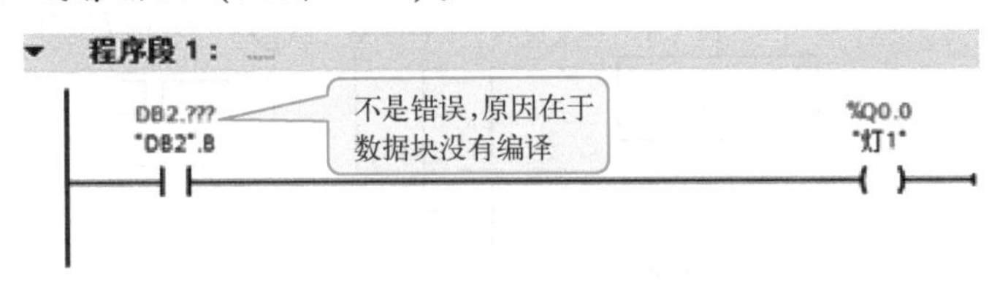

图 5-29　例 5-7 数据块未编译（一）

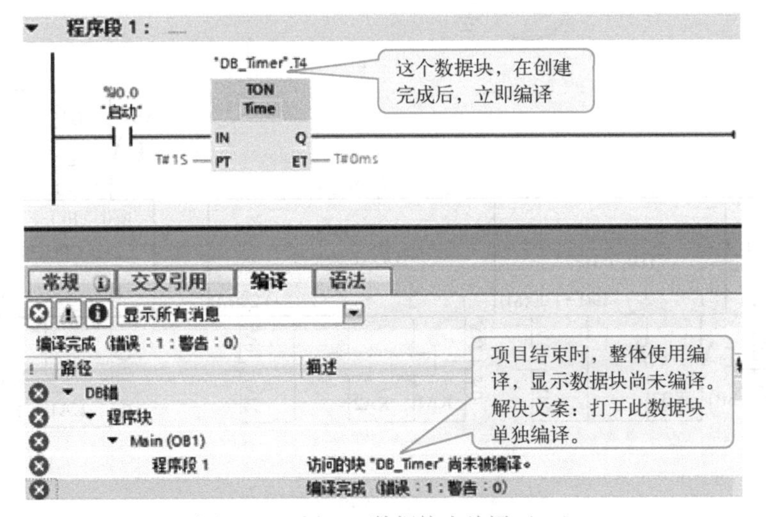

图 5-30　例 5-7 数据块未编译（二）

视频
函数块（FB）及其应用

5.2.2 函数块（FB）及其应用

1. 函数块（FB）简介

函数块（FB）属于编程者自己编程的块，也称为功能块，类似于高级语言的子程序。函数块有一个专门保存其参数的数据存储区，即背景数据块。这是函数块与函数最为明显的区别。正是有了背景数据块，函数块与函数相比，功能才更强大。

传送到 FB 的参数和静态变量（静态局部数据）保存在背景数据块 DB 中。临时变量（临时局部数据）则保存在本地数据堆栈中。执行完 FB 时，不会丢失 DB 中保存的数据，但会丢失保存在本地数据堆栈中的数据。这是静态局部数据与临时变量的主要区别。

推荐定义临时局部数据加前缀 tmp，如“tmpValue”，定义静态局部数据加前缀 stat，如“statValue”，这样定义便于识别。

2. 函数块（FB）的应用

以下用一个例题来说明函数块的应用。

【例 5-8】 用函数块 FB 实现软起动器的起停控制。其电气原理图如图 5-31 所示，起动之前 8 s 使用软起动器，之后软起动器从主回路移除，全压运行。注意停止按钮接常闭触点。

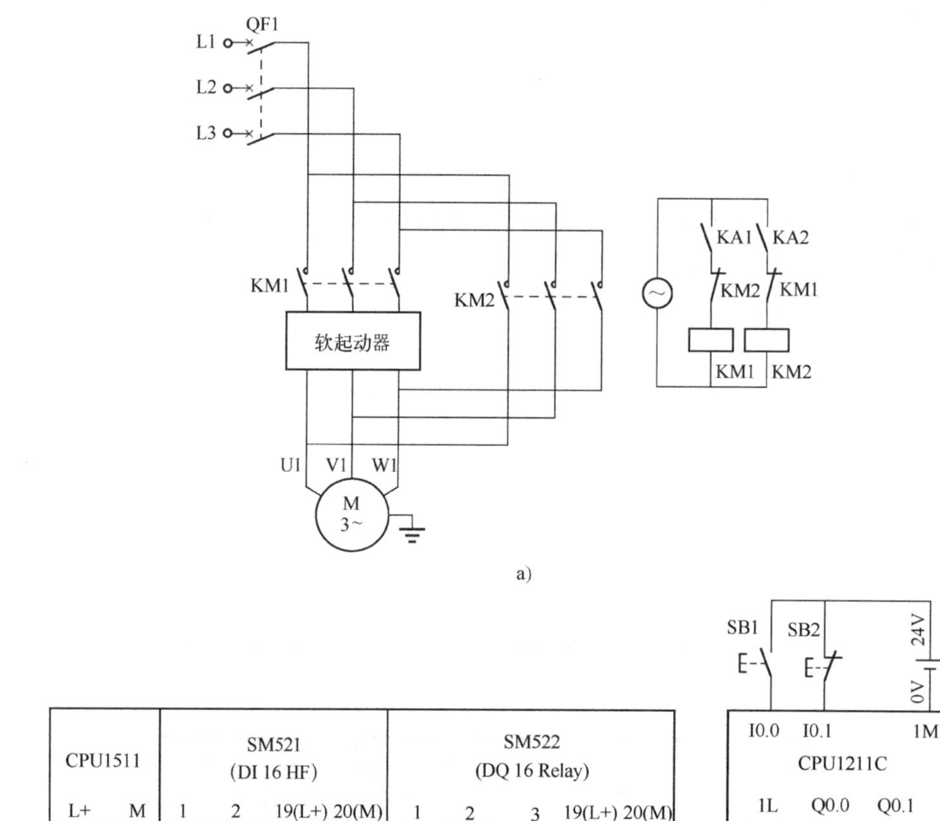

图 5-31 例 5-8 电气原理图
a）主回路 b）S7-1500 PLC 控制回路 c）S7-1200 PLC 控制回路

解：起动器的项目创建如下。

1）新建一个项目，本例为“软起动 FB”，在项目视图的项目树中，选中并单击“新添加的设备”（本例为 PLC_1）→“程序块”→“添加新块”，弹出界面“添加新块”，如图 5-32 所示。选中“函数块 FB”选项，本例命名为“FB1_SoftStarter”，语言设置为 LAD，单击“确定”按钮。

图 5-32　例 5-8 创建函数块 FB1_SoftStarer（FB1）

2）在接口“Input”中，新建两个参数，如图 5-33 所示，注意参数的类型。注释内容可以空缺，注释的内容支持汉字字符。在接口“Output”中，新建两个参数。在接口“Static”中，新建两个静态局部数据，注意参数的类型，同时注意延时时间的默认值（设定值）不能为 0，否则没有延时效果。

FB1_SoftStarter

	名称	数据类型	默认值	保持
1	▾ Input			
2	start	Bool	false	非保持
3	stop	Bool	false	非保持
4	▾ Output			
5	coilKM1	Bool	false	非保持
6	coilKM2	Bool	false	非保持
7	▾ InOut			
8	<新增>			
9	▾ Static			
10	▸ t0Timer	TON_TIME		非保持
11	timeDelay	Time	T#8s	非保持
12	<新增>			
13	▾ Temp			

输入参数
输出参数
输入/输出参数
静态局部数据
临时局部数据

图 5-33　例 5-8 在块接口中，创建参数

静态局部参数和临时局部参数是有区别的，临时局部参数保存在 L 中，仅在一个扫描周期内起作用，下一个扫描周期将消失，而静态局部参数保存在数据块中，下一个周期不会消失，数据可以继续保留。

3）在函数块 FB1_SoftStarter 的程序编辑区编写程序，梯形图如图 5-34 所示。

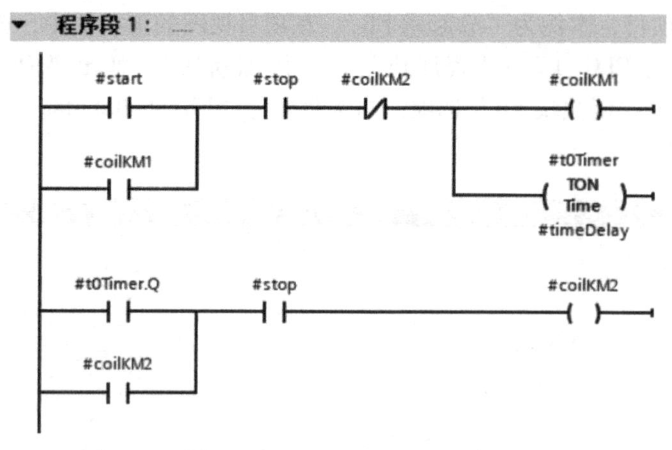

图 5-34　例 5-8 FB1_SoftStarter(FB1)中的梯形图

4）在项目视图的项目树中，双击“Main[OB1]”，打开主程序块“Main[OB1]”，将函数块 FB1_SoftStarter 拖拽到程序段 1，梯形图如图 5-35 所示。

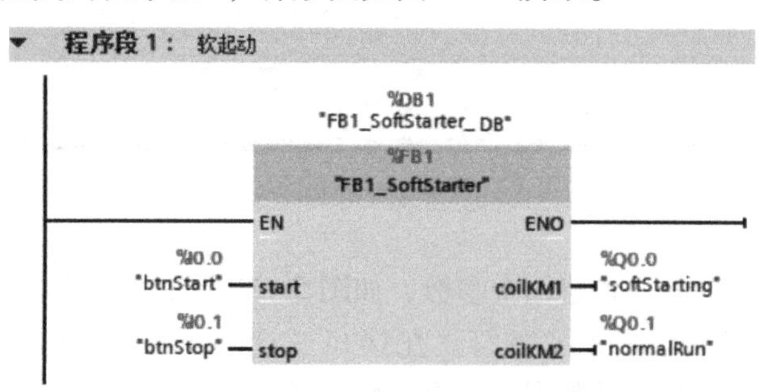

图 5-35　例 5-8 主程序块中的梯形图

小结

函数 FC 和函数块 FB 都类似于子程序，这是其最明显的共同点。两者主要的区别有两点：一是函数块有静态局部数据，而函数没有静态局部数据；二是函数块有背景数据块，而函数没有。

【例 5-9】用 S7-1200/S7-1500 PLC 控制一台三相异步电动机的Y-△起动。要求使用函数块和多重实例背景。

视频
三相异步电动机星-三角起动控制-用 FB 实现

解：

（1）设计电气原理图

设计电气原理图如图 4-58 所示。注意：停止按钮 SB2 接常闭触点。

（2）编写控制程序

Y-△起动的项目创建如下。

1）新建一个项目，在项目视图的项目树中，选中并单击“新添加设备”（本例为 PLC_1）→“程序块”→“添加新块”，弹出界面“添加新块”，如图 5-36 所示。选中“函数块 FB”选项，本例命名为“FB1_StarDeltaStarter”，语言设置为 LAD，单击“确定”按钮。

2）在接口“Input”中，新建两个参数，如图 5-37 所示，注意参数的类型。在接口

“Output”中，新建三个参数。在接口“Static”中，新建四个静态局部数据。

图 5-36　例 5-9 创建“FB1_StarDeltaStarter”

FB1_StarDeltaStarter

	名称	数据类型	默认值	保持
1	▼ Input（输入参数）			
2	start	Bool	false	非保持
3	stop	Bool	false	非保持
4	▼ Output（输出参数）			
5	coilKM1	Bool	false	非保持
6	coilKM2	Bool	false	非保持
7	coilKM3	Bool	false	非保持
8	▼ InOut（输入/输出参数）			
9	<新增>			
10	▼ Static（静态局部数据）			
11	▶ t0Timer	TON_TIME		非保持
12	▶ t1Timer	TON_TIME		非保持
13	t0TimeDelay	Time	T#2s	非保持
14	t1TimeDelay	Time	T#2s	非保持
15	▼ Temp（临时局部数据）			

图 5-37　例 5-9 在块的接口中，创建参数

3）在函数块 FB1_StarDeltaStarter(FB1)的程序编辑区编写程序，梯形图如图 5-38 所示。由于图 4-58 中 SB2 接常闭触点，所以梯形图中#stop 为常开触点，必须要对应。

4）在项目视图的项目树中，双击“Main[OB1]”，打开主程序块“Main[OB1]”，将函数块“FB1_StarDeltaStarter”拖拽到程序段 1，梯形图如图 5-39 所示。

注意：

1）在图 5-37 中，要注意参数的类型，同时注意 t0TimeDelay 和 t1TimeDelay 的默认值不能为 0，否则没有Y-△起动效果。

2）将定时器（t0Timer 和 t1Timer）作为静态局部数据的好处是本例减少了两个定时器的背景数据块。所以如果函数块中用到定时器，可以将定时器作为静态局部数据，这样处理，可以减少定时器的背景数据块的使用，使程序更加简洁。

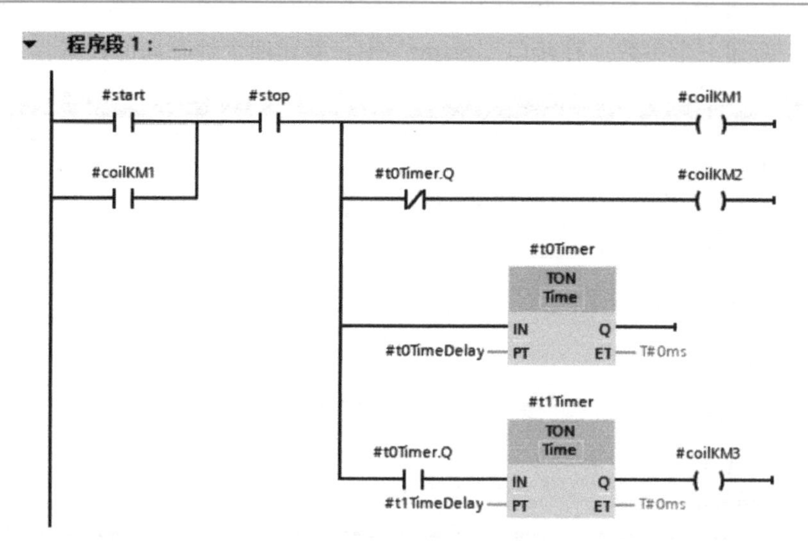

图 5-38　例 5-9 FB1_StarDeltaStarter(FB1)中的梯形图

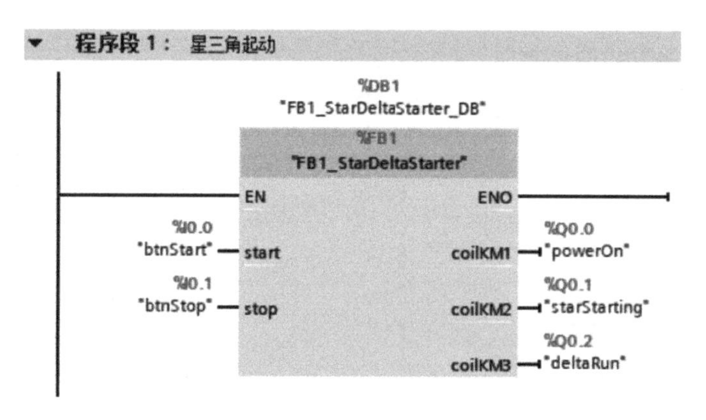

图 5-39　例 5-9 主程序块中的梯形图

5.2.3　多重背景

通常每个函数块都有一个专属的背景数据块。但是如果项目中使用的函数块多，那么背景数据块也多，过多的背景数据块，显得程序凌乱，不便于管理，使用多重背景可以很好地解决此问题。

当一个函数块调用多个子函数块时，可以将子函数块的专属数据存放到该函数的背景数据块中，这种存放了多个函数块背景数据的数据块称为多重背景数据块。

比如例 5-9，使用了两个子函数块 TON，但均未配置专属背景数据块，而共用了函数块 FB1_StarDeltaStarter 的背景数据块，这是典型的多重背景的应用案例。

5.3　习题

一、问答题

1. 全局变量和局部变量有何区别？
2. 函数 FC 和函数块 FB 有何区别？

3. 背景数据块和全局数据块有何区别？优化访问数据块和非优化访问数据块有何区别？

4. 三相异步电动机的正反转控制中，梯形图中正转和反转控制进行了互锁，硬件回路为何要互锁？

二、编程题

1. 编写程序实现一台电动机的正反转Y-△起动，要求使用函数块 FB。

2. 将 53 英寸（in）转换成以毫米（mm）为单位的整数，要求用函数 FC，请设计控制程序。

第6章　西门子PLC的SCL、Graph及程序设计方法

本章介绍SCL和S7-Graph的应用场合和语法等，并最终使读者掌握SCL和S7-Graph的程序编写方法。西门子S7-300/400 PLC、S7-1200 PLC、S7-1500 PLC的SCL语言具有共性，但针对S7-1200/1500 PLC的SCL语言有其特色。本章主要针对S7-1200/1500讲解SCL和S7-Graph语言，同时讲解了逻辑控制程序的设计方法。

6.1　西门子PLC的SCL编程

6.1.1　SCL简介

1. SCL概念

SCL（Structured Control Language，结构化控制语言）是一种类似于计算机高级语言的编程方式，它的语法规范接近计算机中的PASCAL语言。SCL编程语言实现了IEC 61131-3标准中定义的ST语言（结构化文本）的PLCopen初级水平。

2. SCL应用范围

由于SCL是高级语言，所以其非常适合于以下任务：

1）复杂运算功能。

2）复杂数学函数。

3）数据管理。

4）过程优化。

鉴于SCL具备的上述优势，其将在编程中应用越来越广泛，有的PLC厂家已经将结构化文本作为首推编程语言（以前首推为梯形图）。

6.1.2　SCL程序编辑器

1. 打开SCL编辑器

在TIA Portal项目视图中，单击“添加新块”选项，新建程序块，把编程语言，选中为“SCL”，再单击“确定”按钮，如图6-1所示，即可生成主程序OB1（也可能是OB123等），其编程语言为SCL。在创建新的组织块、函数和函数块时，均可将其编程语言选定为SCL。

在TIA Portal项目视图的项目树中，双击“Main[OB1]”，弹出的视图就是SCL编辑器，如图6-2所示。

2. SCL编辑器的界面介绍

如图6-2所示，SCL编辑器的界面分5个区域，SCL编辑器的各部分组成及含义见表6-1。

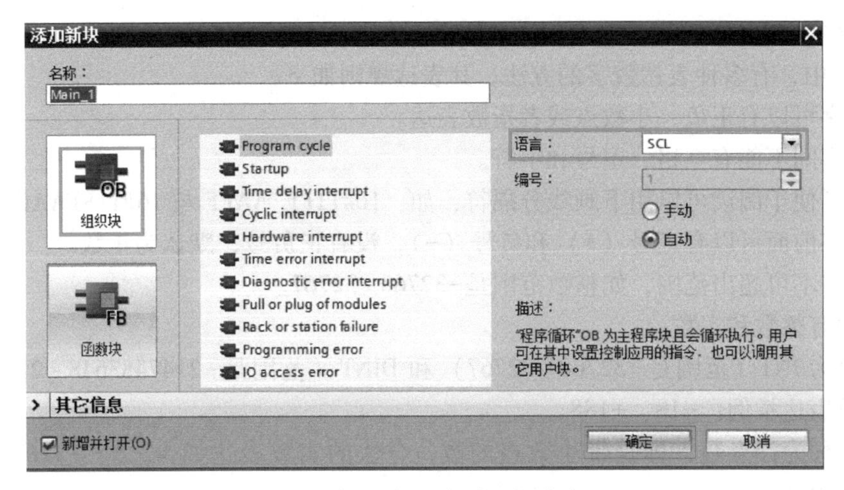

图 6-1　添加新块-选择编程语言为 SCL

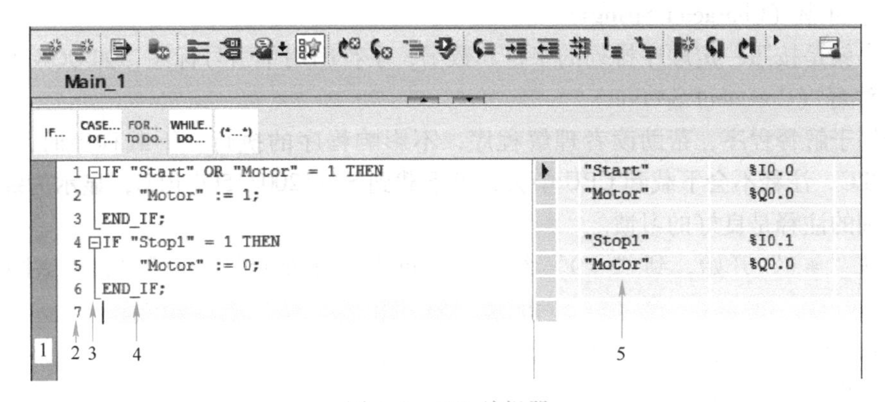

图 6-2　SCL 编辑器

表 6-1　SCL 编辑器的各部分组成及含义

对 应 序 号	组 成 部 分	含　　义
1	侧栏	在侧栏中可以设置书签和断点
2	行号	行号显示在程序代码的左侧
3	轮廓视图	轮廓视图中将突出显示相应的代码部分
4	代码区	在代码区，可对 SCL 程序进行编辑
5	绝对操作数的显示	列出了赋值给绝对地址的符号操作数

6.1.3　SCL 编程语言基础

1. SCL 的基本术语

(1) 字符集

SCL 使用 ASCII 字符子集：字母 A~Z（大小写）、数字 0~9、空格和换行符等。此外，还包含特殊含义的字符见表 6-2。

表 6-2　SCL 的特殊含义字符

+	-	*	/	=	<	>	[	]	(	)
:	;	$	#	"	'	{	}	%	.	,

（2）数字（Numbers）

在 SCL 中，有多种表达数字的方法，其表达规则如下：

1）数字可以有正负、小数点或者指数表达。

2）数字间不能有空格、逗号和字符。

3）为了便于阅读可以用下画线分隔符，如：16#11FF_AAFF 与 16#11FFAAFF 相等。

4）数字前面可以有正号（+）和负号（-），没有正负号，默认为正数。

5）数字不可超出范围，如整数范围是-32768~32767。

数字中有整数和实数。

整数分为 INT（范围是-32768~32767）和 DINT（范围是-2147483648~2147483647），合法的整数表达举例：-18、+188。

实数也称为浮点数，即是带小数点的数，合法的实数表达如：2.3、-1.88 和 1.1e+3（就是 1.1×10^3）。

（3）字符串（Character Strings）

字符串就是按照一定顺序排列的字符和数字，字符串用单引号标注，如'QQ&360'。

（4）注释（Comment Section）

注释用于解释程序，帮助读者理解程序，不影响程序的执行。下载程序时，对于 S7-300/400 PLC，注释不会下载到 CPU 中去，可下载到 S7-1200/1500 PLC，显示为绿色字体。对程序详细的注释是良好的习惯。

注释从“*(”开始，到“*)”结束，也可以放在双斜杠“//”后面，注释的例子如下：

```
TEMP1:=1; //这是一个临时变量，用于存储中间结果
TEMP2:=3; //整数赋值
```

（5）变量（Variables）

在 SCL 中，每个变量在使用前必须声明其变量的类型，以下是根据不同区域将变量分为三类：局域变量、全局变量和允许预定义的变量。

局域变量在逻辑块中（FC、FB、OB）中定义，只能在块内有效访问，变量前缀为#(如#Stp)，见表 6-3。

表 6-3　SCL 的局域变量

序　号	变　量	说　明
1	静态变量	静态变量是变量值在块执行期间和执行后保留在背景数据块中，用于保存函数块值，FB 有，而 FC 无，静态变量极为常用，必须要认真领会
2	临时变量	属于逻辑块，不占用静态内存，其值只在执行期间保留，可以同时作为输入变量和输出变量使用
3	块参数	是函数块和功能的形式参数，用于在块被调用时传递实际参数，包括输入参数、输出参数和输入/输出参数等

全局变量是指可以在程序中任意位置进行访问的数据或数据域，变量名带""，如"Start"。

2. 运算符

一个表达式代表一个值，它可以由单个地址（单个变量）或者几个地址（几个变量）利用运算符结合在一起组成。

运算符有优先级，遵循一般算数运算的规律。SCL 中的运算符见表 6-4。

表 6-4　SCL 的运算符

序　号	类　别	名　称	运　算　符	优　先　级
1	赋值	赋值	: =	11
2	算术运算	幂运算 乘 除 模运算 除 加、减	* * * / MOD DIV +、-	2 4 4 4 4 5
3	比较运算	小于 大于 小于等于 大于等于 等于 不等于	< > <= >= = <>	6 6 6 6 7 7
4	逻辑运算	非 与 & 异或 或	NOT AND、& XOR OR	3 8 9 10
5	(表达式)	(,)	( )	1

3. 表达式

表达式是为了计算一个终值所用的公式，由地址（变量）和运算符组成。表达式的规则如下：

1）两个运算符之间的地址（变量）与优先级高的预算结合。

2）按照运算符优先级进行运算。

3）具有相同的运算级别，从左到右运算。

4）表达式前的减号表示该标识符乘以-1。

5）算数运算不能两个或者两个以上连用。

6）圆括号用于越过优先级。

7）算数运算不能用于连接字符或者逻辑运算。

8）左圆括号与右圆括号的个数应相等。

举例如下：

```
A1 AND (A2)        // 逻辑运算表达式
(A3) < (A4)        //比较表达式
3+3 * 4/2          //算术运算表达式
```

(1) 简单表达式（Simple Expression）

在 SCL 中，简单表达式就是简单的加减乘除的算式。举例如下：

```
SIMP_EXPRESSION:= A * B + D / C - 3 * VALUE1;
```

(2) 算术运算表达式（Arithmetic Expressions）

算术运算表达式是由算术运算符构成的，允许处理数值数据类型。

(3) 比较运算表达式（Comparison Expressions）

比较运算表达式就是比较两个地址中的数值，结果为布尔数据类型。如果布尔运算的结果为真，则结果为 TRUE，如果布尔运算的结果为假，则结果为 FALSE。比较表达式的规则如下：

1）可以进行比较的数据类型有：INT、DINT、REAL、BOOL、BYTE、WORD、DWORD、CHAR 和 STRING 等。

2）对于 DT、TIME、DATE、TOD 等时间数据类型，只能进行同数据类型的比较。

3）不允许 S5TIME 型的比较，如要进行时间比较，必须使用 IEC 的时间。

4）比较表达式可以与布尔规则相结合，形成语句。例如：Value_A > 20 AND Value_B < 20。

（4）逻辑运算表达式（Logical Expressions）

逻辑运算符 AND、&、XOR 和 OR 与逻辑地址（布尔型）或数据类型为 BYTE、WORD、DWORD 型的变量结合而构成的逻辑表达式。SCL 的逻辑运算符及其地址和结果的数据类型见表 6-5。

表 6-5　SCL 的逻辑运算符及其地址和结果的数据类型

序　号	运　算	标 识 符	第一个地址	第二个地址	结　果	优 先 级
1	非	NOT	ANY_BIT	—	ANY_BIT	3
2	与	AND	ANY_BIT	ANY_BIT	ANY_BIT	8
3	异或	XOR	ANY_BIT	ANY_BIT	ANY_BIT	9
4	或	OR	ANY_BIT	ANY_BIT	ANY_BIT	10

4. 赋值

通过赋值，一个变量接收另一个变量或者表达式的值。在赋值运算符“：=”左边的是变量，该变量接收右边的地址或者表达式的值。

（1）基本数据类型的赋值（Value Assignments with Variables of an Elementary Data Type）

每个变量、每个地址或者表达式都可以赋值给一个变量或者地址。赋值举例如下：

```
SWITCH_1 := -17 ;                  // 给变量赋值常数
SETPOINT_1 := 100.1 ;
QUERY_1 := TRUE ;
TIME_1 := T#1H_20M_10S_30MS ;
SETPOINT_1 := SETPOINT_2 ;         // 给变量赋值变量
SWITCH_2 := SWITCH_1 ;
SWITCH_2 := SWITCH_1 * 3 ;         // 给变量赋值表达式
```

（2）结构和 UDT 的赋值（Value Assignments with Variables of the Type STRUCT and UDT）

结构和 UDT（即 PLC 数据类型）是复杂的数据类型，但很常用，可以对其赋值同样的数据类型变量、同样数据类型的表达式、同样的结构或者结构内的元素。应用举例如下：

```
MEASVAL := PROCVAL ;                        //把一个完整的结构赋值给另一个结构
MEASVAL.VOLTAGE := PROCVAL.VOLTAGE ;        //结构的一个元素赋值给另一个结构的元素
AUXVAR := PROCVAL.RESISTANCE ;              //将结构元素赋值给变量
MEASVAL.RESISTANCE := 4.5;                  //把常数赋值给结构元素
MEASVAL.SIMPLEARR[1,2] := 4;                //把常数赋值给数组元素
```

（3）数组的赋值（Value Assignments with Variables of the Type ARRAY）

数组的赋值类似于结构的赋值，数组元素的赋值和完整数组赋值。数组元素赋值就是对

单个数组元素进行赋值，这比较常用。当数组元素的数据类型、数组下标、数组上标都相同时，一个数组可以赋值给另一个数组，这就是完整数组赋值。应用举例如下：

```
SETPOINTS := PROCVALS ;                 // 把一个数组赋值给另一个数组
CRTLLR[2] := CRTLLR_1 ;                 // 数组元素赋值
CRTLLR [1,4] := CRTLLR_1 [4];           //数组元素赋值
```

6.1.4 控制语句

SCL 提供的控制语句可分为三类：选择语句、循环语句和跳转语句。

（1）选择语句（Selective Statements）

选择语句有 IF 和 CASE，其使用方法和 C 语言等高级计算机语言的用法类似，其功能说明见表 6-6。

表 6-6　SCL 的选择语句功能说明

序　号	语　句	说　明
1	IF	是二选一的语句，判断条件是“TRUE”或者“FALSE”控制程序进入不同的分支进行执行
2	CASE	是一个多选语句，根据变量值，程序有多个分支

1）IF 语句。IF 语句是条件，当条件满足时，按照顺序执行，不满足时跳出，其应用举例如下：

```
IF "START1" THEN          // 当 START1=1 时，将 N、SUM 赋值为 0，将 OK 赋值为 FALSE
    N := 0 ;
    SUM := 0 ;
    OK := FALSE ;
ELSIF "START" = TRUE THEN
   N := N + 1 ;           // 当 START= TRUE 时，执行 N := N + 1 ;
   SUM := SUM + N ;       // 当 START= TRUE 时，执行 SUM := SUM + N ;
ELSE
   OK := FALSE ;          // 当 START=FALSE 时，执行 OK := FALSE ;
END_IF ;                  //结束 IF 条件语句
```

2）CASE 语句。当需要从问题的多个可能操作中选择其中一个执行时，可以选择嵌套 IF 语句来控制选择执行，但是选择过多会增加程序的复杂性，降低程序的执行效率。这种情况下，使用 CASE 语句就比较合适。其应用举例如下：

```
CASE TW OF
   1 : DISPLAY:= OVEN_TEMP;        //当 TW=1 时，执行 DISPLAY:= OVEN_TEMP;
   2 : DISPLAY:= MOTOR_SPEED;      //当 TW=2 时，执行 DISPLAY:= MOTOR_SPEED;
   3 : DISPLAY:= GROSS_TARE;       //当 TW=3 时，执行 DISPLAY:= GROSS_TAR; QW4:=
                                      16#0003;(这里 QW4 是变量)
     QW4:= 16#0003;
   4..10: DISPLAY:= INT_TO_DINT (TW);  //当 TW=4..10 时，执行 DISPLAY:= INT_TO_
                                          DINT (TW);
     QW4:= 16#0004;                //当 TW=4..10 时，执行 QW4:= 16#0004;
```

```
        11,13,19: DISPLAY:= 99;
        QW4:= 16#0005;
    ELSE:
      DISPLAY:= 0;                    //当 TW 不等于以上数值时，执行 DISPLAY:= 0;
      TW_ERROR:= 1;                   //当 TW 不等于以上数值时，执行 TW_ERROR:= 1;
    END_CASE ;                        //结束 CASE 语句
```

（2）循环语句（Loops）

SCL 提供的循环语句有三种：FOR 语句、WHILE 语句和 REPEAT 语句。其功能说明见表 6-7。

表 6-7　SCL 的循环语句功能说明

序　号	语　句	说　明
1	FOR	只要控制变量在指定的范围内，就重复执行语句序列
2	WHILE	只要一个执行条件满足，某一语句就周而复始地执行
3	REPEAT	重复执行某一语句，直到终止该程序的条件满足为止

1）FOR 语句。FOR 语句的控制变量为 INT 或者 DINT 类型的局部变量。FOR 循环语句定义如下：指定的初值和终值，这两个值的类型必须与控制变量的类型一致。其应用举例如下：

```
FOR INDEX := 1 TO 50 BY 2 DO        // INDEX 初值为 1，终止为 50，步长为 2
    IF IDWORD [INDEX] = 'KEY' THEN
        EXIT;
    END_IF;
END_FOR;                            //结束 FOR 语句
```

2）WHILE 语句。WHILE 语句通过执行条件来控制语句的循环执行。执行条件是根据逻辑表达式的规则形成的。其应用举例如下：

```
WHILE INDEX <= 50 AND IDWORD[INDEX] <> 'KEY' DO
    INDEX := INDEX + 2;         //当 INDEX <= 50 AND IDWORD[INDEX] <> 'KEY'时，
                                //执行 INDEX := INDEX + 2;
END_WHILE ;                     //终止循环
```

3）REPEAT 语句。在终止条件满足之前，使用 REPEAT 语句反复执行 REPEAT 语句与 UNTIL 之间的语句。终止的条件是根据逻辑表达式的规则形成的。REPEAT 语句的条件判断在循环体执行之后进行。就是终止条件得到满足，循环体仍然至少执行一次。其应用举例如下：

```
REPEAT
    INDEX := INDEX + 2 ;        //循环执行 INDEX := INDEX + 2 ;
    UNTIL INDEX > 50 OR IDWORD[INDEX] = 'KEY'   // 直到 INDEX > 50 或 IDWORD[IN-
                                                DEX] ='KEY'
END_REPEAT ;                    //终止循环
```

（3）程序跳转语句（Program Jump）

在 SCL 中的跳转语句有四种：CONTINUE 语句、EXIT 语句、GOTO 语句和 RETURN 语句。其功能说明见表 6-8。

表 6-8　SCL 的程序跳转语句功能说明

序　　号	语　　句	说　　明
1	CONTINUE	用于终止当前循环反复执行
2	EXIT	不管循环终止条件是否满足，在任意点退出循环
3	GOTO	使程序立即跳转到指定的标号处
4	RETURN	使得程序跳出正在执行的块

1）CONTINUE 语句。用一个例子说明 CONTINUE 语句的应用。

```
INDEX := 0 ;
WHILE INDEX <= 100 DO
    INDEX := INDEX + 1 ;
    IF ARRAY[INDEX] = INDEX THEN
        CONTINUE ;   //当 ARRAY[INDEX] = INDEX 时，退出循环
    END_IF ;
    ARRAY[INDEX] := 0 ;
END_WHILE ;
```

2）EXIT 语句。用一个例子说明 EXIT 语句的应用。

```
FOR INDEX_1 := 1 TO 51 BY 2 DO
  IF IDWORD[INDEX_1] = 'KEY' THEN
      INDEX_2 := INDEX_1 ; //当 IDWORD[INDEX_1] = 'KEY'，执行 INDEX_2 := INDEX_1;
      EXIT ;               //当 IDWORD[INDEX_1] = 'KEY'，执行退出循环
  END_IF ;
END_FOR ;
```

3）GOTO 语句。用一个例子说明 GOTO 语句的应用。

```
IF A > B THEN
    GOTO LAB1 ;     //当 A > B 跳转到 LAB1
ELSIF A > C THEN
    GOTO LAB2 ;     //当 A > C 跳转到 LAB2
END_IF ;
LAB1: INDEX := 1 ;
    GOTO LAB3 ;     //当 INDEX := 1 跳转到 LAB3
LAB2: INDEX := 2 ;
```

6.1.5　SCL 应用举例

前述的内容中介绍了 SCL 的基础知识，以下用几个例子介绍 SCL 的具体应用。

【例 6-1】电气原理图如图 6-3 所示，用 SCL 语言编写一个主程序，实现对一台电动机的起停控制。

解：

1）新建项目。新建一个项目“SCL”，在 TIA Portal 项目视图的项目树中，单击“添加

新块”，新建程序块，把编程语言选中为“SCL”，再单击“确定”按钮，如图 6-1 所示，即可生成主程序 OB1（OB123），其编程语言为 SCL。

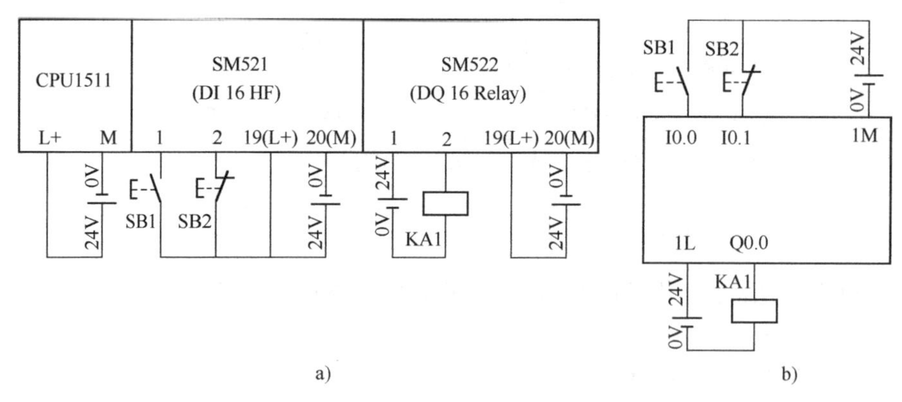

图 6-3 例 6-1 电气原理图

2）新建变量表。在 TIA Portal 项目视图项目树中，双击“添加新变量表”，弹出变量表，输入和输出变量与对应的地址，如图 6-4 所示。注意：这里的变量是全局变量。

PLC 变量

	名称	变量表	数据类型	地址
1	Step	默认变量表	Byte	%MB100
2	btnStart	默认变量表	Bool	%I0.0
3	btnStop	默认变量表	Bool	%I0.1
4	motorOn	默认变量表	Bool	%Q0.0

图 6-4 例 6-1 创建变量表

3）编写 SCL 程序。在 TIA Portal 项目视图的项目树中，双击“Main_1”，弹出视图就是 SCL 编辑器，在此界面中输入程序，如图 6-5 所示。运行此程序可实现起停控制。

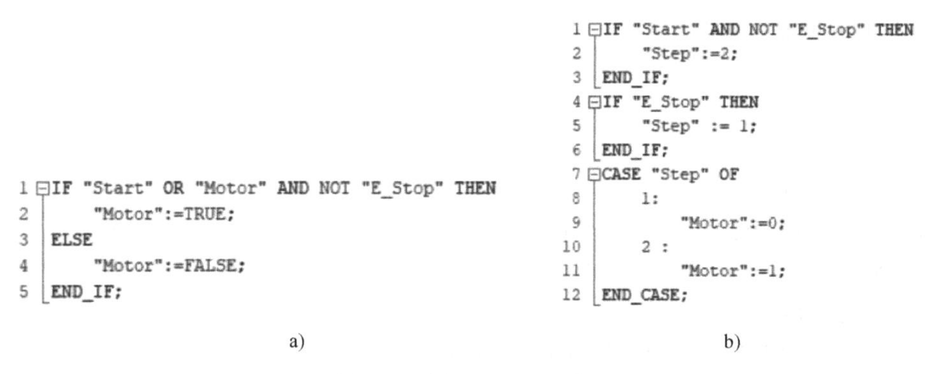

```
1 IF "Start" OR "Motor" AND NOT "E_Stop" THEN
2     "Motor":=TRUE;
3 ELSE
4     "Motor":=FALSE;
5 END_IF;
```

a)

```
1  IF "Start" AND NOT "E_Stop" THEN
2      "Step":=2;
3  END_IF;
4  IF "E_Stop" THEN
5      "Step" := 1;
6  END_IF;
7  CASE "Step" OF
8      1:
9          "Motor":=0;
10     2 :
11         "Motor":=1;
12 END_CASE;
```

b)

图 6-5 例 6-1 SCL 程序

a）方法 1 b）方法 2

【例 6-2】将以英寸单位的整数数值，转换成以毫米为单位的双整数数值。要求用 SCL 编写函数实现此功能。

解：

1）新建项目。新建一个项目“SCL1”，在 TIA Portal 项目视图的项目树中，单击“添加新块”选项，新建程序块，块名称为“FC1_InchToMm”，把编程语言选中为“SCL”，块的类型为“函数 FC”，再单击“确定”按钮，即可生成函数 FC1，其编程语言为 SCL。

2）定义函数块的变量。打开新建的函数“FC1_InchToMm”，定义函数 FC1_InchToMm 的输入变量（Input）、输出变量（Output）和临时变量（Temp），如图 6-6 所示。注意：这些变量是局部变量，只在本函数内有效。

3）编写函数 FC1_InchToMm 的 SCL 程序如图 6-7 所示。

FC1_InchToMm

	名称	数据类型	默认值
1	▼ Input		
2	▪ inch	Int	
3	▼ Output		
4	▪ millimeter	DInt	
5	▶ InOut		
6	▼ Temp		
7	▪ tmpValue1	Real	
8	▪ tmpValue2	Real	
9	▼ Constant		

图 6-6　例 6-2 定义函数的变量

```
1   #tmpValue1:=INT_TO_REAL(#inch);
2   #tmpValue2 := #tmpValue1 * 25.4;
3   #millimeter := ROUND(#tmpValue2);  //四舍五入
```

图 6-7　例 6-2 函数 FC1_InchToMm 的 SCL 程序

4）编写主程序，如图 6-8 所示。

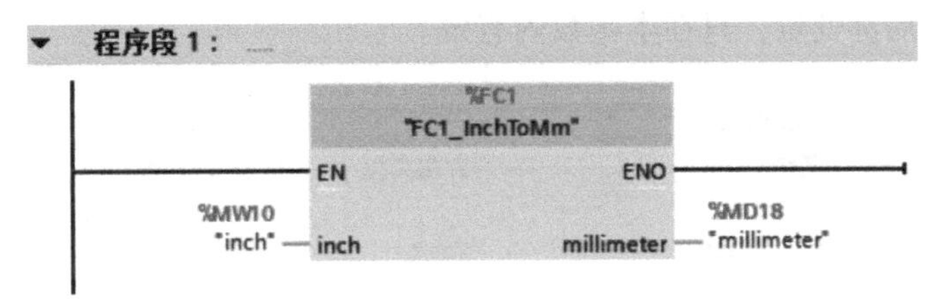

图 6-8　例 6-2 主程序

【例 6-3】用 S7-1200/1500 PLC 控制一台鼓风机。鼓风机系统一般由引风机和鼓风机两级构成。电气原理图如图 4-49 所示。当按下起动按钮之后，引风机先工作，工作 5 s 后，鼓风机工作。按下停止按钮之后，鼓风机先停止工作，5 s 之后，引风机才停止工作。

解：

1）创建新项目，并创建函数块 FB1_FanControl，打开此函数块，创建其块接口参数，如图 6-9 所示，特别要注意静态变量的创建。

FB1_FanControl

	名称	数据类型	默认值
1	▼ Input		
2	▪ start	Bool	false
3	▪ stop	Bool	false
4	▼ Output		
5	▪ motor1	Bool	false
6	▪ motor2	Bool	false
7	▼ Static		
8	▪ ▶ t0Timer	TON_TIME	
9	▪ ▶ t1Timer	TOF_TIME	
10	▪ startTimer	Bool	false
11	▪ setTime	Time	T#5s

图 6-9　创建 FB1_FanControl 的接口参数

2）编写 FB1_FanControl 中的 SCL 程序如图 6-10 所示。再编写主程序，如图 6-11 所示。

【例 6-4】计算字中的为“1”的位的数量。要求用 SCL 编写函数块实现此功能。

```
1 IF #start OR #startTimer AND #stop THEN
2     #startTimer := TRUE;
3 ELSE
4     #startTimer := FALSE;
5 END_IF;
6 #t0Timer(IN:=#startTimer,PT:=#setTime,Q=>#motor1);
7 #t1Timer(IN:=#startTimer,PT:=#setTime,Q=>#motor2);
```

图 6-10　FB1_FanControl 中的 SCL 程序

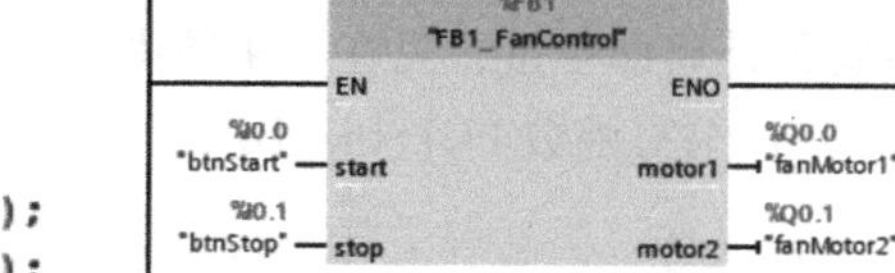

图 6-11　例 6-3 主程序

解：

1）新建项目。新建一个项目“SCL2”，在 TIA Portal 项目视图的项目树中，单击“添加新块”选项，新建程序块，块名称为“WordBitCount”，编程语言选“SCL”，块的类型是“函数块 FB”，再单击“确定”按钮，即可生成函数块 FB1，其编程语言为 SCL。

2）定义函数块的变量。打开新建的函数块“WordBitCount”，定义此函数块的输入变量（Input）、输出变量（Output）、静态变量（Static）和临时变量（Temp），如图 6-12 所示。注意：这些变量是局部变量，只在本函数内有效。

WordBitCount

	名称	数据类型	默认值
1	▼ Input		
2	▪ status	Word	16#0
3	▼ Output		
4	▪ count	Int	0
5	▼ Static		
6	▪ statStatus	Word	16#0
7	▪ statCount	Int	0
8	▼ Temp		
9	▪ nCycle	Int	

图 6-12　例 6-4 定义函数块的接块参数

3）编写函数块 WordBitCount 的 SCL 程序如图 6-13 所示。

```
1  #statCount := 0;
2  #statStatus := #status;
3  FOR #nCycle := 0 TO 15 DO  //循环16次，即测试16个位
4      IF #statStatus.%X0     //如果该位为1
5      THEN
6          #statCount += 1;   //计数值加1
7      END_IF;
8      #statStatus := ROR_WORD(IN := #statStatus, N := 1); //字的右循环
9  END_FOR;
10 #count := #statCount;
```

图 6-13　例 6-4 函数块 WordBitCount 的 SCL 程序

4）编写主程序，如图 6-14 所示。如果输入端的数据为 2#1111_1000，那么输出端结果为 5。

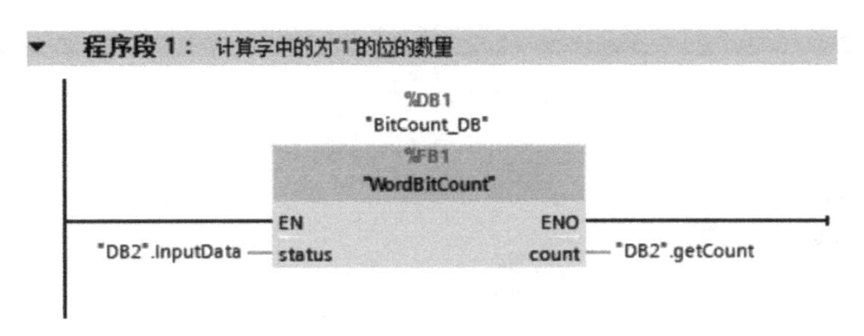

图6-14　例6-4主程序

6.2　西门子PLC的S7-Graph编程

实际工业生产的控制过程中，顺序逻辑控制占有相当大的比例。所谓顺序逻辑控制，就是按照生产工艺预先规定的顺序，在各个输入信号的作用下，根据内部状态和时间顺序，在生产过程中的各个执行机构自动地、有秩序地进行操作。S7-Graph是一种顺序功能图编程语言，它能有效地应用于设计顺序逻辑控制程序。目前只有S7-300/400/1500 PLC支持S7-Graph编程。

6.2.1　S7-Graph编程基础

1. S7程序构成

在TIA Portal软件（STEP 7）中，只有FB函数块可以使用S7-Graph语言编程。S7-Graph编程界面为图形界面，包含若干个顺控器。当编译S7-Graph程序时，其生成的块以FB的形式出现，此FB可以被其他程序调用，例如OB1、OB35。顺序控制S7程序构成如图6-15所示。

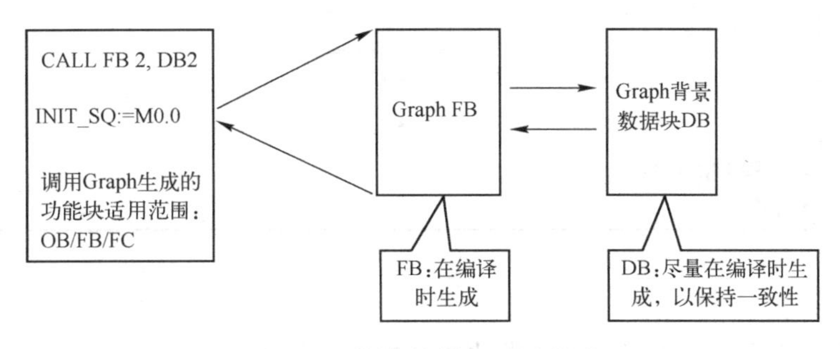

图6-15　顺序控制S7程序构成

2. S7-Graph的编辑器

（1）打开S7-Graph的编辑器

新建一个项目“Graph”，在TIA Portal项目视图的项目树中，单击“添加新块”，新建程序块，块名称为“FB1”，编程语言选“Graph”，块的类型是“函数块FB”，再单击“确定”按钮，如图6-16所示，即可生成函数块FB1，其编程语言为Graph。

（2）S7-Graph编辑器的组成

S7-Graph编辑器由生成和编辑程序的工作区、工具条、导航视图和块接口四部分组成，如图6-17所示。

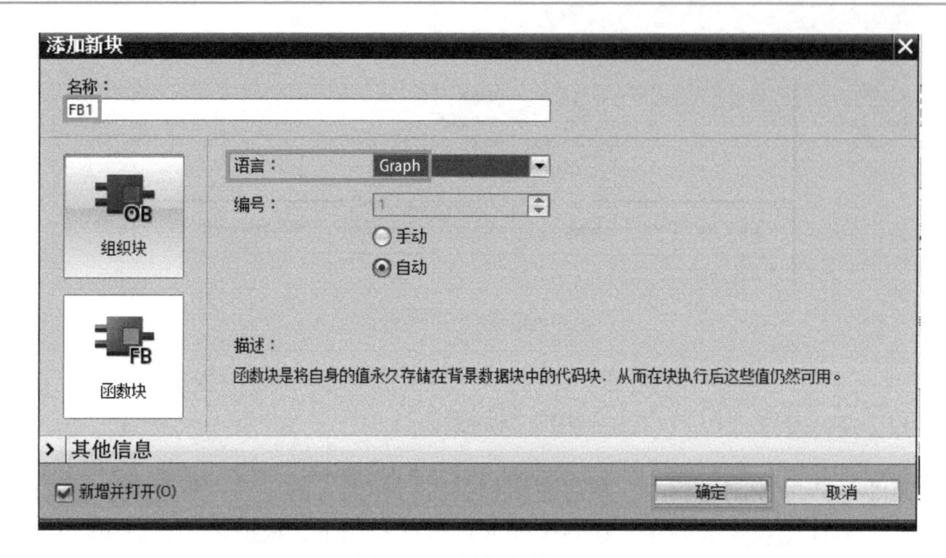

图 6-16　添加新块 FB1

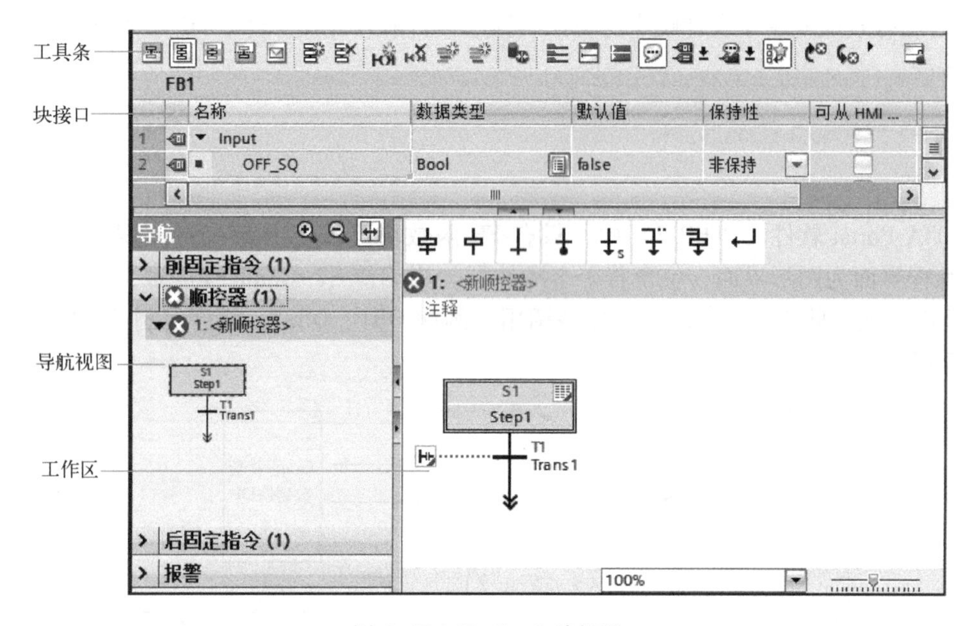

图 6-17　S7-Graph 编辑器

1）工具条。工具条中可以分为三类功能，具体如下：

- 视图功能：调整显示作用，如是否显示符号名等。
- 顺控器：包含顺控器元素，如分支、跳转和步等。
- LAD/FBD：可以为每步添加 LAD/FBD 指令。

2）工作区。在工作区内可以对顺控程序的各个元素进行编程，可以在不同视图中显示 Graph 程序，还可以使用缩放功能缩放这些视图。

3）导航视图。导航视图中包含视图有：前固定指令、顺控器、后固定指令和报警视图。

4）块接口。创建 S7-Graph 时，可以选择接口参数最小数目、默认接口参数和接口参数最大数目，每一个参数集都包含一组不同的输入和输出参数。

打开 S7-Graph 编辑器，本例打开 FB1 就是打开 S7-Graph 编辑器，在菜单栏中，单击“选项”→“设置”选项，弹出“属性”选项卡，在“常规”→“PLC 编程”→“Graph”→“接口”下，有三个选项可以供选择，如图 6-18 所示，“默认接口参数”就是标准接口参数。

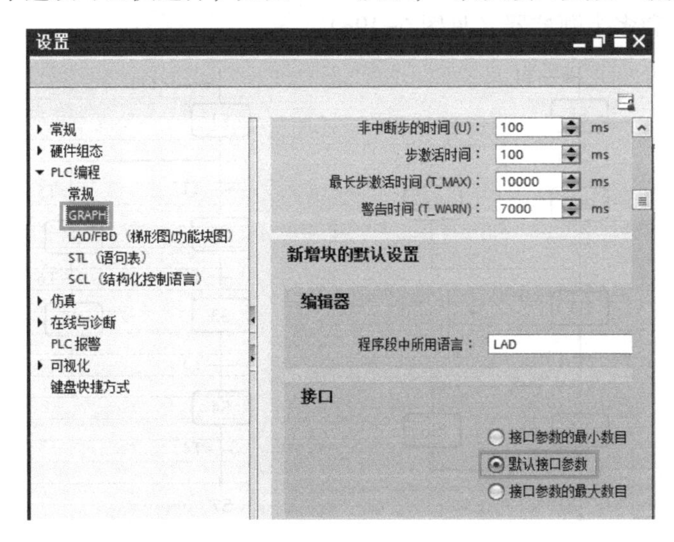

图 6-18　设置 Graph 接口块的参数集

3. 顺控器规则

S7-Graph 格式的 FB 程序是这样工作的：

- 每个 S7-Graph 格式的 FB，都可以作为一个普通 FB 被其他程序调用。
- 每个 S7-Graph 格式的 FB，都被分配一个背景数据块，此数据块用来存储 FB 参数设置、当前状态等。
- 每个 S7-Graph 格式的 FB，都包括三个主要部分：顺控器之前的前固定指令（Permanent Pre-Instructions），一个或多个顺控器，顺控器之后的后固定指令（Permanent Post-Instructions）。

（1）顺控器执行规则

1）步的开始。每个顺控器都以一个初始步或者多个位于顺控器任意位置的初始步开始。只要某个步的某个动作（Action）被执行，则认为此步被激活（Active），如果多个步被同时执行，则认为是多个步被激活（Active）。

2）一个激活的步的退出。任意激活的干扰（Active Disturbs），例如互锁条件或监控条件的消除或确认，并且至后续步的转换条件（Transition）满足时，激活步退出。

3）满足转换条件的后续步被激活。

4）在顺控器的结束位置的处理。

- 如果有一个跳转指令（Jump），指向本顺控器的任意步，或者 FB 的其他顺控器。此指令可以实现顺控器的循环操作。
- 如果有分支停止指令，顺控器的步将停止。

5）激活的步（Active Step）。激活的步是一个当前自身的动作正在被执行的步。一个步在以下任意情况下，都可被激活：

- 当某步前面的转换条件满足。
- 当某步被定义为初始步（Initial Step），并且顺控器被初始化。

● 当某步被其他基于事件的动作调用（Event-Dependent Action）。

（2）顺控器的结构

顺控器主要结构有：简单的线性结构顺控器（见图 6-19a）、选择结构及并行结构顺控器（见图 6-19b）和多个顺控器（见图 6-19c）。

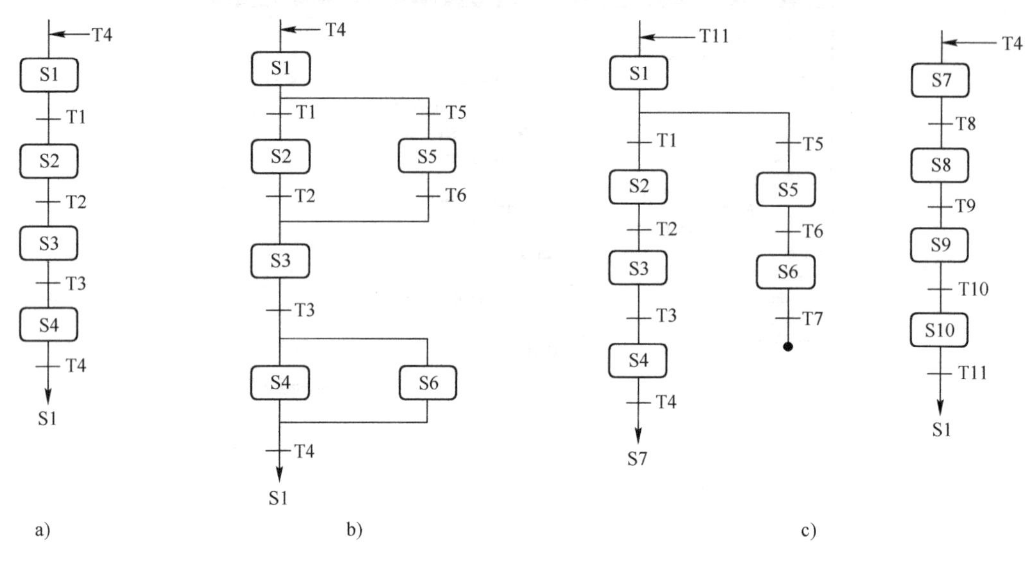

图 6-19　顺控器的结构

（3）顺控器元素

工具栏中的一些顺控器元素是创建程序所必需的，因此必须掌握，顺控器元素的含义见表 6-9。

表 6-9　顺控器元素的含义

序　号	元　素	中文含义
1		步和转换条件
2		添加新步
3		添加转换条件
4		顺控器结尾
5		指定顺控器的某一步跳转到另一步
6		打开选择分支
7		打开并行分支
8		关闭分支

4. 条件与动作的编程

（1）步的构成及属性

一个 S7-Graph 的程序由多个步组成，其中每一步由步序、步名、转换名、转换条件、动作命令组成，如图 6-20 所示。步序、步名、转换名由系统自动生成，一般无须修改，也可以自行修改，但必须是唯一的。步的动作由命令和操作数地址组成，左边的框中输入命令，右边的框中输入操作数地址。

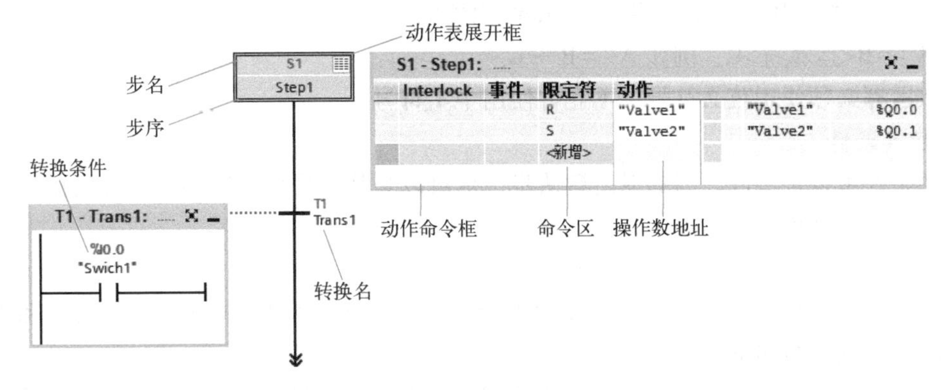

图 6-20　步的说明图

（2）动作（action）

动作有标准动作和事件有关的动作，动作中可以为定时器、计数器和算数运算等。步的动作在 S7-Graph 的 FB 中占有重要位置，用户大部分控制任务要由步的动作来完成，编程者应当熟练掌握所有的动作指令。添加动作很容易，选中动作框，在相应的区域中输入命令和动作即可，添加动作只要单击“新增”按钮即可，如图 6-21 所示。

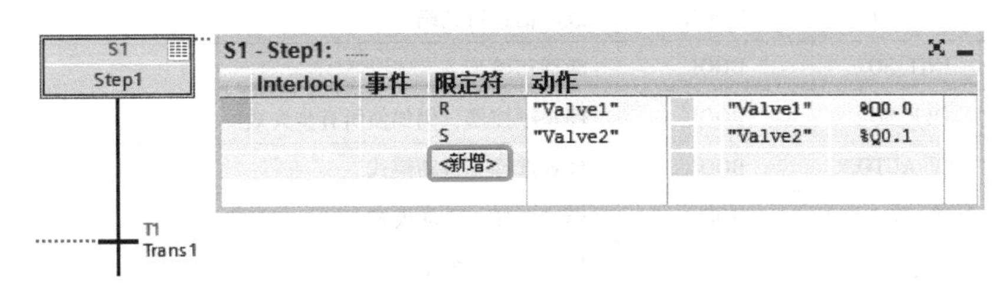

图 6-21　添加动作

标准动作在编写程序中较为常用，常用的标准动作含义见表 6-10。

表 6-10　常用的标准动作的含义

序　号	命　令	含　义
1	N	输出，当该步为激活步时，对应的操作数输出为 1；当该步为非激活步时，对应的操作数输出为 0
2	S	置位，当该步为激活步时，对应的操作数输出为 1；当该步为非激活步时，对应的操作数输出为 1，除非遇到某一激活步将其复位
3	R	复位，当该步为激活步时，对应的操作数输出为 0，并一致保持
4	D	延迟，当该步为激活步时，开始倒计时，计时时间到，对应的操作数输出为 1；当该步为非激活步时，对应的操作数输出为 0
5	L	脉冲限制，当该步为激活步时，对应的操作数输出为 1，并开始倒计时，计时时间到，输出为 0；当该步为非激活步时，对应的操作数输出为 0
6	CALL	块调用，当该步为激活步时，指定的块会被调用

（3）动作中的算数运算

在动作中可以使用如下简单的算数运算语句：

① A：=B。

② A：=函数（B），可以使用 S7-Graph 内置的函数。

③ A：=B<运算符>C，例如 A：=B + C。

算数运算必须使用英文符号，不允许使用中文符号。

5. 转换条件

转换条件可以是事件，例如退出激活步，也可以是状态变化。转换条件可以在转换、联锁、监控和固定性指令中出现。

6. S7-Graph 的函数块参数

在 S7-Graph 编辑器中编写程序后，生成函数块。在 FB 函数有 4 个参数设置区和 4 个参数集选项，分别介绍如下：

1）Minimum（最小参数集）。FB 只包括 INIT_SQ 启动参数，用户的程序仅运行在自动模式，并且不需要其他的控制及监控功能。

2）Standard（标准参数集）。FB 包括默认参数，见表 6-11，程序运行模式（SW_AUTO：自动模式）、运行反馈（如 S_NO：显示步号）及确认消息等功能。

表 6-11　S7-Graph FB 的参数及其含义

序号	FB 参数	数据类型	含义
1	ACK_EF	BOOL	故障信息得到确认
2	INIT_SQ	BOOL	激活初始步，顺控器复位
3	OFF_SQ	BOOL	停止顺控器，例如使所有步失效
4	SW_AUTO	BOOL	模式选择：自动模式
5	SW_MAN	BOOL	模式选择：手动模式
6	SW_TAP	BOOL	模式选择：单步调节
7	SW_TOP	BOOL	模式选择：自动或切换到下一个
8	S_SEL	INT	选择：如果在手动模式下选择输出参数“S_NO”的步号，则需使用“S_ON”/“S_OFF”进行启用/禁用
9	S_ON	BOOL	手动模式：激活步显示
10	S_OFF	BOOL	手动模式：去使能步显示
11	T_PUSH	BOOL	单步调节模式：如果传送条件满足，上升沿可以触发连续程序的传送
12	HALT_SQ	BOOL	暂停顺序控制器
13	HALT_TM	BOOL	停止所有步的激活运行时间和块运行与重新激活临界时间
14	S_NO	INT	显示步号
15	AUTO_ON	BOOL	显示自动模式
16	TAP_ON	BOOL	显示半自动模式
17	MAN_ON	BOOL	显示手动模式

3）Maximum（最大参数集）。FB 包括默认参数，扩展参数，提供更多的控制和监控参数。

4）User-Defined（用户定义参数集）。其包括默认参数和扩展参数，可提供更多的控制和监控参数，参数可以根据需要选择。

7. 前固定和后固定指令

前固定和后固定指令最多各有 250 条指令。在每个扫描周期，前固定和后固定指令都执行一次。在顺控器的每个步中都可能用到的指令写在前固定和后固定指令中，例如，油压或者温度报警、模式转换等。

如图 6-22 所示的程序是前固定指令程序，为运行模式切换，每个扫描周期都运行。如图 6-23 所示的程序是后固定指令程序，是温度测量和报警程序，每个扫描周期都运行。前固定和后固定指令程序相当于公共程序。

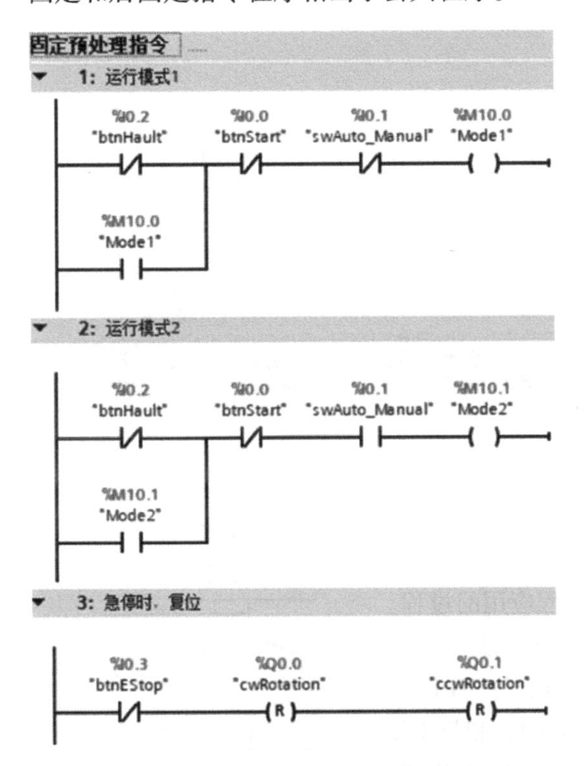

图 6-22　前固定指令应用实例

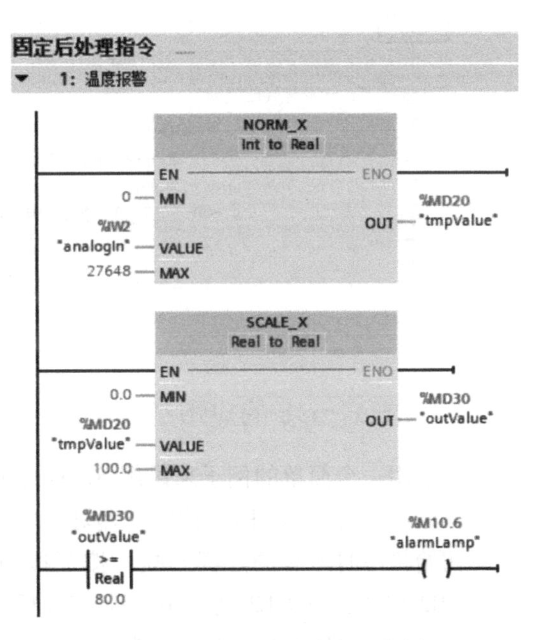

图 6-23　后固定指令应用实例

8. 监控条件（Supervision）

监控条件是每步的可编程条件。当条件满足，监控事件 V 发生，顺控器不再转到下一步。图 6-24 是监控条件的一个应用实例，当 MD20 为 98 时，满足监控条件，当前步（Step3）有红色警告。当转换条件满足时，不可从步 Step2 跳转到步 Step3。

9. 互锁条件（Interlock）

可以使用互锁条件和监控条件检测故障。为了快速消除这些故障，可以指定详细描述故障的报警信息。

互锁条件是每一步可编程的条件，它影响每一步的执行情况。如果互锁条件满足，则与互锁相组合的指令将被执行，否则将不能被执行。

如图 6-25 所示，当 MD20 为 92 时，不满足互锁条件，当前步（Step2）有黄色警告，有互锁的点 Q0.0 无输出，而无互锁的点 Q0.3 有输出。当转换条件满足时，可从步 Step2 跳转到步 Step3。

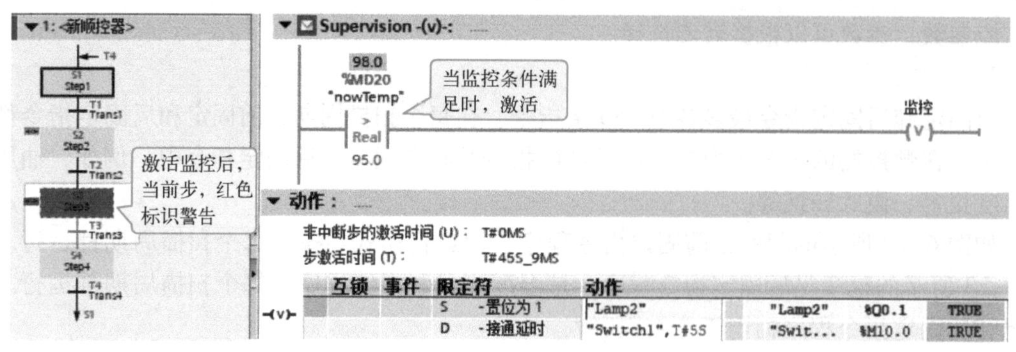

图 6-24　监控条件实例

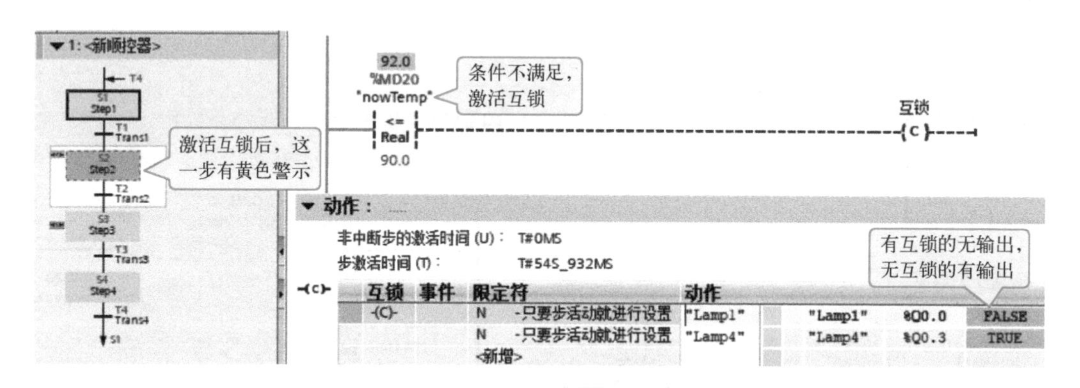

图 6-25　互锁条件实例

6.2.2　S7-Graph 的应用举例

以下用一个简单的例子来讲解 S7-Graph 编程应用的过程。

【例 6-5】用一台 PLC 控制三盏灯，实现如下功能：

初始状态时所有的灯都不亮；按下按钮 SB1，灯 HL1 亮；按下 SB2 按钮，灯 HL2 亮，HL1 灭；2 s 后，灯 HL2 和灯 HL3 亮；再 2 s 后，所有灯熄灭；从头如此循环。程序要求用 S7-Graph 设计实现。

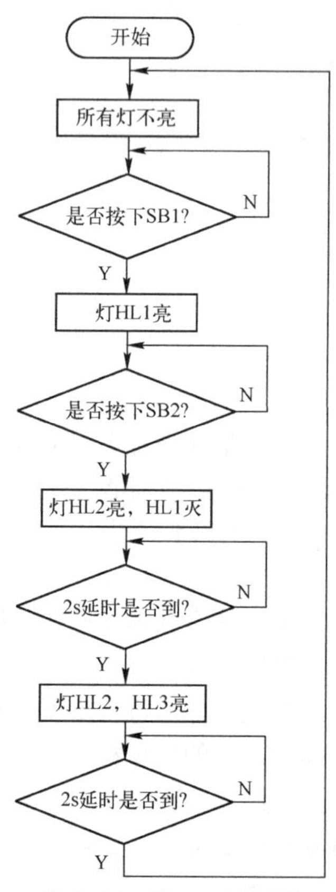

图 6-26　例 6-5 流程图

解：

1）根据题意绘制流程图，如图 6-26 所示。

2）新建一个项目“Graph1”，并进行硬件组态，再编译和保存该项目。

3）在 TIA Portal 项目视图的项目树中，单击“添加新块”，新建程序块，块名称为“FB1_LampControl”，把编程语言选中为“Graph”，块的类型是“函数块 FB”，再单击“确定”按钮，如图 6-16 所示，即可生成函数块 FB1_LampControl，其编程语言为 Graph。

4）编辑 Graph 程序。编写完整的 Graph 程序，如图 6-27 所示，“Switch”，t#2 s 表示延时 2 s 后，“Switch”接通，#Step4. T 表示第 4 步的时间，相当于定时器。然后单击标准工具栏中的“保存”按钮。

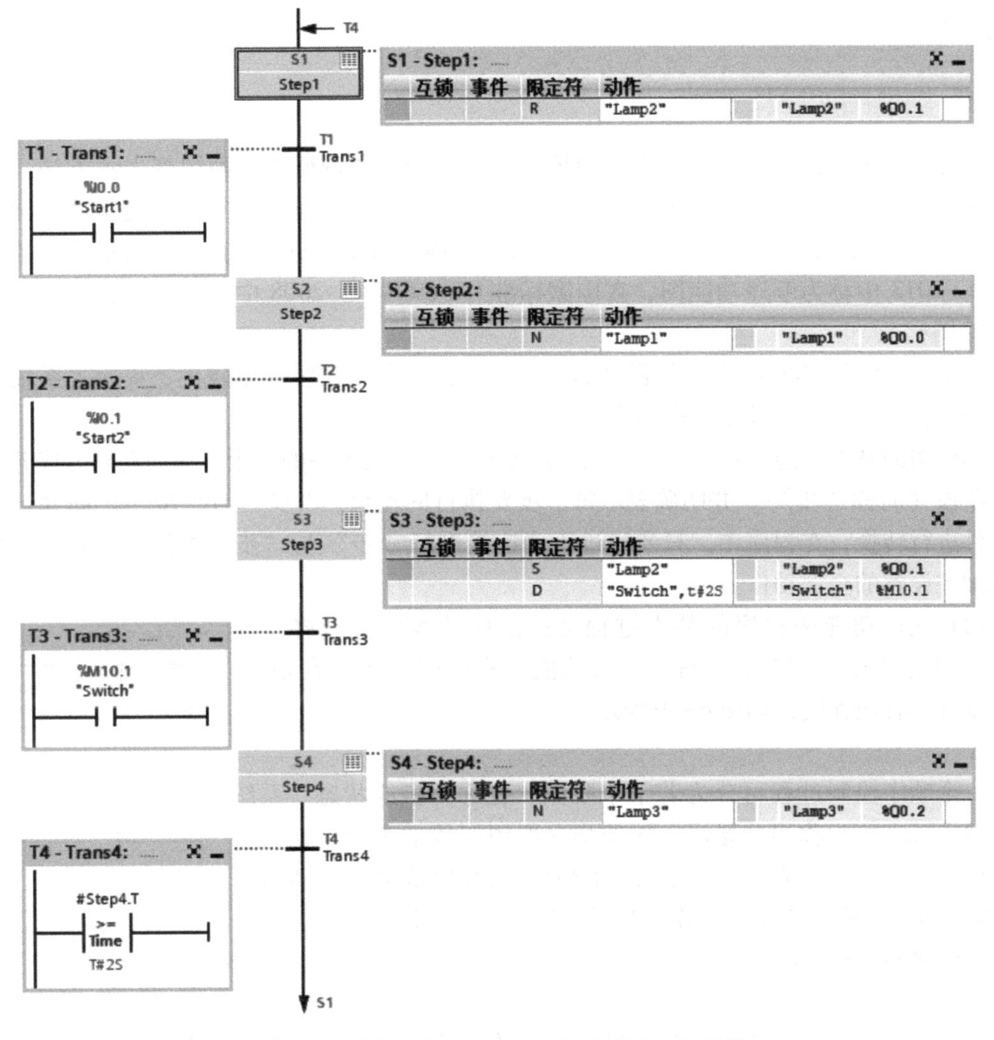

图 6-27　例 6-5 FB1_LampControl 的 Graph 程序

5）编写 OB1 中的程序。如图 6-28 所示，M10.2 每次接通产生一个上升沿，对 FB1_LampControl 进行初始化。

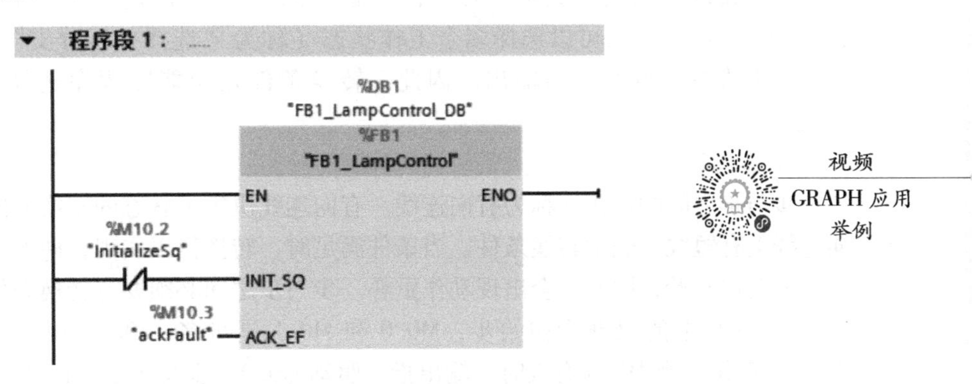

图 6-28　例 6-5 OB1 中的程序

6.3 功能图

6.3.1 功能图的设计方法

功能图（SFC）是描述控制系统的控制过程、功能和特征的一种图解表示方法。它具有简单、直观等特点，不涉及控制功能的具体技术，是一种通用的语言，是 IEC（国际电工委员会）指定的编程语言。近年来在 PLC 的编程中已经得到了普及与推广，在 IEC 60848—2013 中称为顺序功能图，在国家标准 GB 6988.1—2008 中称为功能表图（下文简称功能图）。

功能图是设计 PLC 顺序控制程序的一种工具，适合于系统规模较大、程序关系较复杂的场合，特别适合于对顺序操作的控制。

功能图的基本思想是：设计者按照生产要求，将被控设备的一个工作周期划分成若干个工作阶段（简称“步”），并明确表示每一步要执行的输出，“步”与“步”之间通过指定的条件进行转换，在程序中，只要通过正确连接进行“步”与“步”之间的转换，就可以完成被控设备的全部动作。

PLC 执行功能图程序的基本过程是：根据转换条件选择工作“步”，进行“步”的逻辑处理。组成功能图程序的基本要素是步、转换条件和有向连线，如图 6-29 所示。

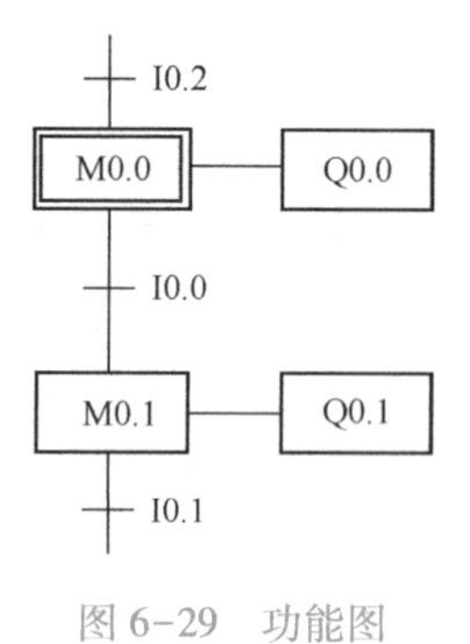

图 6-29 功能图

1. 步

一个顺序控制过程可分为若干个阶段，也称为步或状态。系统初始状态对应的步称为初始步，初始步一般用双线框表示。在每一步中施控系统要发出某些“命令”，而被控系统要完成某些“动作”，“命令”和“动作”都称为动作。当系统处于某一工作阶段时，该步处于激活状态，称为活动步。

2. 转换条件

使系统由当前步进入下一步的信号称为转换条件。顺序控制设计法用转换条件控制代表各步的编程元件，让它们的状态按一定的顺序变化，然后用代表各步的编程元件去控制输出。不同状态的转换条件可以不同，也可以相同。当转换条件各不相同时，在功能图程序中每次只能选择其中一种工作状态（称为“选择分支”），当转换条件都相同时，在功能图程序中每次可以选择多个工作状态（称为“选择并行分支”）。只有满足条件状态，才能进行逻辑处理与输出。因此，转换条件是功能图程序选择工作状态（步）的开关。

3. 有向连线

步与步之间的连接线称为有向连线。有向连线决定了状态的转换方向与转换途径。在有向连线上有短线，表示转换条件。当条件满足时，转换得以实现，即上一步的动作结束而下一步的动作开始，因而不会出现动作重叠。步与步之间必须要有转换条件。

图 6-29 中的双框为初始步，M0.0 和 M0.1 是步名，I0.0、I0.1 为转换条件，Q0.0、Q0.1 为动作。当 M0.0 有效时，输出指令驱动 Q0.0。步与步之间的连线称为有向连线，它的箭头省略未画。

4. 功能图的结构分类

根据步与步之间的进展情况，功能图分为以下几种结构。

(1) 单一顺序

单一顺序动作是一个接一个地完成动作，完成每步只连接一个转移，每个转移只连接一个步，如图 6-31 和图 6-32 所示的功能图和梯形图是一一对应的。以下用“起保停电路”来讲解功能图和梯形图的对应关系。

为了便于将功能图转换为梯形图，采用代表各步的编程元件的地址（比如 M0.2）作为步的代号，并用编程元件的地址来标注转换条件和各步的动作和命令，当某步对应的编程元件置 1，代表该步处于活动状态。

标准的起保停梯形图如图 6-30 所示，图中 I0.0 为 M0.2（线圈）的起动条件，当 I0.0 置 1 时，M0.2 得电；I0.1 为 M0.2 的停止条件，当 I0.1 置 1 时，M0.2 断电；M0.2 的辅助触点为 M0.2 的保持条件。

如图 6-31 所示的功能图，M0.1 转换为活动步的条件是 M0.1 步的前一步是活动步，相应的转换条件（I0.0）得到满足，即 M0.1 的起动条件为 M0.0 和 I0.0 同时起作用（均为 1）。当 M0.2 转换为活动步后，M0.1 转换为不活动步，因此，M0.2 可以看成 M0.1 的停止条件。由于大部分转换条件都是瞬时信号，即信号持续的时间比它激活的后续步的时间短，因此应当使用有记忆功能的电路控制代表步的储存位。在这种情况下，起动条件、停止条件和保持条件全部具备，就可以采用“起保停”方法设计顺序功能图和梯形图。图 6-31 所示的功能图转换为图 6-32 所示的梯形图。

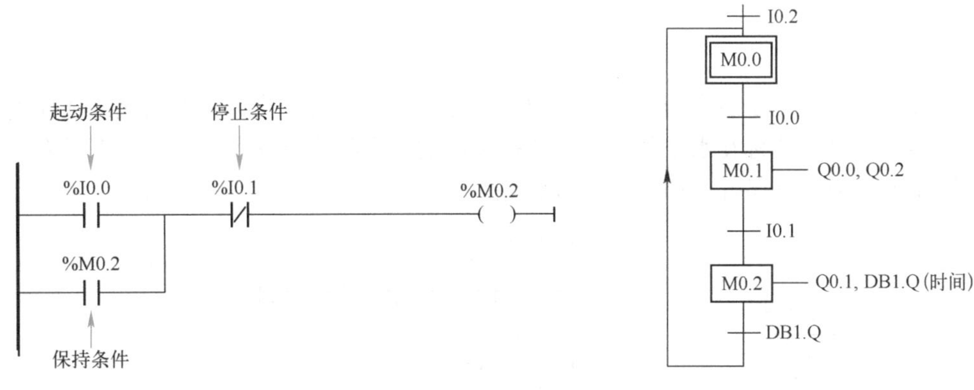

图 6-30　标准的起保停梯形图

图 6-31　单一顺序动作的功能图

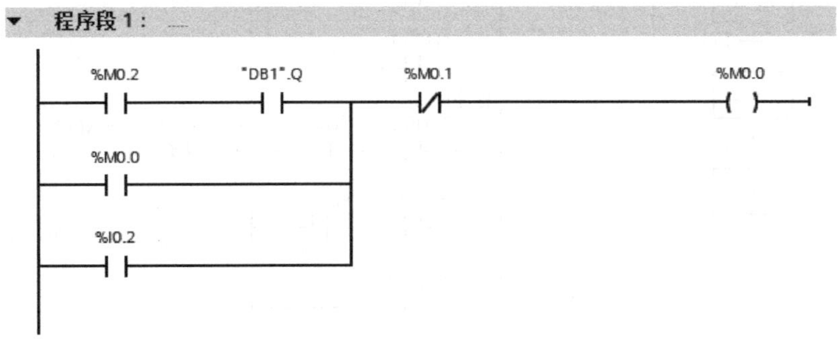

▼ 程序段 1： ......

%M0.2　"DB1".Q　%M0.1　%M0.0

%M0.0

%I0.2

图 6-32　单一顺序动作的梯形图

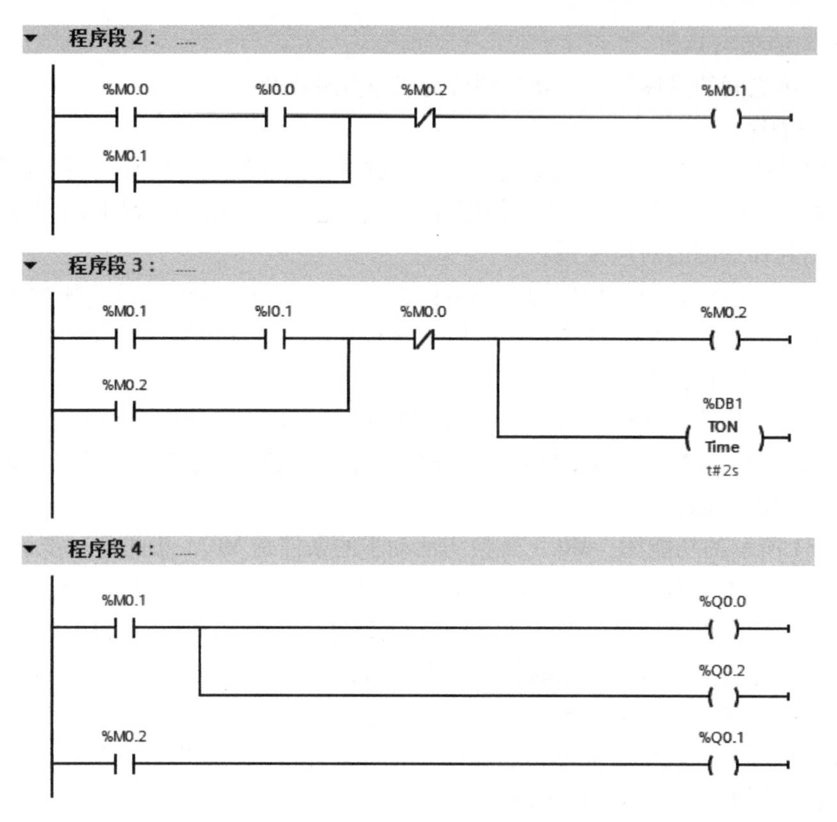

图 6-32　单一顺序动作的梯形图（续）

（2）选择顺序

选择顺序是指某一步后有若干个单一顺序等待选择，称为分支，一般只允许选择进入一个顺序，转换条件只能标在水平线之下。选择顺序的结束称为合并，用一条水平线表示，水平线以下不允许有转换条件，如图 6-33 所示。

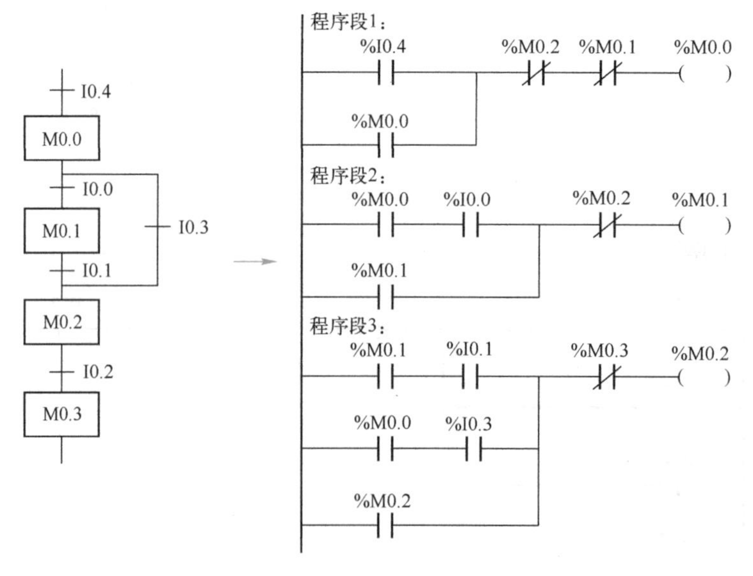

图 6-33　选择顺序

（3）并行顺序

并行顺序是指在某一转换条件下同时起动若干个顺序，也就是说转换条件实现导致几个分支同时激活。并行顺序的开始和结束都用双水平线表示，如图6-34所示。

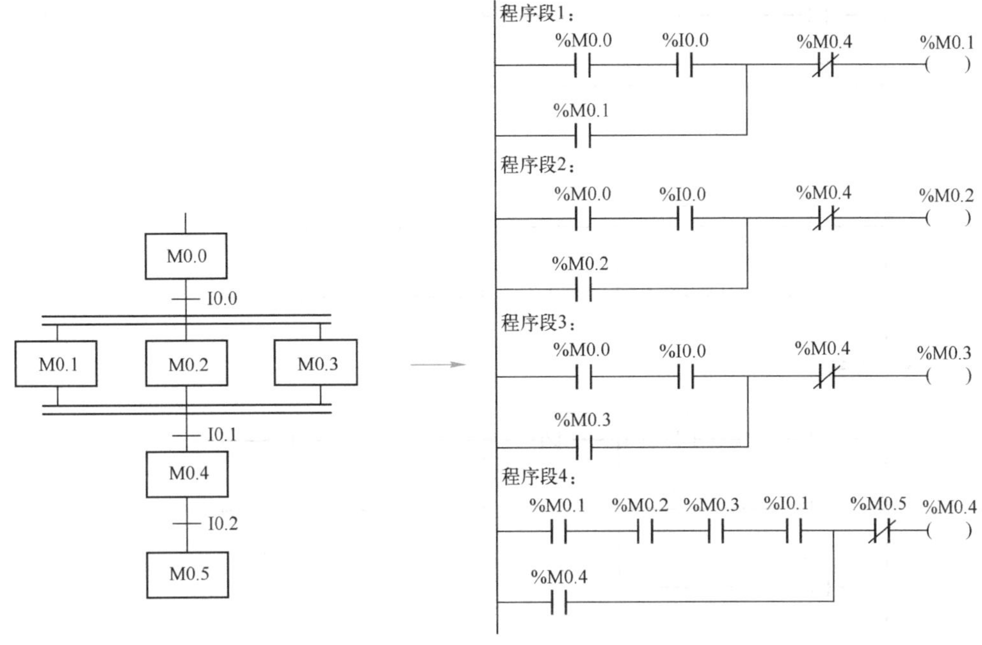

图6-34　并行顺序

（4）选择序列和并行序列的综合

如图6-35所示，步M0.0之后有一个选择序列的分支，设M0.0为活动步，当它的后续步M0.1或M0.2变为活动步时，M0.0变为不活动步，即M0.0为0状态，所以应将M0.1和M0.2的常闭触点与M0.0的线圈串联。

步M0.2之前有一个选择序列合并，当步M0.1为活动步（即M0.1为1状态），并且转换条件I0.1满足，或者步M0.0为活动步，并且转换条件I0.2满足，步M0.2变为活动步，所以该步的存储器M0.2的起保停电路的起动条件为M0.1·I0.1+M0.0·I0.2，对应的起动电路由两条并联支路组成。

步M0.2之后有一个并行序列分支，当步M0.2是活动步并且转换条件I0.3满足时，步M0.3和步M0.5同时变成活动步，这时用M0.2和I0.3常开触点组成的串联电路，分别作为M0.3和M0.5的起动电路来实现，与此同时，步M0.2变为不活动步。

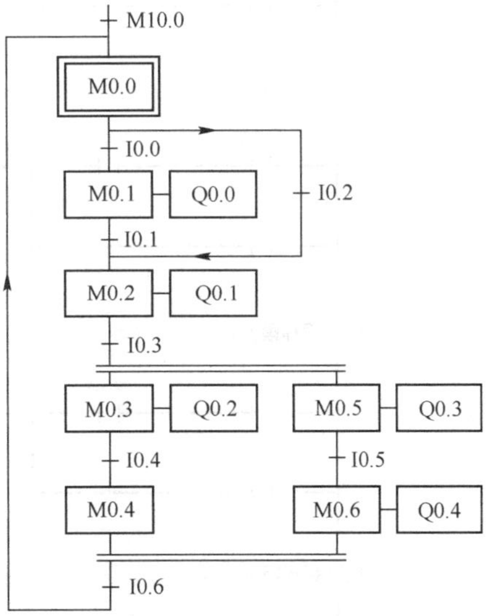

图6-35　选择序列和并行序列功能图

步M0.0之前有一个并行序列的合并，该转换实现的条件是所有的前级步（即M0.4和M0.6）都是活动步和转换条件I0.6满足。由此可知，应将M0.4、M0.6和I0.6的常开触点串联，作为控制M0.0的起保停电路的起动电路。图6-35所示的功能图对应的梯形图如图6-36所示。

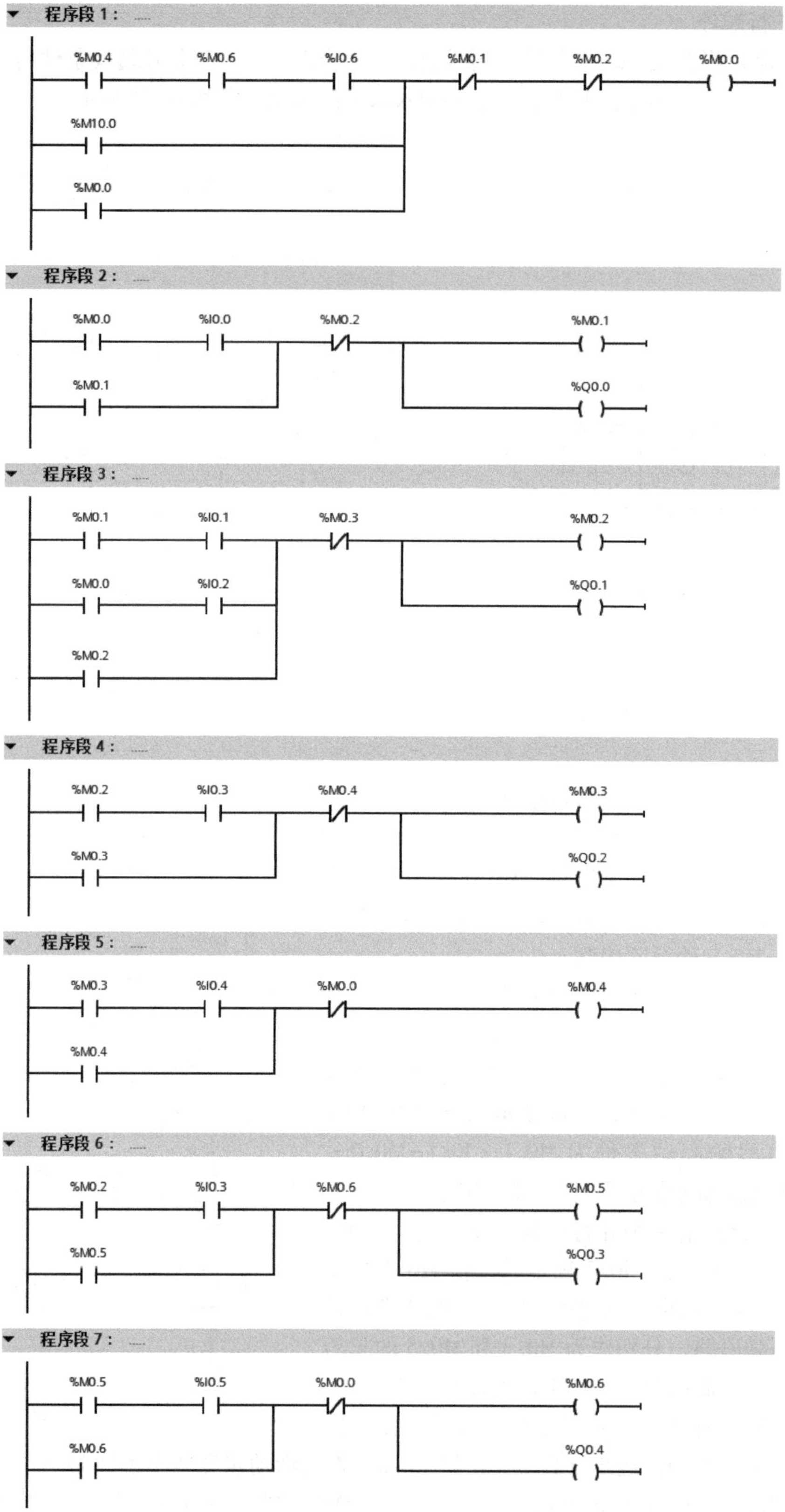

▼ 程序段 1： ......

%M0.4 %M0.6 %I0.6 %M0.1 %M0.2 %M0.0
%M10.0
%M0.0

▼ 程序段 2： ......

%M0.0 %I0.0 %M0.2 %M0.1
%M0.1 %Q0.0

▼ 程序段 3： ......

%M0.1 %I0.1 %M0.3 %M0.2
%M0.0 %I0.2 %Q0.1
%M0.2

▼ 程序段 4： ......

%M0.2 %I0.3 %M0.4 %M0.3
%M0.3 %Q0.2

▼ 程序段 5： ......

%M0.3 %I0.4 %M0.0 %M0.4
%M0.4

▼ 程序段 6： ......

%M0.2 %I0.3 %M0.6 %M0.5
%M0.5 %Q0.3

▼ 程序段 7： ......

%M0.5 %I0.5 %M0.0 %M0.6
%M0.6 %Q0.4

图 6-36　选择序列和并行序列的梯形图

6.3.2　功能图设计的注意点

1）状态之间要有转换条件。如图 6-37 所示，状态之间缺少“转换条件”是不正确的，应改成如图 6-38 所示的功能图。必要时转换条件可以简化，如将图 6-39 简化成图 6-40。

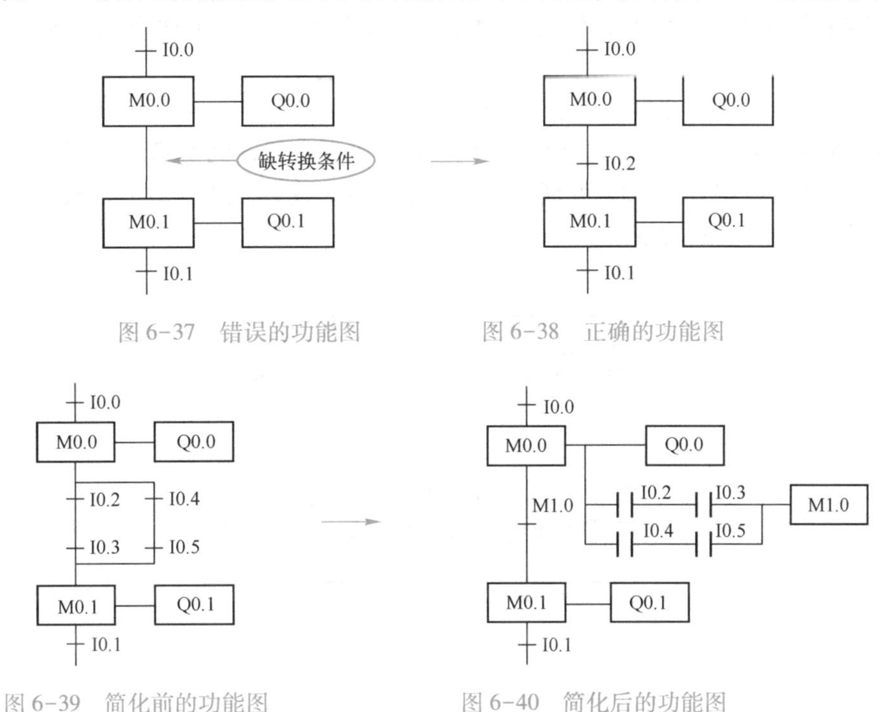

图 6-37　错误的功能图　　图 6-38　正确的功能图

图 6-39　简化前的功能图　　图 6-40　简化后的功能图

2）转换条件之间不能有分支。例如，图 6-41 应该改成图 6-42 所示的合并后的功能图，合并转换条件。

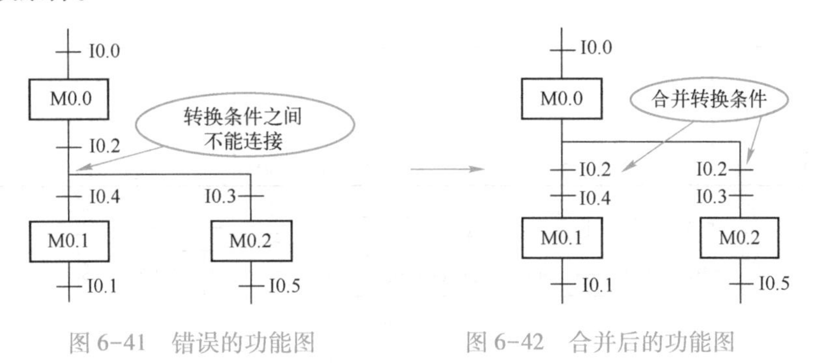

图 6-41　错误的功能图　　图 6-42　合并后的功能图

3）功能图中的初始步对应于系统等待起动的初始状态，初始步是必不可少的。

4）功能图中一般应由步和有向连线组成的闭环。

6.4　PLC 逻辑控制程序的设计方法及其应用

相同的硬件系统，由不同的人设计，可能设计出不同的程序，有的人设计的程序简洁而且可靠，而有的人设计的程序虽然能完成任务，但较复杂。PLC 程序设计是有规律可遵循的，下面将详细介绍几种常用设计方法。

6.4.1 经验设计法及其应用

经验设计法就是在一些典型的梯形图的基础上，根据具体的对象对控制系统的具体要求，对原有的梯形图进行修改和完善。这种方法适合有一定工作经验的人，这些人有现成的资料，特别在产品更新换代时，使用这种方法比较节省时间。下面举例说明这种方法的思路。

【例 6-6】图 6-43 为往复运行小车的运输系统示意图，图 6-44 为原理图，SQ1、SQ2、SQ3 和 SQ4 是限位开关，小车先左行，到 SQ1 处停机再右行，到 SQ2 后停机再左行，就这样不停循环工作，限位开关 SQ3 和 SQ4 的作用是当 SQ2 或者 SQ1 失效时，SQ3 和 SQ4 起保护作用，SB1 和 SB2 是起动按钮，SB3 是停止按钮。

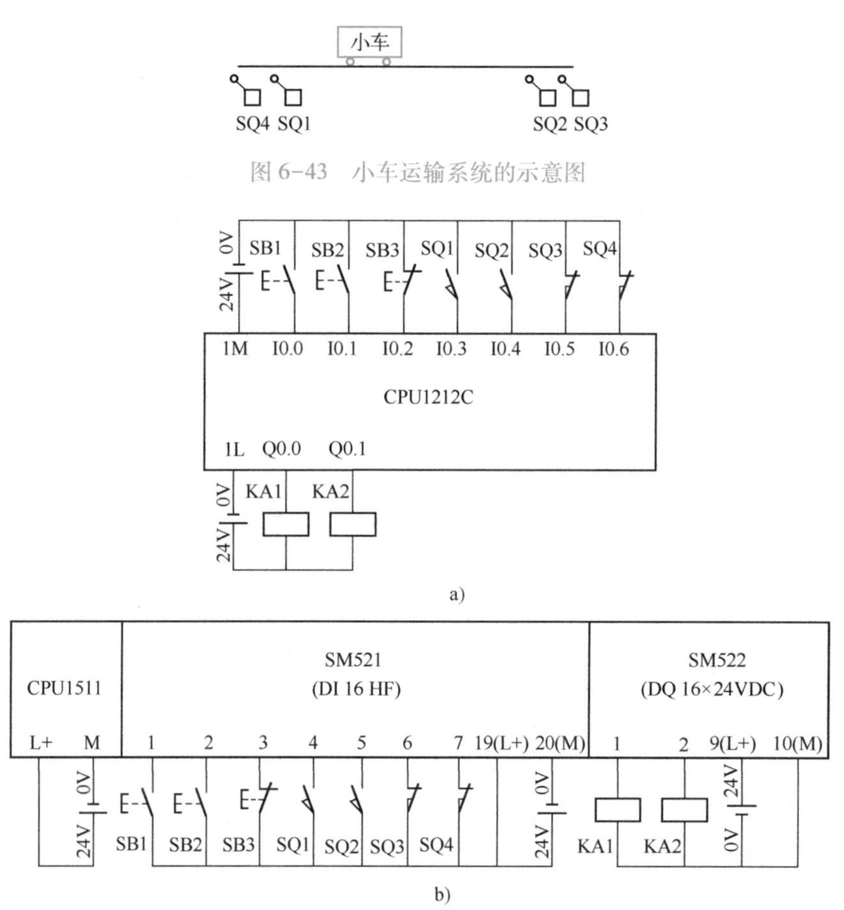

图 6-43　小车运输系统的示意图

图 6-44　例 6-6 原理图

a）S7-1200 PLC　b）S7-1500 PLC

解：

小车左行和右行是不能同时进行的，因此有互锁关系，与电动机的正、反转的梯形图类似，因此先画出电动机正、反转控制的梯形图，如图 6-45 所示，再在这个梯形图的基础上进行修改，增加 4 个限位开关的输入，就变成了图 6-46 所示的梯形图。Q0. 0 控制左行（正转），Q0. 1 控制右行（反转）。

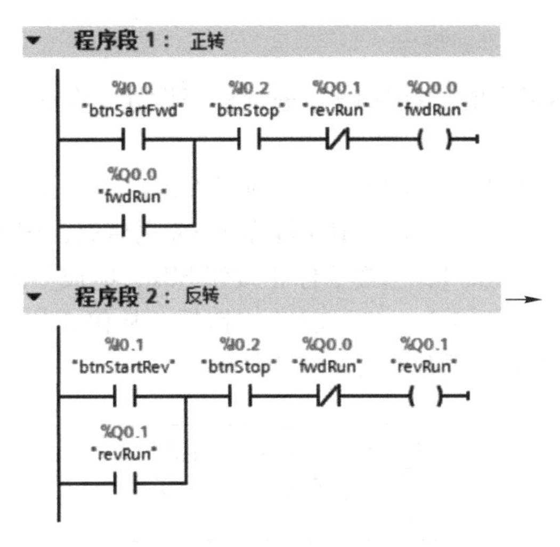

图 6-45　电动机正、反转控制的梯形图

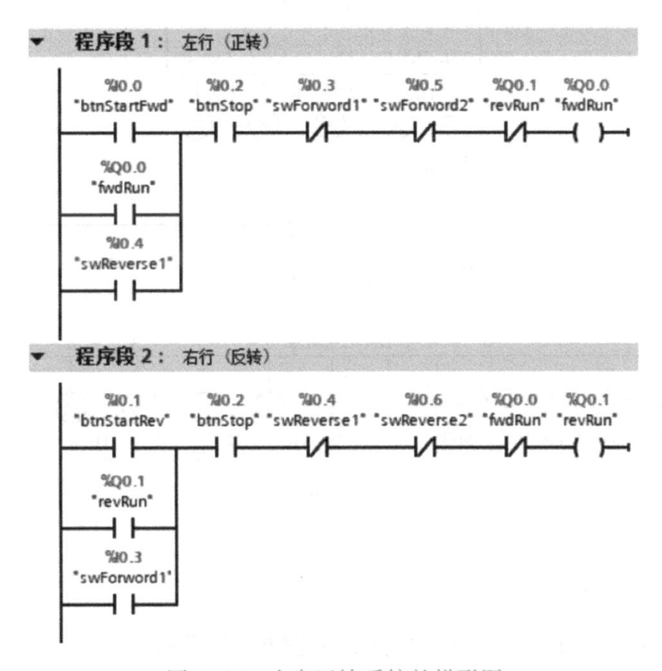

图 6-46　小车运输系统的梯形图

6.4.2　功能图设计法及其应用

对于比较复杂的逻辑控制，用经验设计法就不合适，适合用功能图设计法。功能图设计法无疑是应用最为广泛的设计方法。功能图就是顺序功能图，功能图设计法就是先根据系统的控制要求设计出功能图，如果采用的是 S7-300/400/1500 PLC，则直接使用 S7-Graph 即可，对于不支持 S7-Graph 的 S7-1200 PLC，则需要根据功能图编写梯形图或者其他类型的程序，程序可以是基本指令，也可以是顺控指令和功能指令。因此，设计功能图是整个设计过程的关键，也是难点。以下用几个例题进行介绍。

1. 用基本指令编写逻辑控制程序

这种方法就是用基本指令的“起保停”进行程序设计。在前面进行了详细的介绍，以下用一个例题进行讲解。

【例 6-7】图 6-47 为原理图，控制 4 盏灯的亮灭，当按下起动按钮 SB1 时，HL1 灯亮 1.8 s，之后灭；HL2 灯亮 1.8 s 之后灭；HL3 灯亮 1.8 s 之后灭；HL4 灯亮 1.8 s 之后灭，如此循环。有三种停止模式，模式 1：当按下停止按钮 SB2，完成一个工作循环后停止；模式 2：当按下停止按钮 SB2，立即停止，按下起动按钮后，从停止位置开始完成剩下的逻辑；模式 3：当按下急停按钮 SB3，所有灯灭，完全复位。

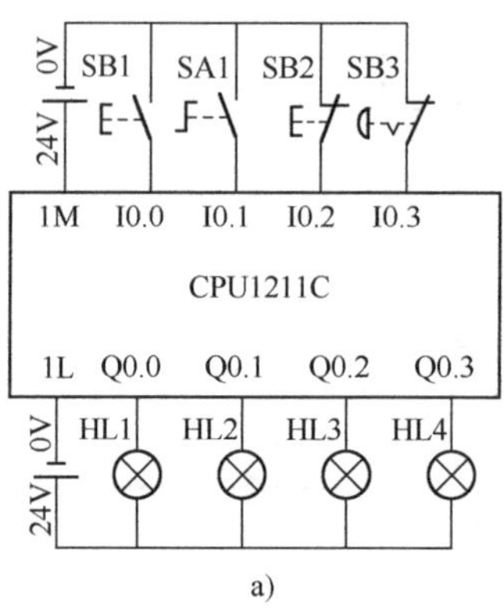

a)

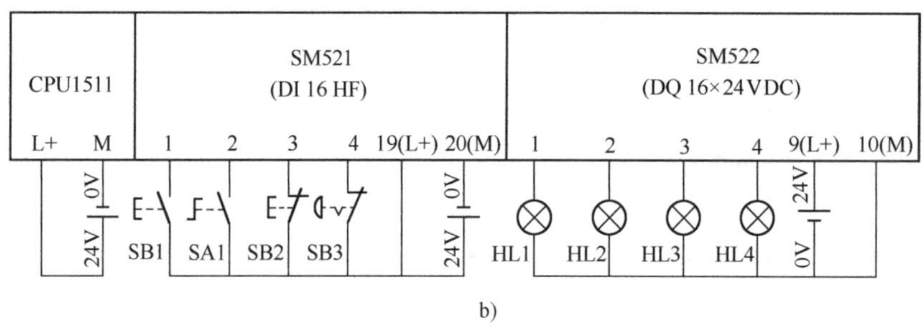

b)

图 6-47 原理图

a）S7-1200 PLC b）S7-1500 PLC

解：根据题目的控制过程，设计功能图，如图 6-48 所示。

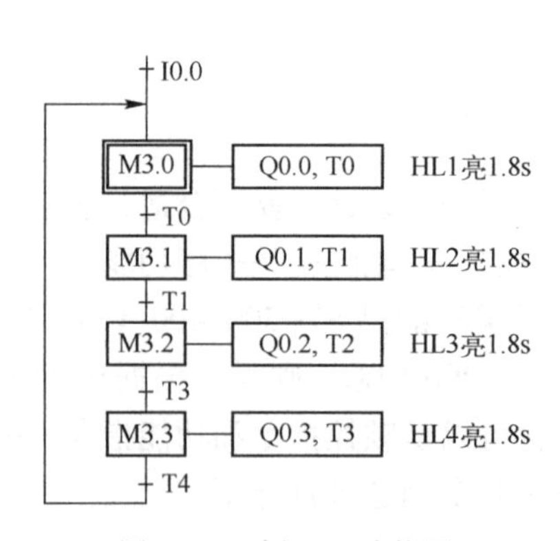

图 6-48 例 6-7 功能图

再根据功能图，先创建数据块"DB_Timer"，并在数据块中创建 4 个 IEC 定时器，编程控制程序如图 6-49 所示。以下详细介绍程序。

程序段 1：停止模式 1，按下停止按钮，M2.0 线圈得电，M2.0 常开触点闭合，当完成一个工作循环后，定时器"DB_Timer".T3.Q 的常开触点闭合，复位位域指令将线圈 M3.0~M3.7 复位，系统停止运行。

程序段 2：停止模式 2，按下停止按钮，M2.1 线圈得电，M2.1 常闭触点断开，造成所有的定时器断电，从而使得程序“停止”在一个位置。

程序段 3：停止模式 3，即急停模式，立即把所有的线圈清零复位。

程序段 4：自动运行程序。MB3=0（即 M3.0~M3.7=0）按下起动按钮才能起作用，这一点很重要，初学者容易忽略。这个程序段一共有 4 步，每一步一个动作（灯亮），执行当前步的动作时，切断上一步的动作，这是编程的核心思路，有人称这种方法是“起保停”逻辑编程方法。

程序段 5：将梯形图逻辑运算的结果输出。

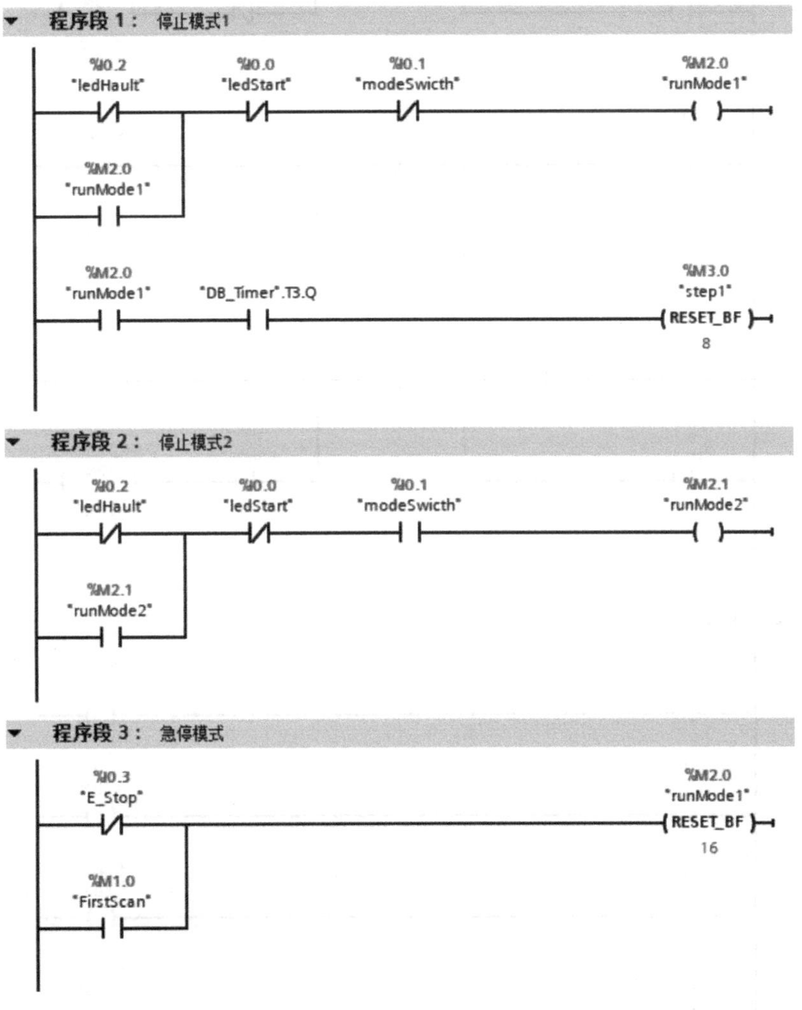

图 6-49　例 6-7 梯形图

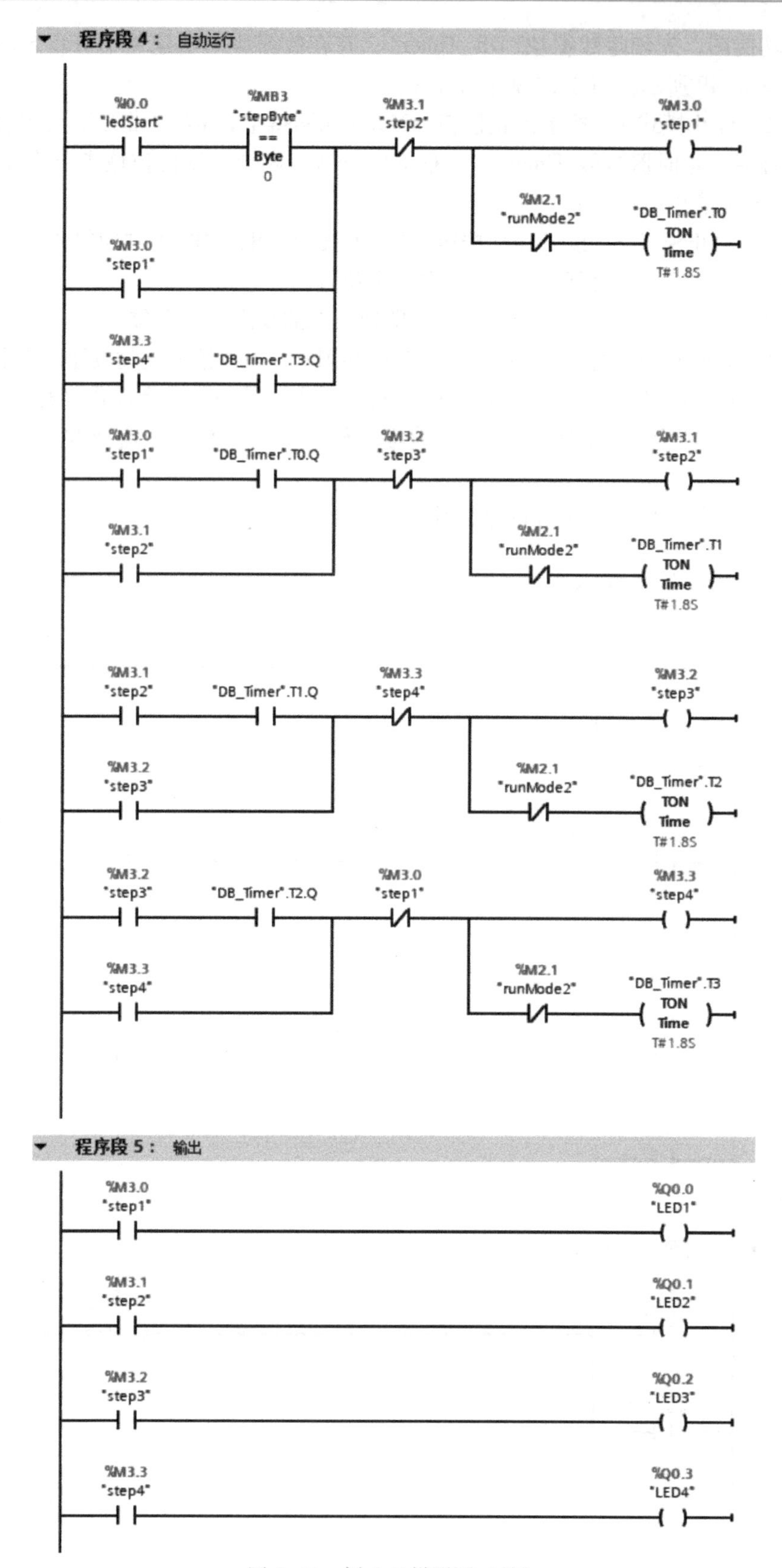

图 6-49　例 6-7 梯形图（续）

学习小结

这个例子虽然简单，但是一个典型的逻辑控制实例，有两个重要的知识点。

1）读者要学会逻辑控制程序的编写方法。

2）要理解停机模式的应用场合、掌握编写停机程序的方法。本例的停机模式 1 常用于一个产品加工有多道工序，必须完成所有工序才算合格的情况；本例的停机模式 2 常用于设备加工过程中，发生意外事件，例如卡机使工序不能继续，使用模式 2 停机，排除故障后继续完成剩余的工序；停机模式 3 是急停，当人身和设备有安全问题时使用，使设备立即处于停止状态。

2. 用 MOVE 指令编写逻辑控制程序

用 MOVE 指令编写逻辑控制程序，实际就是指定一个“步号”，每一步完成几个动作，步的跳转由 MOVE 指令完成。以下用例 6-7 进行详细介绍。

解：

编写程序如图 6-50 所示。

程序段 1：停止模式 1，按下停止按钮，M2.0 线圈得电，M2.0 常开触点闭合，当完成一个工作循环后，定时器"DB_Timer".T3.Q 的常开触点闭合，复位位域指令将线圈 M3.0~M3.7 复位，系统停止运行。

程序段 2：停止模式 2，按下停止按钮，M2.1 线圈得电，M2.1 常闭触点断开，造成所有的定时器断电，从而使得程序“停止”在一个位置。

程序段 3：停止模式 3，即急停模式，立即把所有的线圈清零复位。

程序段 4：是自动模式控制逻辑的核心。MB3 是步号，这个逻辑过程一共 4 步，每一步完成一个动作。例如，MB3=1 是第 1 步，点亮灯 1，灭灯 4；MB3=2 是第 2 步，点亮灯 2，熄灭灯 1；MB3=3 是第 3 步，点亮灯 3，熄灭灯 2；MB3=4 是第 4 步，点亮灯 4，熄灭灯 3。这种编程方法逻辑非常简洁，在工程中非常常用，读者应该学会。

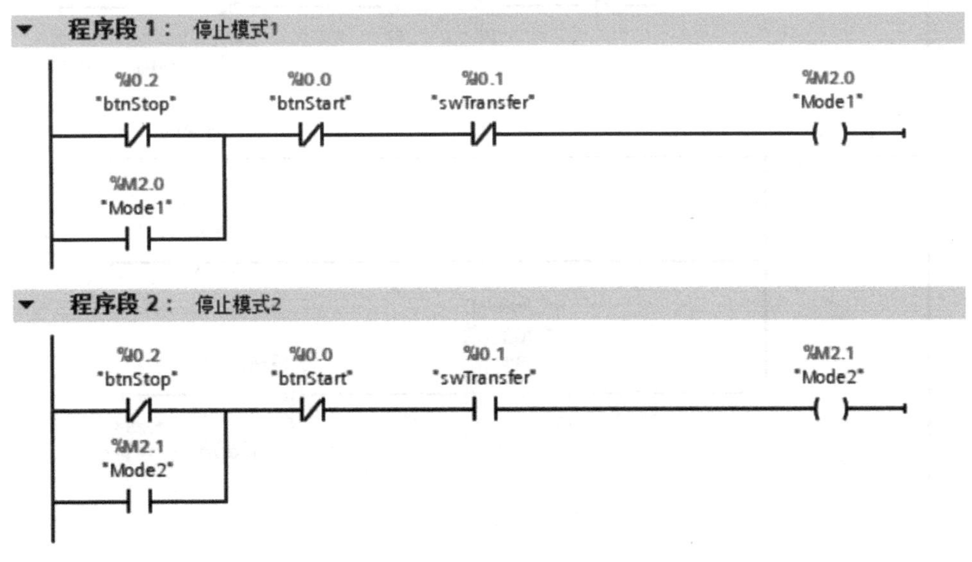

图 6-50　梯形图

程序段 3： 停止模式 3

%I0.3
"btnEStop"

%Q0.0
"ledLamp1"
RESET_BF
4

%M1.0
"FirstScan"

MOVE
EN ENO
0 IN
OUT1 %MB3 "stepNo."

%M2.0
"Mode1"

"DB_Timer".T3.Q

程序段 4： 自动运行

%I0.0
"btnStart"

%MB3
"stepNo."
==
Byte
0

MOVE
EN ENO
1 IN
OUT1 %MB3 "stepNo."

%MB3
"stepNo."
==
Byte
1

%Q0.0
"ledLamp1"
S

%Q0.3
"ledLamp4"
R

%MB3
"stepNo."
==
Byte
5

%M2.0
"Mode1"

%M2.1
"Mode2"

"DB_Timer".T0
TON
Time
IN Q
T#1.8s PT ET T#0ms

MOVE
EN ENO
2 IN
OUT1 %MB3 "stepNo."

%MB3
"stepNo."
==
Byte
2

%Q0.1
"ledLamp2"
S

%Q0.0
"ledLamp1"
R

%M2.1
"Mode2"

"DB_Timer".T1
TON
Time
IN Q
T#1.8s PT ET T#0ms

MOVE
EN ENO
3 IN
OUT1 %MB3 "stepNo."

图 6-50 梯形图（续）

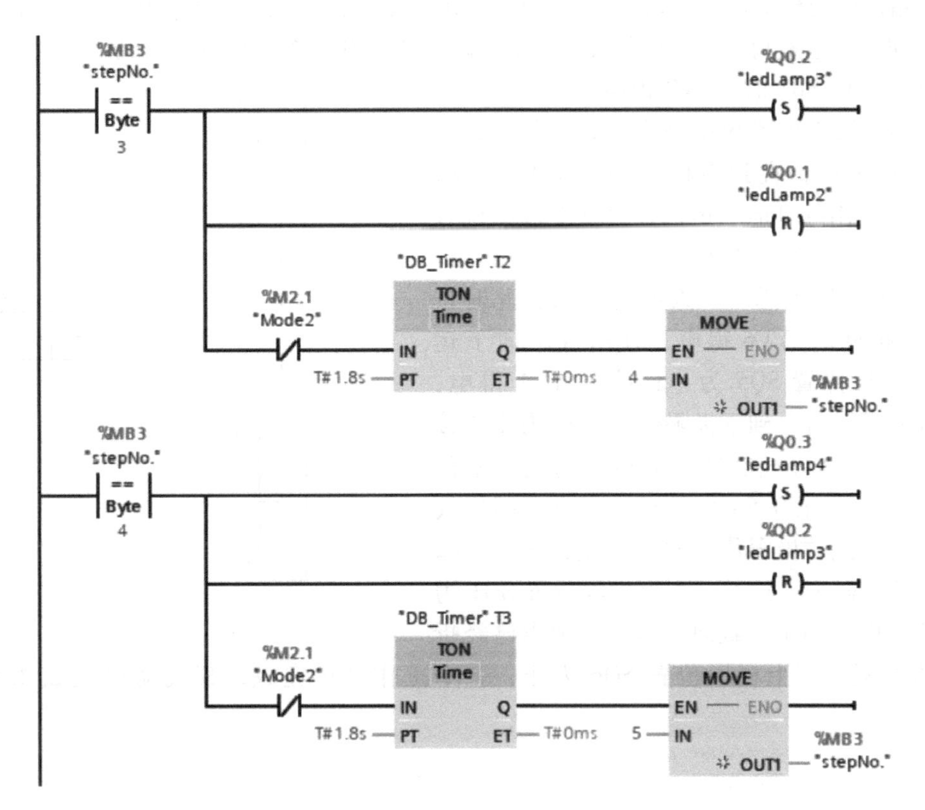

图 6-50　梯形图（续）

任务小结

1) 编写逻辑控制程序是 PLC 编程的基本功，以上两种方法比较简单且常用，因此掌握以上两种方法是十分必要的。

2) 接下来介绍 Graph 和 SCL 编程方法，难度相对要大一些，适合较高层次的学习者。

6.4.3　S7-Graph 设计法及其应用

S7-Graph 设计法是典型功能图设计方法，适合编写顺序控制的程序。此外，这种程序可以在西门子的 HMI 上显示，便于设备维护人员监视和查找故障，因此深受现场维护人员喜爱。S7-Graph 是一种有自身特色的图形化程序，有别于梯形图，因此单独作为一种方法进行讲解。

【例 6-8】用 S7-1200/1500 PLC 控制箱体折边机的运行。箱体折边机是用于将一块平板薄钢板，折成 U 形，用于制作箱体。控制系统要求如下：

1）有起动、复位和急停控制。

2）要有复位指示和一个工作完成结束的指示。

3）折边过程，可以手动控制和自动控制。

4）按下“急停”按钮，设备立即停止工作。

解：箱体折边机工作示意如图 6-51 所示，由四个气缸组成，一个下压气缸、两个翻边气缸（由同一个电磁阀控制，在此仅以一个气缸说明）和一个顶出气缸。其工作过程如下：当按下复位按钮 SB1 时，YV2 得电，下压气缸向上运行，到上极限位置 SQ1 为止；YV4 得电，翻边气缸向右运行，直到右极限位置 SQ3 为止；YV5 得电，顶出气缸向上运行，直到上极限位置 SQ6 为止，三个气缸同时动作，复位完成后，指示灯以 1 s 为周期闪烁。工人放置钢板，此时按下起动按钮 SB2，YV6 得电，顶出气缸向下运行，到下极限位置 SQ5 为止；接着 YV1 得电，下压气缸向下运行，到下极限位置 SQ2 为止；接着 YV3 得电，翻边气缸向左运行，到左极限位置 SQ4 为止；保压 0.5 s 后，YV4 得电，翻边气缸向右运行，到左极限位置 SQ3 为止；接着 YV2 得电，下压气缸向上运行，到上极限位置 SQ1 为止；YV5 得电，顶出气缸向上运行，顶出已经折弯完成的钢板，到上极限位置 SQ6 为止，一个工作循环完成，其气动原理如图 6-52 所示。

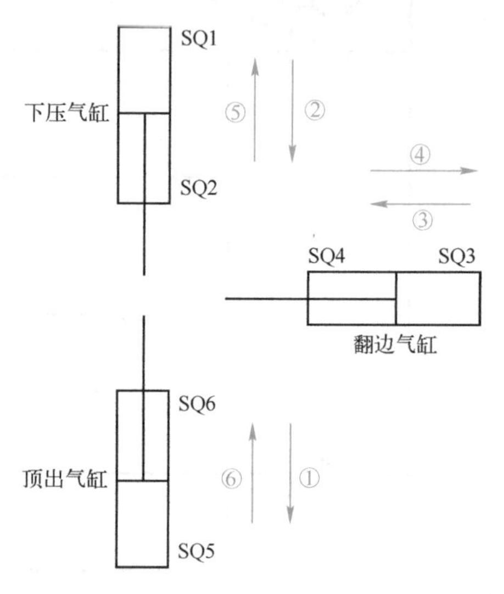

图 6-51　箱体折边机工作示意图

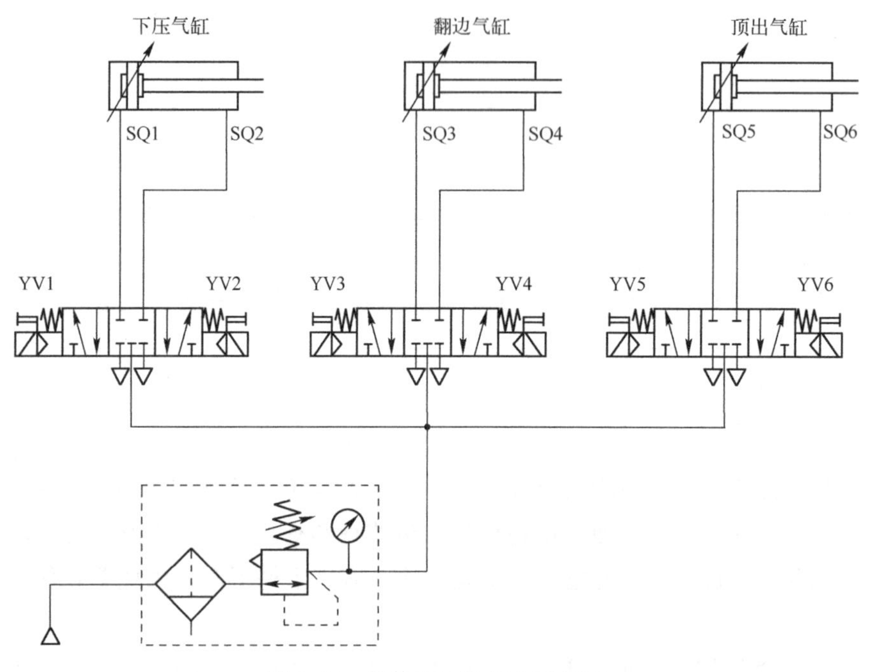

图 6-52　箱体折边机气动原理图

1. I/O 分配

本节和后续 6.4.4 节采用的是同一个案例，仅编程语言不同，I/O 分配表是相同的，故在本节完成。在 I/O 分配之前，先计算所需要的 I/O 点数，输入点为 17 个，输出点为 7 个，由于输入/输出最好留 15%左右的余量备用，当采用 S7-1200 PLC 时，因其控制对象为电磁阀和信号灯，因此 CPU 的输出形式选为继电器比较有利（其输出电流可达 2 A），所以 PLC 选定为 CPU 1214C(AC/DC/RLY)和 SM1221(DI8)。当采用 S7-1500 PLC 时，PLC 选定为 CPU1511-11PN 、SM521(DI32) 和 SM522(DO8，继电器输出)。为了将两种机型公用一种程序，I/O 分配表是一样的，折边机的 I/O 分配表见表 6-12。

表 6-12　I/O 分配表

输　入			输　出		
名　称	符　号	输入点	名　称	符　号	输出点
手动/自动转换	SA1	I0. 0	复位灯	HL1	Q0. 0
复位按钮	SB1	I0. 1	下压伸出线圈	YV1	Q0. 1
起动按钮	SB2	I0. 2	下压缩回线圈	YV2	Q0. 2
急停按钮	SB3	I0. 3	翻边伸出线圈	YV3	Q0. 3
下压伸出按钮	SB4	I0. 4	翻边缩回线圈	YV4	Q0. 4
下压缩回按钮	SB5	I0. 5	顶出伸出线圈	YV5	Q0. 5
翻边伸出按钮	SB6	I0. 6	顶出缩回线圈	YV6	Q0. 6
翻边缩回按钮	SB7	I0. 7			
顶出伸出按钮	SB8	I1. 0			
顶出缩回按钮	SB9	I1. 1			
下压原位限位	SQ1	I1. 2			
下压伸出限位	SQ2	I1. 3			
翻边原位限位	SQ3	I1. 4			
翻边伸出限位	SQ4	I1. 5			
顶出原位限位	SQ5	I2. 0			
顶出伸出限位	SQ6	I2. 1			
光电开关	SQ7	I2. 2			

2. 设计电气原理图

根据 I/O 分配表和题意，设计原理图如图 6-53 所示，其中图 6-53b 是 S7-1200/1500 PLC 控制回路的公用部分。建议读者在设计类似的工程时，要用中间继电器驱动电磁阀，因为这样设计可以保护 PLC 模块，是工程上常规的设计方案。指示灯一般不需要用中间继电器驱动。本例的 SM521 模块可以用一块 16 点和一块 8 点的数字量输入模块 SM521 替代可行。

注意：S7-1200 PLC 不支持 Graph，图 6-53a 为下一节设计。

3. 编写控制程序

1）创建 PLC 的变量如图 6-54 所示。

2）创建函数块，命名为“FB1_AutoRun”（FB1），编程语言选定为“Graph”，“FB1_AutoRun”（FB1）中的程序如图 6-55 所示。

3）创建函数块，命名为“FB1_AutoRun”（FB1），编程语言选定为“Graph”，“FB1_AutoRun”（FB1）中的程序如图 6-56 所示。

4）创建函数块，命名为“FB2_HandControl”（FB2），编程语言选定为“LAD”，“FB2_HandControl”（FB2）中的程序如图 6-57 所示，其接口参数如图 6-58 所示。

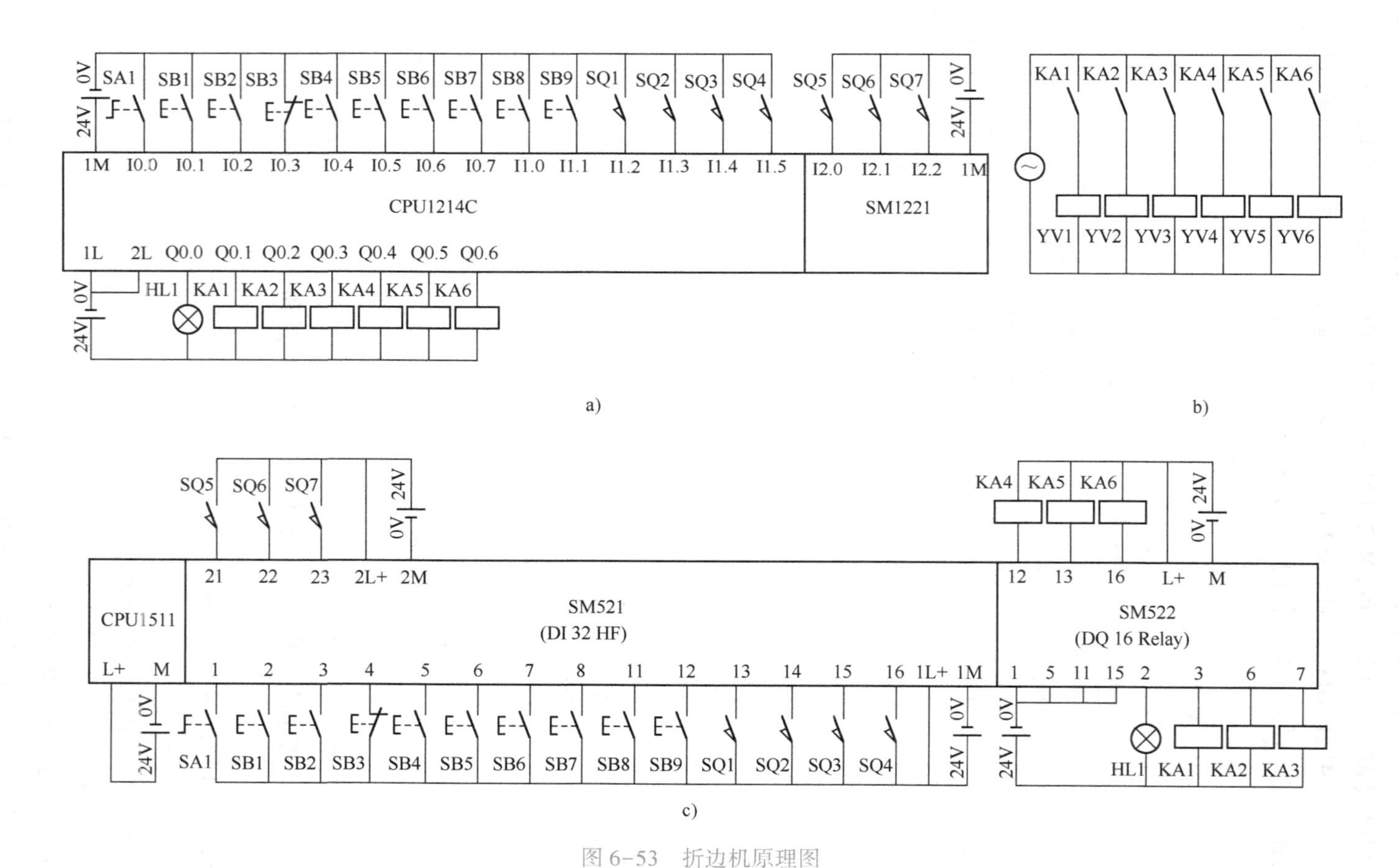

图 6-53 折边机原理图

a）S7-1200 PLC 控制回路 b）主回路 c）S7-1500 PLC 控制回路

PLC 变量

名称	变量表	数...	地址	保持	从...	从...	在...	注释
cylinderFoldOut	默认变量表	Bool	%Q0.3	☐	☑	☑	☑	翻边伸出线圈
cylinderFoldBack	默认变量表	Bool	%Q0.4	☐	☑	☑	☑	翻边缩回线圈
cylinderPushOut	默认变量表	Bool	%Q0.5	☐	☑	☑	☑	顶出伸出线圈
cylinderPushBack	默认变量表	Bool	%Q0.6	☐	☑	☑	☑	顶出缩回线圈
swAuto-man	默认变量表	Bool	%I0.0	☐	☑	☑	☑	手自转换开关
btnReset	默认变量表	Bool	%I0.1	☐	☑	☑	☑	复位按钮
btnStart	默认变量表	Bool	%I0.2	☐	☑	☑	☑	起动按钮
E_Stop	默认变量表	Bool	%I0.3	☐	☑	☑	☑	急停按钮
btnPressOut	默认变量表	Bool	%I0.4	☐	☑	☑	☑	下压伸出按钮
btnPressbck	默认变量表	Bool	%I0.5	☐	☑	☑	☑	下压缩回按钮
btnFoldOut	默认变量表	Bool	%I0.6	☐	☑	☑	☑	翻边伸出按钮
btnFoldBack	默认变量表	Bool	%I0.7	☐	☑	☑	☑	翻边缩回按钮
btnPushOut	默认变量表	Bool	%I1.0	☐	☑	☑	☑	顶出伸出按钮
btnPushBack	默认变量表	Bool	%I1.1	☐	☑	☑	☑	顶出缩回按钮
Screen	默认变量表	Bool	%I2.2	☐	☑	☑	☑	光幕
swPressOut	默认变量表	Bool	%I1.3	☐	☑	☑	☑	下压伸出限位
swPressbck	默认变量表	Bool	%I1.2	☐	☑	☑	☑	下压原位限位
swFoldOut	默认变量表	Bool	%I1.5	☐	☑	☑	☑	翻边伸出限位
swFoldBack	默认变量表	Bool	%I1.4	☐	☑	☑	☑	翻边原位限位
swPushOut	默认变量表	Bool	%I2.1	☐	☑	☑	☑	顶出伸出限位
swPushBack	默认变量表	Bool	%I2.0	☐	☑	☑	☑	顶出原位限位
Step	默认变量表	Byte	%MB1...	☐	☑	☑	☑	步

图 6-54　PLC 的变量表

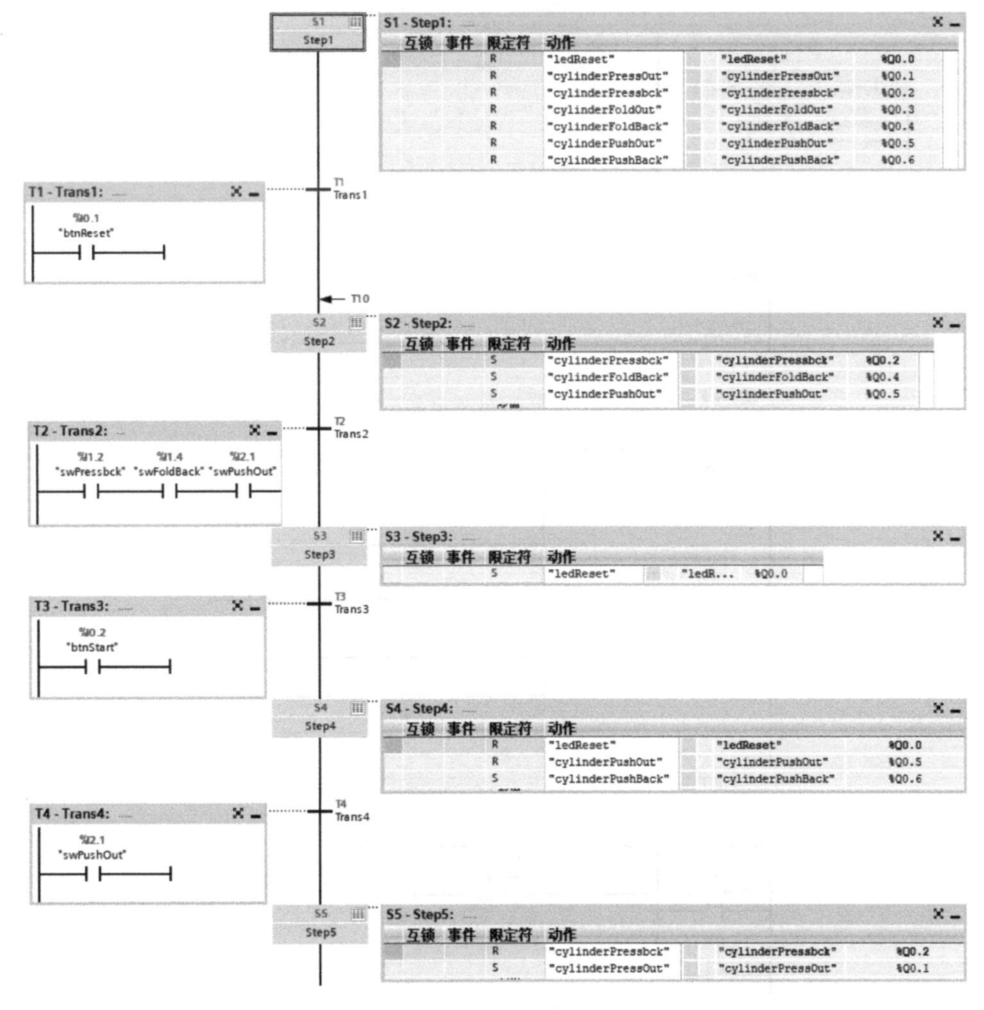

图 6-55　S7-Graph 设计法设计 FB1_AutoRun(FB1)程序

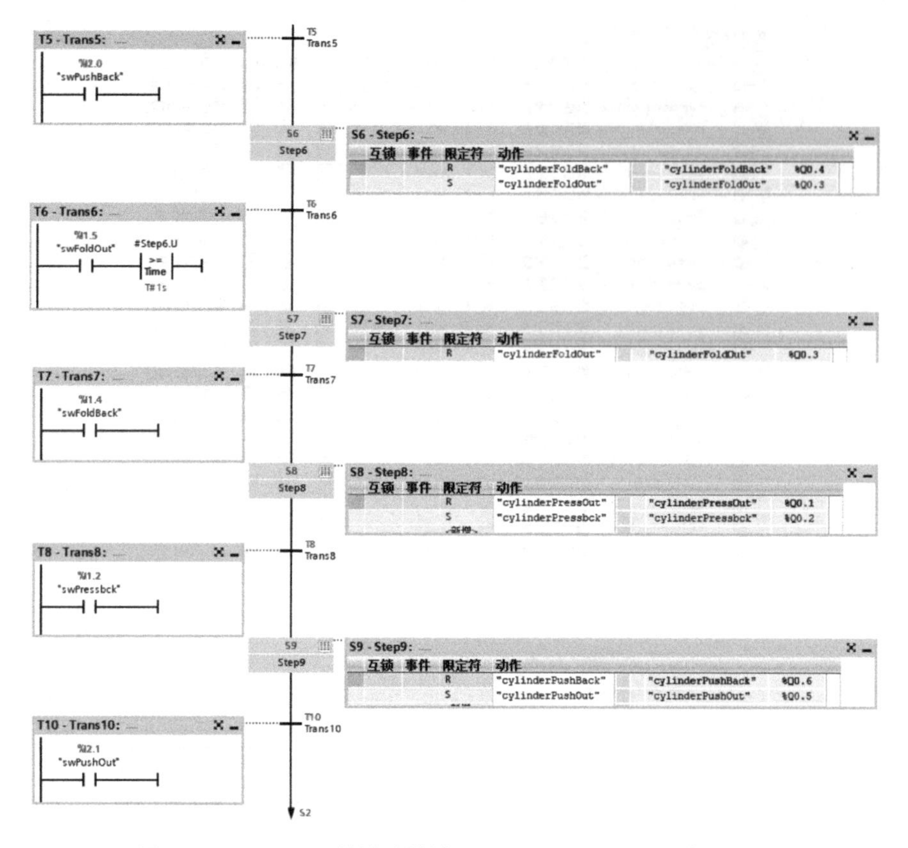

图 6-55 S7-Graph 设计法设计 FB1_AutoRun(FB1)程序（续）

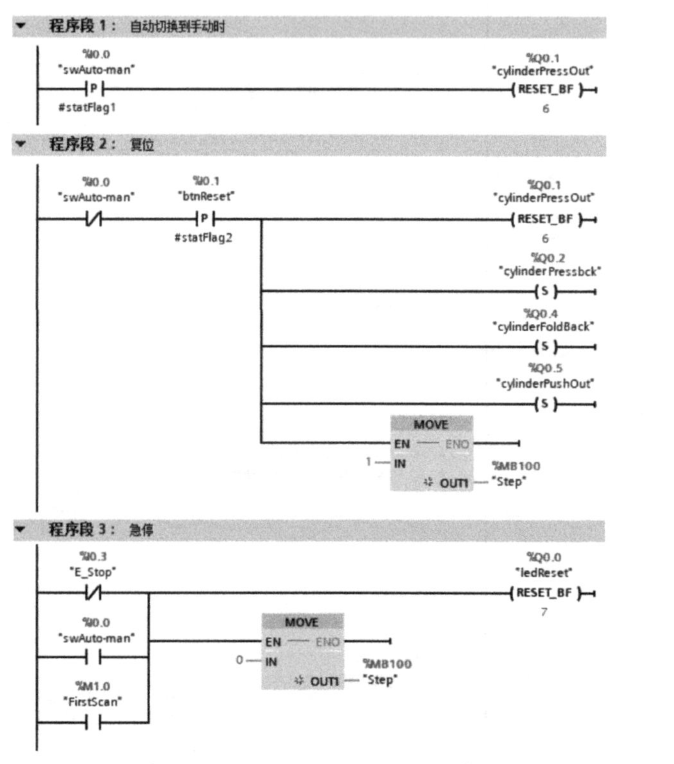

图 6-56 FB1_AutoRun(FB1)程序

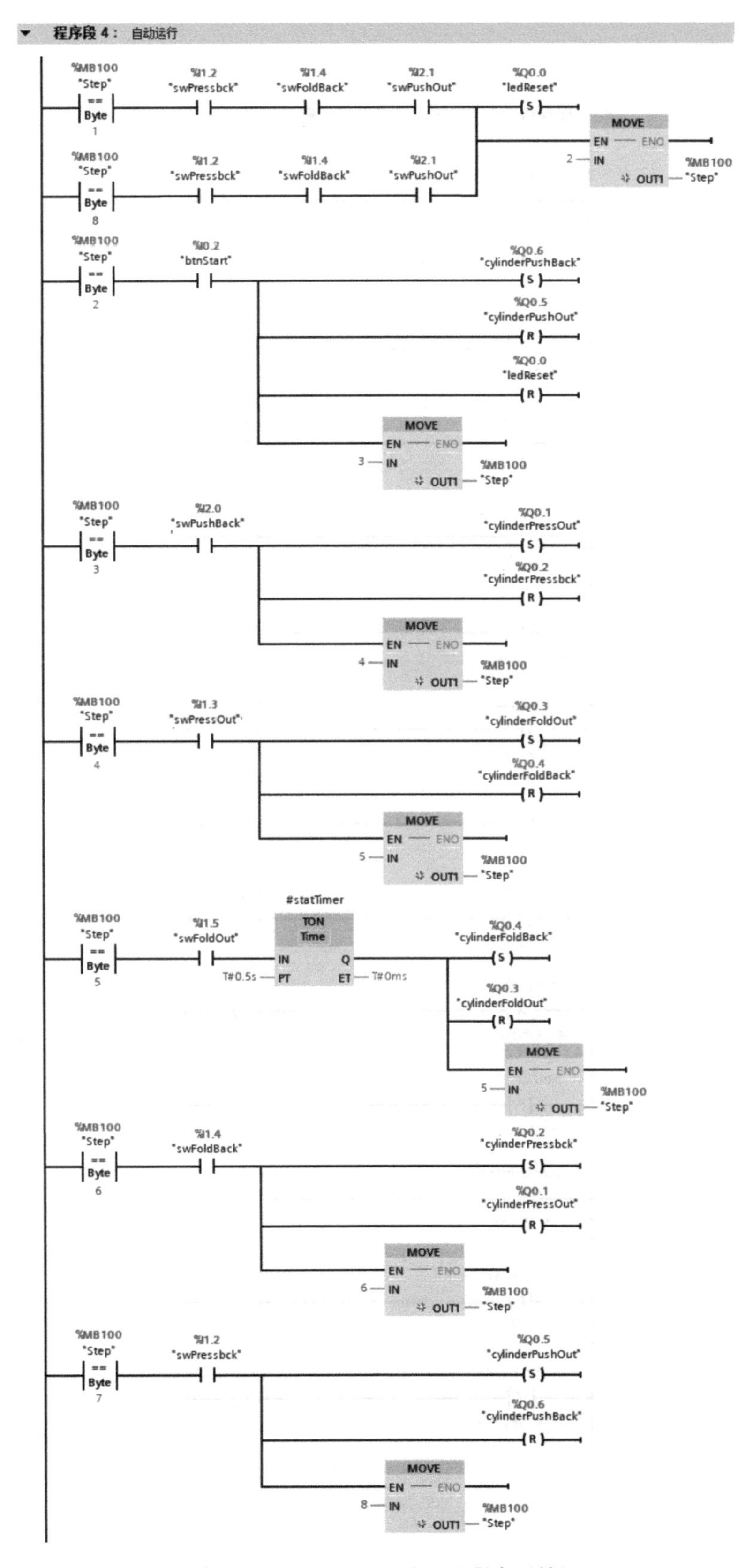

图 6-56　FB1_AutoRun(FB1)程序（续）

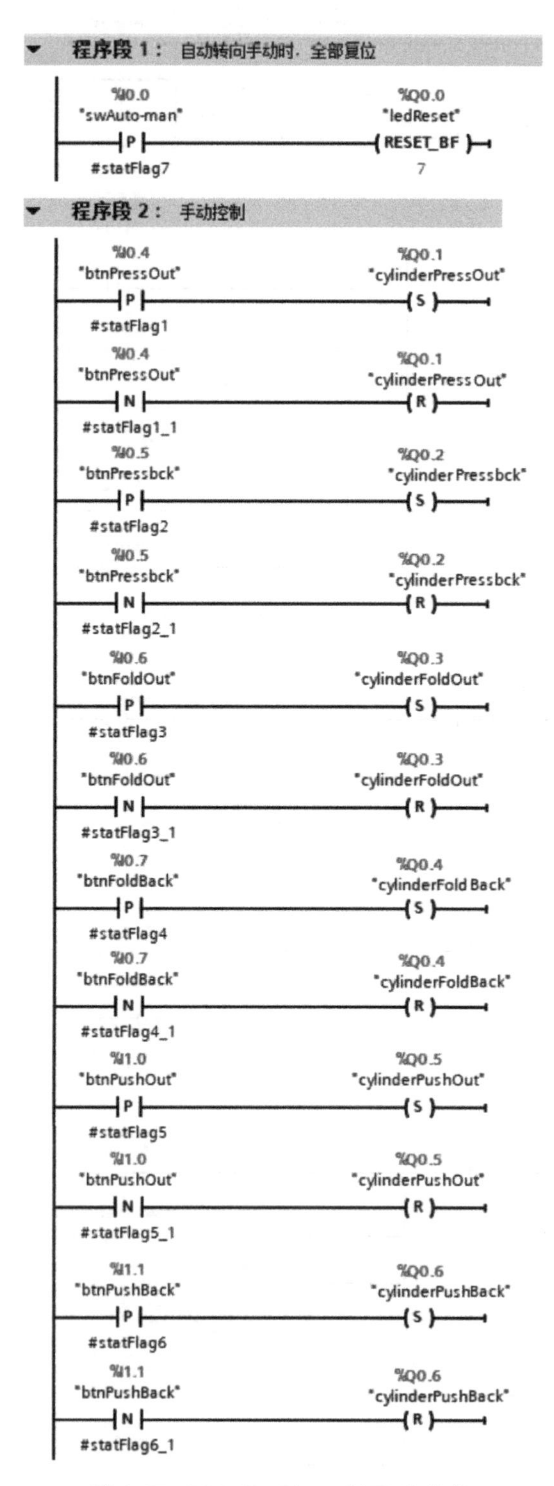

图 6-57　FB2_HandControl（FB2）程序

FB2_HandControl

名称	数据类型	默认值	保持
▼ Static			
statFlag1	Bool	false	非保持
statFlag2	Bool	false	非保持
statFlag3	Bool	false	非保持
statFlag4	Bool	false	非保持
statFlag5	Bool	false	非保持
statFlag6	Bool	false	非保持
statFlag7	Bool	false	非保持
statFlag1_1	Bool	false	非保持
statFlag2_1	Bool	false	非保持
statFlag3_1	Bool	false	非保持
statFlag4_1	Bool	false	非保持
statFlag5_1	Bool	false	非保持
statFlag6_1	Bool	false	非保持

图 6-58　FB2_HandControl(FB2)程序的块接口参数

5）主程序如图 6-59 所示。

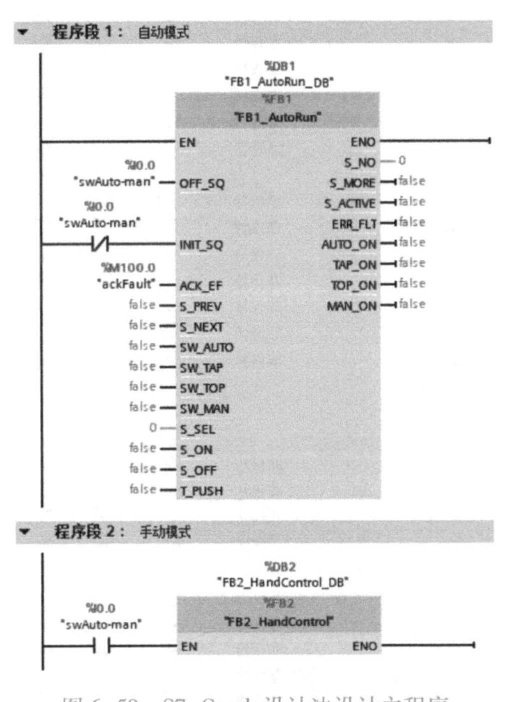

图 6-59　S7-Graph 设计法设计主程序

当 I0.0 的常开触点接通时，产生一个脉冲，停止“FB1_AutoRun”（FB1），此时“FB2_HandControl”（FB2)接通，可以进行点动（手动）操作。当 I0.0 的常闭触点闭合，产生一个脉冲，复位“FB1_AutoRun”（FB1），进入自动运行模式。当顺控器有监控故障，需要确认时，将 M100.0 置位即可。

6.4.4　SCL 指令设计法及其应用

目前世界上最流行的编程语言是 ST（结构文本，西门子称为 SCL）。SCL 指令设计程序的方法，其实也可以归类为功能图设计法，但用 SCL 指令设计程序有其自身特点，故单独作为一种方法进行讲解。以下用例 6-8 进行详细介绍。

1）FB1_MachineRun(FB1)的块接口参数如图 6-60 所示，输入参数（Input）与按钮和接近开关对应，输出参数（Output）与指示灯和电磁阀的线圈对应。静态变量（Static）非常重要，主要起中间变量的作用，在逻辑运算过程中电磁阀和灯的状态先赋值给静态变量（如#下压伸出 Q），最后统一将静态变量（如#下压伸出 Q）赋值给输出变量（如#Q 下压伸出），这样可以避免双线圈输出。定时器和上升沿指令也使用了静态变量，这样可以减少背景数据块的使用。静态变量使用非常灵活，在工程中很常用，读者要认真领会。

Machine_Run

名称	数据类型	默认值	保持	从 HMI/...	从 ...	在 H...	设...	注释
▼ Input				☐	☐	☐	☐	
Swicth	Bool	false	非保持	☑	☑	☑	☐	手自转换
Reset	Bool	false	非保持	☑	☑	☑	☐	复位
Start	Bool	false	非保持	☑	☑	☑	☐	起动
EStop	Bool	false	非保持	☑	☑	☑	☐	急停
PressOut	Bool	false	非保持	☑	☑	☑	☐	下压伸出限位
Pressbck	Bool	false	非保持	☑	☑	☑	☐	下压缩回限位
FoldOut	Bool	false	非保持	☑	☑	☑	☐	翻边伸出限位
FoldBack	Bool	false	非保持	☑	☑	☑	☐	翻边缩回限位
PushOut	Bool	false	非保持	☑	☑	☑	☐	顶出伸出限位
PushBack	Bool	false	非保持	☑	☑	☑	☐	顶出缩回限位
Screen	Bool	false	非保持	☑	☑	☑	☐	
▼ Output				☐	☐	☐	☐	
Led	Bool	false	非保持	☑	☑	☑	☐	
cylPressOut	Bool	false	非保持	☑	☑	☑	☐	气缸下压伸出
cylPressbck	Bool	false	非保持	☑	☑	☑	☐	气缸下压缩回
cylFoldOut	Bool	false	非保持	☑	☑	☑	☐	气缸翻边伸出
cylFoldBack	Bool	false	非保持	☑	☑	☑	☐	气缸翻边缩回
cylPushOut	Bool	false	非保持	☑	☑	☑	☐	气缸顶出伸出
cylPushBack	Bool	false	非保持	☑	☑	☑	☐	气缸顶出缩回
▼ InOut				☐	☐	☐	☐	
<新增>				☐	☐	☐	☐	
▼ Static				☐	☐	☐	☐	
statStep	Int	0	非保持	☑	☑	☑	☐	
statPressOut	Bool	false	非保持	☑	☑	☑	☐	下压伸出状态
statPressbck	Bool	false	非保持	☑	☑	☑	☐	下压缩回状态
statFoldOut	Bool	false	非保持	☑	☑	☑	☐	翻边伸出状态
statFoldBack	Bool	false	非保持	☑	☑	☑	☐	翻边缩回状态
statPushOut	Bool	false	非保持	☑	☑	☑	☐	顶出伸出状态
statPushBack	Bool	false	非保持	☑	☑	☑	☐	顶出缩回状态
statLed	Bool	false	非保持	☑	☑	☑	☐	复位指示状态
▶ t0Timer	TON_TIME		非保持	☑	☑	☑	☐	
statStartTimer	Bool	false	非保持	☑	☑	☑	☐	
statSetTimer	Time	T#0ms	非保持	☑	☑	☑	☐	
▶ r0Triger	R_TRIG			☑	☑	☑	☐	
StartTriger	Bool	false	非保持	☑	☑	☑	☑	
r0Triger_Q	Bool	false	非保持	☑	☑	☑	☐	

图 6-60　SCL 指令设计法设计 FB1_MachineRun(FB1)的块接口参数

编写 FB1_MachineRun(FB1)的 SCL 程序如图 6-61 所示。本程序的自动模式时，相当于有 8 步，静态变量#statStep 相当于“步号”，当条件满足时，每一步执行一个或者数个动作。

2）编写主程序如图 6-62 所示。

```
1  IF NOT #Swicth THEN      //自动模式
2      CASE #statStep OF
3          0:
4              IF #EStop
5              THEN
6                  #statLed := FALSE;
7                  #statStep := 1;
8              END_IF;
9          1:
10             #statPressOut := FALSE;         //开始复位
11             #statPressbck := TRUE;
12             #statFoldOut := FALSE;
13             #statFoldBack := TRUE;
14             #statPushBack := FALSE;
15             #statPushOut := TRUE;
16             IF #FoldBack AND #Pressbck AND #PushOut THEN
17                 #statFoldBack := FALSE;
18                 #statLed := TRUE;         //指示灯亮
19                 #statStep := 2;         //复位完成,转下一步
20             END_IF;
21         2:
22             IF #Resert THEN              //压下起动按钮，复位指示灯灭
23                 #statLed := FALSE;
24                 #statPushBack := TRUE;
25                 #statPushOut := FALSE;
26                 #statStep := 3;
27             END_IF;
28         3:
29             IF #PushBack THEN              //顶出缩回
30                 #statPressbck := FALSE;
31                 #statPressOut := TRUE;
32                 #statStep := 4;
33             END_IF;
34
35         4:
36             IF #PressOut THEN        //完成下压，转向一下步
37                 #statStep := 5;
38             END_IF;
39         5:
40             #statFoldBack := FALSE;
41             #statFoldOut := TRUE;
42             IF #FoldOut THEN        //完成翻边，转向延时
43                 #statStartTimer := TRUE;
44                 #statSetTimer := t#0.5s;
45                 IF #t0Timer.Q THEN
46                     #statStep := 6;
47                 END_IF;
48             END_IF;
49         6:
50             #statFoldBack := TRUE;        //翻边缩回
```

图 6-61　FB1_MachineRun(FB1)的 SCL 程序

```
51 |                #statFoldOut := FALSE;
52 |                IF #FoldBack THEN
53 |                    #statPressOut := FALSE;
54 |                    #statPressbck := TRUE;
55 |                    #statStep := 7;
56 |                END_IF;
57 |            7:
58 |                #statPushBack := FALSE;
59 |                #statPushOut := TRUE;     //完成顶出，一个工作循环结束
60 |                IF #PushOut THEN
61 |                    #statStep := 1;
62 |                END_IF;
63 |        END_CASE;
64 |END_IF;
65 #t0Timer(IN:=#statStartTimer,    //调用定时器指令
66 |         PT:=#statSetTimer);
67
68  #StartTriger:= #Swicth;
69 #r0Triger(CLK:=#StartTriger,     //调用上升沿指令
70 |          Q=>#r0Triger_Q);
71
72 IF NOT #EStop OR #Screen OR #r0Triger_Q THEN  //急停、光幕和切换到手动时，输出为0
73 |    #statPressOut := FALSE;
74 |    #statPressbck := FALSE;
75 |    #statFoldOut := FALSE;
76 |    #statFoldBack := FALSE;
77 |    #statPushBack := FALSE;
78 |    #statPushOut := FALSE;
79 |    #statStep := 0;
80 END_IF;
81
82 IF #Swicth THEN                  //手动模式
83 |    #statPressOut := "btnPressOut";
84 |    #statPressbck := "btnPressbck";
85 |    #statFoldOut := "btnFoldOut";
86 |    #statFoldBack := "btnFoldBack";
87 |    #statPushBack := "btnPushBack";
88 |    #statPushOut := "btnPushOut";
89 END_IF;
90
91     //气缸的状态数值赋值给输出变量
92    #cylPressOut:=#statPressOut;
93    #cylPressbck:=#statPressbck;
94    #cylFoldOut:=#statFoldOut;
95    #cylFoldBack:=#statFoldBack;
96    #cylPushBack:=#statPushBack;
97    #cylPushOut:=#statPushOut;
98    #Led:=#statLed;
```

图 6-61　FB1_MachineRun(FB1)的 SCL 程序（续）

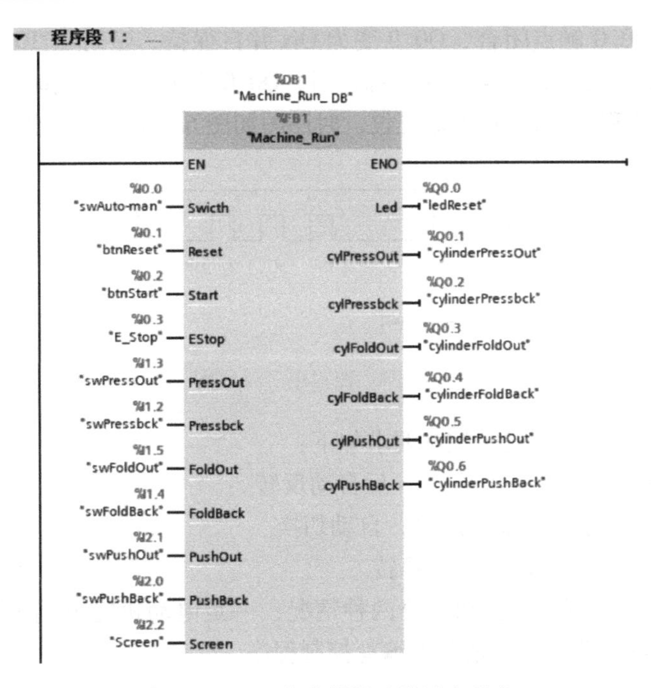

图 6-62　SCL 指令设计法设计主程序

6.5　习题

一、问答题

1. 在功能图中，什么是步、活动步、动作和转换条件？
2. 设计功能图要注意什么？
3. 编写梯形图要注意哪些问题？
4. 编写逻辑控制梯形图有哪些常用的方法？

二、编程题

1. 根据如图 6-63 所示的功能图编写程序。

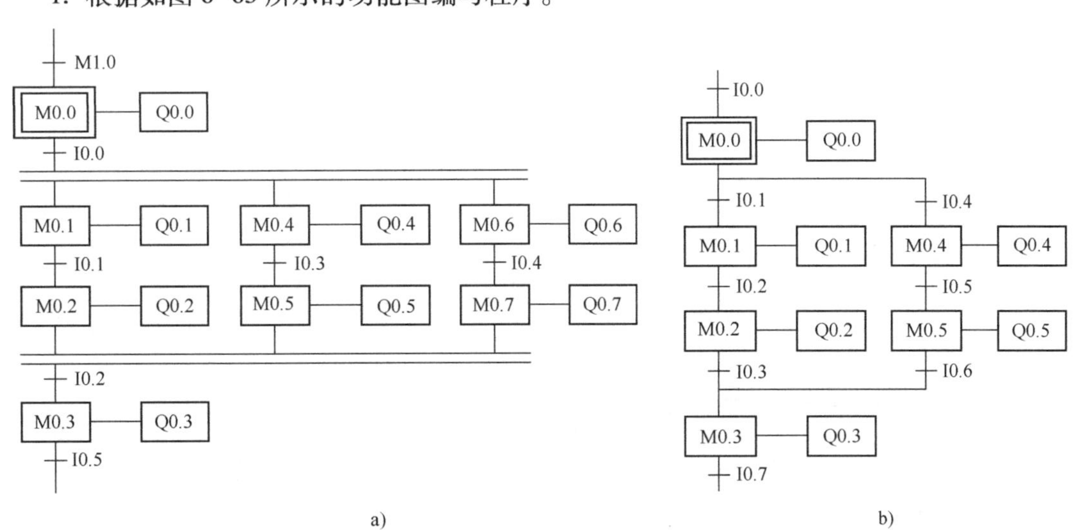

图 6-63　编程题 1 功能图

2. 按下按钮，I0.0 触点闭合，Q0.0 变为 ON 并自保持，定时器 T0 定时 7 s，用计数器 C0 对 I0.1 输入的脉冲计数，计数满 4 个脉冲后，Q0.0 变为 OFF，同时 C0 和 T0 被复位，在 PLC 刚开始执行用户程序时，C0 也被复位，时序图如图 6-64 所示，设计出梯形图。

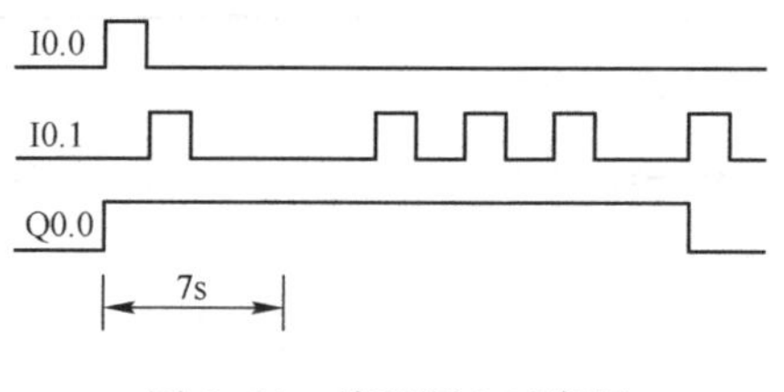

图 6-64　编程题 2 时序图

3. 用 PLC 控制一台电动机，控制要求如下：

① 按下起动按钮，电动机正转，3 s 后自动反转。

② 反转 5 s 后自动正转，如此反复，自动切换。

③ 切换 5 个周期后，电动机自动停转。

④ 切换过程中，按下停止按钮，分两种情况：一是电动机完成当前周期停转；二是按下停止按钮，电动机立即停转。请分别编写控制程序。

第 7 章　S7-1200/1500 PLC 的通信应用

本章主要介绍通信的概念、S7-1200/1500 PLC 的 OUC 通信、S7-1200/1500 PLC 的 S7 通信、S7-1200/1500 PLC 的 PROFINET IO 通信和 S7-1200/1500 PLC 的串行通信。本章是 PLC 学习中的重点和难点内容。

7.1　通信基础知识

PLC 的通信包括 PLC 与 PLC 之间的通信、PLC 与上位计算机之间的通信以及和其他智能设备之间的通信。PLC 与 PLC 之间通信的实质就是计算机的通信，使得众多独立的控制任务构成一个控制工程整体，形成模块控制体系。PLC 与计算机连接组成网络，将 PLC 用于控制工业现场，计算机用于编程、显示和管理等任务，构成“集中管理、分散控制”的分布式控制系统（DCS）。

7.1.1　PLC 网络的术语解释

PLC 网络中的名词术语很多，现将常用的予以介绍。

1）主站（Master Station）：PLC 网络系统中进行数据连接的系统控制站。主站上设置了控制整个网络的参数，每个网络系统只有一个主站，站号实际就是 PLC 在网络中的地址。

2）从站（Slave Station）：PLC 网络系统中，除主站外，其他的站称为“从站”。

3）网关（Gateway）：又称网间连接器、协议转换器。网关在传输层上实现网络互联，是最复杂的网络互联设备，仅用于两个高层协议不同的网络互联。如图 7-1 所示，CPU 1511-1 PN 通过工业以太网，把信息传送到 IE/PB LINK 模块，再传送到 PROFIBUS 网络上的 IM155-5 DP ST 模块，IE/PB LINK 通信模块用于不同协议的互联，它实际上就是网关。

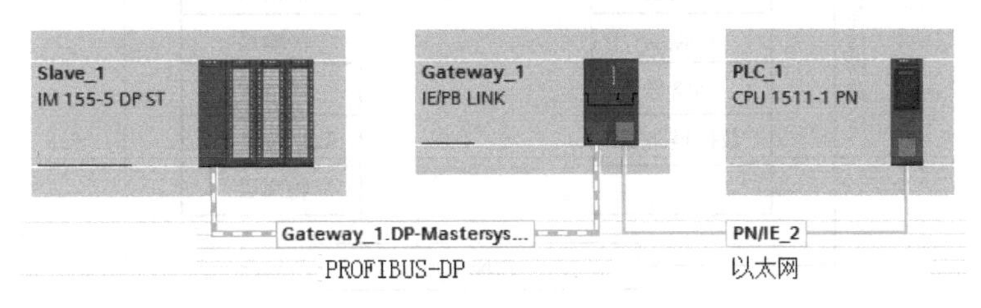

图 7-1　网关应用实例

4）中继器（Repeater）：用于网络信号放大、调整的网络互联设备，能有效延长网络的连接长度。例如，PPI 的正常传送距离是不大于 50 m，经过中继器放大后，可传输超过 1 km，应用实例如图 7-2 所示，PLC 通过 MPI 或者 PPI 通信时，传送距离可达 1100 m。在 PROFIBUS-DP 通信中，一个网络多余 32 个站点也需要使用中继器。

5）交换机（Switch）：是为了解决通信阻塞而设计的，是一种基于 MAC 地址识别，能完成封装转发数据包功能的网络设备。交换机可以通过在数据帧的始发者和目标接收者之间建立临时的交换路径，使数据帧直接由源地址到达目的地址。如图 7-3 所示，交换机

图 7-2 中继器应用实例

（ESM）将 HMI（触摸屏）、PLC 和 PC（个人计算机）连接在工业以太网的一个网段中。在工业控制中，只要用到以太网通信，交换机几乎不可或缺。

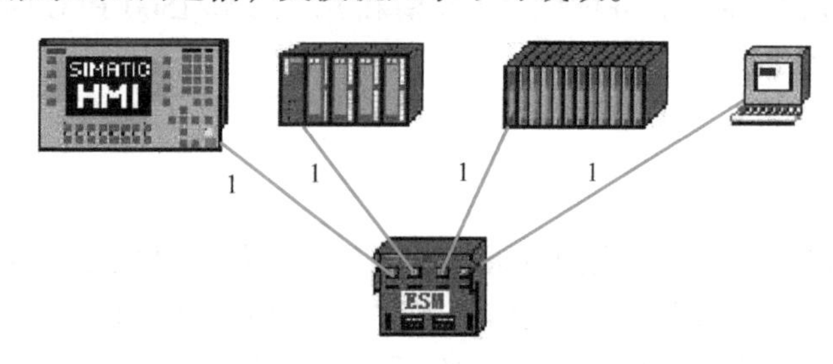

图 7-3 交换机应用实例

7.1.2 OSI 参考模型

通信网络的核心是开放式系统互联（OSI-Open System Interconnection，OSI）参考模型。1984 年，国际标准化组织（ISO）提出了开放式系统互联的 7 层模型，即 OSI 模型。该模型自下而上分为：物理层、数据链路层、网络层、传输层、会话层、表示层和应用层。

OSI 的上三层通常称为应用层，用来处理用户接口、数据格式和应用程序的访问。下四层负责定义数据的物理传输介质和网络设备。OSI 参考模型定义了大多数协议栈共有的基本框架，如图 7-4 所示。

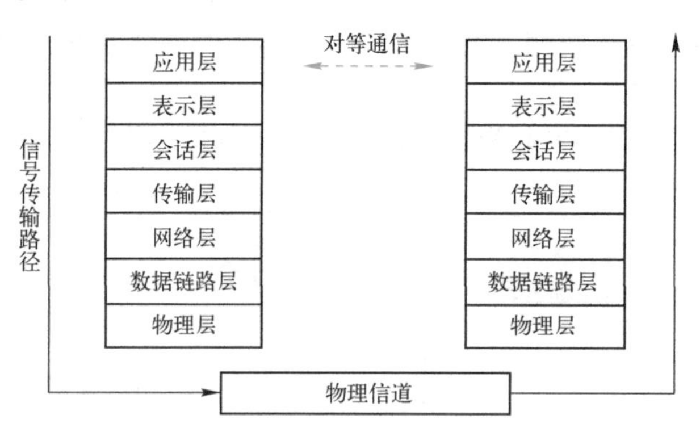

图 7-4 信息在 OSI 模型中的流动形式

1）物理层（Physical Layer）：定义了传输介质、连接器和信号发生器的类型，规定了物理连接的电气、机械功能特性，如电压、传输速率、传输距离等特性；建立、维护、断开物理连接。典型的物理层设备有集线器（HUB）和中继器等。

2）数据链路层（Data Link Layer）：确定传输站点物理地址以及将消息传送到协议栈，提供顺序控制和数据流向控制。建立逻辑连接、进行硬件地址寻址、差错校验等功能（由底层网络定义协议）。以太网中的 MAC 地址属于数据链路层，相当于人的身份证，不可修改，MAC 地址一般印刷在网口附近。

典型的数据链路层的设备有交换机和网桥等。

3）网络层（Network Layer）：进行逻辑地址寻址，实现不同网络之间的路径选择。协议有：ICMP、IGMP IP（IPv4、IPv6）、ARP、RARP。典型的网络层设备是路由器。

IP 地址在这一层，分成两个部分，前三个字节代表网络，后一个字节代表主机。如 192.167.0.1 中，192.167.0 代表网络（又称网段），1 代表主机。

4）传输层（Transport Layer）：定义传输数据的协议端口号，以及流控和差错校验。协议有：TCP、UDP。网关是互联网设备中最复杂的，是传输层及以上层的设备。

5）应用层（Application）：网络服务与最终用户的一个接口。协议有：HTTP、FTP、TFTP、SMTP、SNMP 和 DNS 等。

数据经过封装后通过物理介质传输到网络上，接收设备除去附加信息后，将数据上传到上层堆栈层。

【例 7-1】学校有一台计算机，QQ 可以正常登录，可是网页打不开（HTTP），问故障在物理层还是其他层？是否可以通过插拔交换机上的网线解决问题？

答：

1）故障不在物理层，如果在物理层，则 QQ 也不能登录。

2）不能通过插拔网线解决问题，因为网线是物理连接，属于物理层，故障应在其他层。

7.1.3　现场总线介绍

视频 现场总线介绍

1. 现场总线的概念

国际电工委员会（IEC）对现场总线（FieldBUS）的定义为：一种应用于生产现场，在现场设备之间、现场设备和控制装置之间实行双向、串行、多节点的数字通信网络。

现场总线的概念有广义与狭义之分。狭义的现场总线就是指基于 EIA485 的串行通信网络。广义的现场总线泛指用于工业现场的所有控制网络。广义的现场总线包括狭义现场总线和工业以太网。工业以太网已经成为现场总线的主流。

2. 主流现场总线的简介

1984 年国际电工技术委员会/国际标准协会（IEC/ISA）就开始制定现场总线的标准，然而统一的标准至今仍未完成。很多公司推出其各自的现场总线技术，但彼此的开放性和互操作性难以统一。

IEC 61158 现场总线标准的第一版容纳了 8 种互不兼容的总线协议。现在的标准是 2007 年 7 月通过的第四版，其现场总线增加到 20 种，见表 7-1。

表 7-1　IEC 61158 的现场总线

类型编号	名　称	发起的公司
Type 1	TS61158 现场总线	—
Type 2	ControlNet 和 Ethernet/IP 现场总线	美国罗克韦尔（Rockwell）
Type 3	PROFIBUS 现场总线	德国西门子（Siemens）
Type 4	P-NET 现场总线	丹麦 Process-Data Sikebory Aps
Type 5	FF HSE 现场总线	美国罗斯蒙特（Rosemount）
Type 6	Swift Net 现场总线	美国波音（Boeing）

（续）

类型编号	名　　称	发起的公司
Type 7	World FIP 现场总线	法国阿尔斯通（Alstom）
Type 8	INTERBUS 现场总线	德国菲尼克斯（Phoenix Contact）
Type 9	FF H1 现场总线	现场总线基金会（FF）
Type 10	PROFINET 现场总线	德国西门子（Siemens）
Type 11	TCnet 实时以太网	日本东芝（Toshiba）
Type 12	EtherCAT 实时以太网	德国倍福（Beckhoff）
Type 13	Ethernet PowerLink 实时以太网	ABB，曾经奥地利的贝加莱（B&R）
Type 14	EPA 实时以太网	中国浙江大学等
Type 15	MODBUS RTPS 实时以太网	法国施耐德（Schneider）
Type 16	SERCOS Ⅰ、Ⅱ现场总线	德国赫优讯（Hilscher）
Type 17	Vnet/IP 实时以太网	日本横河（Yokogawa）
Type 18	CC-Link 现场总线	日本三菱电机（Mitsubishi）
Type 19	SERCOS Ⅲ现场总线	德国赫优讯（Hilscher）
Type 20	HART 现场总线	美国罗斯蒙特（Rosemount）

7.2　PROFIBUS 通信及其应用

7.2.1　PROFIBUS 通信概述

PROFIBUS 是 PI（PROFIBUS & PROFINET International）的现场总线通信协议，也是 IEC 61158 国际标准中的现场总线标准之一。现场总线 PROFIBUS 满足了生产过程现场级数据可存取性的重要要求，一方面它覆盖了传感器/执行器领域的通信要求，另一方面又具有单元级领域所有网络级通信功能，特别在“分散 I/O”领域，由于有大量的、种类齐全、可连接的现场总线可供选用。目前 PROFIBUS 的节点使用数目超过 1 亿个。

1. PROFIBUS 的结构和类型

从用户的角度看，PROFIBUS 提供三种通信协议类型：PROFIBUS-FMS、PROFIBUS-DP 和 PROFIBUS-PA。

1）PROFIBUS-FMS（FieldBUS Message Specification，现场总线报文规范），使用了第一层、第二层和第七层。第七层（应用层）包含 FMS 和 LLI（底层接口），主要用于系统级和车间级的不同供应商的自动化系统之间传输数据，处理单元级（PLC 和 PC）的多主站数据通信。目前 PROFIBUS-FMS 已经很少使用。S7-1200/1500 中已经不支持它。

2）PROFIBUS-DP（Decentralized Periphery，分布式外部设备），使用第一层和第二层，这种精简的结构特别适合数据的高速传送，PROFIBUS-DP 用于自动化系统中单元级控制设备与分布式 I/O（例如 ET 200）的通信。主站之间的通信为令牌方式（多主站时，确保只有一个起作用），主站与从站之间为主从方式（MS），以及这两种方式的混合。3 种方式中，PROFIBUS-DP 应用最为广泛。

3）PROFIBUS-PA（Process Automation，过程自动化）用于过程自动化的现场传感器和执行器的低速数据传输，使用扩展的 PROFIBUS-DP 协议。

2. PROFIBUS 总线和总线终端器

（1）总线终端器

PROFIBUS 总线符合 EIA RS485 标准，PROFIBUS RS-485 的传输以半双工、异步、无间隙同步为基础。传输介质可以是光缆或者屏蔽双绞线，电气传输每个 RS-485 网段最多 32 个站点，多余 32 个站点也需要使用中继器。在总线的两端为终端电阻。

（2）PROFIBUS-DP 电缆

PROFIBUS-DP 电缆是专用的屏蔽双绞线。PROFIBUS-DP 电缆的结构和功能如图 7-5 所示。外层是紫色绝缘层，编织网防护层主要防止低频干扰，金属箔片层防止高频干扰，最里面是 2 根信号线，红色为信号正，接总线连接器的第 8 管脚，绿色为信号负，接总线连接器的第 3 管脚。PROFIBUS-DP 电缆的屏蔽层“双端接地”。

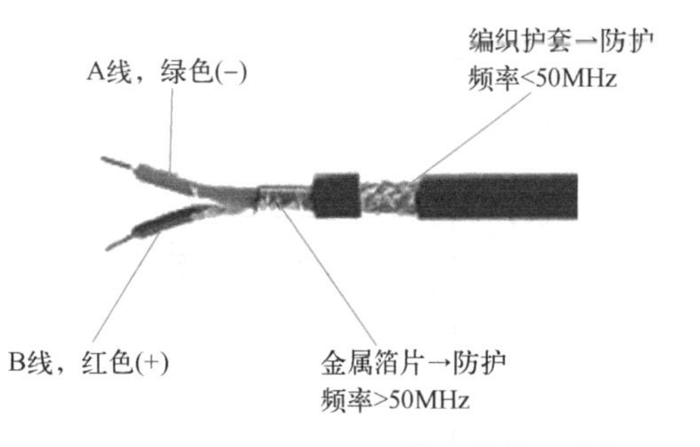

图 7-5　PROFIBUS-DP 电缆的结构和功能

7.2.2　S7-1200/1500 PLC 与分布式模块的 PROFIBUS-DP 通信

视频
S7-1500 PLC 与分布式模块 ET200MP 之间的 PROFIBUS 通信

用 CPU 1516-3PN/DP 作为主站（只能作主站，不能作从站），分布式模块作为从站，通过 PROFIBUS 现场总线，建立与这些模块（如 ET200MP、ET200SP、EM200M 和 EM200B 等）通信，是非常方便的，这样的解决方案多用于分布式控制系统。这种 PROFIBUS 通信，在工程中最容易实现，同时应用也最广泛。

【例 7-2】有一台设备，控制系统由 CPU 1516-3PN/DP（或者 CPU 1211C+CM1243-5）、IM155-5DP、SM521 和 SM522 组成，编写程序实现由主站发出一个起停信号控制从站一个中间继电器的通断。

解：

将 CPU 1516-3PN/DP（或者 CPU 1211C+CM1243-5）作为主站，将分布式模块作为从站。当如 S7-1500 CPU 模块没有 PROFIBUS-DP 接口时，则要配置 CP1542-5/CM1542-5 模块。

1. 主要软硬件配置

① 1 套 TIA Portal V17。

② 1 台 CPU1516-3PN/DP 或 CPU1211C+CM1243-5。

③ 1 台 IM155-5DP。

④ 1 块 SM522 和 SM521。

⑤ 1 根 PROFIBUS 网络电缆（含两个网络总线连接器）。

⑥ 1 根以太网网线。

S7-1500 PLC 和分布式模块进行 PROFIBUS-DP 通信原理图如图 7-6a 所示。S7-1200 PLC 和分布式模块进行 PROFIBUS-DP 通信原理图如图 7-6b 所示，必须配置 CM1243-5 主站模块。

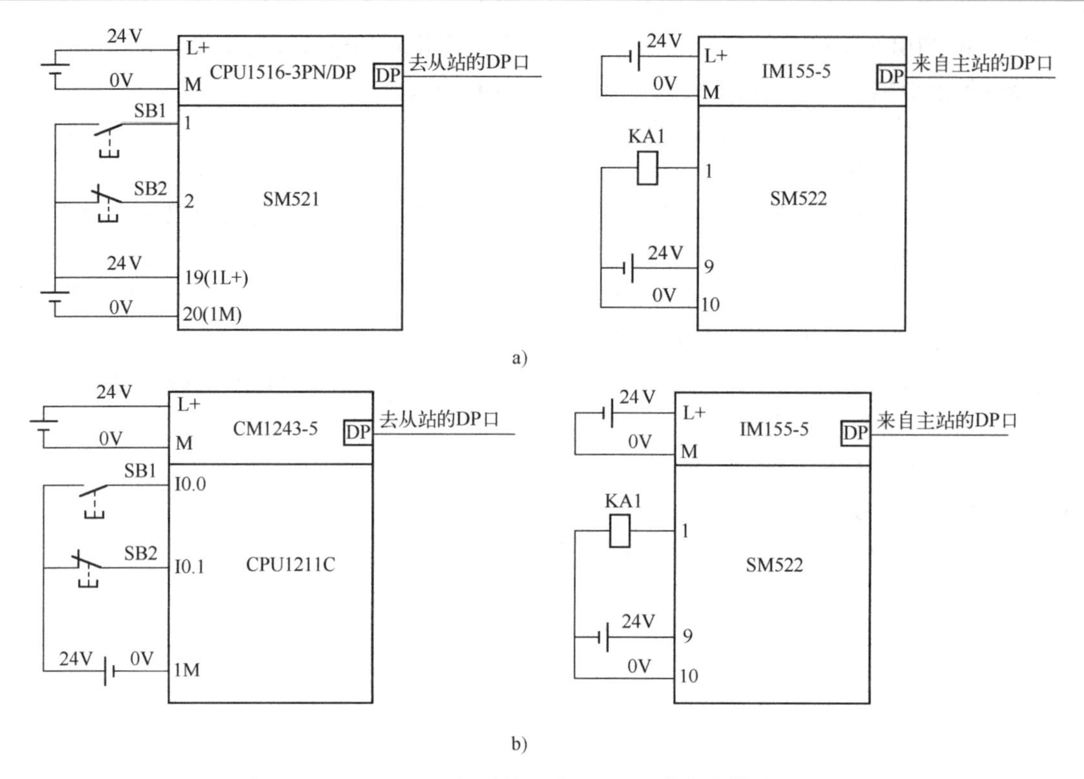

图 7-6　PROFIBUS 现场总线通信-PLC 和分布式模块原理图

a）S7-1500 PLC 控制　b）S7-1200 PLC 控制

2. 硬件组态

本例的硬件组态采用离线组态方法，也可以采用在线组态方法。

1）新建项目。先打开 TIA Portal 软件，再新建项目，本例命名为“ET200MP”，接着单击“项目视图”按钮，切换到项目视图，如图 7-7 所示。

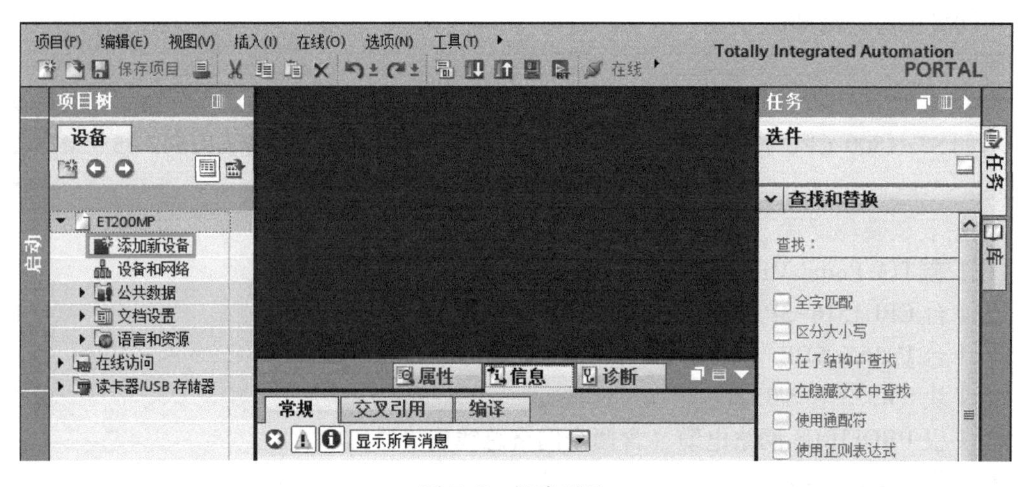

图 7-7　新建项目

2）主站硬件配置。如图 7-8 所示，在 TIA Portal 软件项目视图的项目树中，双击“添加新设备”按钮，先添加 CPU 模块“CPU1516-3PN/DP”，配置 CPU 后，再把“硬件目录”→“DI”→“DI16×4VDC BA”→“6ES7 521-1BH10-0AA0”模块拖拽到 CPU 模块右侧的 2 号槽位中，如图 7-8 所示。

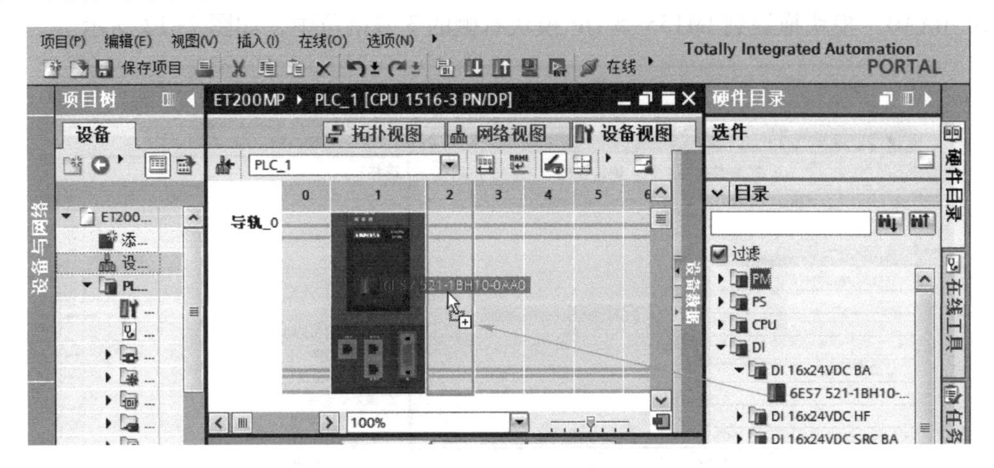

图 7-8　主站硬件配置

3）配置主站 PROFIBUS-DP 参数。先选中“设备视图”选项卡，再选中紫色的 DP 接口（标号 1 处），选中“属性”（标号 2 处）选项卡，再选中“PROFIBUS 地址”（标号 3 处）选项，再单击“添加新子网”（标号 4 处），弹出“PROFIBUS 地址”参数，如图 7-9 所示，保存主站的硬件和网络配置。

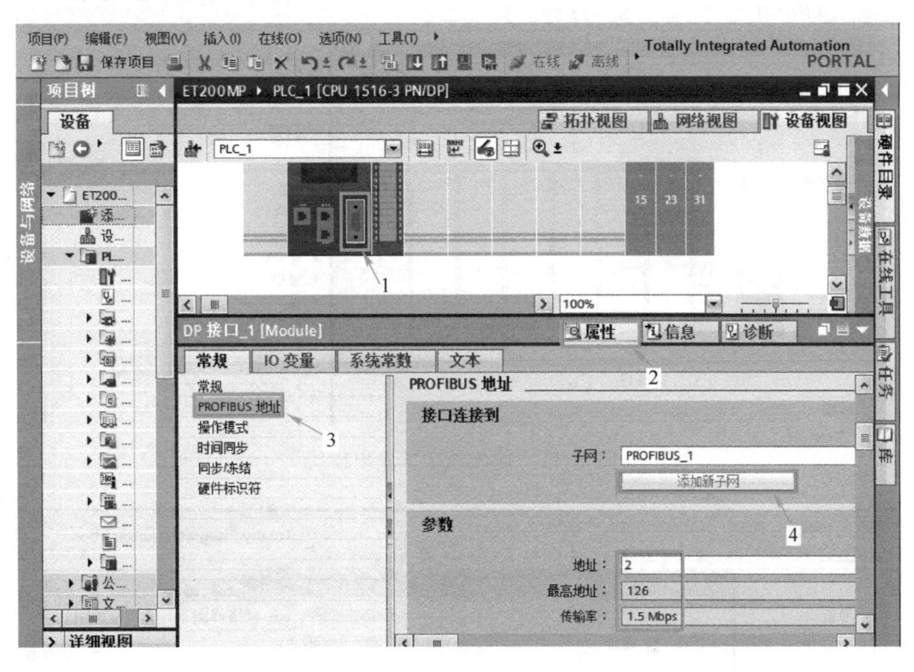

图 7-9　配置主站 PROFIBUS-DP 参数

4）插入 IM155-5 DP 模块。在 TIA Portal 软件项目视图的项目树中，先选中“网络视图”选项卡，再将“硬件目录”→“分布式 I/O”→“ET200MP”→“接口模块”→“PROFIBUS”→“IM155-5 DP ST”→“6ES7 155-5BA00-0AB0”模块拖拽到如图 7-10 所示的空白处。

5）插入数字量输出模块。如图 7-11 所示，先选中 IM155-5 DP 模块，再选中“设备视图”选项卡，再把“硬件目录”→“DQ”→“DQ16×24VDC/0.5 A BA”→“6ES7 522-1BH10-0AA0”模块拖拽到 IM155-5 DP 模块右侧的 3 号槽位中，如图 7-12 所示。

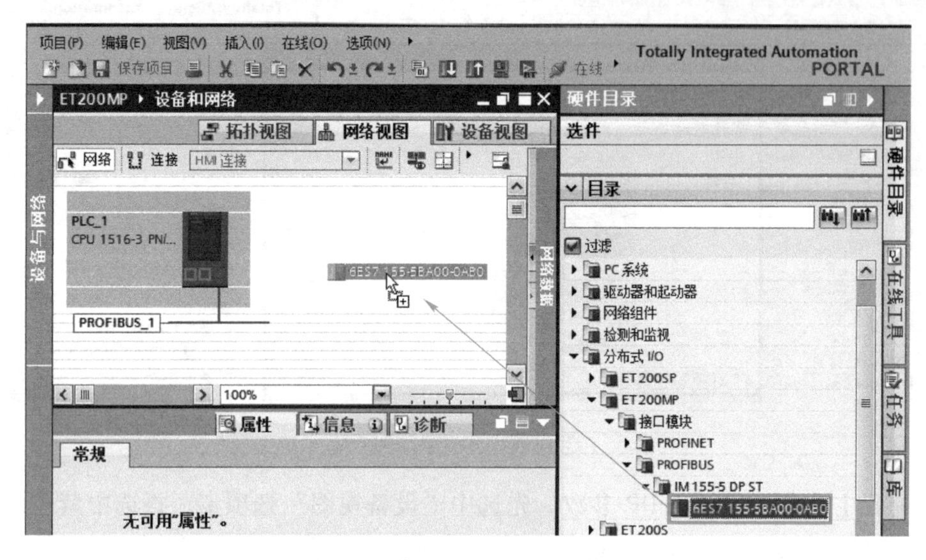

图 7-10　插入 IM155-5 DP 模块

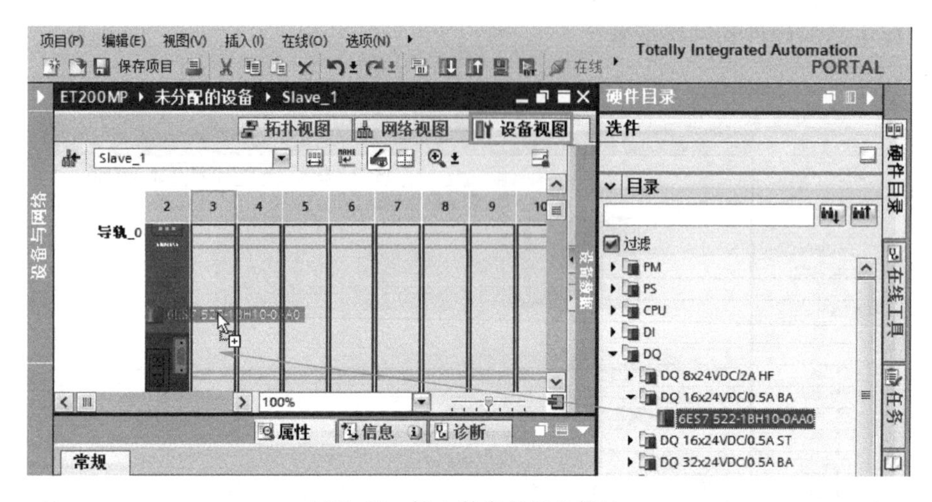

图 7-11　插入数字量输出模块

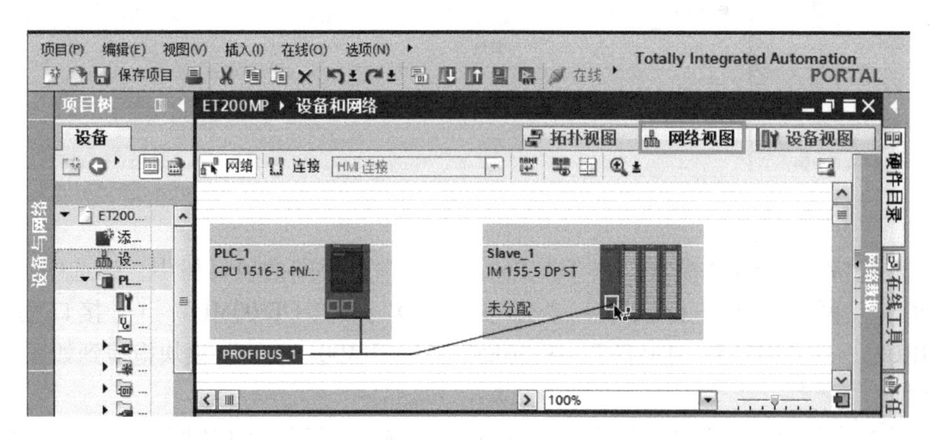

图 7-12　配置 PROFIBUS 网络（一）

6）PROFIBUS 网络配置。如图 7-12 所示，先选中“网络视图”选项卡，再选中主站的紫色 PROFIBUS_1 线，用鼠标按住不放，一直拖拽到 IM155-5 DP 模块的 PROFIBUS 接口处松开，如图 7-13 所示。

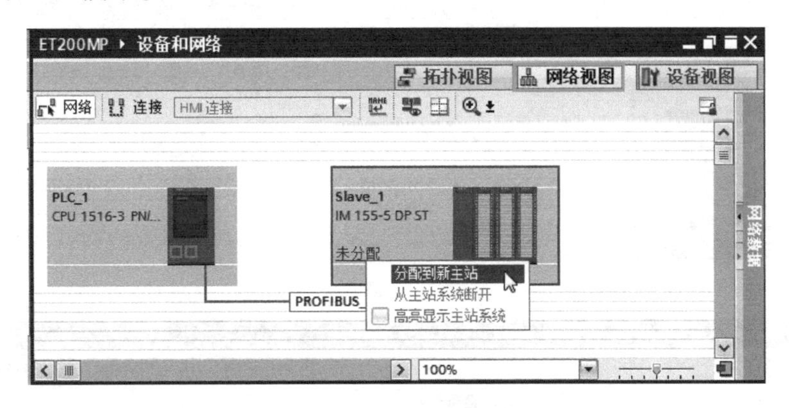

图 7-13　配置 PROFIBUS 网络（二）

选中 IM155-5 DP 模块，单击鼠标右键，弹出快捷菜单，单击“分配到新主站”命令，再选中“PLC_1. DP 接口_1”，单击“确定”按钮，如图 7-14 所示。PROFIBUS 网络配置完成，如图 7-15 所示。

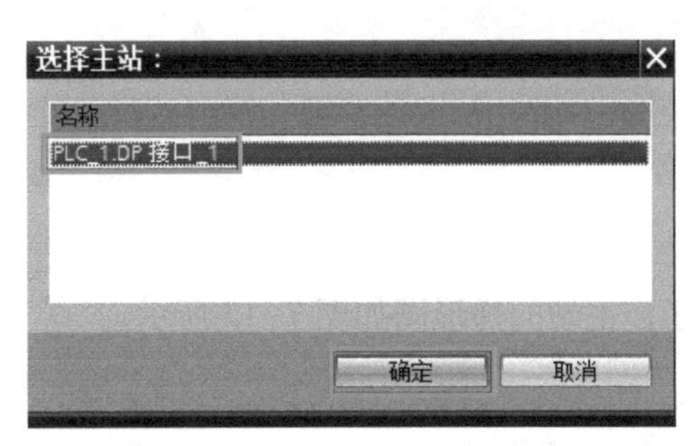

图 7-14　配置 PROFIBUS 网络（三）

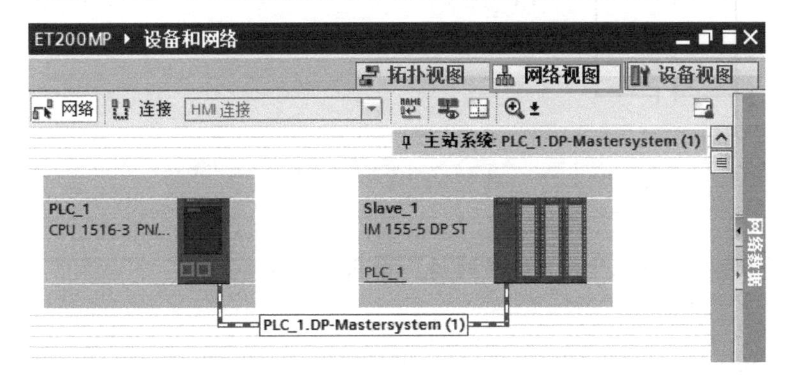

图 7-15　PROFIBUS 网络配置完成

3. 编写程序

如图 7-16a 所示，在项目视图中查看数字量输入模块的地址（IB0 和 IB1，此地址可修改），对照原理图 7-6 的接线，起动按钮 SB1 对应地址 I0. 0，停止按钮 SB2 对应地址 I0. 1，这两个地址必须与程序中的地址匹配。双击如图 7-15 所示的“Slave_1”，打开如图 7-16b

所示的从站“Slave_1”，查看从站（分布式模块）的输出模块的地址（QB2 和 QB3，此地址可修改）。对照原理图 7-6 的接线，输出线圈 KA1 对应地址 Q2.0。

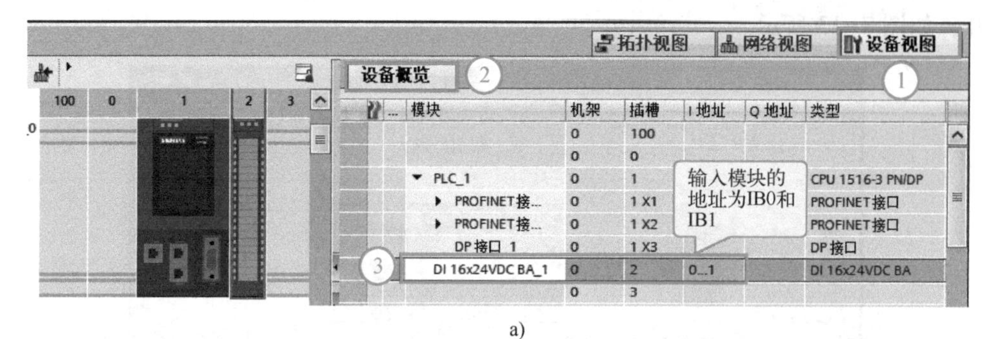

a)

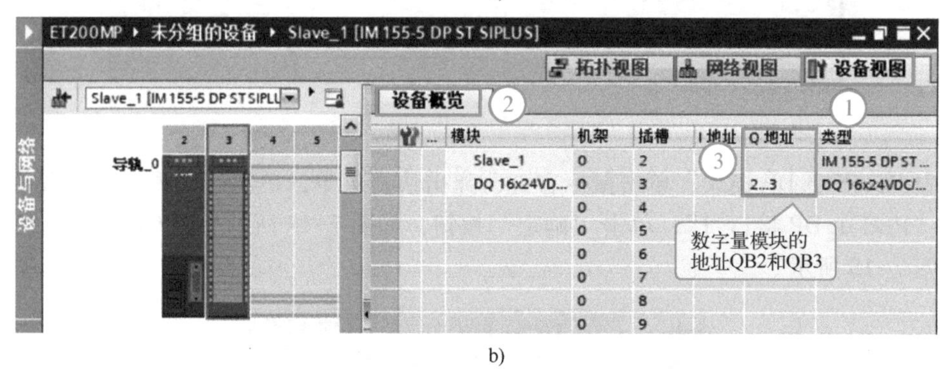

b)

图 7-16　查看数字量模块的地址

a）主站　b）从站

只需要对主站编写程序，主站的梯形图如图 7-17 所示。

图 7-17　主站梯形图

7.3　S7-1200/1500 PLC 的 OUC 通信及其应用

7.3.1　S7-1500 PLC 的以太网通信方式

1. S7-1200/1500 PLC 系统以太网接口

S7-1500 PLC 的 CPU 最多集成 X1、X2 和 X3 三个接口，有的 CPU 只集成 X1 接口，此外通信模块 CM1542-1 和通信处理器 CP1543-1 也有以太网接口。

S7-1500 PLC 系统以太网接口支持的通信方式按照实时性和非实时性进行划分，不同的接口支持的通信服务见表 7-2。

表 7-2　S7-1500 PLC 系统以太网接口支持通信服务

接口类型	实时通信		非实时通信		
	PROFINET IO 控制器	I-Device	OUC 通信	S7 通信	Web 服务器
CPU 集成接口 X1	√	√	√	√	√
CPU 集成接口 X2	×	×	√	√	√
CPU 集成接口 X3	×	×	√	√	√
CM1542-1	√	×	√	√	√
CP1543-1	×	×	√	√	√

注：√表示有此功能，×表示没有此功能。

2. 西门子工业以太网通信方式简介

工业以太网的通信主要利用第 2 层（ISO）和第 4 层（TCP）的协议。S7-1200/1500 PLC 系统以太网接口支持的非实时性分为两种，即 Open User Communication（OUC）通信和 S7 通信，而实时通信只有 PROFINET IO 通信，不支持 PROFINET CBA（PROFINET Component Basic Automation）。

OUC 通信包含 TCP、UDP、ISO-on-TCP、SNMP、DCP、LLDP、ICMP 和 ARP 等，常用前三种。

7.3.2　S7-1200/1500 PLC 与埃夫特机器人之间的 Modbus-TCP 通信应用

Modbus-TCP 通信是非实时通信。西门子的 PLC、变频器等产品之间的通信一般不采用 Modbus-TCP 通信。Modbus-TCP 通信通常用于西门子 PLC 与第三方支持 Modbus-TCP 通信的设备，典型的应用如西门子 PLC 与国产自主品牌机器人、机器视觉等的通信。

1. Modbus-TCP 通信基础

TCP 是简单的、中立厂商的用于管理和控制自动化设备的系列通信协议的派生产品，覆盖了使用 TCP/IP "Intranet" 和 "Internet" 环境中报文的用途。协议的最通用用途是为诸如 PLC、I/O 模块，以及连接其他简单域总线或 I/O 模块的网关服务。

（1）TCP 的以太网参考模型

Modbus-TCP 传输过程中使用了 TCP/IP 以太网参考模型的 5 层：

第 1 层：物理层，提供设备物理接口，与市售介质/网络适配器相兼容。

第 2 层：数据链路层，在一条物理线路之上，通过一些规程或协议来控制这些数据的传输，以保证被传输数据的正确性。

第 3 层：网络层，数据在这一层被转换为数据包，然后通过路径选择、分段组合、流量控制、拥塞控制等将信息从一台网络设备传送到另一台网络设备。

第 4 层：传输层，实现可靠性连接、传输、查错、重发、端口服务、传输调度。

第 5 层：应用层，Modbus 协议报文。

（2）Modbus-TCP 数据帧

Modbus 数据在 TCP/IP 以太网上传输，支持 Ethernet Ⅱ 和 802.3 两种帧格式，Modbus-TCP 数据帧包含报文头、功能代码和数据 3 部分，MBAP 报文头（MBAP、Modbus Application Protocol、Modbus 应用协议）分 4 个域，共 7 个字节。

（3）Modbus-TCP 使用的通信资源端口号

在 Moodbus 服务器中按缺省协议使用 Port 502 通信端口，在 Modbus 客户器程序中设置任意通信端口，为避免与其他通信协议的冲突一般建议 2000 开始可以使用。

(4) Modbus-TCP 使用的功能代码

按照使用的用途区分，共有 3 种类型：

1）公共功能代码：已定义好功能码，保证其唯一性，由 Modbus. org 认可。

2）用户自定义功能代码有两组，分别为 65~72 和 100~110，无须认可，但不保证代码使用唯一性，如变为公共代码，需交 RFC 认可。

3）保留功能代码，由某些公司使用某些传统设备代码，不可作为公共用途。

按照应用深浅，可分为 3 个类别：

1）类别 0，客户机/服务器最小可用子集：读多个保持寄存器（fc. 3）；写多个保持寄存器（fc. 16）。

2）类别 1，可实现基本互易操作常用代码：读线圈（fc. 1）；读开关量输入（fc. 2）；读输入寄存器（fc. 4）；写线圈（fc. 5）；写单一寄存器（fc. 6）。

3）类别 2，用于人机界面、监控系统例行操作和数据传送功能：强制多个线圈（fc. 15）；读通用寄存器（fc. 20）；写通用寄存器（fc. 21）；屏蔽写寄存器（fc. 22）；读写寄存器（fc. 23）。

视频
S7-1500 PLC 与机器人之间的 Modbus-TCP 通信

2. S7-1200/1500 PLC 与埃夫特机器人之间的 Modbus-TCP 通信应用

自主品牌的机器人有埃斯顿、埃夫特、汇川、新松和新时达等，部分品牌的销量已经跻身中国市场前十名，打破了国外品牌的长期垄断。埃夫特机器人是国产机器人的佼佼者，其性能已经在工业应用中得到了验证。自主品牌机器人通常兼容 Modbus-TCP 通信，因此 S7-1200/1500 PLC 与埃夫特机器人的 Modbus-TCP 通信具有代表性。

以下用一个例子介绍 S7-1200/1500 PLC 与埃夫特机器人之间的 Modbus-TCP 通信应用。PLC 作为客户端是主控端，而机器人是服务器，是被控端。

【例 7-3】用一台 CPU1511T-1PN 与埃夫特机器人通信（Modbus-TCP），当机器人收到信号 100 时，机器人起动，并按照机器人设定的程序运行。要求设计解决方案。

解：

1. 硬件配置

1）新建项目。先打开 TIA Portal 软件，再新建项目，本例命名为“Modbus_TCP”，再添加“CPU1511T-1PN”和“SM521”模块，如图 7-18 所示。

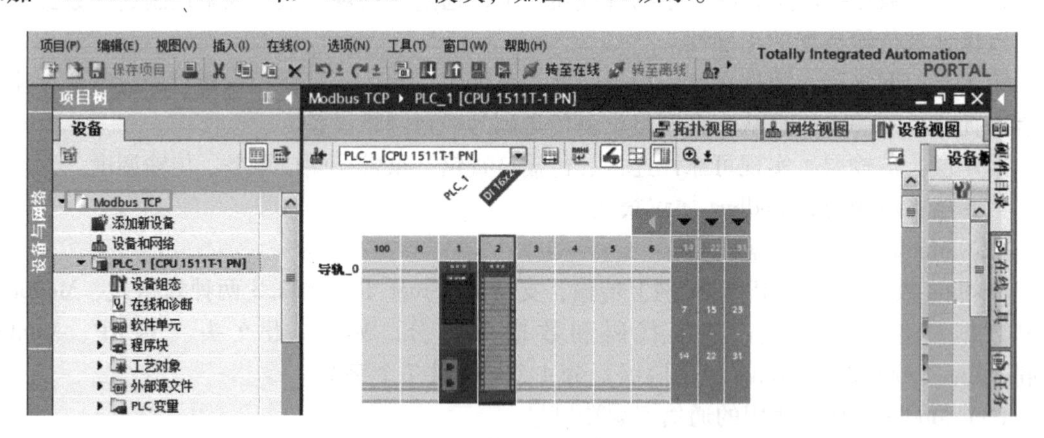

图 7-18 例 7-3 新建项目

注意：S7-1200 PLC 与埃夫特机器人之间的 Modbus-TCP 通信，仅在硬件组态时组态成 S7-1200 PLC 即可，其余步骤与 S7-1500 PLC 完全相同。

2）新建数据块。在项目树的 PLC_1 中，单击“添加新块”按钮，在如图 7-19 所示的界面中新建数据块 DB1 和 DB2。在数据块 DB1 中，创建变量即 DB1. Signal，其数据类型为“Word”，其起始值为 100，如图 7-19 所示，并将数据块的属性改为“非优化访问”。在数据块 DB2 中，创建变量即 DB2. Send，其数据类型为“TCON_IP_v4”，其起始值按照如图 7-20 所示进行设置。

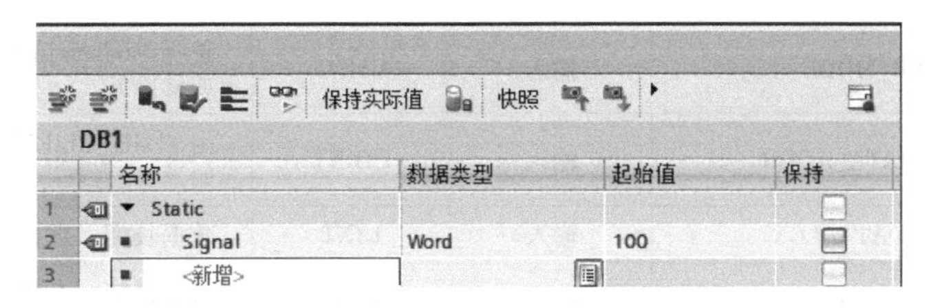

图 7-19　例 7-3 数据块 DB1

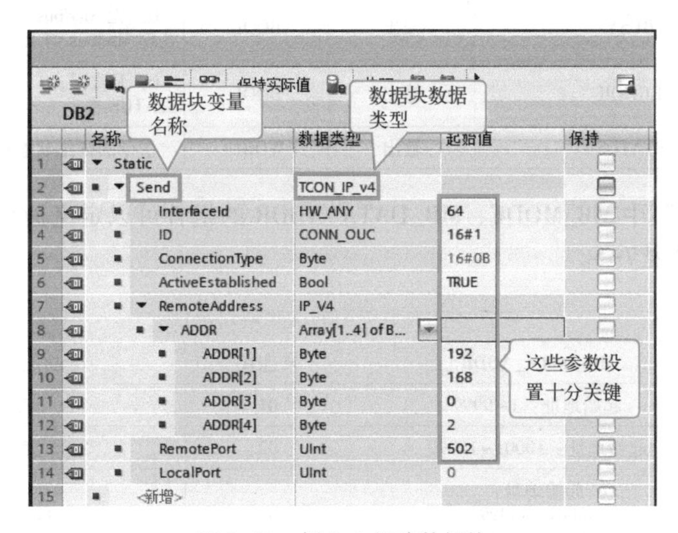

图 7-20　例 7-3 新建数据块

注意：数据块创建或修改完成后，需进行编译。

图 7-20 中的参数含义见表 7-3。

表 7-3　客户端“TCON_IP_v4”的数据类型的各参数设置

序号	TCON_IP_v4 数据类型引脚定义	含　义	本例中的情况
1	InterfaceId	接口，固定为 64	64
2	ID	连接 ID，每个连接必须独立	1
3	ConnectionType	连接类型，TCP/IP = 16#0B；UDP = 16#13	16#0B
4	ActiveEstablished	是否主动建立连接，True = 主动	True
5	RemoteAddress	通信伙伴 IP 地址	192. 168. 0. 2
6	RemotePort	通信伙伴端口号	502
7	LocalPort	本地端口号，设置为 0，将由软件自己创建	0

2. 编写客户端程序

1）在编写客户端的程序之前，先要掌握“MB_CLIENT”，其参数含义见表 7-4。

表 7-4 “MB_CLIENT”的参数含义

序号	“MB_CLIENT”的管脚参数	参数类型	数据类型	含　义
1	REQ	输入	BOOL	与 Modbus-TCP 服务器之间的通信请求，1 有效
2	DISCONNECT	输入	BOOL	0：与连接伙伴建立通信连接 1：与连接伙伴断开通信连接
3	MB_MODE	输入	USINT	选择 Modbus 请求模式（0=读取、1=写入或诊断）
4	MB_DATA_ADDR	输入	UDINT	由“MB_CLIENT”指令所访问数据的起始地址
5	MB_DATA_LEN	输入	UINT	数据长度：数据访问的位数或字数
6	DONE	输出	BOOL	只要最后一个作业成功完成，立即将输出参数 DONE 的位置位为“1”
7	BUSY	输出	BOOL	0：无 Modbus 请求在进行中；1：正在处理 Modbus 请求
8	ERROR	输出	BOOL	0：无错误；1：出错。出错原因由参数 STATUS 指示
9	STATUS	输出	WORD	指令的详细状态信息

“MB_CLIENT”中 MB_MODE、MB_DATA_ADDR 的组合可以定义消息中所使用的功能码及操作地址，见表 7-5。

表 7-5 通信对应的功能码及地址

MB_MODE	MB_DATA_ADDR	功能块	功能和数据类型
0	起始地址：1~9999	01	读取输出位
0	起始地址：10001~19999	02	读取输入位
0	起始地址： 40001~49999 400001~465535	03	读取保持存储器
0	起始地址：30001~39999	04	读取输入字
1	起始地址：1~9999	05	写入输出位
1	起始地址： 40001~49999 400001~46553	06	写入保持存储器
1	起始地址：1~9999	15	写入多个输出位
1	起始地址： 40001~49999 400001~46553	16	写入多个保持存储器
2	起始地址：1~9999	15	写入一个或多个输出位
2	起始地址： 40001~49999 400001~465535	16	写入一个或多个保持存储器

2）编写完整梯形图，如图 7-21 所示，当 REQ 为 1（即 I0.0=1），MB_MODE=1 和 MB_DATA_ADDR=40001 时，客户端把 DB1.DBW0 的数据向机器人传送。

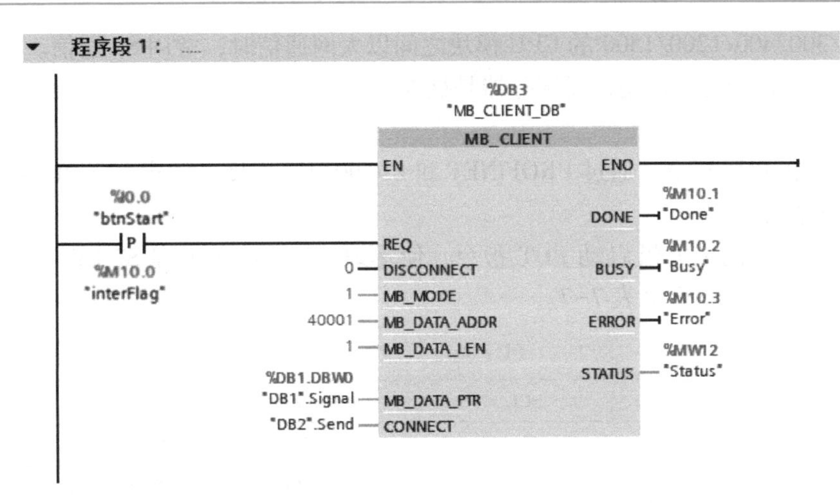

图 7-21　客户端的程序

3. 编写埃夫特机器人程序

PLC 与埃夫特机器人地址的对应关系见表 7-6。

表 7-6　PLC 与埃夫特机器人地址的对应关系

序　　号	PLC 发送地址	机器人接收地址
1	40001	ER_ModbusGet. IIn[0]
2	40002	ER_ModbusGet. IIn[1]
3	40003	ER_ModbusGet. IIn[2]
4	40004	ER_ModbusGet. IIn[3]

以下是一段简单的程序，当机器人接收到数据 100 后，从点 cp0 运行到 ap0。

```
WHILE TRUE DO
    IF IoIIn[0] = 100 THEN
        Lin(cp0)
        PTP(ap0)
        WaitIsFinished()
        IoIOut[2] := 200
    END_IF
END_WHILE
```

注意：本例中，机器人的 IP 地址要设置为 192.68.0.2，端口号设为 502。通常 Modbus 通信，端口号设为 502。

7.4　S7-1200/1500 PLC 的 S7 通信及其应用

7.4.1　S7 通信基础

1. S7 通信简介

S7 通信（S7 Communication）集成在每一个 SIMATIC S7/M7 和 C7 的系统中，属于 OSI 参考模型第 7 层应用层的协议，它独立于各个网络，可以应用于多种网络（MPI、PROFIBUS、工业以太网）。在 SIMATIC S7 中，通过组态建立 S7 连接来实现 S7 通信。在 PC 上，S7 通信需要通过 SAPI-S7 接口函数或 OPC（过程控制用对象链接与嵌入）实现。S7-

200 SMART/300/400/1200/1500 的 CPU 模块之间以太网通信时，常用 S7 通信。

S7 通信的客户端是主控端，而服务器是被控端。

2. 指令说明

使用 GET 和 PUT 指令，通过 PROFINET 和 PROFIBUS 连接，创建 S7 CPU 通信。

（1）PUT 指令

控制输入 REQ 的上升沿启动 PUT 指令，使本地 S7 CPU 向远程 S7 CPU 中写入数据。PUT 指令的输入/输出参数见表 7-7。

表 7-7　PUT 指令的输入/输出参数

<table>
<tr><th>LAD</th><th>SCL</th><th>输入/输出</th><th>说　明</th></tr>
<tr><td rowspan="8">PUT
Remote - Variant
EN　ENO
REQ　DONE
ID　ERROR
ADDR_1　STATUS
SD_1</td><td rowspan="8">"PUT_DB" (
req:=_bool_in_,
ID:=_word_in_,
ndr=>_bool_out_,
error=>_bool_out_,
STATUS=>_word_out_,
addr_1:=_remote_inout_,
[...addr_4:=_remote_inout_,]
sd_1:=_variant_inout_
[,...sd_4:=_variant_inout_]);</td><td>EN</td><td>使能</td></tr>
<tr><td>REQ</td><td>上升沿启动发送操作</td></tr>
<tr><td>ID</td><td>S7 连接号</td></tr>
<tr><td>ADDR_1</td><td>指向接收方的地址的指针。该指针可指向任何存储区</td></tr>
<tr><td>SD_1</td><td>指向本地 CPU 中待发送数据的存储区</td></tr>
<tr><td>DONE</td><td>• 0：请求尚未启动或仍在运行
• 1：已成功完成任务</td></tr>
<tr><td>STATUS</td><td>故障代码</td></tr>
<tr><td>ERROR</td><td>是否出错：0 表示无错误，1 表示有错误</td></tr>
</table>

（2）GET 指令

使用 GET 指令从远程 S7 CPU 中读取数据。读取数据时，远程 CPU 可处于 RUN 或 STOP 模式下。GET 指令的输入/输出参数见表 7-8。

表 7-8　GET 指令的输入/输出参数

<table>
<tr><th>LAD</th><th>SCL</th><th>输入/输出</th><th>说　明</th></tr>
<tr><td rowspan="9">GET
Remote - Variant
EN　ENO
REQ　NDR
ID　ERROR
ADDR_1　STATUS
RD_1</td><td rowspan="9">"GET_DB"(
req:=_bool_in_,
ID:=_word_in_,
ndr=>_bool_out_,
error=>_bool_out_,
STATUS=>_word_out_,
addr_1:=_remote_inout_,
[… addr _ 4: = _ remote _ inout_,]
rd_1:=_variant_inout_ [,… rd_4:=_variant_inout_]);</td><td>EN</td><td>使能</td></tr>
<tr><td>REQ</td><td>通过由低到高的（上升沿）信号启动操作</td></tr>
<tr><td>ID</td><td>S7 连接号</td></tr>
<tr><td>ADDR_1</td><td>指向远程 CPU 中存储待读取数据的存储区</td></tr>
<tr><td>RD_1</td><td>指向本地 CPU 中存储待读取数据的存储区</td></tr>
<tr><td>DONE</td><td>• 0：请求尚未启动或仍在运行
• 1：已成功完成任务</td></tr>
<tr><td>STATUS</td><td>故障代码</td></tr>
<tr><td>NDR</td><td>新数据就绪：
•0：请求尚未启动或仍在运行
•1：已成功完成任务</td></tr>
<tr><td>ERROR</td><td>是否出错：0 表示无错误，1 表示有错误</td></tr>
</table>

注意：

1）S7 通信是西门子公司产品的专用保密协议，不与第三方产品（如三菱 PLC）通信，是非实时通信。

2）与第三方 PLC 进行以太网通信常用 OUC（即开放用户通信，包括 TCP、UDP 和 ISO_on_TCP 等），是非实时通信。

7.4.2　S7-1500 PLC 与 S7-1200 PLC 之间的 S7 通信应用

在工程中，西门子 CPU 模块之间的通信，采用 S7 通信比较常见，例如，立体仓库中用了多台 S7-1200 CPU 模块，多采用 S7 通信。以下用一个例子介绍 S7-1500 PLC 与 S7-1200 PLC 之间的 S7 通信。

【例 7-4】有两台设备，要求从设备 1 上的 CPU 1511T-1PN 的 MB10 发出 1 个字节到设备 2 的 CPU 1211C 的 MB10，从设备 2 上的 CPU 1211C 的 IB0 发出 1 个字节到设备 1 的 CPU 1511T-1PN 的 QB0。

解：

1. 软硬件配置

本例用到的软硬件如下。

① 1 台 CPU 1511T-1PN 和 1 台 CPU 1211C。

② 1 台 4 口交换机。

③ 2 根带 RJ45 接头的屏蔽双绞线（正线）。

④ 1 台个人计算机（含网卡）。

⑤ 1 套 TIA Portal V17。

2. 硬件组态过程

本例的硬件组态采用在线组态方法，也可以采用离线组态方法。

1）新建项目。先打开 TIA Portal，再新建项目，本例命名为“S7_1500to1200”，接着单击“项目视图”按钮，切换到项目视图，如图 7-22 所示。

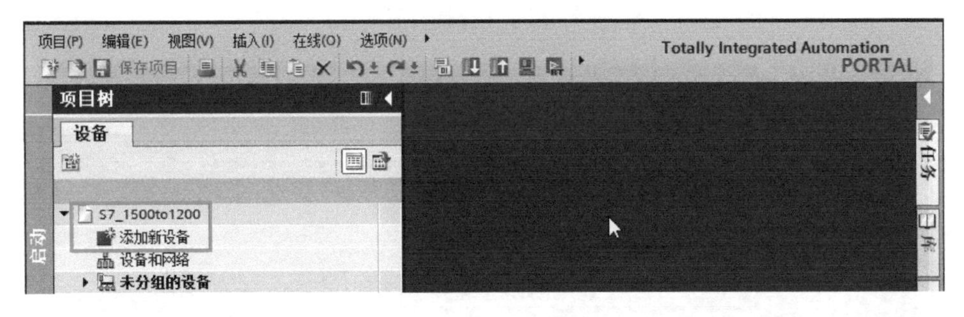

图 7-22　例 7-4 新建项目

2）S7-1500 硬件配置。如图 7-22 所示，在 TIA Portal 软件项目视图的项目树中，双击“添加新设备”选项，弹出如图 7-23 所示的界面，按图进行设置，最后单击“确定”按钮，弹出如图 7-24 所示的界面，单击“获取”，弹出如图 7-25 所示的界面，选择 PG/PC 接口的类型和接口（标记①处），单击“开始搜索”按钮，选中搜索到的“plc_1”，单击“检测”按钮，检测出在线的硬件组态。当有硬件时，在线组态既快捷又准确，当没有硬件时，则只能用离线组态方法。

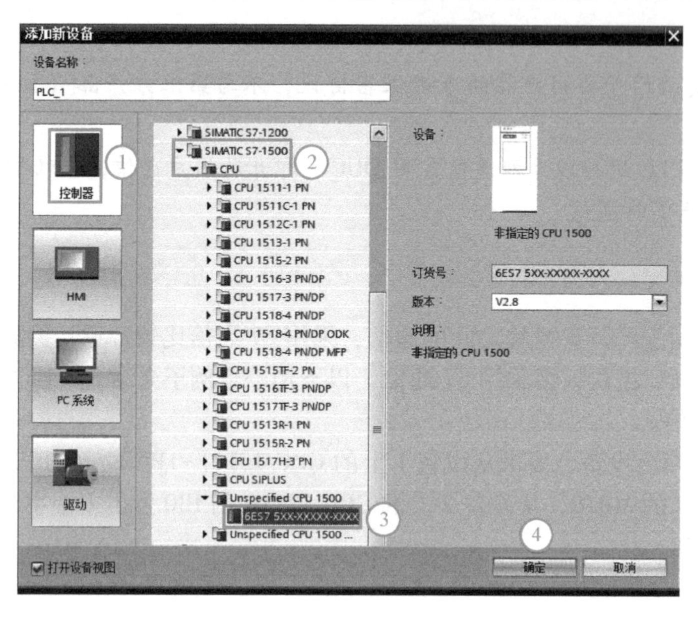

图 7-23　PLC_1 硬件检测（一）

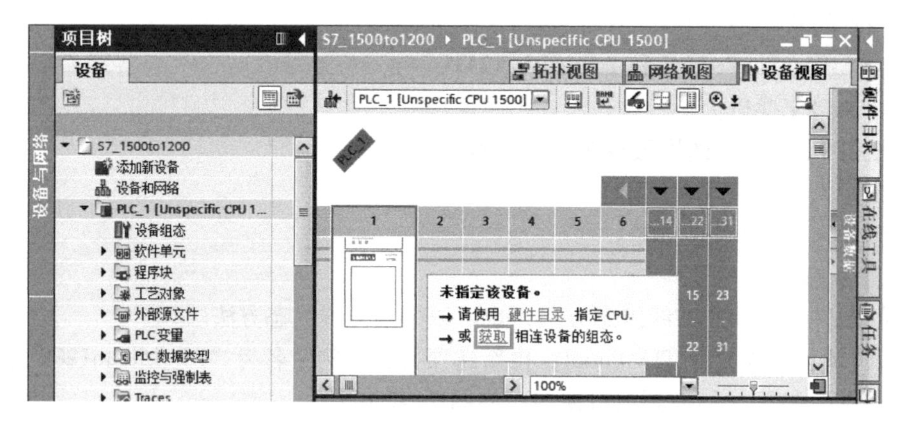

图 7-24　PLC_1 硬件检测（二）

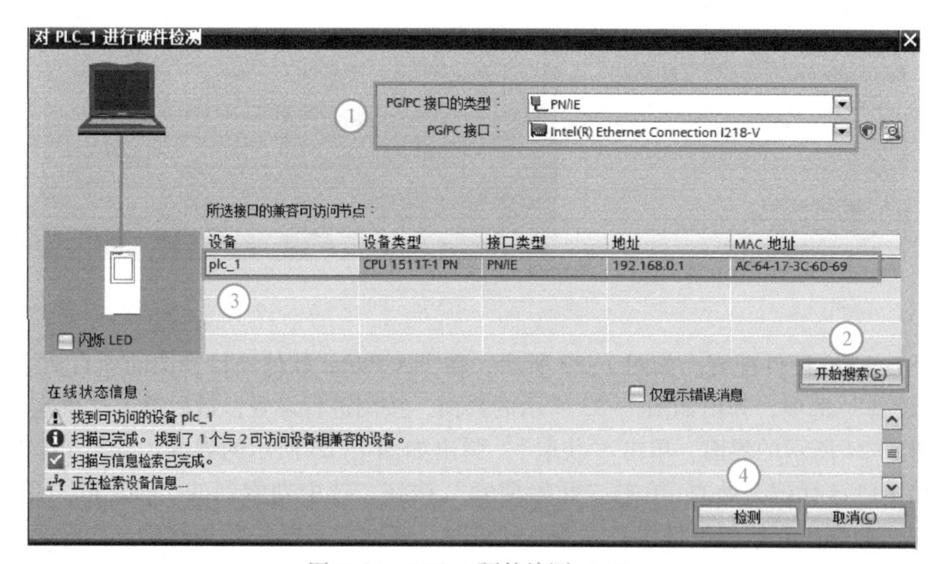

图 7-25　PLC_1 硬件检测（三）

3）启用“系统和时钟存储器”。先选中 PLC_1 的“设备视图”选项卡（标号①处），再选中常规选项卡中的“系统和时钟存储器”（标号⑤处）选项，勾选“启用时钟存储器字节”，如图 7-26 所示。

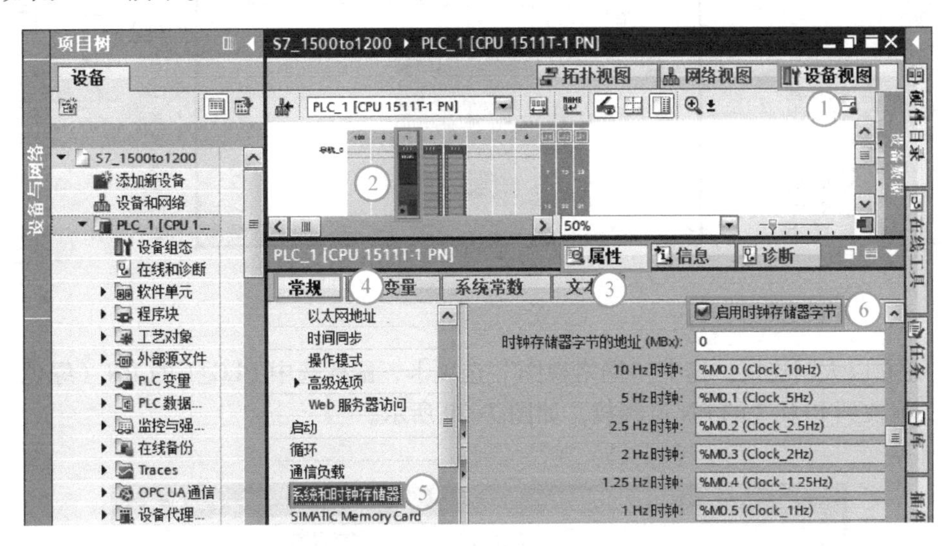

图 7-26　启用时钟存储器字节

4）S7-1200 硬件配置。如图 7-24 所示，在 TIA Portal 软件项目视图的项目树中，双击“添加新设备”按钮，弹出如图 7-27 所示的界面，按图进行设置，最后单击“确定”按钮，检测出在线的硬件组态，检测过程不详细介绍，检测完成后如图 7-28 所示。

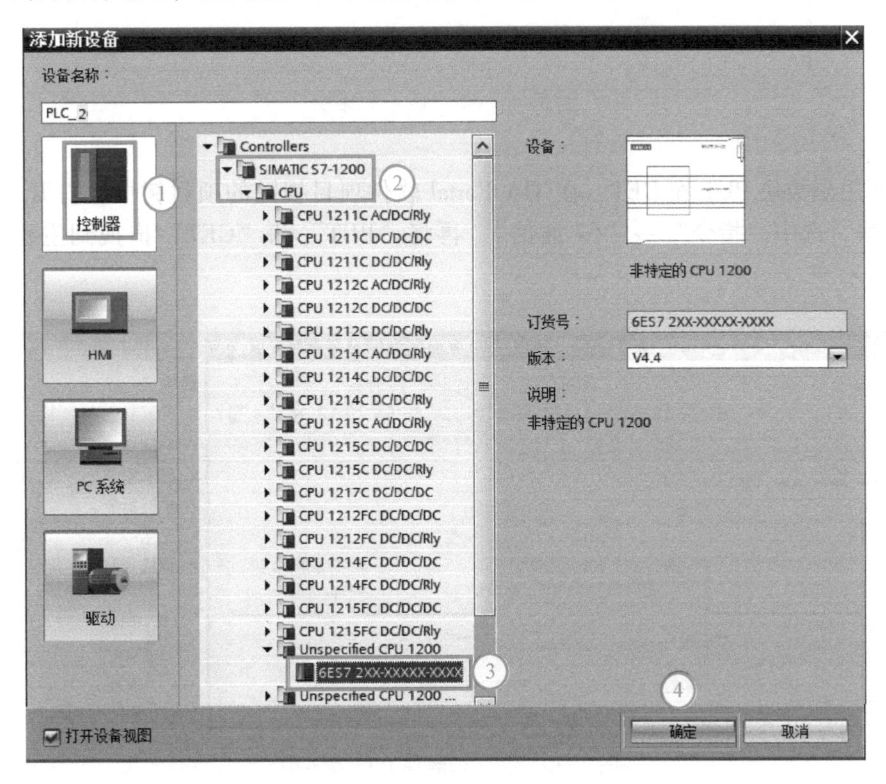

图 7-27　PLC_2 硬件检测（一）

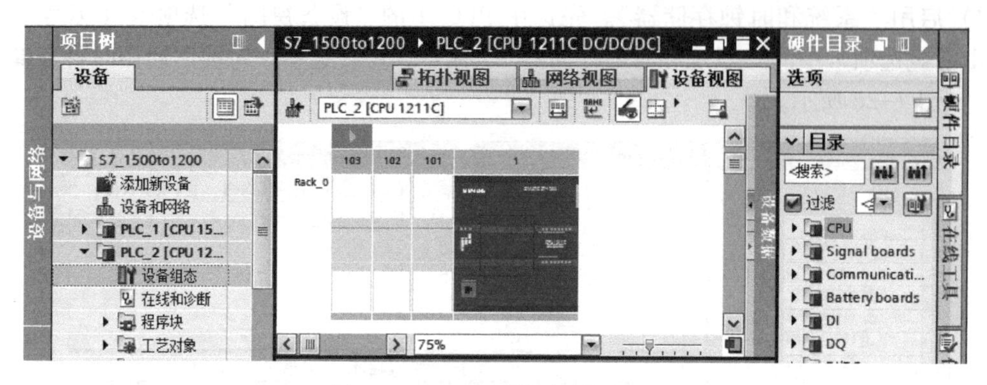

图 7-28　PLC_2 硬件检测（二）

5）建立以太网连接。选中“网络视图”选项卡，鼠标选中 PLC_1 的 PN（绿色）并按住不放，拖拽到 PLC_2 的 PN 口释放，如图 7-29 所示。

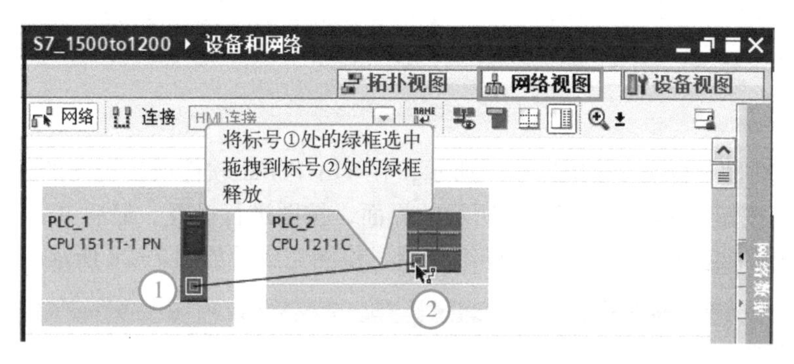

图 7-29　建立以太网连接

6）调用函数块 PUT 和 GET。在 TIA Portal 软件项目视图的项目树中，打开“PLC_1”的主程序块，选中“指令”→“S7 通信”，再将“PUT”和“GET”拖拽到主程序块，如图 7-30 所示。

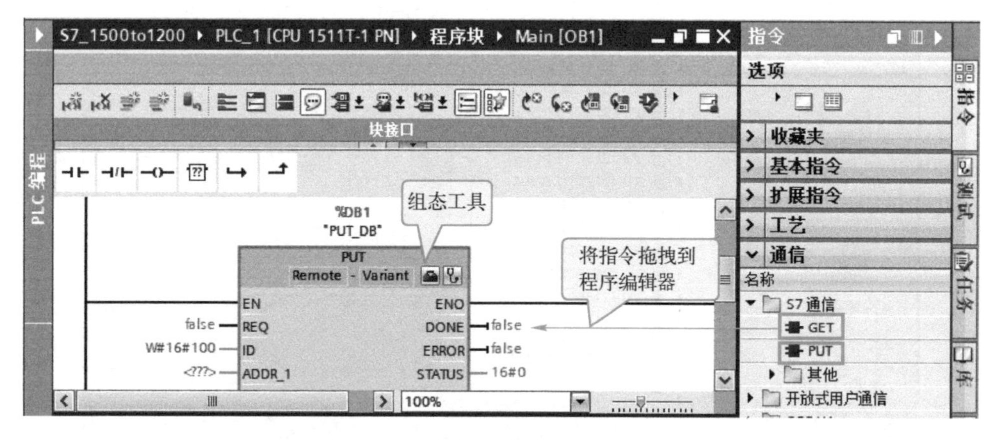

图 7-30　调用函数块 PUT 和 GET

7）配置客户端连接参数。选中“属性”→“连接参数”选项，如图 7-31 所示。先选择“伙伴”为“PLC_2”，其余参数选择默认生成的参数。

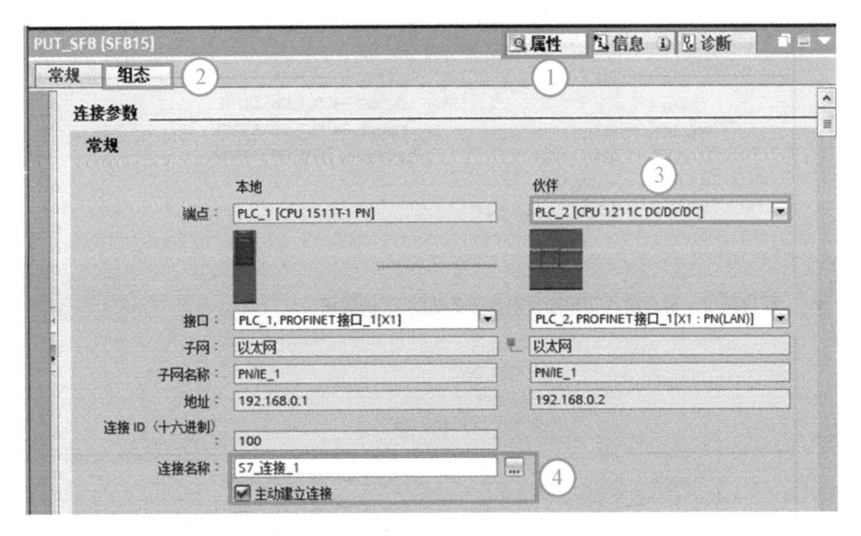

图 7-31　配置连接参数

8）更改连接机制。选中“属性”→“常规”→“防护与安全”→“连接机制”选项，如图 7-32 所示，勾选“允许来自远程对象的 PUT/GET 通信访问”，服务器和客户端都要进行这样的更改。

注意： 这一步很容易遗漏，如果遗漏则不能建立有效的通信。顺便指出 MCGS 的触摸屏与 S7-1200/1500 的以太网通信、OPC 与 S7-1200/1500 的以太网通信均需要进行图 7-32 所示的设置。

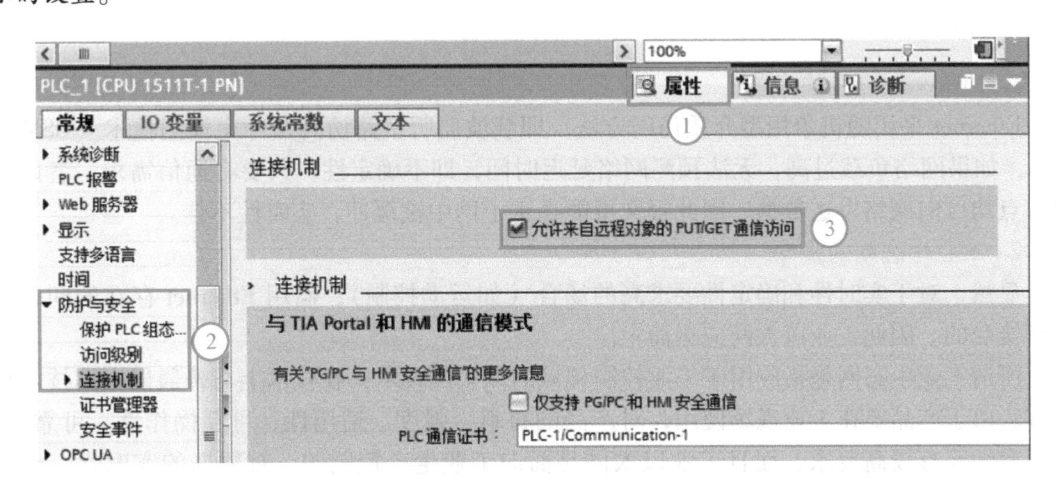

图 7-32　更改连接机制

9）编写程序。客户端的梯形图如图 7-33 所示，服务器无须编写程序，这种通信方式称为单边通信。以下解读程序，程序中 P#M10.0 BYTE 1 就是地址 MB10，同理 P#Q0.0 BYTE 1 就是地址 QB0。

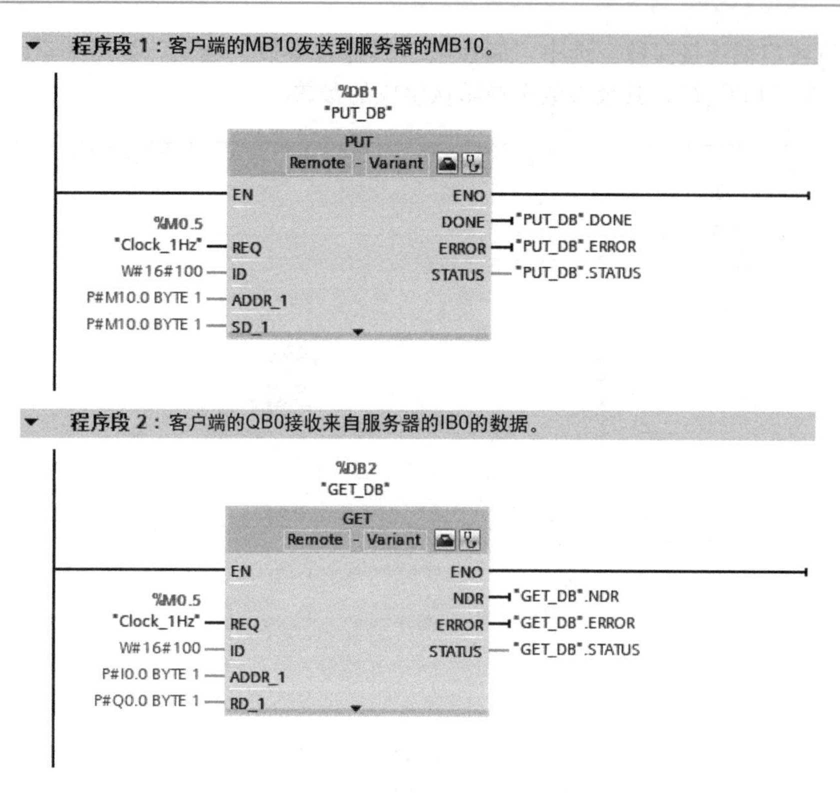

图 7-33　客户端的梯形图

7.5　PROFINET IO 通信

7.5.1　工业以太网介绍

1. Ethernet 存在的问题

Ethernet 采用随机争用型介质访问方法，即载波监听多路访问及冲突检测技术（CSMA/CD），如果网络负载过高，无法预测网络延迟时间，即不确定性。只要有通信需求，各以太网节点均可向网络发送数据，因此报文可能在主干网中被缓冲，实时性不佳。

2. 工业生态网的概念

显然，对于实时性和确定性要求高的场合（如运动控制），商用 Ethernet 存在的问题是不可接受的。因此工业以太网应运而生。

所谓工业生态网是指应用于工业控制领域的以太网技术，在技术上与普通以太网技术相兼容。由于产品要在工业现场使用，对产品的材料、强度、适用性、可互操作性、可靠性、抗干扰性等有较高要求，而且工业以太网是面向工业生产控制的，对数据的实时性、确定性、可靠性等有很高的要求。

常见的工业以太网标准有 PROFINET、Modbus-TCP、Ethernet/IP 和我国的 EPA 等。

7.5.2　PROFINET IO 通信基础

1. PROFINET IO 简介

PROFINET IO 通信主要用于模块化、分布式控制，通过以太网直接连接现场设备（IO-

Device)。PROFINET IO 通信是全双工点到点方式通信。一个 IO 控制器（IO-Controller）最多可以和 512 个 IO 设备进行点到点通信，按照设定的更新时间双方对等发送数据。一个 IO 设备的被控对象只能被一个控制器控制。在共享 IO 控制设备模式下，一个 IO 站点上不同的 IO 模块、同一个 IO 模块中的通道都可以最多被 4 个 IO 控制器共享，但输出模块只能被一个 IO 控制器控制，其他控制器可以共享信号状态信息。

由于访问机制是点到点的方式，S7-1200/1500 PLC 的以太网接口可以作为 IO 控制器连接 IO 设备，又可以作为 IO 设备连接到上一级控制器。

2. PROFINET IO 的特点

1）现场设备（IO-Devices）通过 GSD 文件的方式集成在 TIA Portal 软件中，其 GSD 文件以 XML 格式保存。

2）PROFINET IO 控制器可以通过 IE/PB LINK（网关）连接到 PROFIBUS-DP 从站。

3. PROFINET IO 三种执行水平

（1）非实时数据通信（NRT）

PROFINET 是工业以太网，采用 TCP/IP 标准通信，响应时间为 100 ms，用于工厂级通信。组态和诊断信息、上位机通信时可以采用。

（2）实时（RT）通信

对于现场传感器和执行设备的数据交换，响应时间为 5～10 ms（DP 满足）。PROFINET 提供了一个优化的、基于第二层的实时通道，解决了实时性问题。

PROFINET 的实时数据优先级传递，标准的交换机可保证实时性。

（3）等时同步实时（IRT）通信

在通信中，对实时性要求较高的是运动控制。这种通信 100 个节点以下要求响应时间是 1 ms，抖动误差不大于 1 μs。等时同步实时数据传输需要特殊交换机（如 SCALANCE X-200 IRT）。

7.5.3　S7-1200/1500 PLC 与分布式模块 ET200SP 之间的 PROFINET 通信

【例 7-5】用 S7-1500 PLC 与分布式模块 ET200SP，实现 PROFINET 通信。某系统的控制器有 CPU 1511T -1PN、IM155-6PN 和 SM521 组成，要用 CPU1511T -1PN 上的两个按钮控制与分布式模块 ET200SP 相连的一台电动机的起停。

视频
S7-1500 PLC 与分布式模块 ET200SP 之间的 PROFINET 通信

解：

1. 设计电气原理图

本例用到的软硬件如下：

① 1 台 CPU 1511T-1PN。

② 1 台 IM155-6PN。

③ 1 台 SM521。

④ 1 台个人计算机（含网卡）。

⑤ 1 套 TIA Portal V17。

⑥ 1 根带 RJ45 接头的屏蔽双绞线（正线）。

电气原理图如图 7-34 所示。将 CPU1511 的以太网口 X1P1 或 X1P2 与分布式模块的 IM155-6PN 的网口 P1R 或 P2R 由网线连接在一起。控制器采用 S7-1200PLC 时，仅硬件组态不同。

2. 编写控制程序

1）新建项目。打开 TIA Portal，新建项目，本例命名为“ET200SP”，单击“项目视

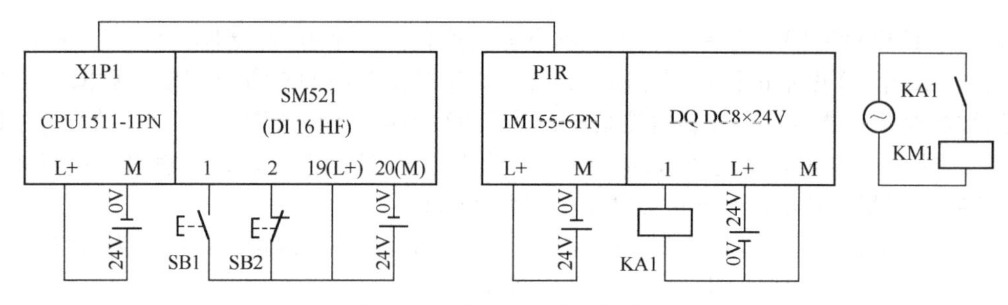

图 7-34 例 7-5 电气原理图

图”按钮，切换到项目视图。

2）硬件配置。在 TIA Portal 软件项目视图的项目树中，双击“添加新设备”按钮，添加 CPU 模块和数字量输入模块 SM521，如图 7-35 所示，选中“设备视图”→“设备概览”，可以看到数字量输入模块的地址是 IB0 和 IB1。再对照图 7-34 的接线，起动按钮 SB1 对应的地址是 I0.0，停止按钮 SB2 对应的地址是 I0.1。

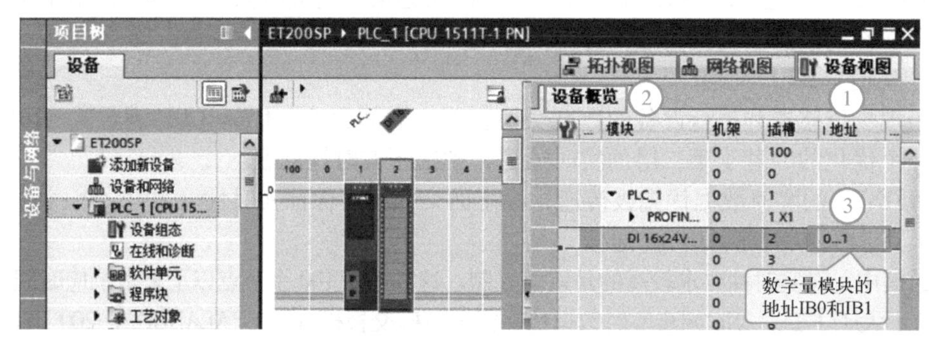

图 7-35 例 7-5 硬件配置

3）在线检测 IM155-6 PN 模块。在 TIA Portal 软件项目视图的项目树中，单击“在线”→“硬件检测”→“网络中的 PROFINET 设备”，如图 7-36 所示，弹出如图 7-37 所示的界面，选择 PG/PC 接口的类型和接口，单击“开始搜索”按钮，勾选搜索到的设备（本例为 io1），单击“添加设备”按钮，io1 设备被添加到网络视图中。

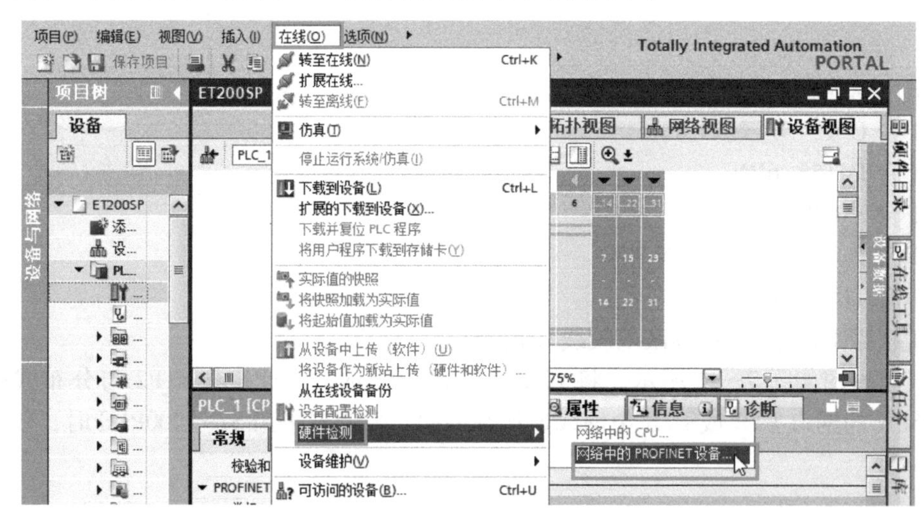

图 7-36 在线检测 IM155-6 PN 模块（一）

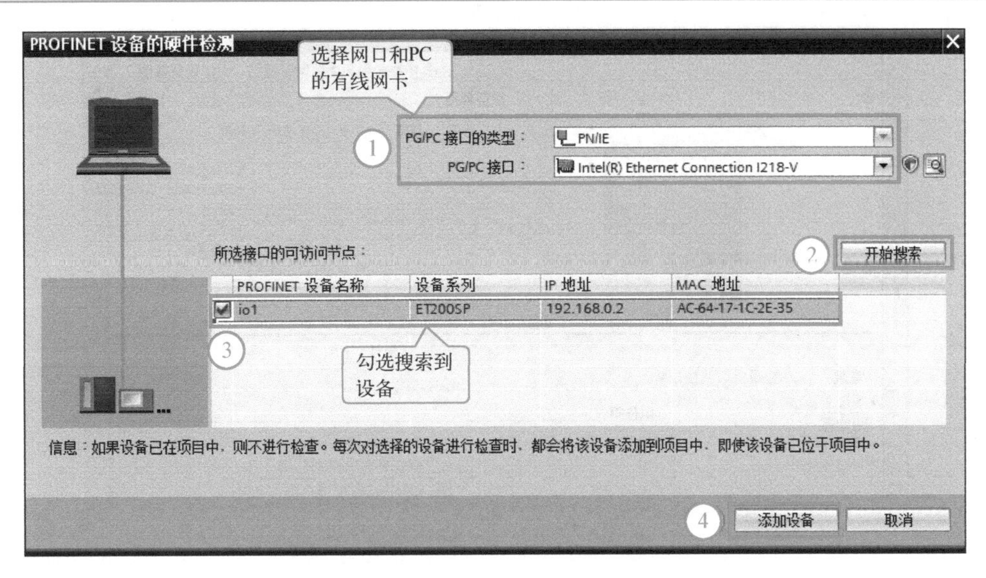

图 7-37　在线检测 IM155-6 PN 模块（二）

4）建立 IO 控制器（本例为 CPU 模块）与 IO 设备的连接。选中“网络视图”（①处）选项卡，鼠标选中 PLC_1 的 PN 口（②处）并按住不放，拖拽到 io 1 的 PN 口（③处）释放，如图 7-38 所示。

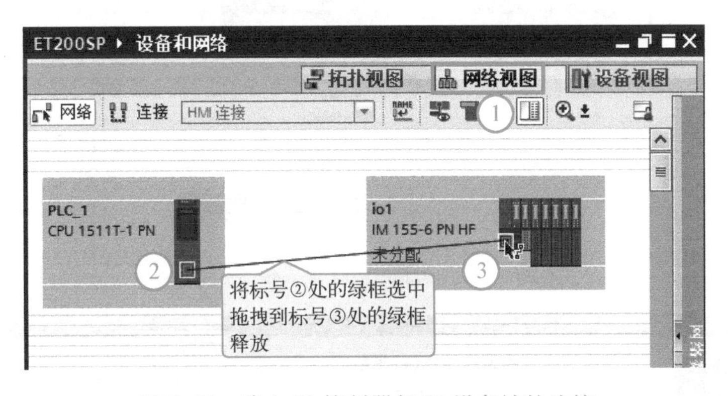

图 7-38　建立 IO 控制器与 IO 设备站的连接

5）启用电位组，查看数字量输出模块地址。在“设备视图”中，先选中模块（标号②处），再选中“电位组”中的“启用新的电位组”。注意所有的浅色底板都要启用电位组。数字量输出模块的地址为 QB2，如图 7-39 所示，编写程序时，要与此处的地址匹配。再对照图 7-34 的接线，所以线圈 KA1 对应的地址是 Q2. 0。

6）分配 IO 设备名称。在线组态一般不需要分配 IO 设备名称，通常离线组态需要此项操作。选中“网络视图”选项卡，再用鼠标选中 PROFINET 网络，即“PN/IE_1”（标记为②处），右击鼠标，弹出快捷菜单，如图 7-40 所示，单击非“分配设备名称”命令。

如图 7-41 所示，单击“更新列表”按钮，系统自动搜索 IO 设备，当搜索到 IO 设备后，再单击“分配名称”按钮。

分配 IO 设备名称的目的是确保组态时的设备名称与实际的设备名称一致，或者用于按照设计要求修改设备名。

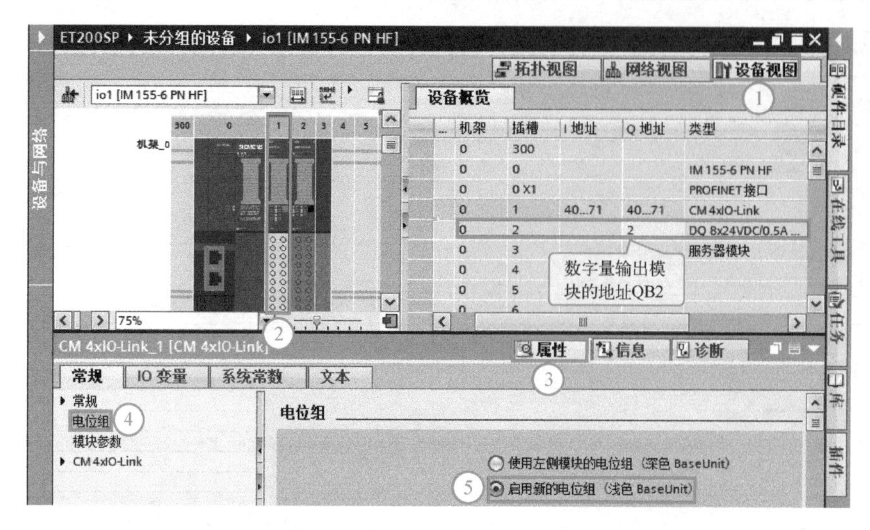

图 7-39　启用电位组，查看数字量输出模块地址

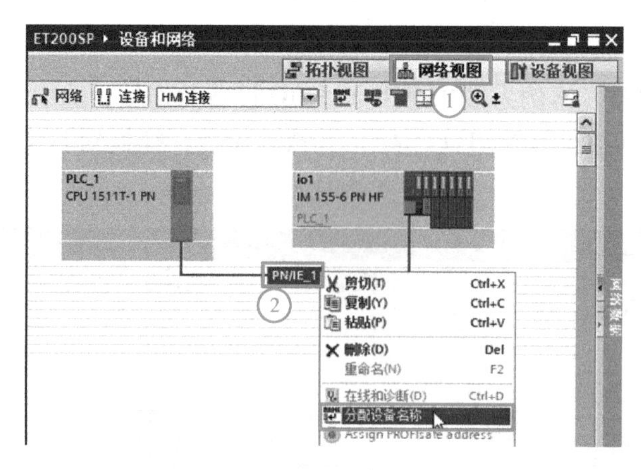

图 7-40　分配 IO 设备名称（一）

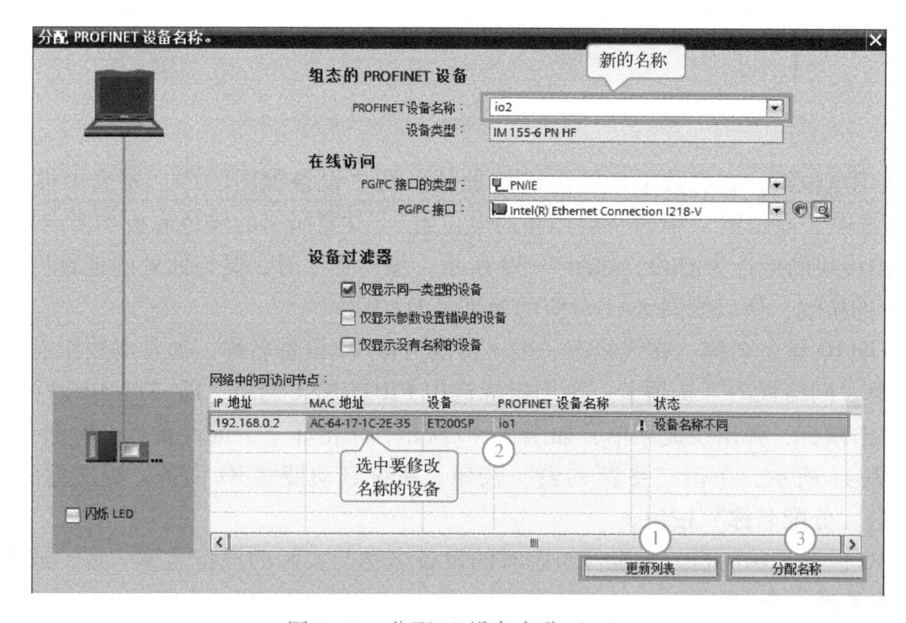

图 7-41　分配 IO 设备名称（二）

7）编写程序。只需要在 IO 控制器（CPU 模块）中编写程序，如图 7–42 所示，而 IO 设备（本项目模块无 CPU，也无法编写程序）中并不需要编写程序。

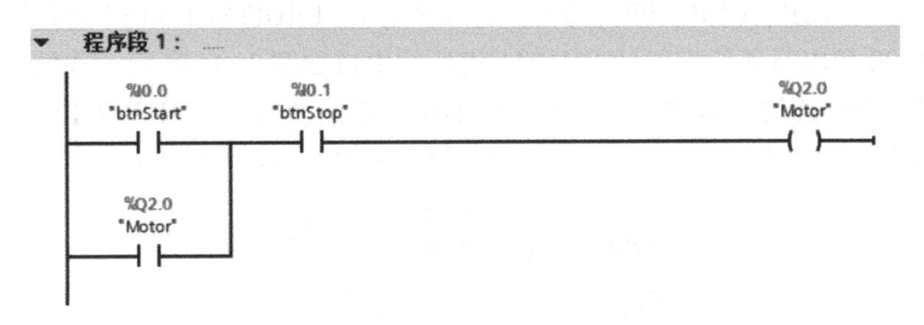

图 7–42　IO 控制器中的程序

任务小结

1）用 TIA Portal 软件进行硬件组态时，使用拖拽功能，能大幅提高工程效率，必须掌握。

2）在下载程序后，如果硬件无故障，但报总线故障（ERROR/ER/BF 灯红色），一般情况是组态时，IO 设备的设备名或 IP 地址与实际设备的 IO 设备的设备名或 IP 地址不一致。此时，需要重新分配 IP 地址或设备名。

3）分配 IO 设备的设备名和 IP 地址，应在线完成，也就是说必须有在线的硬件设备。

7.6　串行通信及其应用

7.6.1　Modbus 通信介绍

1. Modbus 通信协议简介

Modbus 是 MODICON 公司（莫迪康公司，现已并入施耐德公司）于 1979 年开发的一种通信协议，是一种工业现场总线协议标准。1996 年施耐德公司推出了基于以太网 TCP/IP 的 Modbus 协议，即 Modbus–TCP。

Modbus 协议是一项应用层报文传输协议，包括 Modbus–ASCII、Modbus–RTU、Modbus–TCP 三种报文类型，协议本身并没有定义物理层，只是定义了控制器能够认识和使用的消息结构，而无论它们是经过何种网络进行通信的。

标准的 Modbus 协议物理层接口有 RS232、RS422、RS485 和以太网口。采用 Master/Slave（主/从）方式通信。

Modbus 在 2004 年成为我国国家标准。

Modbus–RTU 的协议的帧规格如图 7–43 所示。

地址字段	功能代码	数据	出错检查(CRC)
1字节	1字节	0~252字节	2字节

图 7–43　Modbus–RTU 的协议的帧规格

2. S7-1200/1500 PLC 支持的协议

1）S7-1200/1500 CPU 模块的 PN/IE 接口（以太网口，见图 7-44）支持用户开放通信（含 Modbus-TCP、TCP、UDP、ISO、ISO_on_TCP 等）、PROFINET 和 S7 通信协议等。

2）S7-1200 的串行通信配置的 CM1241 模块的串口如图 7-44 所示，支持 Modbus-RTU、自由口通信和 USS 通信协议等。S7-1500 的串行通信要配置 CM PtP RS232 或 CM PtP RS485/422 串行通信模块，进行 Modbus-RTU 通信需要串行通信模块中的高性能型模块。

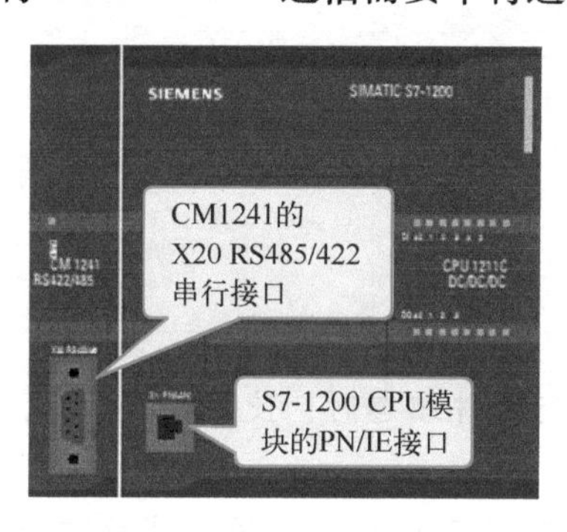

图 7-44　S7-1200 PLC 的通信接口

7.6.2　Modbus 通信指令

1. Modbus_Comm_Load 指令

Modbus_Comm_Load 指令用于 Modbus RTU 协议通信的 SIPLUS I/O 或 PtP 端口的通信参数的初始化，如通信参数不修改，则只需运行一次即可。Modbus RTU 端口硬件选项：最多安装 3 个 CM（RS-485 或 RS-232）及 1 个 CB（RS-485）。主站和从站都要调用此指令，Modbus_Comm_Load 指令的输入/输出参数见表 7-9。

表 7-9　Modbus_Comm_Load 指令的输入/输出参数

LAD	输入/输出	说　明
MB_COMM_LOAD EN　ENO REQ　DONE PORT　ERROR BAUD　STATUS PARITY FLOW_CTRL RTS_ON_DLY RTS_OFF_DLY RESP_TO MB_DB	EN	使能
	REQ	上升沿时信号启动操作
	PORT	硬件标识符
	PARITY	奇偶校验选择： • 0-无 • 1-奇校验 • 2-偶校验
	MB_DB	对 Modbus_Master 或 Modbus_Slave 指令所使用的背景数据块的引用
	DONE	上一请求已完成且没有出错后，DONE 位将保持为 TRUE，一个扫描周期时间
	STATUS	故障代码
	ERROR	是否出错：0 表示无错误，1 表示有错误

2. Modbus_Master 指令

Modbus_Master 指令是 Modbus 主站指令，在执行此指令之前，要执行 Modbus_Comm_Load 指令组态端口。将 Modbus_Master 指令放入程序时，自动分配背景数据块。指定

Modbus_Comm_Load 指令的 MB_DB 参数时将使用该 Modbus_Master 背景数据块。Modbus_Master 指令输入/输出参数见表 7-10。

表 7-10　Modbus_Master 指令的输入/输出参数表

LAD	输入/输出	说　明
MB_MASTER EN　ENO REQ　DONE MB_ADDR　BUSY MODE　ERROR DATA_ADDR　STATUS DATA_LEN DATA_PTR	EN	使能
	MB_ADDR	从站站地址，有效值为 0~247
	MODE	模式选择：0—读，1—写
	DATA_ADDR	从站中的起始地址，详见表 7-11
	DATA_LEN	数据长度
	DATA_PTR	数据指针：指向要写入或读取的数据的 M 或 DB 地址（未经优化的 DB 类型），详见表 7-11
	DONE	上一请求已完成且没有出错后，DONE 位将保持为 TRUE 一个扫描周期时间
	BUSY	• 0-无 Modbus_Master 操作正在进行 • 1-Modbus_Master 操作正在进行
	ERROR	是否出错；0 表示无错误，1 表示有错误
	STATUS	故障代码

前述的 Modbus_Master 指令用到了参数 MODE 与 DATA_ADDR，这两个参数在 Modbus 通信中，对应的功能码及地址见表 7-11。

表 7-11　DATA_PTR 参数与 MODBUS 保持寄存器地址的对应关系举例

MODBUS 地址	DATA_PTR 参数对应的地址	
40001	MW100	DB1DW0
40002	MW102	DB1DW2
40003	MW104	DB1DW4
40004	MW106	DB1DW6

学习小结

1）得益于免费和开放的优势，Modbus 通信协议在我国比较常用，尤其在仪表中，Modbus-RTU 很常用，此外多数国产的 PLC 支持 Modbus-RTU 通信协议。

2）在工业以太网通信中，Modbus-TCP 的占有率也名列前茅。

7.6.3　S7-1200/1500 PLC 与温度仪表之间的 Modbus-RTU 通信

视频
S7-1200 PLC 与温度仪表之间的 Modbus-RTU 通信

国产仪表支持 Modbus-RTU 通信很常见，以下用一个例子讲解 S7-1200/1500 PLC 与温度仪表之间的 Modbus-RTU 通信。

【例 7-6】要求用 S7-1200 PLC 和温度仪表（型号 KCMR-91W），采用 Modbus-RTU 通信，用串行通信模块采集温度仪表的实时温度值。

解：

1. 设计电气原理图

本任务用到的软硬件如下：

① 1 台 CPU 1211C。

② 1 台 CM1241（RS-485/422 端口）。

③ 1 台 KCMR-91W 温度仪表（配 RS-485 端口，支持 Modbus-RTU 协议）。

④ 1 根带 PROFIBUS 接头的屏蔽双绞线。

⑤ 1 套 TIA Portal V17。

电气原理图如图 7-45 所示，采用 RS-485 的接线方式，通信电缆需要 2 根屏蔽线缆，CM1241 模块侧需配置 PROFIBUS 接头，CM1241 模块无须接电源。本例的温度仪表需要接交流 220 V 电源。

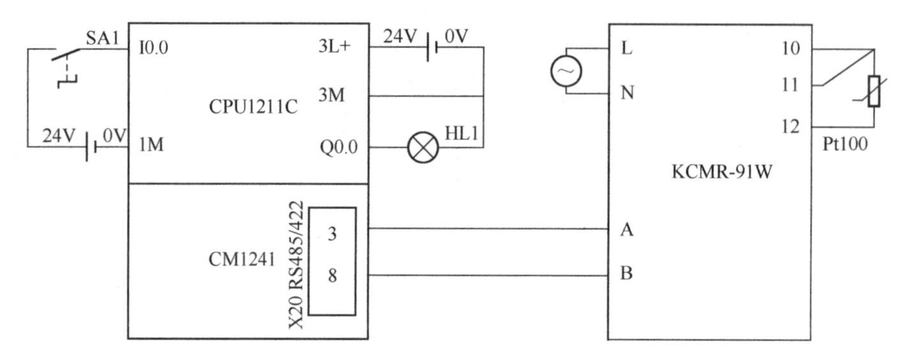

图 7-45　例 7-6 电气原理图

2. 温度仪表介绍

KCMR-91W 温度仪表有测量实时温度、报警、PID 运算和 Modbus-RTU 通信等功能，本例只使用仪表的温度测量功能，并将温度实时测量值传送到 PLC 中。

KCMR-91W 温度仪表默认的 Modbus 地址是 1；默认的波特率是 9600 bit/s；默认 8 位传送、1 位停止位、无奇偶校验；当然这些通信参数是可以重新设置的，本例不修改。参数的设置参考其手册。

KCMR-91W 温度仪表的测量值寄存器的绝对地址是 16#1001（十六进制数），对应西门子 PLC 的保持寄存器地址是 44098（十进制），这个地址在编程时要用到。这个地址由仪表厂定义，不同厂家有不同地址。

KCMR-91W 温度仪表发送给 PLC 的测量值默认是乘 10 的数值，因此 PLC 接收到的数值必须除 10，编写程序时应注意这一点。

3. 编写控制程序

1）新建项目。先打开 TIA Portal 软件，再新建项目，本例命名为“Modbus_RTU”，接着单击“项目视图”按钮，切换到项目视图。

2）硬件配置。在 TIA Portal 软件项目视图的项目树中，双击“添加新设备”按钮，先添加 CPU 模块“CPU 1211C”，并启用时钟存储器字节和系统存储器字节；再添加 CPU 模块“CPU 1211C”，并启用时钟存储器字节和系统存储器字节，如图 7-46 所示。

3）在主站中，创建数据块 DB。在项目树中，选择“Modbus_RTU”→“程序块”→“添加新块”，选中“DB”，单击“确定”按钮，新建连接数据块 DB，如图 7-47 所示，再在 DB 中创建 ReceiveData 和 RealValue。

在项目树中，如图 7-48 所示，选择“Modbus_RTU”→“程序块”→“DB”，单击鼠标右键，弹出快捷菜单，单击“属性”选项，打开“属性”界面，如图 7-49 所示，选择

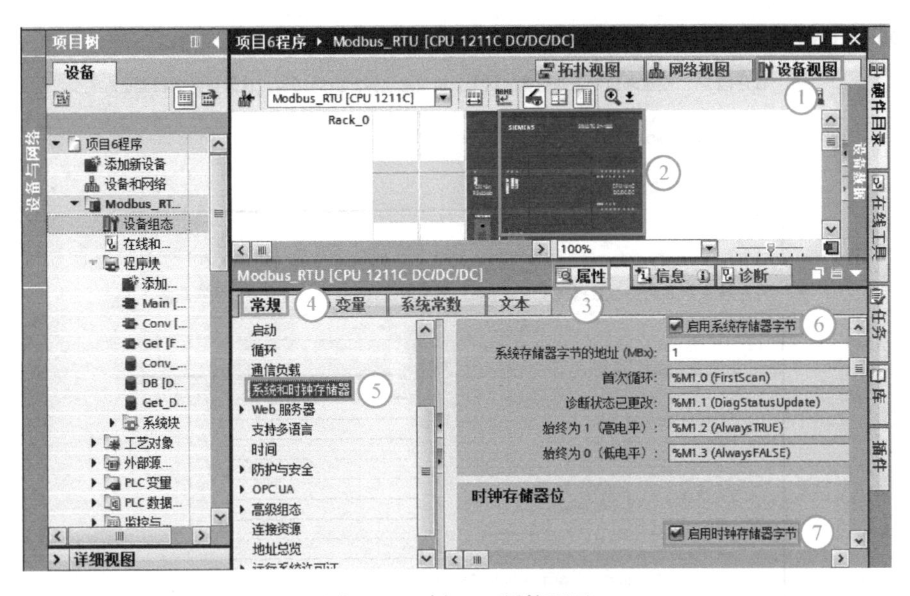

图 7-46　例 7-6 硬件配置

“属性”选项，去掉“优化的块访问”前面的对号“√”，也就是把块变成非优化访问。

DB1

		名称	数据类型	偏移量	起始值	保持
1		▼ Static				☐
2		■ ReceiveData	Word	0.0	16#0	☐
3		■ RealValue	Real	2.0	0.0	☐

图 7-47　在主站 Master 中，创建数据块 DB1

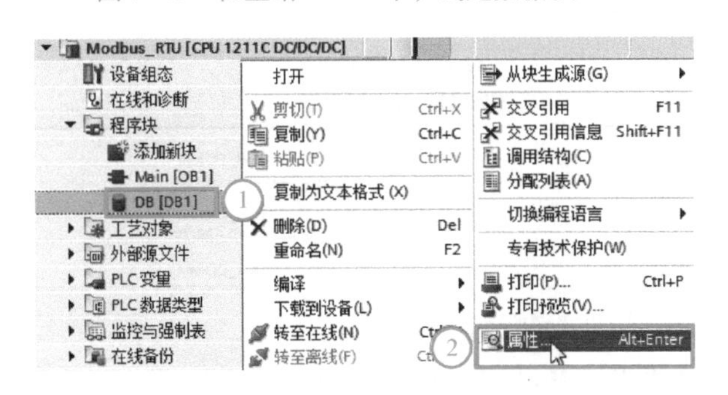

图 7-48　打开 DB1 的属性

图 7-49　修改 DB1 的属性

4）编写主站的程序。编写主站的 OB1 中的梯形图如图 7-50 所示。

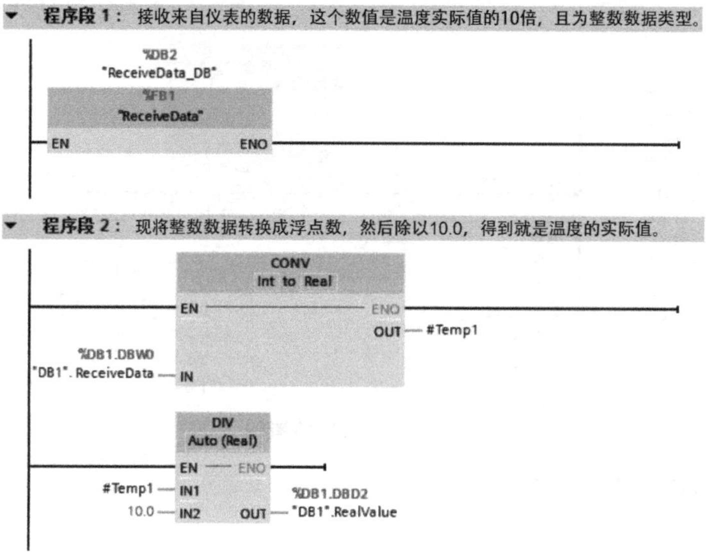

图 7-50　例 7-6 OB1 中的梯形图

编写 FB1 的梯形图如图 7-51 所示，程序段 1 的主要作用是初始化，只要温度仪表的通信参数不修改，则此程序只需要运行一次，注意，波特率和奇偶校验与 CM1241 模块的硬件组态和条形码扫描仪的一致，否则通信不能建立。

程序段 2 主要是读取数据，按按钮即可读入到数组 ReceiveData 中，温度仪表的站地址必须与程序中一致，默认为 1，可以用仪表按键修改。

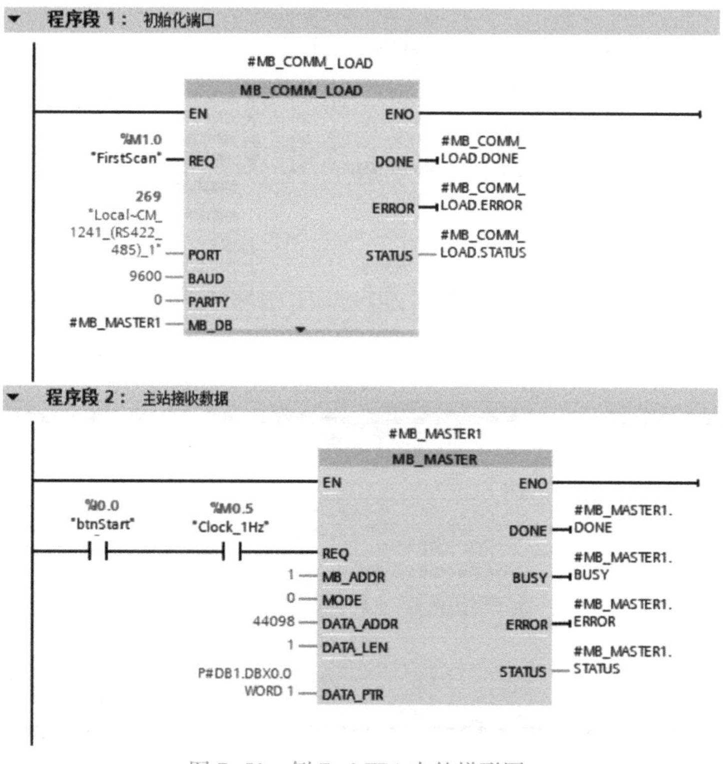

图 7-51　例 7-6 FB1 中的梯形图

任务小结

1) 特别注意：如图7-52所示的CM1241的硬件组态中要组态为“半双工”，因为温度仪表的信号线是两根(RS-485)；波特率为9.6kbit/s，无校验与图7-51中的程序要一致，温度仪表的波特率也应设置为9.6kbit/s。所以硬件组态、程序和温度仪表都要一致(三者统一)，这一点是非常重要的。

2) 采用多重实例，可少用背景数据块。

3) 仪表的设置也很重要。

图 7-52　CM1241 的组态

7.7　习题

一、单选题

1. 在通信中下列选项中说法错误的是（　　）。

A. 单工是指只能实现单向传送数据的通信方式

B. 双工是指数据可以双向传送，同一时刻既能发送数据也能接收数据，RS-485 就是“双工”通信模式

C. “双工”通信方式通常需要两对双绞线连接，通信成本较高

D. 半双工指数据可以进行双向传送，同一时刻只能发送数据或接收数据

2. 以太网双绞线的最大通信距离是（　　）m。

视频
S7-1500 PLC 之间的 TCP 通信

视频
S7-1200 PLC 与 ET200M 之间的 PROFIBUS-DP 通信

拓展学习
S7-1200 PLC 与 G120 变频器的 PN 通信 1

A. 1200　　B. 15　　C. 2000　　D. 100

3. Modbus-RTU 总线的物理层是（　　）。

A. RS-485　　B. RS-232C　　C. A 或 B

4. S7-1200 的 PN 口内置的通信协议不包含（　　）。

A. PROFINET　　B. Modbus-TCP　　C. Modbus-RTU　　D. S7

5. 以下几种通信协议不属于以太网范畴的是（　　）。

A. PROFINET　　B. Modbus-TCP　　C. EhterNet/IP　　D. PROFIBUS

6. 以下通信属于实时通信的是（　　）。

A. PROFINET IO　　B. TCP　　C. S7　　D. USS

7. 以下通信属于主从通信的是（　　）。

A. Modbus-RTU　　B. TCP　　C. S7　　D. UDP

8. RS-485 双绞线的最大通信距离是（　　）m。

A. 1200　　B. 15　　C. 2000　　D. 100

9. 某网络出现故障，但可以接收到 QQ 信息，最先排除 OSI 的（　　）无故障。

A. 物理层　　B. 应用层　　C. 数据链路层　　D. 网络层

二、问答题

1. OSI 模型分为哪几个层？各层的作用是什么？

2. 何为现场总线？列举 5 种常见的现场总线？

3. 西门子 PLC 的常见通信方式有哪几种？

4. 何谓串行通信和并行通信？

5. 何谓双工、单工和半双工？请举例说明。

6. 商用以太网和工业以太网有何异同？

7. S7-1200 PLC 进行 Modbus-RTU 通信，Modbus 地址为 40001～40015，对应数据块 DB1 的数据区是多少？对应 M 的数据区是多少？（提示：答案不唯一。）

三、编程题

1. 有 2 台 CPU1221C，1 台为客户端，1 台为服务器，要求采用 S7 通信，每秒 10 次从客户端向服务器发送 10 个字，组态硬件，并编写控制程序。

2. 有 2 台 CPU1221C，1 台为主站，1 台为从站，要求采用 Modbus-RTU 通信，每秒 10 次从主站向从站发送 10 个字，组态硬件，并编写控制程序。

3. DCS 与 CPU1214C 采用 PROFINET 通信，DCS 作为控制器站，CPU1214C 作为设备站，要求 DCS 实时采集 CPU1214C 的数据，已知 CPU1214C 的数据保存在 MB100～MB109 中，要求编写相关程序。

第 8 章　S7-1200/1500 PLC 的工艺功能及其应用

工艺功能包括高速输入、高速输出和 PID 功能，是 PLC 学习中的难点内容。学习本章掌握如下知识和技能。

1）掌握利用高速计数器的测距离和测速度编写程序。

2）掌握 PID 控制程序的编写和 PID 调节。

3）掌握利用 PLC 的高速输出点控制步进驱动系统的位置控制。

本章是 PLC 晋级的关键。

8.1　S7-1200/1500 PLC 的高速计数器及其应用

高速计数器能对超出 CPU 普通计数器能力的脉冲信号进行测量。S7-1200 CPU 提供了多个高速计数器（HSC1～HSC6）以响应快速脉冲输入信号。高速计数器的计数速度比 PLC 的扫描速度要快得多，可独立于用户程序工作，不受扫描时间的限制。用户通过相关指令和硬件组态控制计数器的工作。高速计数器的典型应用是利用光电编码器测量转速和位移。

对于 S7-1500 PLC，仅有紧凑型 CPU 模块集成了高数计数器（如 CPU1512C-1PN），其余 CPU 模块均未集成此功能，需要配置高速计数模块（如 TM Count 2×24 V）才可进行高速计数。

8.1.1　S7-1200 PLC 高速计数器的工作模式

高速计数器有 5 种工作模式，每个计数器都有时钟、方向控制、复位起动等特定输入。对于双向计数器，2 个时钟都可以运行在最高频率，高速计数器的最高计数频率取决于 CPU 的类型和信号板的类型。在正交模式下，可选择 1 倍速、双倍速或者 4 倍速输入脉冲频率的内部计数频率。高速计数器有以下 5 种工作模式。

1. 单相计数，内部方向控制

单相计数的原理如图 8-1 所示，计数器采集并记录时钟信号的个数，当内部方向信号为高电平时，计数的当前数值增加；当内部方向信号为低电平时，计数的当前数值减小。

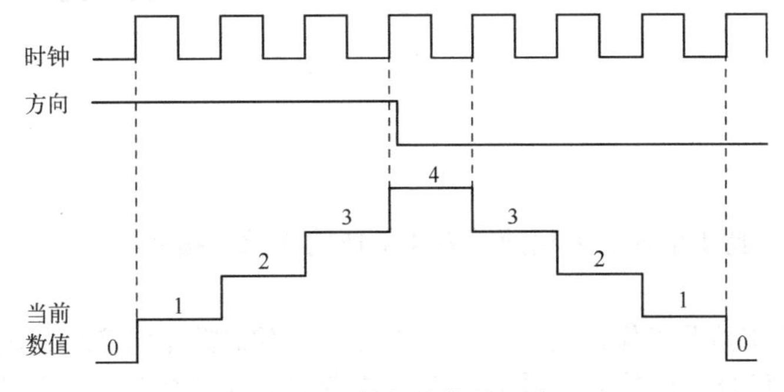

图 8-1　单相计数原理图

2. 单相计数，外部方向控制

单相计数的原理如图 8-1 所示，计数器采集并记录时钟信号的个数，当外部方向信号（例如外部按钮信号）为高电平时，计数的当前数值增加；当外部方向信号为低电平时，计数的当前数值减小。

3. 两相位计数，两路时钟脉冲输入

加减两相位计数原理如图 8-2 所示，计数器采集并记录时钟信号的个数，加计数信号端子和减计数信号端子分开。当加计数有效时，计数的当前数值增加；当减计数有效时，计数的当前数值减少。

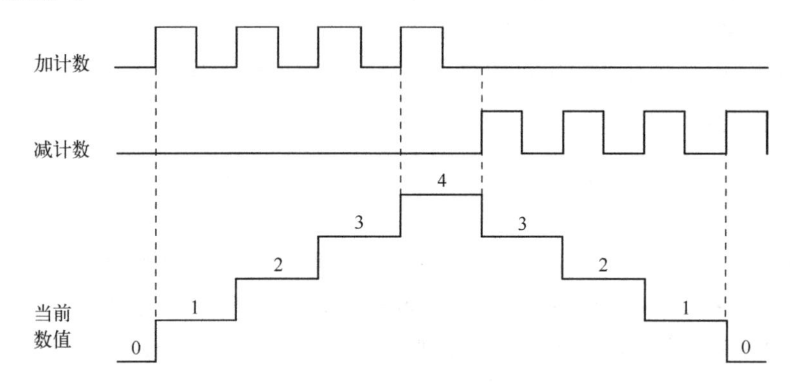

图 8-2　加减两相位计数原理图

4. A/B 相正交计数

A/B 相正交计数原理如图 8-3 所示，计数器采集并记录时钟信号的个数。A 相计数信号端子和 B 相信号计数端子分开，当 A 相计数信号超前时，计数的当前数值增加；当 B 相计数信号超前时，计数的当前数值减少。利用光电编码器（或者光栅尺）测量位移和速度时，通常采用这种模式，这种模式很常用。

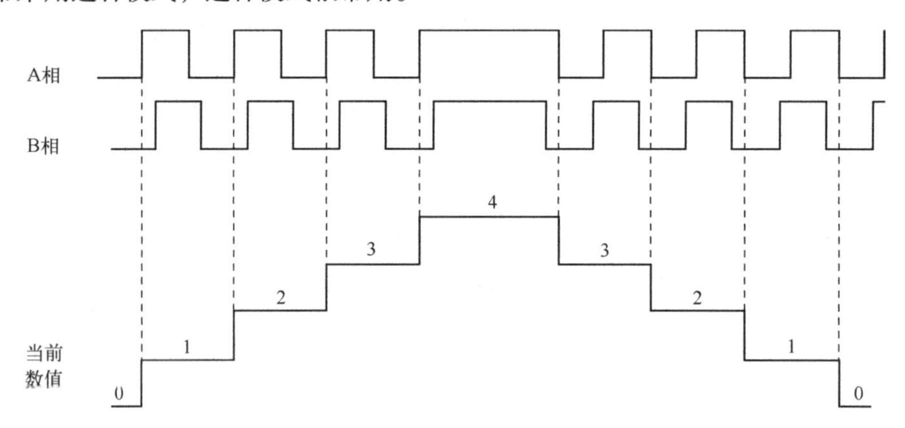

图 8-3　A/B 相正交计数原理图

S7-1200 PLC 支持 1 倍速、双倍速或者 4 倍速输入脉冲频率。

5. 监控 PTO 输出

HSC1 和 HSC2 支持此工作模式。在此工作模式，不需要外部接线，用于检测 PTO 功能发出的脉冲。如用 PTO 功能控制步进驱动系统或者伺服驱动系统，可利用此模式监控步进电动机或者伺服电动机的位置和速度。

8.1.2　S7-1200 PLC 高速计数器的硬件输入与寻址

1. 高速计数器的硬件输入

并非所有的 S7-1200 PLC 有 6 个高速计数器，不同型号略有差别，例如 CPU 1211C 最多支持 4 个。S7-1200 PLC 高速计数器的性能见表 8-1。

表 8-1　高速计数器的性能（部分模块）

<table>
<tr><th>CPU/信号板</th><th>CPU 输入通道</th><th>单相或者二相位模式</th><th>A/B 相正交相位模式</th></tr>
<tr><td>CPU 1211C</td><td>Ia. 0~Ia. 5</td><td>100 kHz</td><td>80 kHz</td></tr>
<tr><td rowspan="2">CPU 1214C
CPU 1215C</td><td>Ia. 0~Ia. 5</td><td>100 kHz</td><td>80 kHz</td></tr>
<tr><td>Ia. 6~Ib. 1</td><td>30 kHz</td><td>20 kHz</td></tr>
<tr><td rowspan="3">CPU 1217C</td><td>Ia. 0~Ia. 5</td><td>100 kHz</td><td>80 kHz</td></tr>
<tr><td>Ia. 6~Ib. 1</td><td>30 kHz</td><td>20 kHz</td></tr>
<tr><td>Ib. 2~Ib. 5</td><td>1 MHz</td><td>1 MHz</td></tr>
<tr><td>SB1221，200 kHz</td><td>Ie. 0~Ie. 3</td><td>200 kHz</td><td>160 kHz</td></tr>
</table>

注意： CPU 1217C 的高速计数功能最为强大，因为这款 PLC 主要针对运动控制设计。

高速计数器的硬件输入接口与普通数字量接口使用相同的地址。已经定义用于高速计数器的输入点不能再用于其他功能。但某些模式下，没有用到的输入点还可以用作开关量输入点。S7-1200 PLC 模式和输入分配见表 8-2。

表 8-2　S7-1200 PLC 模式和输入分配

<table>
<tr><th>项目</th><th colspan="2">描　述</th><th colspan="3">输　入　点</th><th>功　能</th></tr>
<tr><td rowspan="6">HSC</td><td>HSC1</td><td>使用 CPU 上集成 I/O 或者信号板或者 PTO0</td><td>I0. 0
I4. 0
PTO 0 脉冲</td><td>I0. 1
I4. 1
PTO 0 方向</td><td>I0. 3</td><td></td></tr>
<tr><td>HSC2</td><td>使用 CPU 上集成 I/O 或者信号板或者 PTO1</td><td>I0. 2
PTO 1 脉冲</td><td>I0. 3
PTO 1 方向</td><td>I0. 1</td><td></td></tr>
<tr><td>HSC3</td><td>使用 CPU 上集成 I/O</td><td>I0. 4</td><td>I0. 5</td><td>I0. 7</td><td></td></tr>
<tr><td>HSC4</td><td>使用 CPU 上集成 I/O</td><td>I0. 6</td><td>I0. 7</td><td>I0. 5</td><td></td></tr>
<tr><td>HSC5</td><td>使用 CPU 上集成 I/O 或者信号板或者 PTO0</td><td>I1. 0
I4. 0</td><td>I1. 1
I4. 1</td><td>I1. 2</td><td></td></tr>
<tr><td>HSC6</td><td>使用 CPU 上集成 I/O</td><td>I1. 3</td><td>I1. 4</td><td>I1. 5</td><td></td></tr>
<tr><td rowspan="9">模式</td><td colspan="2" rowspan="2">单相计数，内部方向控制</td><td rowspan="2">时钟</td><td rowspan="2"></td><td></td><td></td></tr>
<tr><td>复位</td><td></td></tr>
<tr><td colspan="2" rowspan="2">单相计数，外部方向控制</td><td rowspan="2">时钟</td><td rowspan="2">方向</td><td></td><td>计数或频率</td></tr>
<tr><td>复位</td><td>计数</td></tr>
<tr><td colspan="2" rowspan="2">双向计数，两路时钟脉冲输入</td><td rowspan="2">加时钟</td><td rowspan="2">减时钟</td><td></td><td>计数或频率</td></tr>
<tr><td>复位</td><td>计数</td></tr>
<tr><td colspan="2" rowspan="2">A/B 相正交计数</td><td rowspan="2">A 相</td><td rowspan="2">B 相</td><td></td><td>计数或频率</td></tr>
<tr><td>Z 相</td><td>计数</td></tr>
<tr><td colspan="2">监控 PTO 输出</td><td>时钟</td><td>方向</td><td></td><td>计数</td></tr>
</table>

读懂表 8-2 是至关重要的，以 HSC1 的 A/B 相正交计数为例，表 8-2 中 A 对应 I0.0，B 对应 I0.1，与硬件组态中的“硬件输入”是对应的，如图 8-4 所示。根据表 8-2 或图 8-4，能设计出图 8-7 所示的原理图，表明已经理解高速计数器的硬件输入。

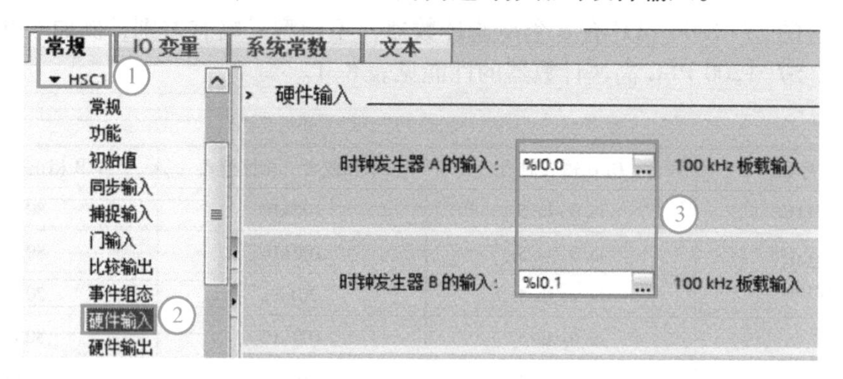

图 8-4　A/B 相正交计数高速计数器的硬件输入组态

高速计数器的输入滤波器时间和可检测到的最大输入频率有一定的关系，见表 8-3。当输入点（如 I0.0）用作高速计数器的输入点时，通常需要修改滤波时间，这是十分关键的。

表 8-3　高速计数器的输入滤波器时间和可检测到的最大输入频率的关系（部分）

序号	输入滤波器时间/μs	可检测到的最大输入频率	序号	输入滤波器时间/ms	可检测到的最大输入频率
1	0.2	1 MHz	9	20.0	25 kHz
2	0.4	1 MHz	10	0.05	10 kHz
3	0.8	625 kHz	11	0.1	5 kHz
4	1.6	312 kHz	12	0.2	2.5 kHz
5	3.2	156 kHz	13	0.4	1.25 kHz
6	8.4	78 Hz	14	0.8	25 Hz
7	10.0	50 kHz	15	1.6	312 Hz
8	12.8	39 kHz	16	3.2	156 Hz

学习小结

1）在不同的工作模式下，同一物理输入点可能有不同的定义，使用时需要查看表 8-2，此表特别重要，理解此表的标志是根据此表可以设计编码器与 S7-1200 PLC 正确的接线图。

2）用于高数计数的物理点，只能使用 CPU 上集成 I/O 或者信号板，不能使用扩展模块，如 SM1221 数字量输入模块。

3）设置正确的滤波时间很重要，如果不正确设置，则读取不到较高频率的脉冲信号，这一点初学者容易忽视。

2. 高速计数器的寻址

S7-1200CPU 将每个高速计数器的测量值存储在输入过程映像区内。数据类型是双整数型（DINT），用户可以在组态时修改这些存储地址，在程序中可以直接访问这些地址（见表 8-4）。但由于过程映像区受扫描周期的影响，在一个扫描周期中不会发生变化，但高速计数器中的实际值可能在一个周期内变化，因此用户可以通过读取物理地址的方式读取当前时刻的实际值，例如 ID1000：P。

高速计数器默认的寻址见表 8-4，这个地址在硬件组态中可以查询和修改，如图 8-5 所示。

表 8-4　高速计数器默认的寻址

高速计数器编号	默 认 地 址	高速计数器编号	默 认 地 址
HSC1	ID1000	HSC4	ID1012
HSC2	ID1004	HSC5	ID1016
HSC3	ID1008	HSC6	ID1020

图 8-5　高速计数器的 I/O 地址

8.1.3　S7-1200 PLC 高速计数器的应用

与其他小型 PLC 不同，使用 S7-1200 PLC 的高速计数器完成高速计数功能，主要的工作在组态上，而不在程序编写上，简单的高速计数甚至不需要编写程序，只要进行硬件组态即可。以下用一个例子说明高速计数器的应用。

【例 8-1】用 S7-1200 PLC 和光电编码器测量滑台运动的实时位移。光电编码器为 500 线，与电动机同轴安装，电动机的角位移和光电编码器角位移相等，滚珠丝杠螺距是10 mm，电动机每转一圈滑台移动 10 mm。硬件系统的滑台示意如图 8-6 所示，当超出范围（行程小于-100 mm 或大于 100 mm）报警。

图 8-6　滑台示意图

1. 设计电气原理图

由于编码器是 NPN 型输出，所以 CPU 模块数字量输入端子的接线类型是 NPN 型输入，1M 连接的是 24 V。查表 8-2 可知采用 A/B 正交模式输入是编码器的 A 相和 B 相分别连接 CPU 模块的 I0.0 和 I0.1。设计电气原理图如图 8-7 所示。

2. 硬件组态

1）新建项目，添加 CPU。打开 TIA Portal 软件，新建项目，单击项目树中的“添加新设备”选项，添加“CPU 1211C”，如图 8-8 所示。

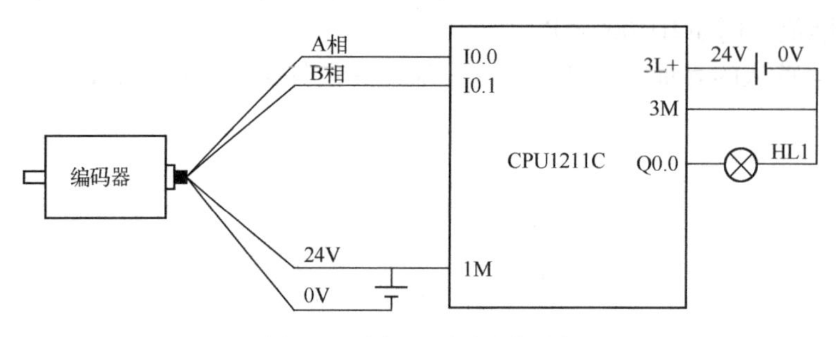

图 8-7　例 8-1 电气原理图

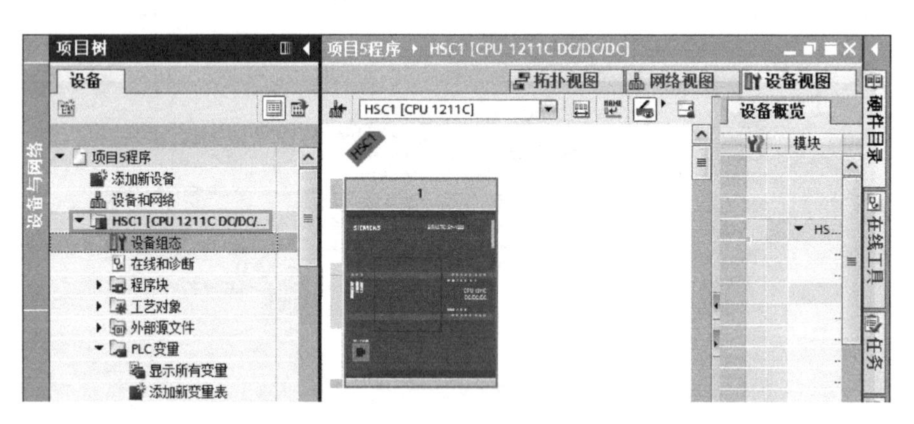

图 8-8　新建项目，添加 CPU 1211C

2）启用高速计数器。在设备视图中，选中“属性”→“常规”→“高速计数器(HSC)”，勾选“启用该高速计数器”选项，如图 8-9 所示。

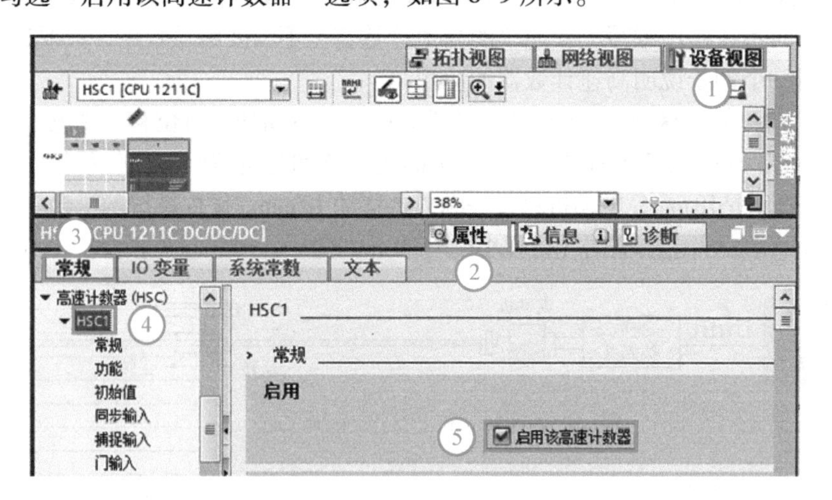

图 8-9　启用高速计数器

3）组态高速计数器的功能。在设备视图中，选中“属性”→“常规”→“高速计数器（HSC）”→“HSC1”→“功能”，组态选项如图 8-10 所示。

① 计数类型分为计数、时间段、频率和运动控制 4 个选项。

② 工作模式分为单相、双相、A/B 相和 A/B 相 4 倍分频。

③ 计数方向的选项与工作模式相关。当选择单相计数模式时，计数方向取决于内部程序控制和外部物理输入点控制。当选择 A/B 相或双相模式时，没有此选项。

④ 初始计数方向分为加计数和减计数。

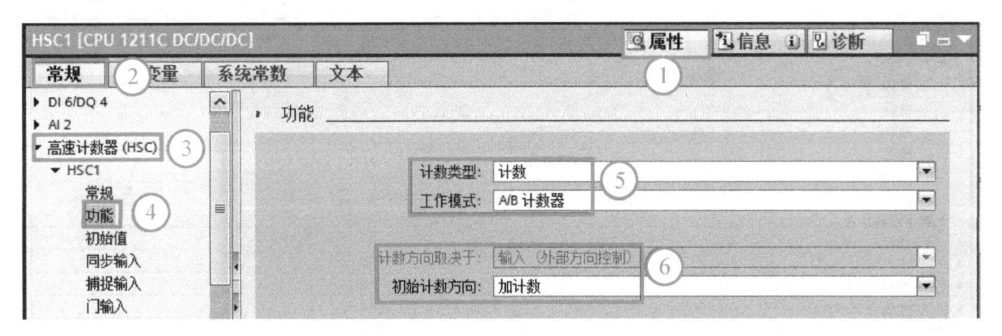

图 8-10　组态高速计数器的功能

4）组态 I/O 地址。在设备视图中，选中“属性”→“常规”→“高速计数器（HSC）”→“HSC1”→“I/O 地址”选项，如图 8-11 所示，I/O 地址可不更改。本例占用 IB1000~IB1003，共 4 字节，实际就是 ID1000，即高数计数器计数值存储的地址。

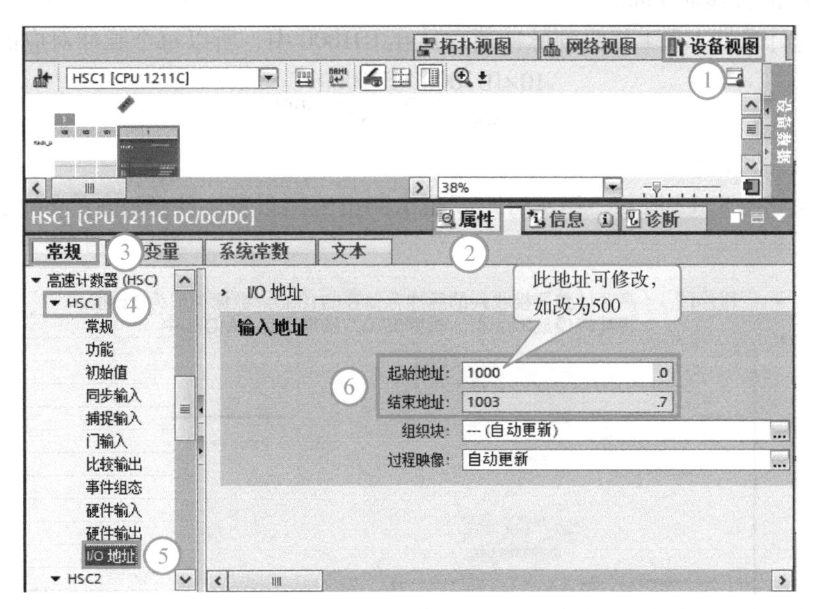

图 8-11　组态 I/O 地址

5）修改输入滤波时间。在设备视图中，选中“属性”→“常规”→“数字量输入”→“通道 0”，将输入滤波时间从原来的 8.4 ms 修改到 3.2 μs，如图 8-12 所示，这个步骤极为关键。此外要注意，在此处的上升沿和下降沿不能启用。同理，“通道 1”的滤波时间也要修改为 3.2 μs。

3. 编写程序

（1）测量距离的原理

由于光电编码器与电动机同轴安装，所以光电编码器的旋转圈数就是电动机的圈数。PLC 的高速计数器测量光电编码器的产生脉冲的个数，光电编码器为 500 线，丝杠螺距是 10 mm，所以 PLC 每测量到 500 个脉冲，表示电动机旋转 1 圈，相当于滑台移动 10 mm（即

图 8-12　修改输入滤波时间

50 个脉冲对应滑台移动 1 mm)。

PLC 高速计数器 HSC1 接收到脉冲数存储在 ID1000 中，所以每个脉冲对应的距离为

$$\frac{10\times \text{ID1000}}{500}=\frac{\text{ID1000}}{50}\ \text{mm}$$

(2) 测量距离的程序

编写程序如图 8-13 所示，当实时距离超出测量范围报警。注意#tmpValue 是临时变量，实数类型。

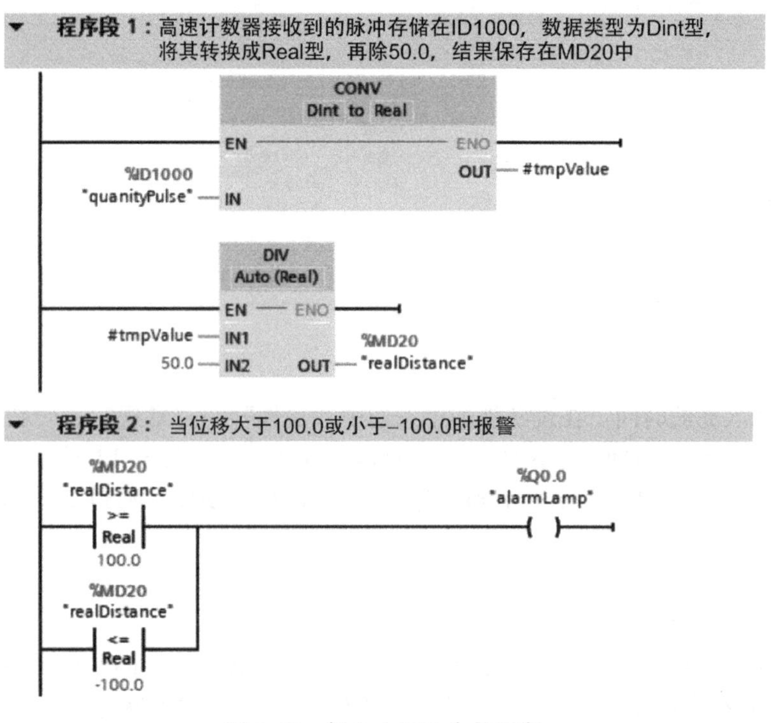

图 8-13　例 8-1 OB1 中的程序

任务小结

1）设计原理图时，编码器的电源 0 V 和 PLC 的输入端电源的 0 V 要短接，当然也可以使用同一电源。

2）Z 相可以不连接，A、B 测量可以显示运行的方向(即正负)，如果只有一个方向，只用 A 相即可。

3）正确的硬件组态非常关键，特别容易忽略修改滤波时间。

4）测量距离的算法(测量距离的原理)，也特别重要，必须理解。

【例 8-2】用 S7-1200 PLC 和光电编码器测量滑台运动的实时速度。光电编码器为 500 线，与电动机同轴安装，电动机的转速和光电编码器速度相等。测量电动机转速示意图如图 8-14 所示。

图 8-14　测量电动机转速示意图

1. 设计电气原理图

设计电气原理图如图 8-7 所示。

2. 编写控制程序

（1）硬件组态

硬件组态与例 8-1 类似，先添加 CPU 模块。在设备视图中，选中“属性”→“常规”→“高速计数器（HSC）”，勾选“启用该高速计数器”选项。

（2）组态高速计数器的功能

在设备视图中，选中“属性”→“常规”→“高速计数器（HSC）”→“HSC1”→“功能”，如图 8-15 所示。

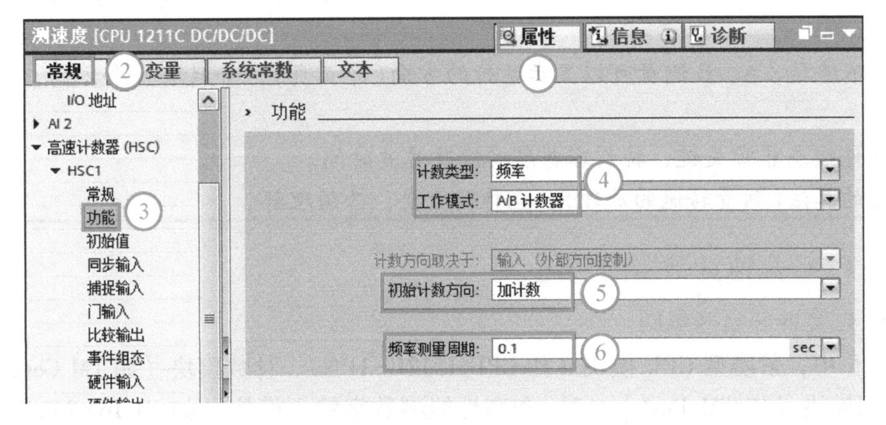

图 8-15　组态高速计数器的功能

（3）修改输入滤波时间

在设备视图中，选中“属性”→“常规”→“数字量输入”→“通道 0”，如图 8-12 所示，将输入滤波时间从原来的 8.4 ms 修改到 3.2 μs，这个步骤极为关键。此外要注意，在此处的上升沿和下降沿不能启用。同理，“通道 1”的滤波时间也要修改为 3.2 μs。

（4）编写程序

1）测量转速的原理。

由于光电编码器与电动机同轴安装，所以光电编码器的转速就是电动机的转速。PLC 的高速计数器测量光电编码器的产生脉冲的频率（ID1000 是光电编码器 HSC1 的脉冲频率），光电编码器为 500 线，所以 PLC 测量频率除 500 就是电动机在 1 s 内旋转的圈数（实际就是转速，只不过转速的单位是 r/s），将这个数值乘 60，转速单位变成 r/min，所以电动机的转速为

$$\frac{60\times ID1000}{500}\ r/min=\frac{3\times ID1000}{25}\ r/min$$

2）测量转速的程序。

打开主程序块 OB1，编写梯形图如图 8-16 所示，注意#tmpValue 是临时变量，实数类型。

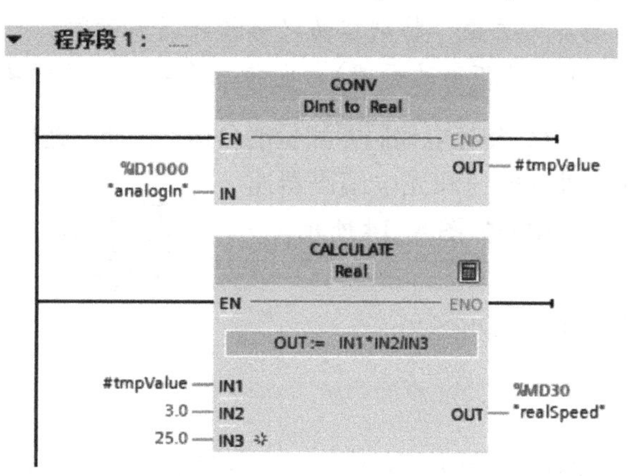

图 8-16　例 8-2 OB1 中的梯形图

任务小结

1）设计原理图时，编码器的电源 0 V 和 PLC 的输入端电源的 0 V 要短接，当然也可以使用同一电源。

2）Z 相可以不连接，A、B 测量可以显示运行的方向(即正负)，如只有一个方向，只用 A 相即可。

3）正确的硬件组态非常关键，特别容易忽略修改滤波时间。

4）测量转速的算法(测量转速的原理)，也特别重要，必须理解。

8.1.4　S7-1500 PLC 高速计数器的应用

1. S7-1500 PLC 高速计数器基础

在 S7-1500 PLC 中，紧凑型 CPU 模块（如 CPU 1512C-1PN）、计数模块（如 TM Count 2×24 V）、位置检测模块（如 TM PosInput 2）和高性能型数字输入模块（如 DI 16×24VDC HF）都具有高速计数功能。

（1）工艺模块及其功能

工艺模块 TM Count 2×24 V 和 TM PosInput 2 的功能如下：

1）高速计数。

2）测量功能（频率、速度和持续周期）。

3）用于定位控制的位置检查。

工艺模块 TM Count 2×24 V 和 TM PosInput 2 可以安装在 S7-1500 的中央机架和扩展 ET 200MP 上。

（2）工艺模块 TM Count 2×24 V 的接线

1）工艺模块 TM Count 2×24 V 的接线端子的功能。

工艺模块 TM Count 2×24 V 的接线端子的功能定义见表 8-5。

表 8-5　TM Count 2×24 V 的接线端子的功能定义

外形	编号	定义	具体解释			
	计数器通道 0					
	1	CH0. A	编码器信号 A	计数信号 A		向上计数信号 A
	2	CH0. B	编码器信号 B	方向信号 B	—	向下计数信号 B
	3	CH0. N	编码器信号 N	—		
	4	DI0. 0	数字量输入 DI0			
	5	DI0. 1	数字量输入 DI1			
	6	DI0. 2	数字量输入 DI2			
	7	DQ0. 0	数字量输出 DQ0			
	8	DQ0. 1	数字量输出 DQ1			
	两个计数器通道的编码器电源和接地端					
	9	DC 24 V	DC 24 V 编码器电源			
	10	M	编码器电源、数字输入和数字输出的接地端			

2）工艺模块 TM Count 2×24 V 的接线图。

工艺模块 TM Count 2×24 V 的接线图如图 8-17 所示，标号 A、B 和 N 是编码器的 A 相、B 相和 N 相。标号 41 和 44 是外部向工艺模块供电，而标号 9 和 10 是向编码器供电。

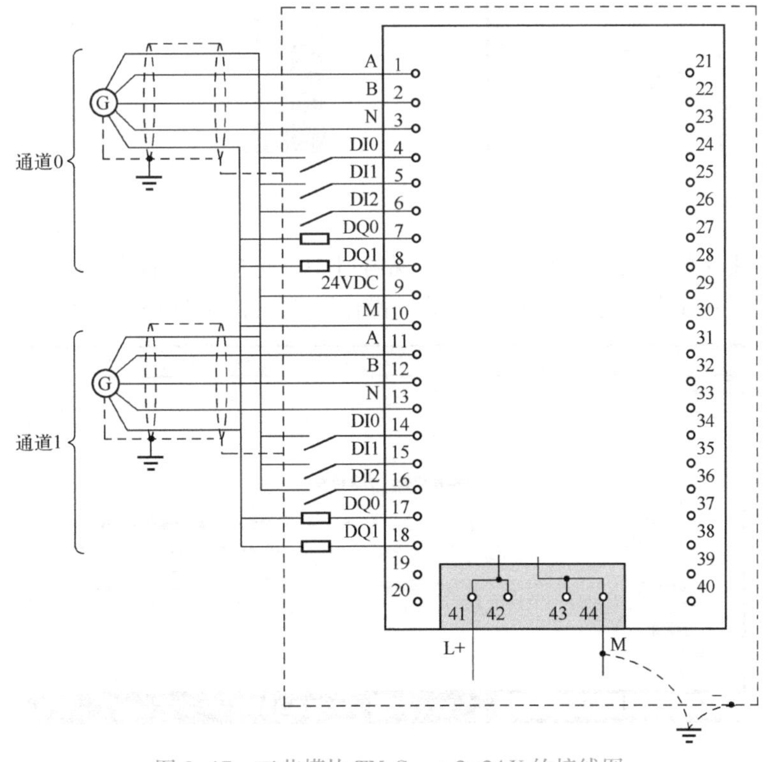

图 8-17　工艺模块 TM Count 2×24 V 的接线图

2. S7-1500 PLC 高速计数器应用

【例 8-3】用光电编码器测量长度和速度，光电编码器为 500 线，电动机与编码器同轴相连，电动机每转一圈，滑台移动 10 mm，要求在 HMI 上实时显示位移和速度数值。原理图如图 8-18 所示。

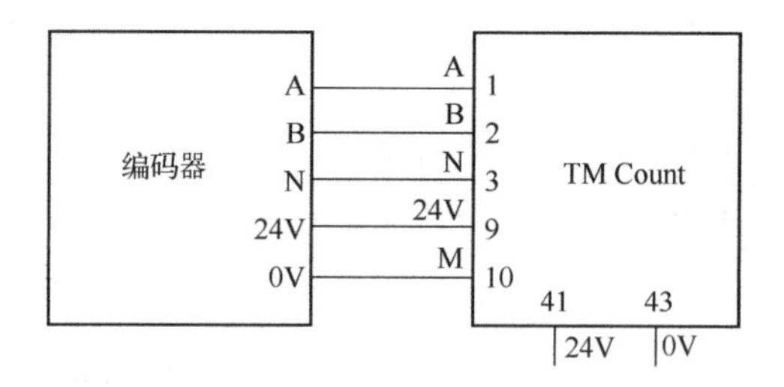

图 8-18 例 8-3 原理图

解：

（1）硬件组态

1）新建项目，添加 CPU。打开 TIA Portal 软件，新建项目“HSC1”，单击项目树中的“添加新设备”选项，添加“CPU 1511-1PN”和“TM Count 2×24 V”模块，如图 8-19 所示。

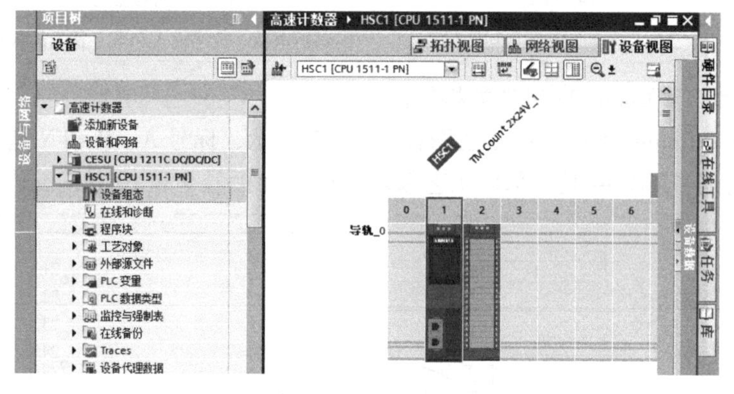

图 8-19 例 8-3 新建项目，添加模块

2）选择高速计数器的工作模式。在巡视窗口中，选中“属性”→“常规”→“工作模式”，选择“使用工艺对象‘计数和测量’操作”选项，如图 8-20 所示。

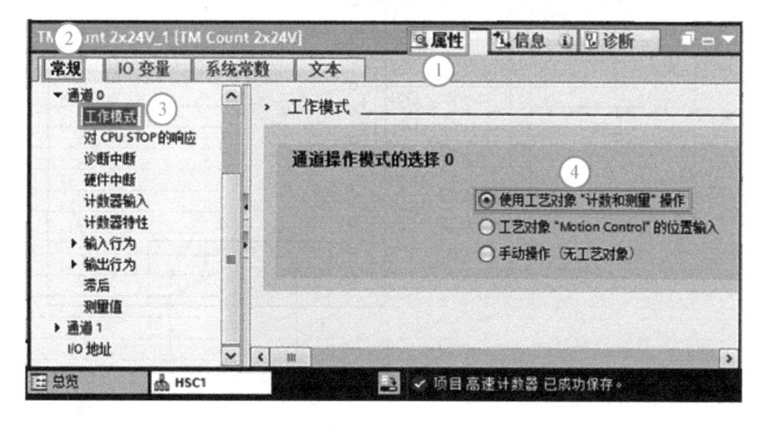

图 8-20 选择高速计数器的工作模式

（2）组态工艺对象

1）在项目树中，选中“工艺对象”，双击“新增对象”选项，在弹出的“新增对象”界面中，选择“计数、测量、凸轮”→“High_Speed_Counter”，单击“确定”按钮，如图 8-21 所示。

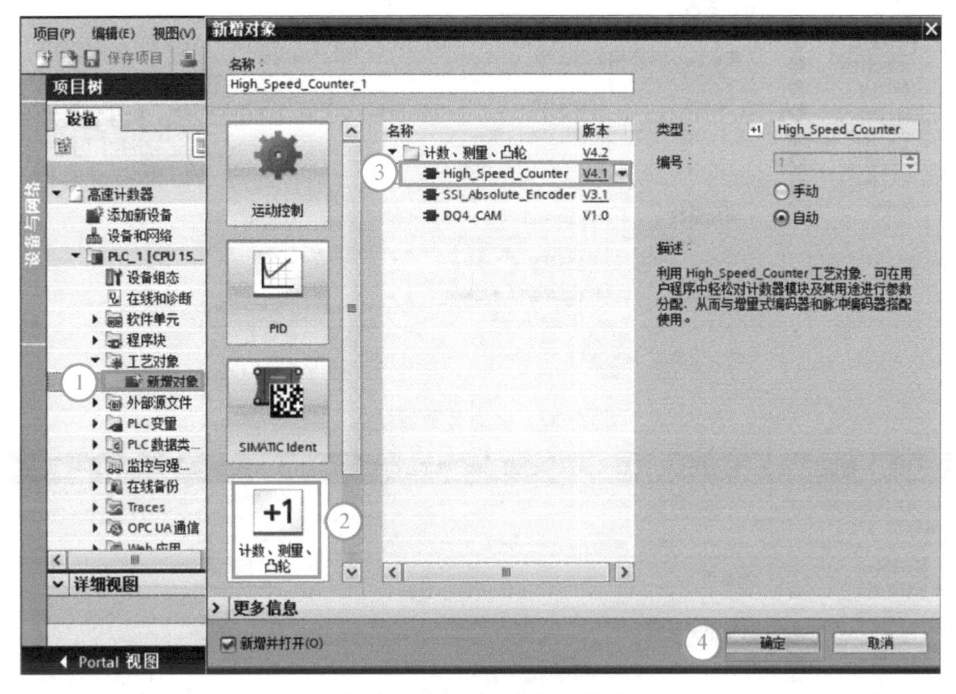

图 8-21　打开工艺组态界面

2）组态基本参数。在工艺对象界面，选中“基本参数”选项，在模块中，选择“TM Count 2×24 V”，在通道中，选择“通道 0”，如图 8-22 所示。

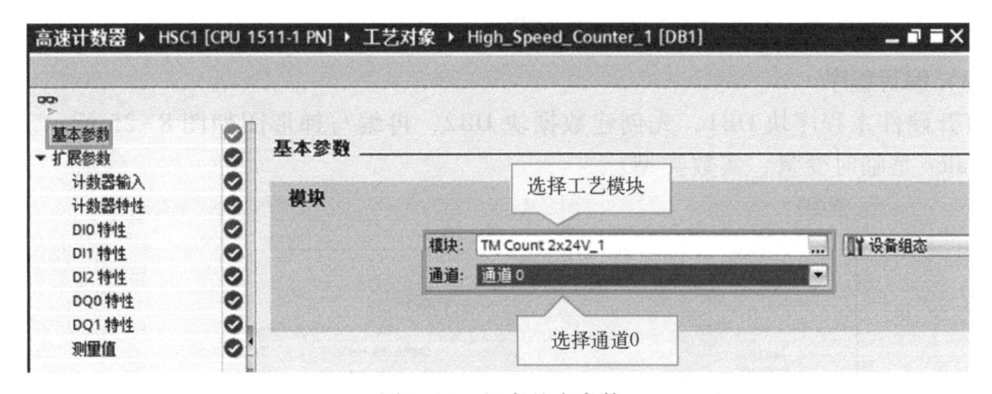

图 8-22　组态基本参数

3）组态计数器输入。在工艺对象界面，选中“计数器输入”选项，在信号类型中，选择“增量编码器（A、B、相移）”，在信号评估中，选择“单一”，如选择“双重”，则计数值增加 1 倍，在传感器类型中，选择“源型输出”，即编码器输出高电平，在滤波频率中选择“200 kHz”，这个值与脉冲频率有关，脉冲频率大，则应选择滤波频率大，如图 8-23 所示。

4）组态测量值。在工艺对象界面，选中“测量值”选项，在测量变量中，选择“速度”，在每个单位的增量中，输入编码器的分辨率/螺距，本例为“50”（即每 50 脉冲代表 1 mm），如图 8-24 所示。

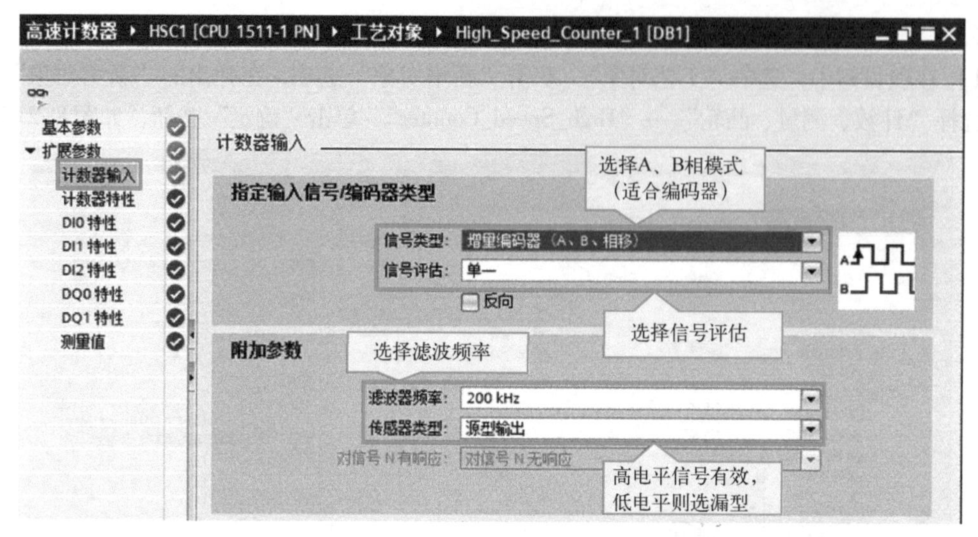

图 8-23　组态计数器输入

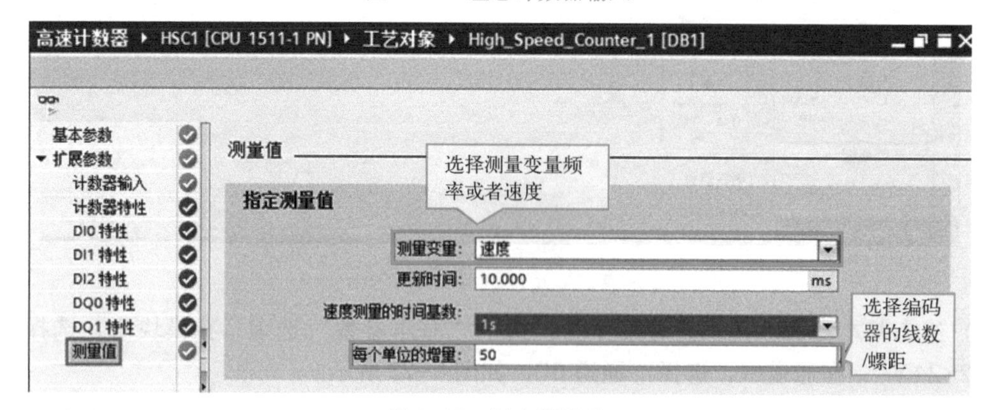

图 8-24　组态测量值

（3）编写程序

打开硬件主程序块 OB1，先创建数据块 DB2，再编写梯形图如图 8-25 所示。注意 #tmpValue 是临时变量，实数类型。

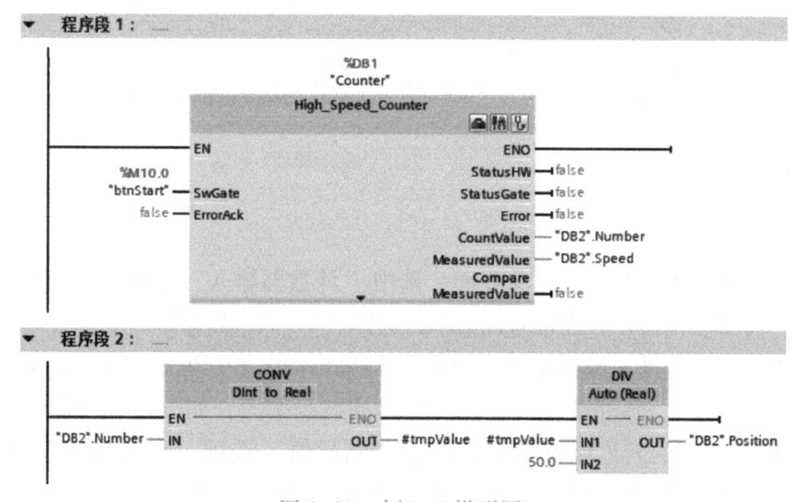

图 8-25　例 8-3 梯形图

8.2　S7-1200/1500 PLC 的 PID 控制及其应用

8.2.1　PID 控制原理简介

在过程控制中，按偏差的比例（P）、积分（I）和微分（D）进行控制的 PID 控制器（也称 PID 调节器）是应用最广泛的一种自动控制器。它具有原理简单、易于实现、适用面广、控制参数相互独立、参数选定比较简单、调整方便等优点。而且在理论上可以证明，对于过程控制的典型对象—“一阶滞后+纯滞后”与“二阶滞后+纯滞后”的控制对象，PID 控制器是一种最优控制。PID 调节规律是连续系统动态品质校正的一种有效方法，它的参数整定方式简便，结构改变灵活（如可为 PI 调节、PD 调节等）。长期以来，PID 控制器被广大科技人员及现场操作人员所采用，并积累了大量的经验。

1. 比例（P）控制

比例控制是一种最简单、最常用的控制方式，如放大器、减速器和弹簧等。比例控制器能立即成比例地响应输入的变化量。但仅有比例控制时，系统输出存在稳态误差（Steady-State Error）。

2. 积分（I）控制

在积分控制中，控制器的输出量是输入量对时间积累。对一个自动控制系统，如果在进入稳态后存在稳态误差，则称这个控制系统是有稳态误差的或简称有差系统（System with Steady-state Error）。为了消除稳态误差，在控制器中必须引入“积分项”。积分项对误差的运算取决于时间的积分，随着时间的增加，积分项会增大。所以即便误差很小，积分项也会随着时间的增加而加大，它推动控制器的输出增大，使稳态误差进一步减小，直到等于零。因此，采用比例+积分（PI）控制器，可以使系统在进入稳态后无稳态误差。

3. 微分（D）控制

在微分控制中，控制器的输出与输入误差信号的微分（即误差的变化率）成正比关系。自动控制系统在克服误差的调节过程中可能会出现振荡甚至失稳。其原因是存在有较大的惯性组件（环节）或有滞后（Delay）组件，具有抑制误差的作用，其变化总是落后于误差的变化。解决的办法是使抑制误差的作用的变化“超前”，即在误差接近零时，抑制误差的作用就应该是零。这就是说，在控制器中仅引入“比例”项往往是不够的，比例项的作用仅是放大误差的幅值，因而需要增加的是“微分项”，它能预测误差变化的趋势，这样，具有比例+微分的控制器就能够提前使抑制误差的控制作用等于零，甚至为负值，从而避免被控量的严重超调。所以对有较大惯性或滞后的被控对象，比例+微分（PD）控制器能改善系统在调节过程中的动态特性。

4. PID 的算法

（1）PID 控制系统原理框图

PID 控制系统原理框图如图 8-26 所示。

（2）PID 算法

S7-1200/1500 PLC 内置了 3 种 PID 指令，分别是 PID_Compact、PID_3Step 和 PID_Temp。

PID_Compact 是一种具有抗积分饱和功能并且能够对比例作用和微分作用进行加权的 PIDT1 控制器。PID 算法根据以下等式工作，即

$$y=K_{\mathrm{P}}\left[(b\cdot w-x)+\frac{1}{T_{\mathrm{I}}\cdot s}(w-x)+\frac{T_{\mathrm{D}}\cdot s}{a\times T_{\mathrm{D}}\cdot s+1}(c\cdot w-x)\right] \tag{8-1}$$

式中，y 为 PID 算法的输出值；K_{p}为比例增益；s 为拉普拉斯运算符；b 为比例作用权重；w 为设定值；x 为过程值；T_{I}为积分作用时间；T_{D}为微分作用时间；a 为微分延迟系数（微分延迟 $T_{\mathrm{I}}=a\times T_{\mathrm{D}}$）；$c$ 为微分作用权重。

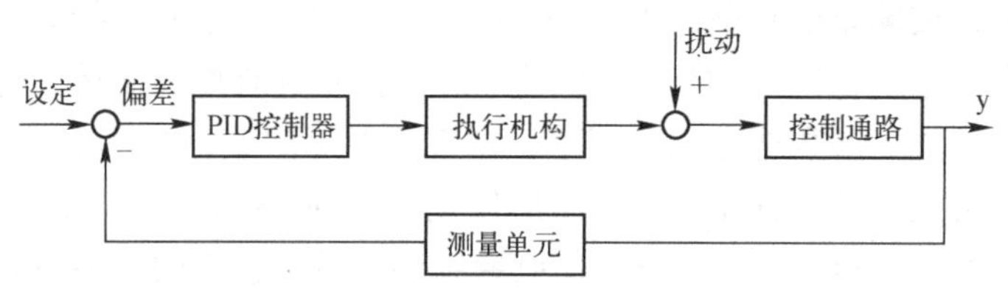

图 8-26　PID 控制系统原理框图

关 键 提 示

式(8-1)是非常重要的，根据这个公式，读者必须建立一个概念：增益 K_{p} 的增加可以直接导致输出值 y 的快速增加，T_{I} 的减小可以直接导致积分项数值的增加，微分项数值的大小随着微分时间 T_{D} 的增加而增加，从而直接导致 y 增加。理解了这一点，对于正确调节 P、I、D 三个参数是至关重要的。

8.2.2　PID 控制器的参数整定

PID 控制器的参数整定是控制系统设计的核心内容。它是根据被控过程的特性，确定 PID 控制器的比例系数、积分时间和微分时间的大小。PID 控制器参数整定的方法很多，概括起来有如下两大类：

一是理论计算整定法。它主要依据系统的数学模型，经过理论计算确定控制器参数。这种方法所得到的计算数据未必可以直接使用，还必须通过工程实际进行调整和修改。

二是工程整定法。它主要依赖于工程经验，直接在控制系统的试验中进行，且方法简单、易于掌握，在工程实际中被广泛采用。PID 控制器参数的工程整定方法，主要有临界比例法、反应曲线法和衰减法。这 3 种方法各有其特点，其共同点都是通过试验，然后按照工程经验公式对控制器参数进行整定。但无论采用哪一种方法所得到的控制器参数，都需要在实际运行中进行最后的调整与完善。

1. 整定的方法和步骤

现在一般采用的是临界比例法。利用该方法进行 PID 控制器参数的整定步骤如下：

1）首先预选择一个足够短的采样周期让系统工作。

2）仅加入比例控制环节，直到系统对输入的阶跃响应出现临界振荡，记下这时的比例放大系数和临界振荡周期。

3）在一定的控制度下通过公式计算得到 PID 控制器的参数。

2. PID 参数的整定实例

PID 参数的整定对于初学者来说并不容易，不少初学者看到 PID 的曲线往往不知道是什么含义，当然也就不知道如何下手调节了，以下用几个简单的例子进行介绍。

【例 8-4】某系统的电炉在进行 PID 参数整定，其输出曲线如图 8-27 所示，设定值和测量值重合（40℃），所以有人认为 PID 参数整定成功，请读者分析，并给出自己的见解。

解：

在 PID 参数整定时，分析曲线图是必不可少的，测量值和设定值基本重合这是基本要求，并非说明 PID 参数整定就一定合理。

分析 PID 运算结果的曲线是至关重要的，如图 8-27 所示，PID 运算结果的曲线虽然很平滑，但过于平坦，这样电炉在运行过程中，其抗干扰能力弱，也就是说，当负载对热量需要稳定时，温度能保持稳定，但当负载热量变化大时，测量值和设定值就未必处于重合状态了。这种 PID 运算结果的曲线过于平坦，说明 P 过小。

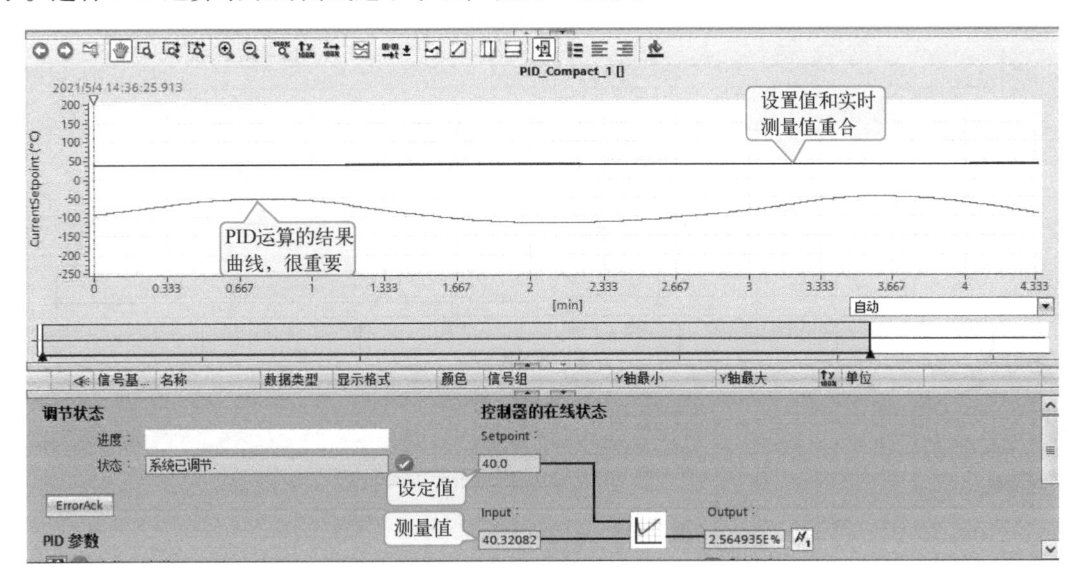

图 8-27　例 8-4 PID 曲线图（一）

将 P 的数值设定为 20.0，如图 8-28 所示，整定就比较合理了。

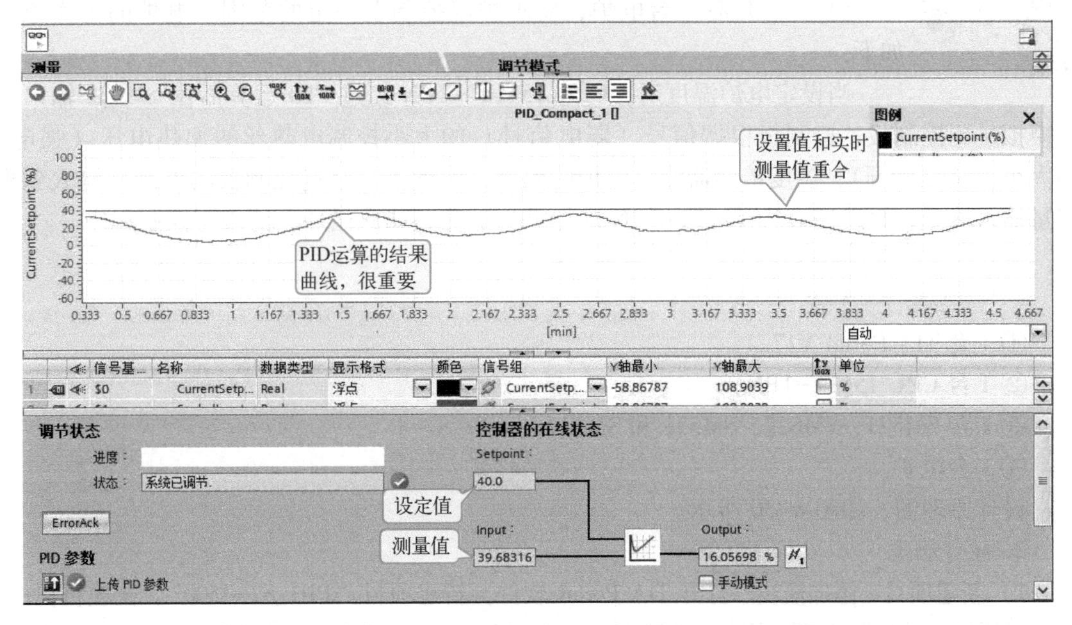

图 8-28　例 8-4 PID 曲线图（二）

【例 8-5】某系统的电炉在进行 PID 参数整定，其输出曲线如图 8-29 所示，设定值和测量值重合（40℃），所以有人认为 PID 参数整定成功，请读者分析，并给出自己的见解。

解：

如图 8-29 所示，虽然测量值和设定值基本重合，但 PID 参数整定不合理。这是因为 PID 运算结果的曲线已经超出了设定的范围，实际就是超调，说明比例环节 P 过大。

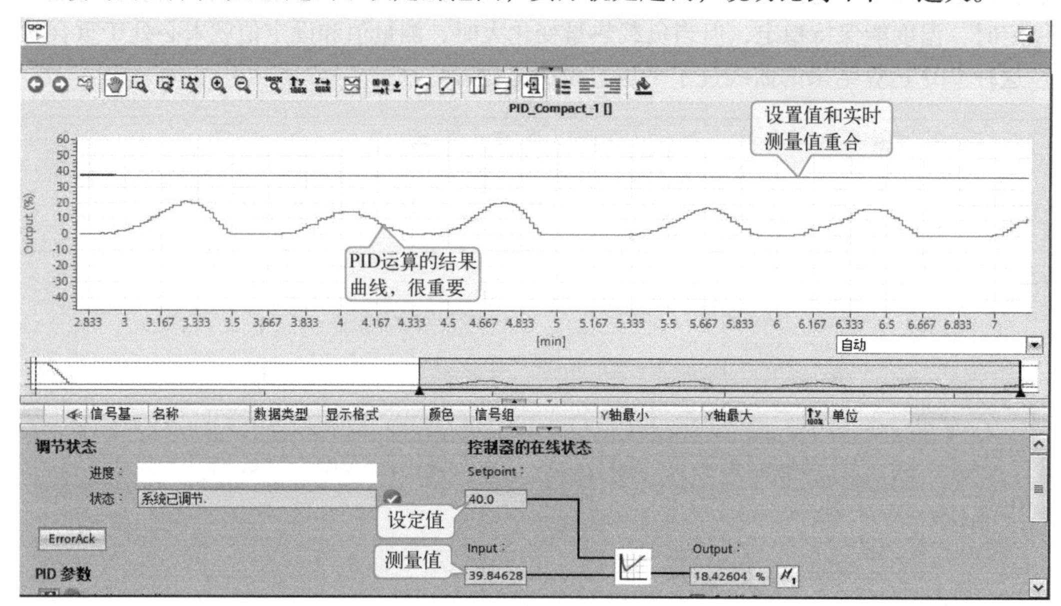

图 8-29　例 8-5 PID 曲线图

8.2.3　S7-1200/1500 PLC 的对电炉温度控制

视频
用 S7-1500 PLC 对电炉进行温度控制

以下用一个例子介绍 PID 控制应用。

【例 8-6】有一台电炉，要求炉温控制在一定的范围。电炉的工作原理如下：

当设定电炉温度后，CPU 1511T -1PN 经过 PID 运算后由 SM532 输出一个模拟量到控制板，控制板根据信号（弱电信号）的大小控制电热丝的加热电压（强电）的大小（甚至断开），温度传感器测量电炉的温度，温度信号经过控制板的处理后输入到模拟量输入端子，再送到 CPU 1511T-1PN 进行 PID 运算，如此循环。请编写控制程序。

解：

1. 主要软硬件配置

① 1 套 TIA Portal V17。

② 1 台 CPU 1511T-1PN。

③ 1 台 SM521、SM522、SM531 和 SM532。

④ 1 台电炉。

设计原理图，如图 8-30 所示。

2. 硬件组态

1）新建项目，添加模块。打开 TIA Portal 软件，新建项目“PID_S7-1500”，在项目树中，单击“添加新设备”选项，添加“CPU1511T-1PN”、DI 16、DQ16、AI 4 和 AQ 2，如图 8-31 所示。

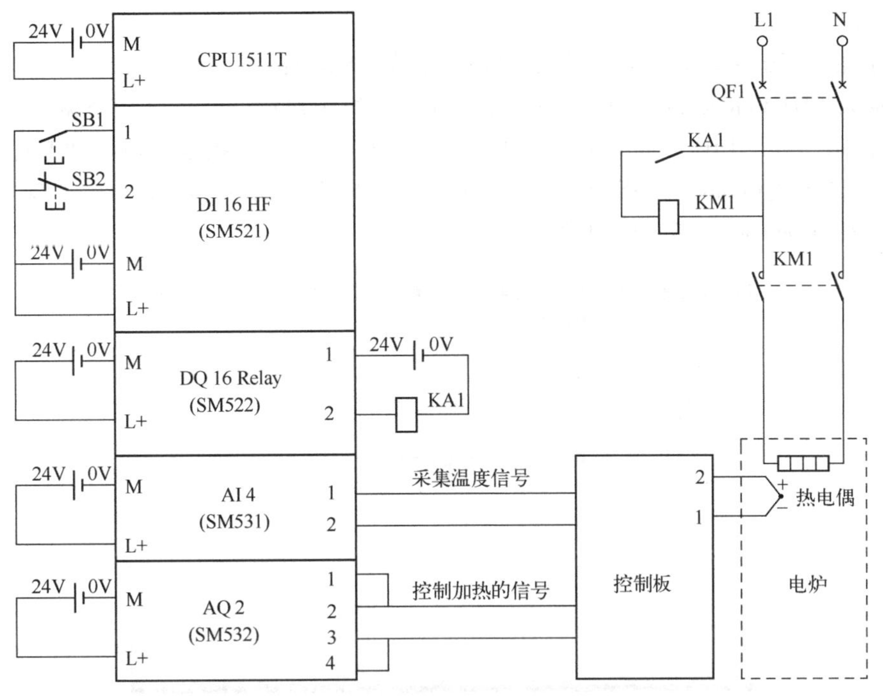

图 8-30　例 8-6 原理图

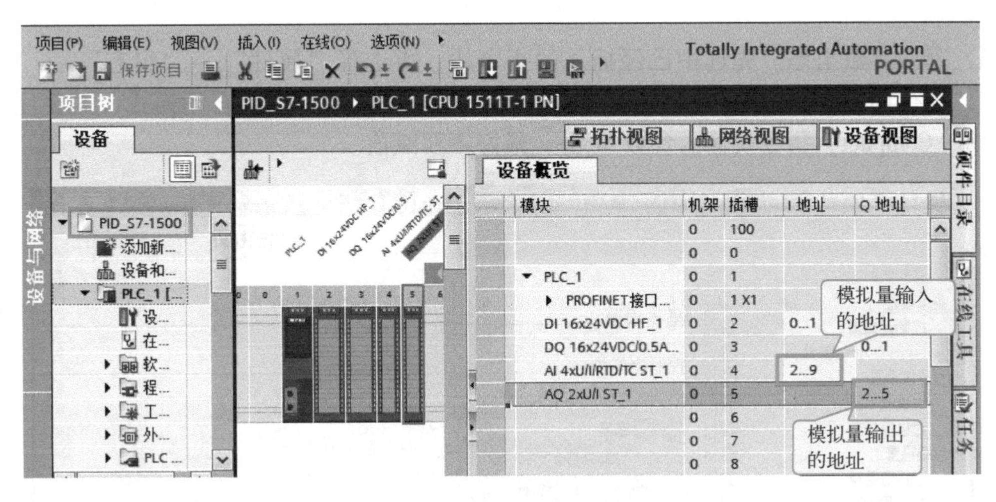

图 8-31　例 8-6 新建项目，添加模块

2）新建变量表。新建变量和数据类型，如图 8-32 所示。

PLC 变量

	名称	变量表	数据类型	地址
1	Start	默认变量表	Bool	%I0.0
2	Stp	默认变量表	Bool	%I0.1
3	PowerOn	默认变量表	Bool	%Q0.0
4	AnologIn	默认变量表	Word	%IW2
5	AnologOut	默认变量表	Word	%QW2
6	SetTemperature	默认变量表	Real	%MD10

图 8-32　新建变量表

3. 参数组态

1）添加循环组织块 OB30，设置其循环周期为 100000 μs。

2）插入 PID_Compact 指令块。添加完循环中断组织块后，选择“指令树”→“工艺”→“PID 控制”→“PID_Compact”选项，将“PID_Compact”指令块拖拽到循环中断组织中。添加完“PID_Compact”指令块后，会弹出如图 8-33 所示的界面，单击“确定”按钮，完成对“PID_Compact”指令块的背景数据块的定义。

图 8-33　定义指令块的背景数据块

3）基本参数组态。先选中已经插入的指令块，再选择“属性”→“组态”→“基本设置”，进行如图 8-34 所示的设置。当 CPU 重启后，PID 运算变为自动模式，需要注意的是“PID_Compact”指令块输入参数 Mode，最好不要赋值。

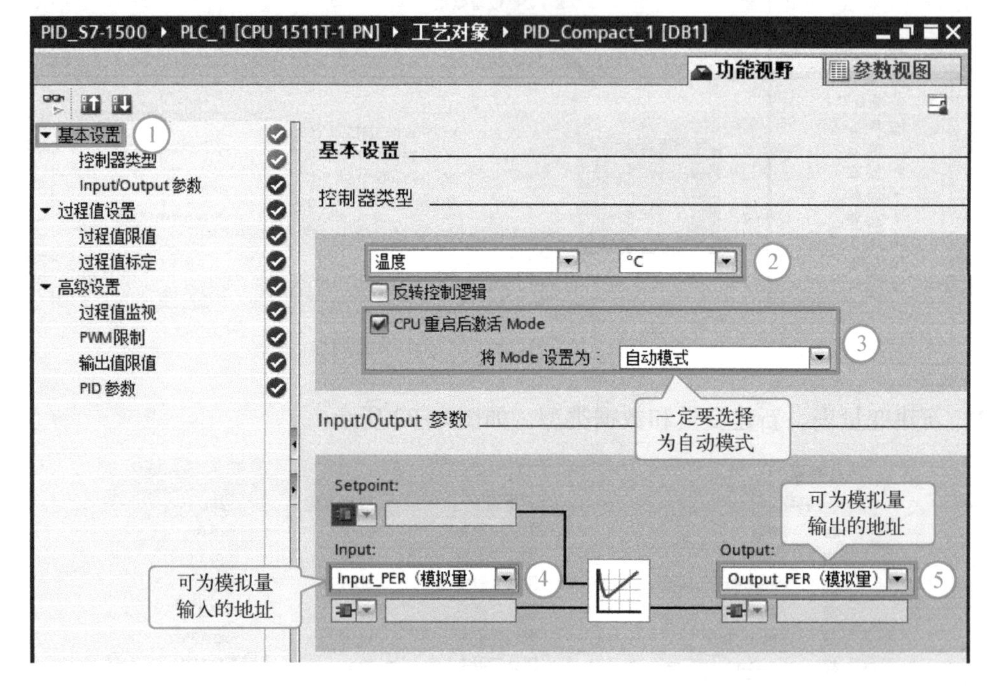

图 8-34　基本设置

4）过程值设置。先选中已经插入的指令块，再选择“属性”→“组态”→“过程值设置”选项，进行如图 8-35 所示的设置，把过程值下限设置为 0.0，把过程值上限设置为传感器的上限值 400.0。这就是温度传感器的量程。

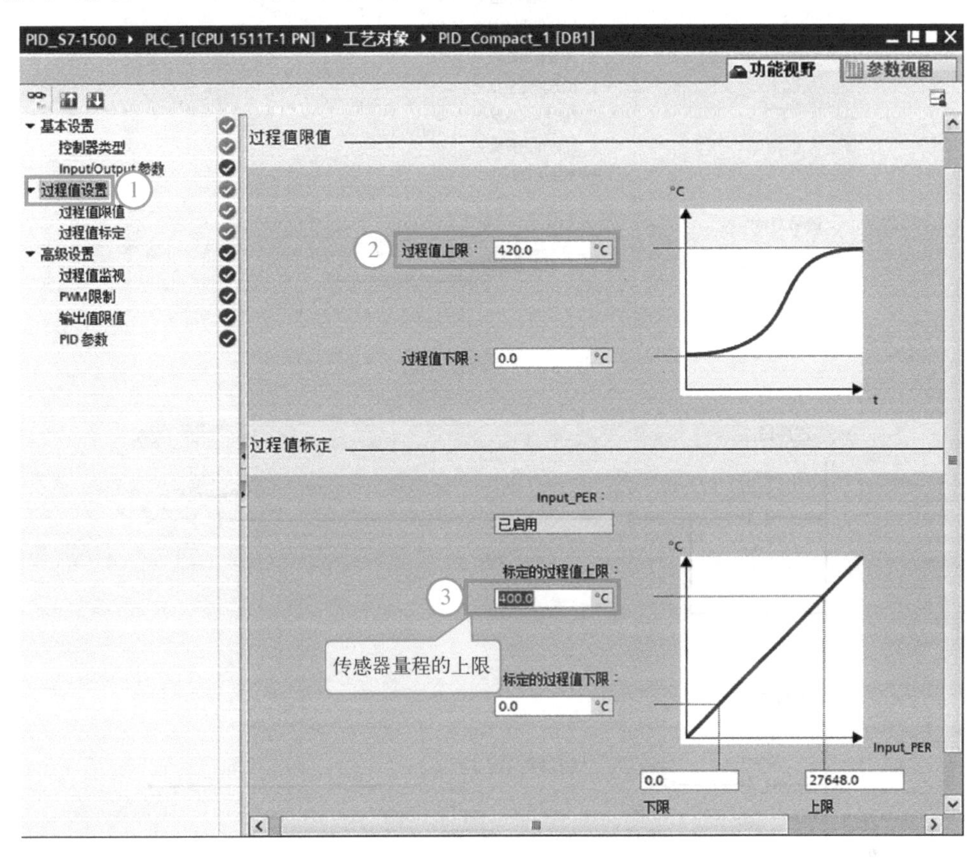

图 8-35　过程值设置

5）高级设置。选择“项目树”→“PID_S7-1500”→“PLC_1”→“工艺对象”→“PID_Compact_1”→“组态”选项，如图 8-36 所示，双击“组态”，打开“组态”界面。

6）PID 参数。选择“功能视野”→“高级设置”→“PID 参数”选项，设置如图 8-37 所示，不启用“启用手动输入”，使用系统自整定参数，调节规则使用“PID”控制器。

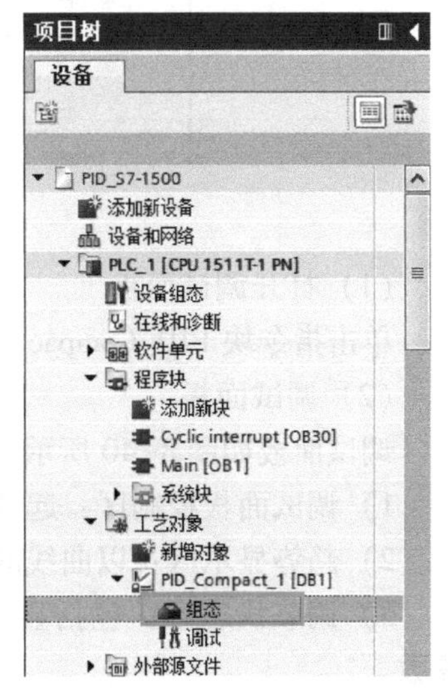

图 8-36　打开工艺对象组态

4. 程序编写

OB1 中的程序，如图 8-38 所示，OB30 中的程序，如图 8-39 所示。

5. 自整定

很多品牌的 PLC 都有自整定功能。S7-1500 PLC 有较强的自整定功能，这大大减少了 PID 参数整定的时间，对初学者更是如此，可借助 TIA Portal 软件的调试面板进行 PID 参数的自整定。

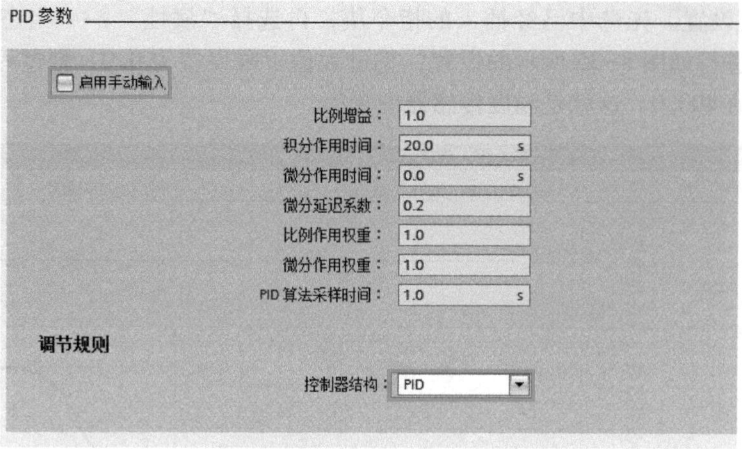

PID 参数

启用手动输入

比例增益：1.0

积分作用时间：20.0 s

微分作用时间：0.0 s

微分延迟系数：0.2

比例作用权重：1.0

微分作用权重：1.0

PID 算法采样时间：1.0 s

调节规则

控制器结构：PID

图 8-37　PID 参数

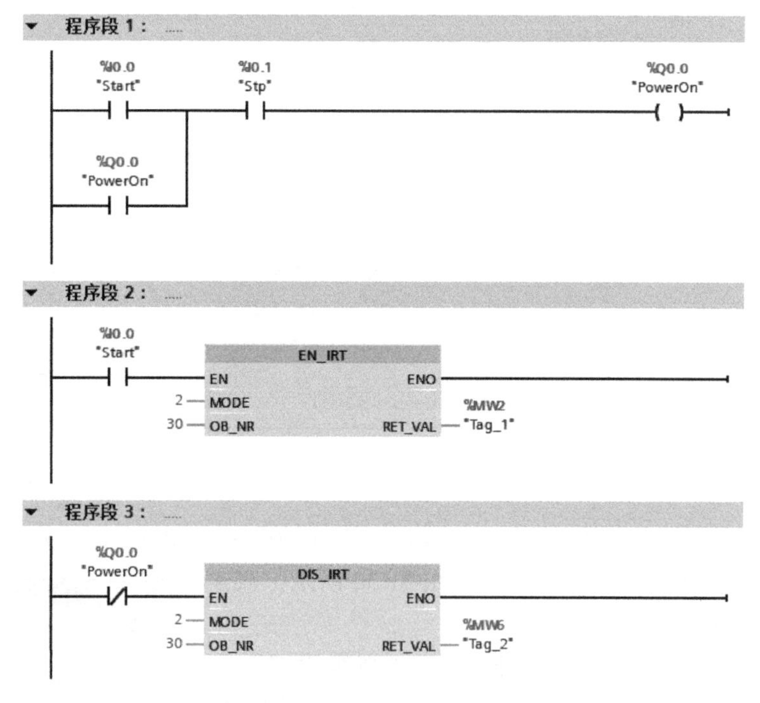

图 8-38　例 8-6 OB1 中的程序

（1）打开调试面板

单击指令块 PID_Compact 上的图标，如图 8-39 所示，即可打开“调试面板”。

（2）调试面板

调试面板如图 8-40 所示，包括 4 个部分，分别介绍如下：

1）调试面板控制区：起动和停止测量功能、采样时间以及调试模式选择。

2）趋势显示区：以曲线的形式显示设定值、测量值和输出值。这个区域非常重要。

3）调节状态区：包括显示 PID 调节的进度、错误、上传 PID 参数到项目和转到 PID 参数。

4）控制器的在线状态区：用户在此区域可以监视给定值、反馈值和输出值，并可以手

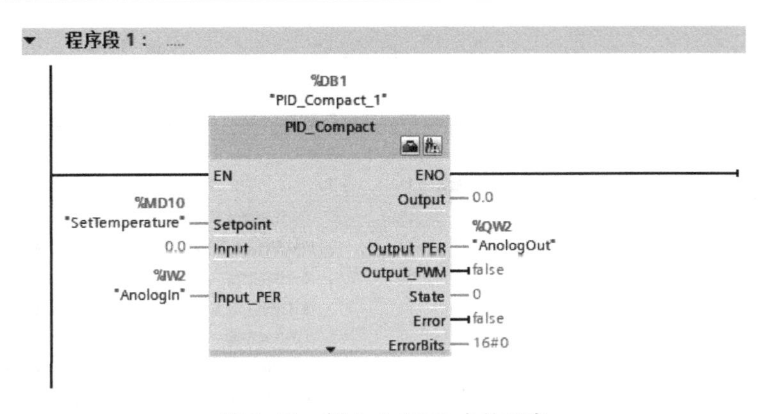

图 8-39　例 8-6 OB30 中的程序

动强制输出值，勾选“手动”前方的方框，用户在“Output”栏内输入百分比形式的输出值，并单击“修改”按钮即可。

(3) 自整定过程

单击如图 8-40 所示界面中左侧的“Start”按钮（按钮变为“Stop”），开始测量在线值，在“调节模式”下面选择“预调节”，再单击右侧的“Start”按钮（按钮变为“Stop”），预调节开始。当预调节完成后，在“调节模式”下面选择“精确调节”，再单击右侧的“Start”按钮（按钮变为“Stop”），精确调节开始。预调节和精确调节都需要消耗一定的运算时间，需要用户等待。

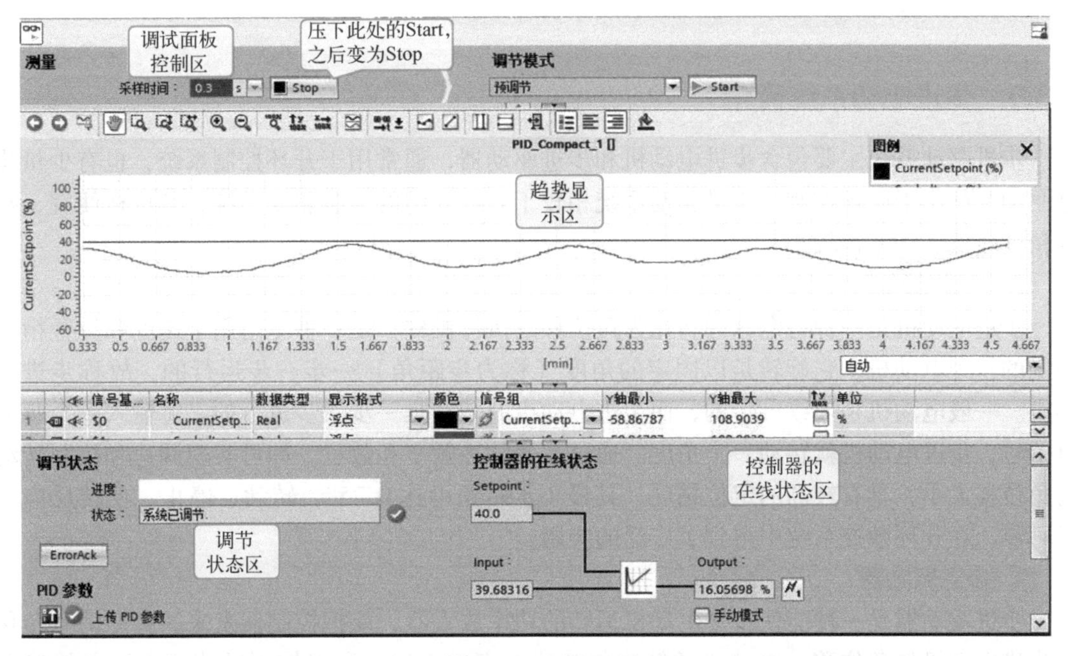

图 8-40　调试面板

上传参数和下载参数。当 PID 自整定完成后，单击如图 8-41 所示左下角的“上传 PID 参数”按钮，参数从 CPU 上传到在线项目中。

单击“转到 PID 参数”按钮，弹出如图 8-41 所示界面，单击“监控所有”，勾选“启用手动输入”选项，单击“下载”按钮，修正后的 PID 参数可以下载到 CPU 中去。

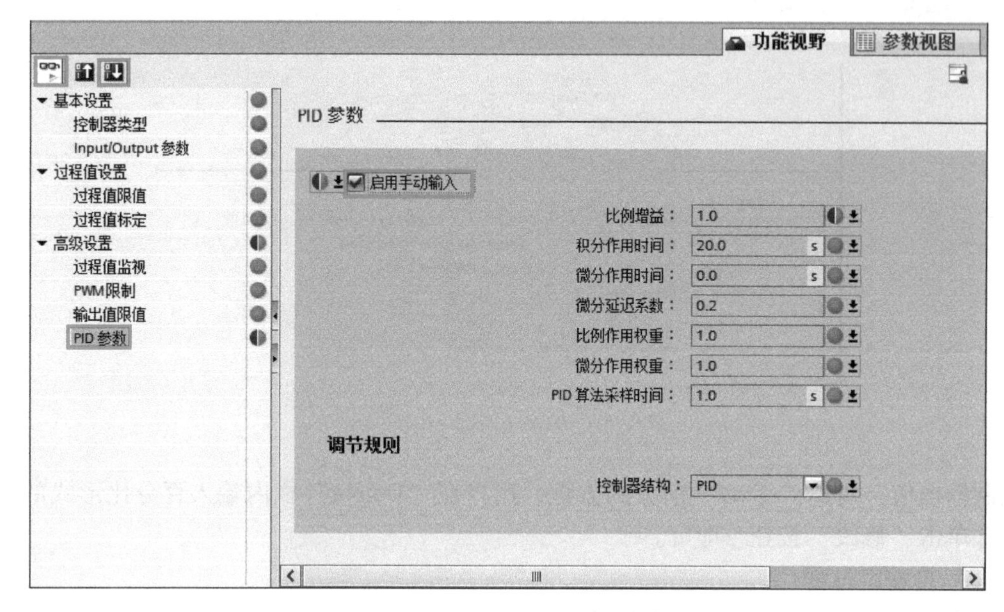

图 8-41　下载 PID 参数

需要注意的是，单击工具栏上的“下载到设备”按钮并不能将更新后 PID 参数下载到 CPU 中，正确的做法是：在菜单栏中，选择“在线”→“下载并复位 PLC 程序”选项。

8.3　S7-1200/1500 PLC 的运动控制及其应用

8.3.1　步进驱动系统简介

步进驱动系统主要包含步进电动机和步进驱动器，通常用于开环控制系统，也有少量步进驱动系统用于闭环控制。步进驱动系统相较于后续介绍的伺服驱动系统，其价格便宜、控制精度较低、功率也较小。

1. 步进电动机

步进电动机是一种将电脉冲转化为角位移的执行机构，是一种专门用于速度和位置精确控制的特种电动机。它旋转是以固定的角度（称为步距角）一步一步运行的，故称步进电动机。一般电动机是连续旋转的，而步进电动机的转动是一步一步进行的。每输入一个脉冲电信号，步进电动机就转动一个角度。通过改变脉冲频率和数量，即可实现调速和控制转动的角位移大小，具有较高的定位精度，其最小步距角可达 0.75°，转动、停止、反转反应灵敏可靠，在开环数控系统中得到了广泛的应用。

2. 步进驱动器

步进驱动器是一种能使步进电动机运转的功率放大器，能把控制器发来的脉冲信号转化为步进电动机的角位移，电动机的转速与脉冲频率成正比，所以控制脉冲频率可以精确调速，控制脉冲数就可以精确定位。一个完整的步进驱动系统如图 8-42 所示。控制器（通常是 PLC）发出脉冲信号和方向信号，步进驱动器接收这些信号，先进行环形分配和细分，然后进行功率放大，变成安培级的脉冲信号发送到步进电动机，从而控制步进电动机的速度和位移。可见步进驱动器最重要的功能是环形分配和功率放大。

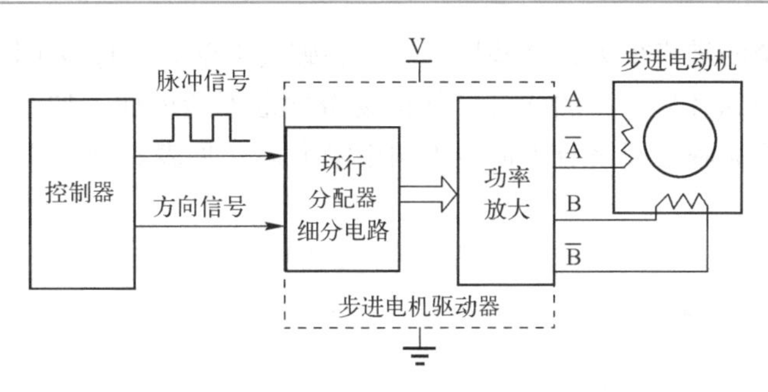

图 8-42　步进驱动系统框图

8.3.2　伺服驱动系统简介

伺服驱动系统通常用于闭环控制系统控制。伺服驱动系统相较于前文介绍的步进驱动系统，其价格较高、控制精度高、常用的功率范围几十瓦到几千瓦。

伺服系统的构成通常包括被控对象（Plant）、执行器（Actuator）和控制器（Controller）等，机械手臂、机械平台通常作为被控对象。执行器的功能在于主要提供被控对象的动力，主要包括电动机和伺服放大器，特别设计应用与伺服系统的电动机称为“伺服电动机”(Servo Motor)。通常伺服电动机包括反馈装置（检测器），如光电编码器（Optical Encoder)、旋转变压器（Resolver)。目前，伺服电动机主要包括直流伺服电动机、永磁交流伺服电动机、感应交流伺服电动机，其中永磁交流伺服电动机是市场主流。控制器的功能在于提供整个伺服系统的闭路控制，如转矩控制、速度控制、位置控制等。目前一般工业用伺服驱动器（Servo Driver)，也称为伺服放大器。图 8-43 所示是一般工业用伺服系统的组成框图。

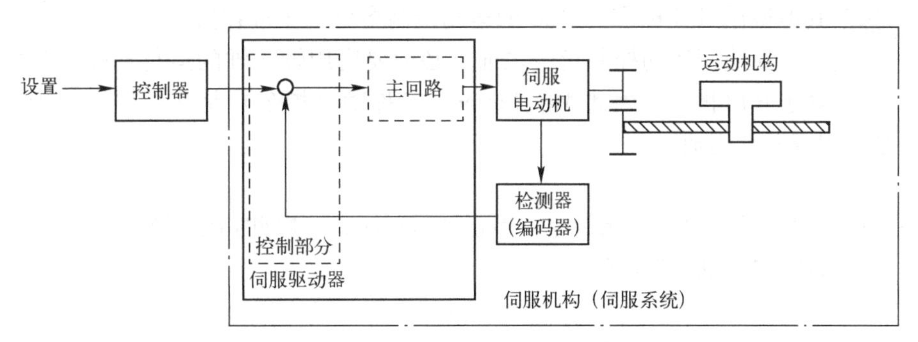

图 8-43　一般工业用伺服系统的组成框图

8.3.3　主流伺服系统品牌

目前，高性能的伺服系统，大多数采用永磁同步交流伺服电动机，控制驱动器定位准确的全数字位置伺服系统。在我国伺服技术发展迅速，市场潜力巨大，应用十分广泛。曾经的中国市场上，伺服系统以日系品牌为主，原因在于日系品牌较早进入中国，性价比相对较高，而且日系伺服系统比较符合中国人的一些使用习惯；欧美伺服产品占有量居第二位，特别是在一些高端应用场合更为常见。随着国产伺服驱动系统的崛起，国外品牌垄断中国市场已经成为历史。

国产的伺服系统的进步很大，这些厂家不断突破技术壁垒，打破了国外知名品牌对我国市场长期的垄断，受到客户广泛的认可，其市场份额也不断增加，如汇川技术、禾川科技、无锡信捷和埃斯顿等品牌已经跻身为伺服中国市场十强（见表 8-6），这是很了不起的成就，值得我们骄傲。

表 8-6　2022 年交流伺服的中国市场十强

序号	品　　牌	备注	序号	品　　牌	备注
1	汇川技术（INOVANCE）	中国品牌	6	台达（DELTA）	中国品牌
2	西门子（SIEMENS）		7	禾川科技（HCFA）	中国品牌
3	松下电器（Panasonic）		8	无锡信捷（XINJE）	中国品牌
4	安川电机（YASKAWA）		9	埃斯顿（ESTUN）	中国品牌
5	三菱电机（MITSUBISHI）		10	山洋电气（SANYAO DENKI）	

一些常用的伺服产品品牌如下。

国产：汇川技术、和利时、埃斯顿、无锡信捷、禾川科技、步进科技、星辰伺服、华中数控、广州数控、大森数控、台达、东元和凯奇数控。

日系：安川、三菱、发那科、松下、山洋、富士和日立。

欧系：西门子（SIEMENS）、伦茨（Lenze）、科比（KEB）、赛威（SEW）和力士乐（Rexroth）。

美系：丹纳赫（Danaher）、葆德（Baldor）、帕克（Parker）和罗克韦尔（Rockwell）。

8.3.4　S7-1200/1500 PLC 运动控制指令介绍

视频
S7-1200 PLC 运动控制的指令解读

S7-1200/1500 PLC 运动控制指令遵循 IEC 标准，掌握了这些指令，学习其他遵循 IEC 标准的 PLC 的运动控制指令就非常容易了。

在使用运动控制指令之前，必须要启用轴，轴的运行期间，此指令必须处于开启状态，因此 MC_Power（又称励磁指令）是必须使用的指令，该指令的作用是启用或者禁用轴。

1. MC_Power 使能指令介绍

轴在运动之前，必须使用使能指令，停止轴运行时，一般此指令仍然处于开启状态，否则会报错，其具体参数说明见表 8-7。

表 8-7　MC_Power 使能指令的参数说明

LAD	SCL	输入/输出	参数的含义
MC_Power EN　ENO Axis　Status Enable　Busy StopMode　Error ErrorID ErrorInfo	"MC_Power_DB"(Axis:=_multi_fb_in_, Enable:=_bool_in_, StopMode:=_int_in_, Status=>_bool_out_, Busy=>_bool_out_, Error=>_bool_out_, ErrorID=>_word_out_ ErrorInfo=>_word_out_);	EN	使能
		Axis	已配置好的工艺对象名称
		StopMode	轴停止模式，有 3 种模式
		Enable	为 1 时，轴使能；为 0 时，轴停止（不是上升沿）
		Busy	标记 MC_Power 指令是否处于活动状态
		Error	标记 MC_Power 指令是否产生错误
		ErrorID	错误 ID 码
		ErrorInfo	错误信息

MC_Power 使能指令的 StopMode 含义是轴停止模式。详细说明如下：

1）模式 0：紧急停止，按照轴工艺对象参数中的“急停”速度或时间来停止轴。

2）模式 1：立即停止，PLC 立即停止发脉冲。

3）模式 2：带有加速度变化率控制的紧急停止，即如果用户组态了加速度变化率，则轴在减速时会把加速度变化率考虑在内，减速曲线变得平滑。

2. MC_MoveAbsolute 绝对定位轴指令

MC_MoveAbsolute 绝对定位轴块的执行需要建立参考点，通过定义距离、速度和方向即可。当上升沿使能 Execute 后，轴按照设定的速度和绝对位置运行。绝对定位轴指令的参数说明见表 8-8。这个指令很常用是必须要重点掌握的。伺服系统采用增量编码器时，使用此指令前，必须先回参考点。

表 8-8　MC_MoveAbsolute 绝对定位轴指令的参数说明

LAD	SCL	输入/输出	参数的含义
MC_MoveAbsolute EN ENO Axis Done Execute Busy Position CommandAborted Velocity Error ErrorID ErrorInfo	"MC_MoveAbsolute_DB"(Axis:=_multi_fb_in_, Execute:=_bool_in_, Position:=_real_in_, Velocity:=_real_in_, Done=>_bool_out_, Busy=>_bool_out_, CommandAborted=>_bool_out_, Error=>_bool_out_, ErrorID=>_word_out_, ErrorInfo=>_word_out_);	EN	使能
		Axis	已配置好的工艺对象名称
		Execute	上升沿使能
		Position	绝对目标位置
		Velocity	定义的速度 限制：起动/停止速度 ≤ Velocity≤最大速度
		Done	1：已达到目标位置
		Busy	1：正在执行任务
		CommandAborted	1：任务在执行期间被另一任务中止

3. 停止轴指令 MC_Halt 介绍

MC_Halt 停止轴指令用于停止轴的运动，当上升沿使能 Execute 后，轴会按照已配置的减速曲线停车。停止轴指令的参数说明见表 8-9。

表 8-9　MC_Halt 停止轴指令的参数说明

LAD	SCL	各输入/输出	参数的含义
MC_Halt EN ENO Axis Done Execute Busy CommandAborted Error ErrorID ErrorInfo	"MC_Halt_DB"(Axis:=_multi_fb_in_, Execute:=_bool_in_, Done=>_bool_out_, Busy=>_bool_out_, CommandAborted=>_bool_out_, Error=>_bool_out_, ErrorID=>_word_out_, ErrorInfo=>_word_out_);	EN	使能
		Axis	已配置好的工艺对象名称
		Execute	上升沿使能
		Done	1：速度达到零
		Busy	1：正在执行任务
		CommandAborted	1：任务在执行期间被另一任务中止

4. MC_Reset 错误确认指令介绍

如果存在一个错误需要确认，必须调用错误确认指令，进行复位，例如轴硬件超程，处理完成后，必须复位。其具体参数说明见表 8-10。

表 8-10　MC_Reset 错误确认指令的参数说明

LAD	SCL	输入/输出	参数的含义
MC_Reset EN ENO Axis Done Execute Busy Restart Error ErrorID ErrorInfo	"MC_Reset_DB"(　Axis：=_multi_fb_in_, Execute：=_bool_in_, Restart：=_bool_in_, Done=>_bool_out_, Busy=>_bool_out_, Error=>_bool_out_, ErrorID=>_word_out_, ErrorInfo=>_word_out_)；	EN	使能
		Axis	已配置好的工艺对象名称
		Execute	上升沿使能
		Restart	0：用来确认错误 1：将轴的组态从装载存储器下载到工作存储器
		Done	轴的错误已确认
		Busy	是否忙
		ErrorID	错误 ID 码
		ErrorInfo	错误信息

视频
MC_Home 回参考点指令介绍

5. MC_Home 回参考点指令介绍

参考点在系统中有时作为坐标原点，对于运动控制系统是非常重要的。伺服系统采用增量编码器时，断电后，参考点丢失，上电后必须先回参考点，才能使用绝对定位轴指令（使用相对定位轴指令和速度轴指令前无须回参考点）；绝对值编码器的参考点设置后，不会因断电后丢失。回参考点的实质是建立机械原点与电气原点的联系。回参考点指令的参数说明见表 8-11。

表 8-11　MC_Home 回参考点指令的参数说明

LAD	SCL	输入/输出	参数的含义
"MC_Home_DB" MC_Home EN ENO Axis Done Execute Busy Position CommandAborted Mode Error ErrorID ErrorInfo ReferenceMarkPosition	"MC_Home_DB"(Axis：=_multi_fb_in_, Execute：=_bool_in_, Position：=_real_in_, Mode：=_int_in_, Done=>_bool_out_, Busy=>_bool_out_, CommandAborted=>_bool_out_, Error=>_bool_out_, ErrorID=>_word_out_, ErrorInfo=>_word_out_)；	EN	使能
		Axis	已配置好的工艺对象名称
		Execute	上升沿使能
		Position	Mode = 1 时：对当前轴位置的修正值 Mode = 0，2，3 时：轴的绝对位置值
		Mode	回原点的模式，共 4 种
		Done	1：任务完成
		Busy	1：正在执行任务
		ReferenceMarkPosition	显示工艺对象回原点位置

MC_Home 回参考点指令回原点模式 Mode 有 0~3 共 4 种模式，模式 3 将在后续组态时讲解。

8.3.5　S7-1200/1500 PLC 对步进驱动系统的位置控制（脉冲方式）

视频
S7-1200 PLC 对步进驱动系统的位置控制

步进驱动系统常用于速度控制和位置控制。位置控制更加常用，改变步进驱动系统的位置与 PLC 发出脉冲个数成正比，这是步进驱动系统的位置控制的原理，以下用一个例子介绍 PLC 对步进驱动系统的位置控制。

【例 8-7】相机的云台上有一套步进驱动系统，步进电动机的步距角为 1.8°（200 脉冲转一圈），控制要求为

当压下 SB1 按钮，以 30°/s 速度正向旋转 90°，停 1 s，以 30°/s 速度反向旋转 90°，停 1 s，如此循环，当压下停止按钮 SB2 停止运行。要求设计原理图和控制程序。

解：

1. 主要软硬件配置

① 1 套 TIA Portal V17。

② 1 台步进电动机，型号为 17HS111。

③ 1 台步进驱动器，型号为 SH-2H042Ma。

④ 1 台 CPU 1211C 或 CPU 1511-1PN、PTO4、SM521。

CPU 1211C 控制时，原理图如图 8-44a 所示。CPU 1211C 输出信号为 24 V 的高电平，所以步进驱动器为“共阴”接法，又因为此步进驱动器只能接收 5 V 信号，所以需要串联 2 个 2 kΩ 的电阻用于分压。设计和接线时要注意 CPU 1211C 的电源 3M 要与步进驱动器的电源 V-短接，否则脉冲信号不能形成回路。

CPU 1511-1PN 无高速输出点，控制步进驱动系统时需要用 PTO4 工艺模块，原理图如图 8-44b 所示。

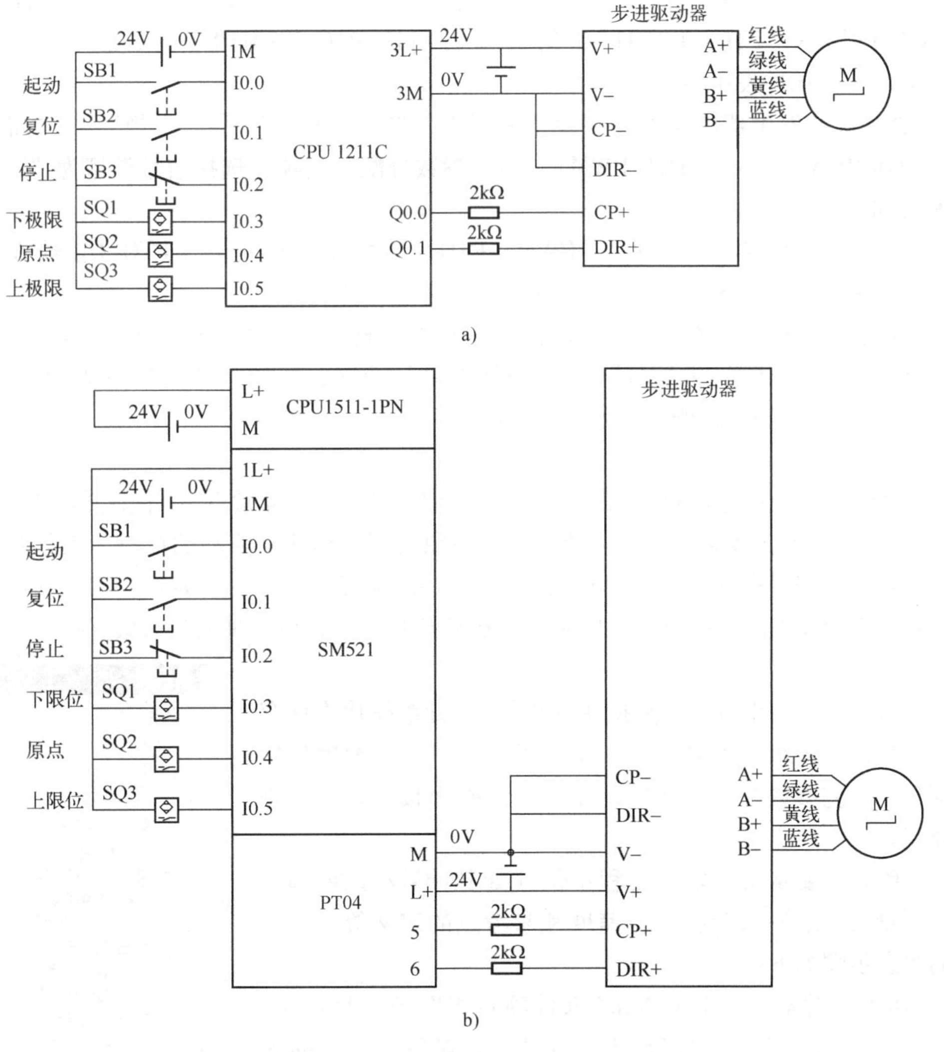

图 8-44　例 8-7 原理图

a）S7-1200 PLC 控制　b）S7-1500 PLC 控制

2. 硬件组态

组态以 CPU 1211C 为例，CPU 1511-1PN1 的组态与之类似，在此不做介绍。

1）新建项目，添加 CPU。打开 TIA Portal 软件，新建项目“MotionControl”，单击项目树中的“添加新设备”选项，添加“CPU 1211C”，如图 8-45 所示。

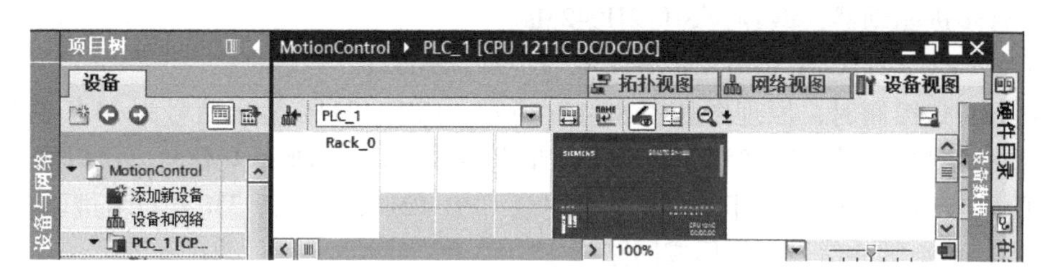

图 8-45　例 8-7 新建项目，添加 CPU

2）启用脉冲发生器。在设备视图中，选中“属性”→“常规”→“高脉冲发生器（PTO/PWM）”→“PTO1/PWM1”，勾选“启用该 PTO/PWM 器”选项，表示启用了“PTO1/PWM1”脉冲发生器。

3）选择脉冲发生器的类型。在设备视图中，选中“属性”→“常规”→“高脉冲发生器（PTO/PWM）”→“PTO1/PWM1”→“参数分配”选项，选择信号类型为“PTO（脉冲 A 和方向 B）”。

信号类型有五个选项，分别是：PWM、PTO（脉冲 A 和方向 B）、PTO（正数 A 和倒数 B）、PTO（A/B 移相）和 PTO（A/B 移相-四倍频）。

4）配置硬件输出。在设备视图中，选中“属性”→“常规”→“高脉冲发生器（PTO/PWM）”→“PTO1/PWM1”→“硬件输出”选项，选择脉冲输出点为 Q0.0，勾选“启用方向输出”，选择方向输出为 Q0.1。

3. 工艺对象“轴”配置

工艺对象“轴”配置是硬件配置的一部分，由于这部分内容非常重要，因此单独进行讲解。

“轴”表示驱动的工艺对象，“轴”工艺对象是用户程序与驱动的接口。工艺对象从用户程序收到运动控制命令，在运行时执行并监视执行状态。“驱动”表示步进电动机加电源部分或者伺服驱动加脉冲接口的机电单元。运动控制中，必须要对工艺对象进行配置才能应用控制指令块。

工艺对象组态后生成一个数据块（即轴），此数据块中保存了很多参数，工艺组态大幅减少了编程工作量。工艺配置包括三个部分：工艺参数配置、轴控制面板和诊断面板。以下分别进行介绍。

参数配置主要定义了轴的工程单位（如脉冲数/分钟、转/分钟）、软硬件限位、起动/停止速度和参考点的定义等。工艺参数的组态步骤如下：

1）插入新对象。在 TIA Portal 软件项目视图的项目树中，选择“MotionControl”→“PLC_1”→“工艺对象”→“插入新对象”选项，双击“插入新对象”，如图 8-46 所示，弹出如图 8-47 所示的界面，选择“运动控制”→“TO_Positionin-

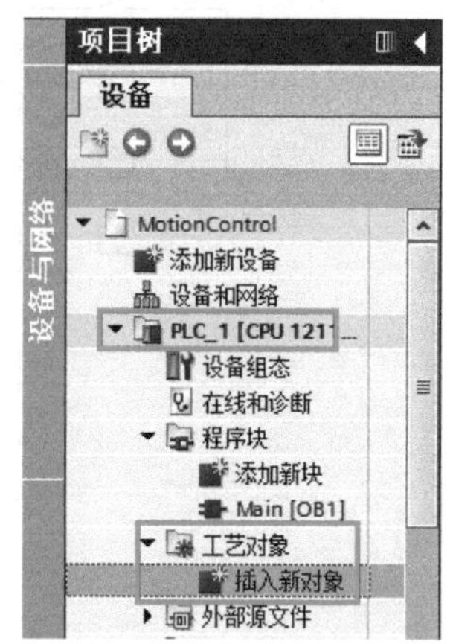

图 8-46　插入新对象

gAxis”选项，单击“确定”按钮，弹出如图 8-48 所示的界面。

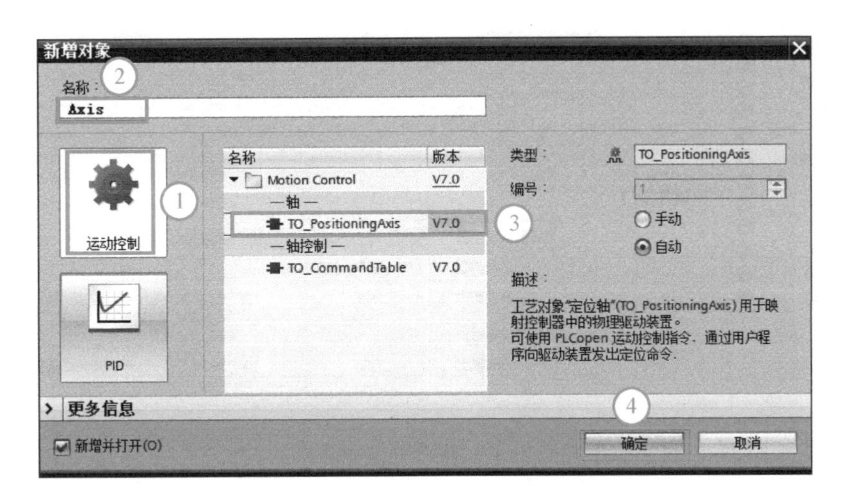

图 8-47　定义工艺对象数据块

2）配置常规参数。在“功能图”选项卡中，选择“基本参数”→“常规”选项，“驱动器”项目中有三个选项：PTO（表示运动控制由脉冲控制）、模拟驱动装置接口（表示运动控制由模拟量控制）和 PROFIdrive（表示运动控制由通信控制），本例选择“PTO”选项，测量单位可根据实际情况选择，本例选用“°”，如图 8-48 所示。

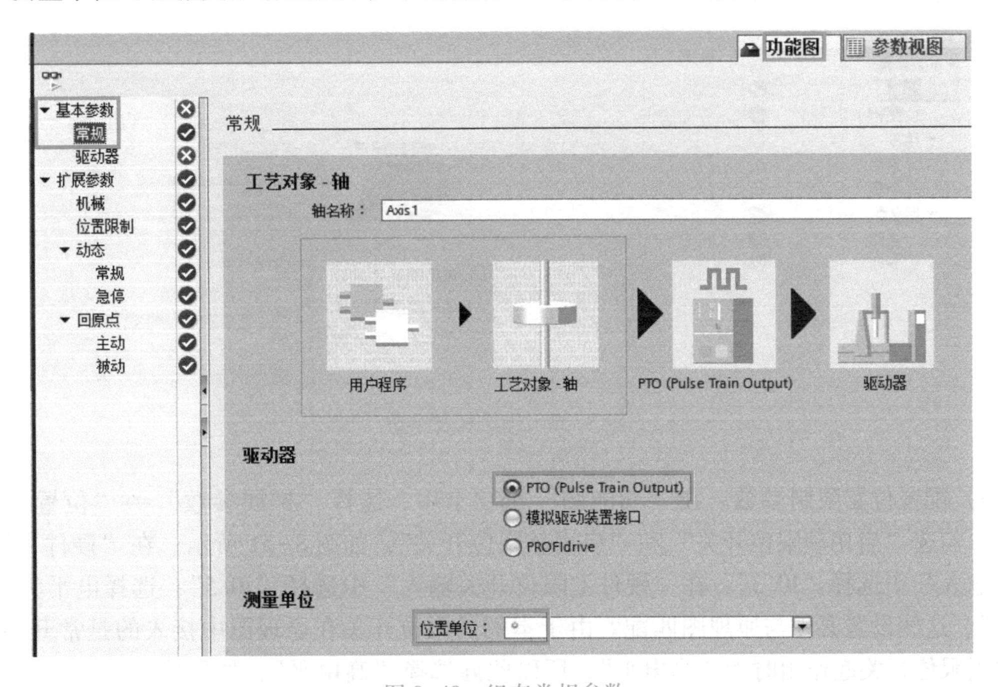

图 8-48　组态常规参数

3）组态驱动器参数。在“功能图”选项卡中，选择“基本参数”→“驱动器”选项，选择脉冲发生器为“Pulse_1”，其对应的脉冲输出点和信号类型以及方向输出，都已经在硬件配置时定义了，在此不做修改，如图 8-49 所示。

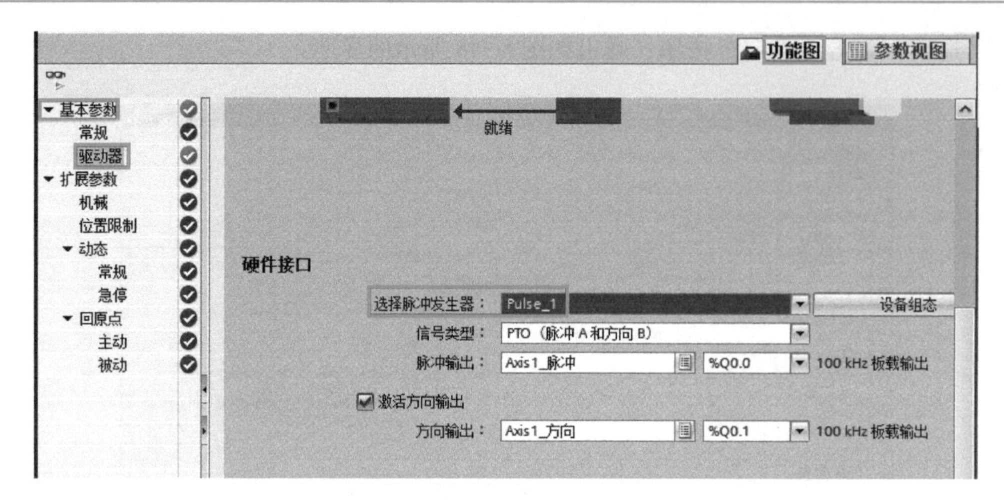

图 8-49　组态驱动器参数

4）组态机械参数。在“功能图”选项卡中，选择“扩展参数”→“机械”，设置“电机每转的脉冲数”为“200”（即 200 脉冲步进电动机转一圈），此参数取决于步进驱动器的参数。“电机每转的负载位移”取决于机械结构，本例为“360”，360°即一圈，如图 8-50 所示。

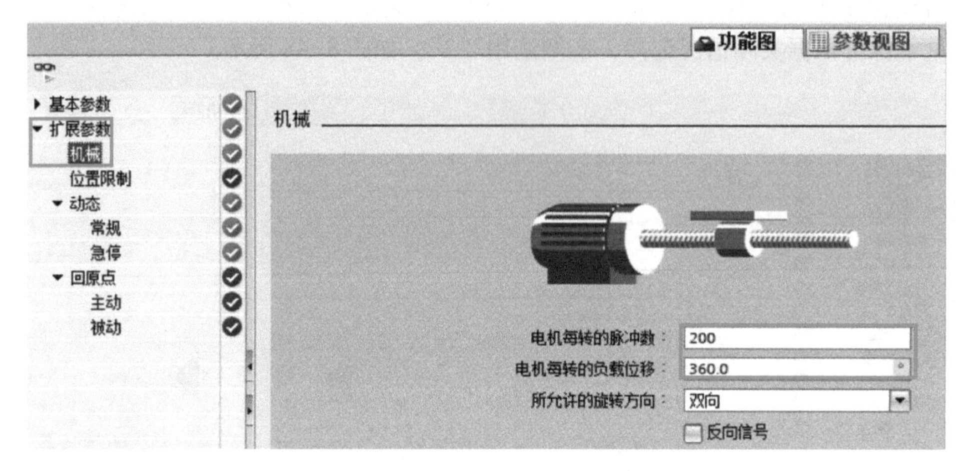

图 8-50　组态机械参数

5）配置位置限制参数。在“功能图”选项卡中，选择“扩展参数”→“位置限制”选项，勾选“启用硬限位开关”和“启用软限位开关”，如图 8-51 所示。在“硬件下限位开关输入”中选择“I0.3”，在“硬件上限位开关输入”中选择“I0.5”，选择电平为“高电平”，这些设置必须与原理图匹配。由于本例的限位开关在原理图中接入的是常开触点，因此当限位开关起作用时为“高电平”，所以此处选择“高电平”，如果输入限位开关接入常闭触点，那么此处也应选择“低电平”，这一点请读者特别注意。

6）配置回原点参数。在“功能图”选项卡中，选择“扩展参数”→“回原点”→“主动”选项，根据原理图选择“输入归位开关”是 I0.4。由于 I0.4 对应的接近开关是常开触点，所以“选择电平”选项是“高电平”。“原点位置偏移量”为 0，表明原点就在 I0.4 的硬件物理位置上，本例设置如图 8-52 所示。

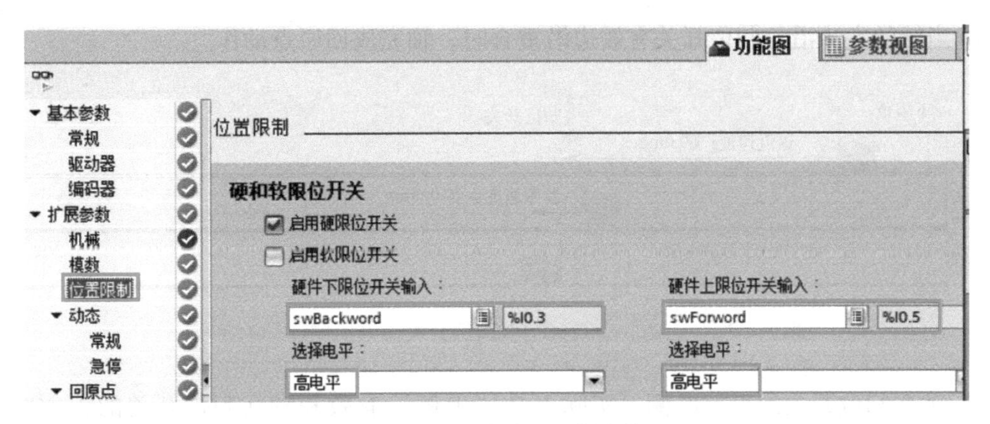

图 8-51　组态位置限制参数

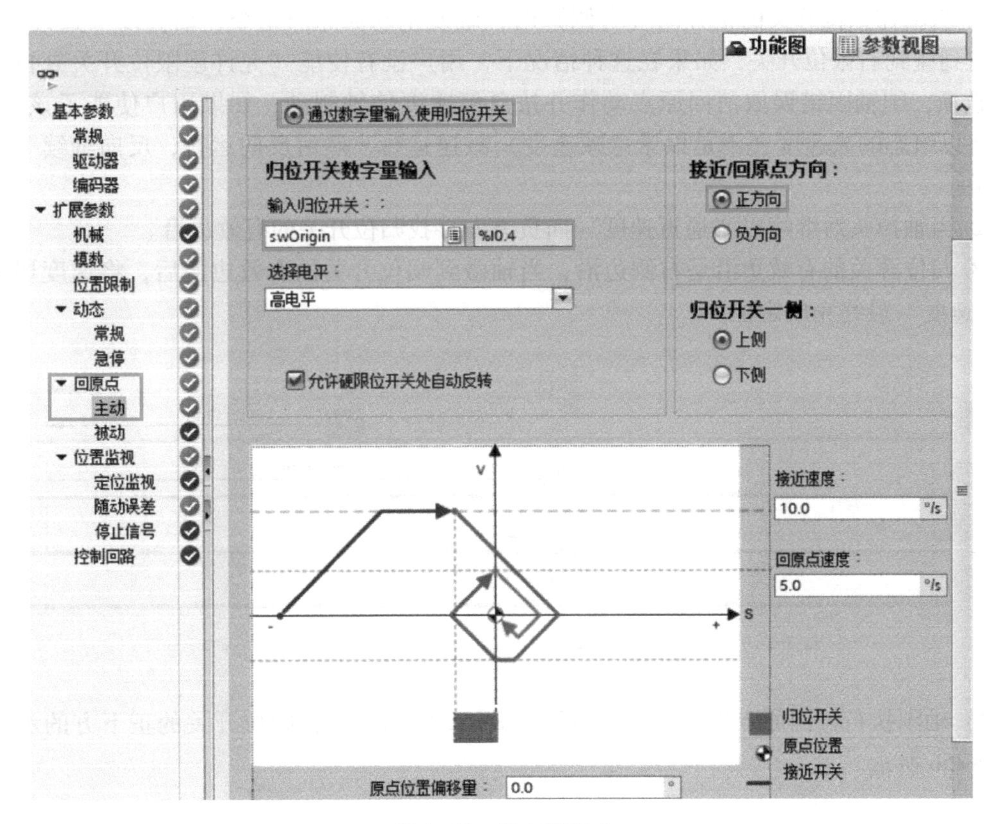

图 8-52　组态回原点

关于主动回原点，以下详细介绍。

根据轴与归位开关的相对位置，分成 4 种情况：轴在归位开关负方向侧，轴在归位开关的正方向侧，轴刚执行过回原点指令，轴在归位开关的正下方。接近速度为正方向运行。

1）轴在归位开关负方向侧。实际上是“上侧”有效和轴在归位开关负方向侧，运行示意图如图 8-53 所示。说明如下：

① 当程序以 Mode = 3 触发 MC_Home 指令时，轴立即以“逼近速度 60.0 mm/s”向右（正方向）运行寻找归位开关。

② 当轴碰到参考点的有效边沿，切换运行速度为“参考速度 40.0 mm/s”继续运行。

③ 当轴的左边沿与归位开关有效边沿重合时，轴完成回原点动作。

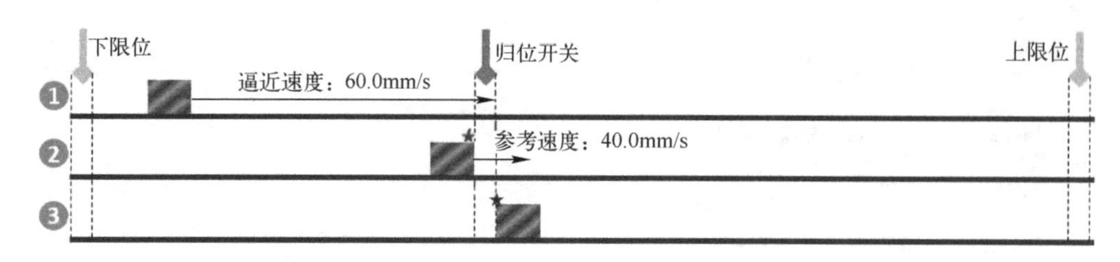

图 8-53 “上侧”有效和轴在归位开关负方向侧运行示意图

2）轴在归位开关的正方向侧。实际上是“上侧”有效和轴在归位开关的正方向侧运行，运行示意图如图 8-54 所示。说明如下：

① 当轴在归位开关的正方向（右侧）时，触发主动回原点指令，轴会以“逼近速度”运行直到碰到右限位开关，如果在这种情况下，用户没有使能“允许硬限位开关处自动反转”选项，则轴因错误取消回原点动作并按急停速度使轴制动；如果用户使能了该选项，则轴将以组态的减速度（不是以紧急减速度）减速运行，然后反向运行，反向继续寻找归位开关。

② 当轴掉头后继续以“逼近速度”向负方向寻找归位开关的有效边沿。

③ 归位开关的有效边沿是右侧边沿，当轴碰到归位开关的有效边沿后，将速度切换成“参考速度”最终完成定位。

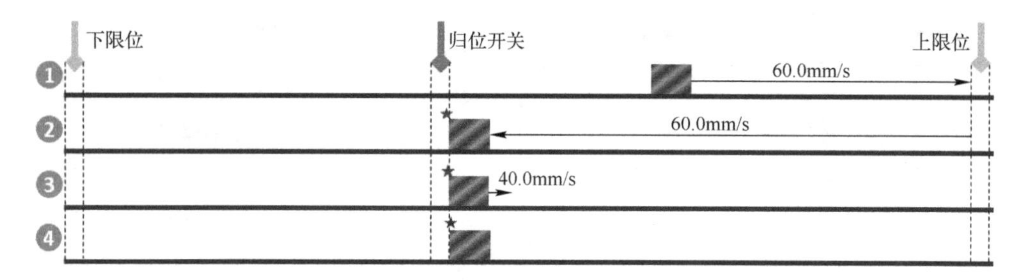

图 8-54 “上侧”有效和轴在归位开关的正方向侧运行示意图

3）轴刚执行过回原点指令的示意图如图 8-55 所示，轴在归位开关的正下方的示意图如图 8-56 所示。

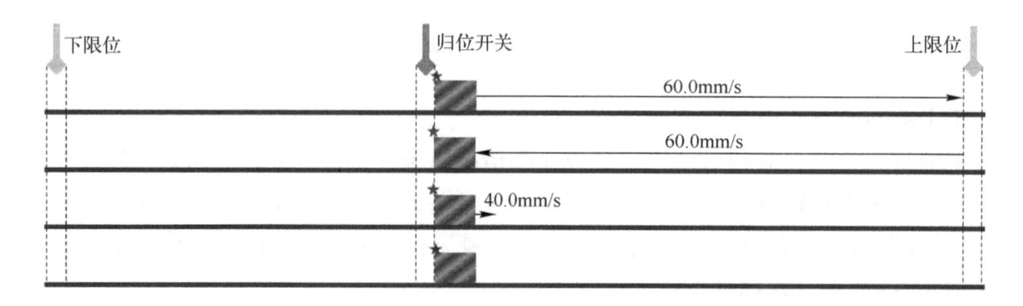

图 8-55 “上侧”有效和轴刚执行过回原点指令的示意图

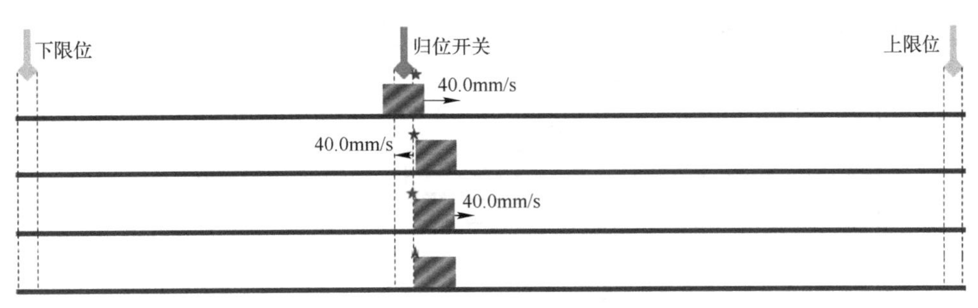

图 8-56　“上侧”有效和轴在归位开关的正下方的示意图

4. 编写控制程序

创建数据块如图 8-57 所示，编写程序如图 8-58 所示。对程序的解读如下：

程序段 1：伺服使能，始终有效。

程序段 2：故障确认。

程序段 3：模式 3 回原点，当 DB2. HOME_Start 置位时，开始回原点，当回原点成功时，DB2. HOME_Done 为 1，之后复位 DB2. HOME_Start，置位 DB2. HOME_OK。

程序段 4：当 DB2. Move_Start 置位时，开始轴运行，当运行到指定位置时，DB2. Move_Done 为 1，复位 DB2. Move_Start。

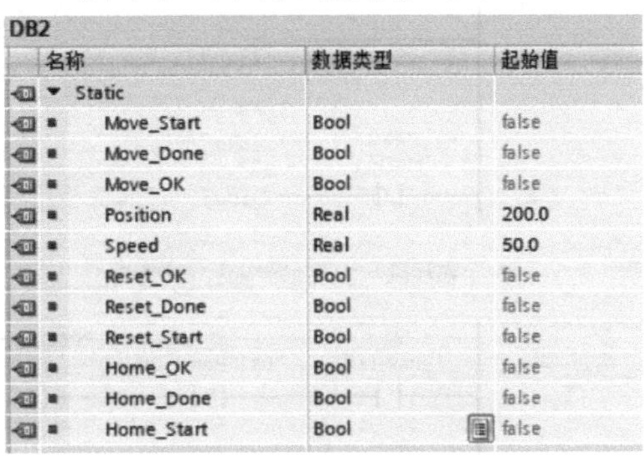

DB2

名称	数据类型	起始值
▼ Static		
Move_Start	Bool	false
Move_Done	Bool	false
Move_OK	Bool	false
Position	Real	200.0
Speed	Real	50.0
Reset_OK	Bool	false
Reset_Done	Bool	false
Reset_Start	Bool	false
Home_OK	Bool	false
Home_Done	Bool	false
Home_Start	Bool	false

图 8-57　例 8-7 数据块

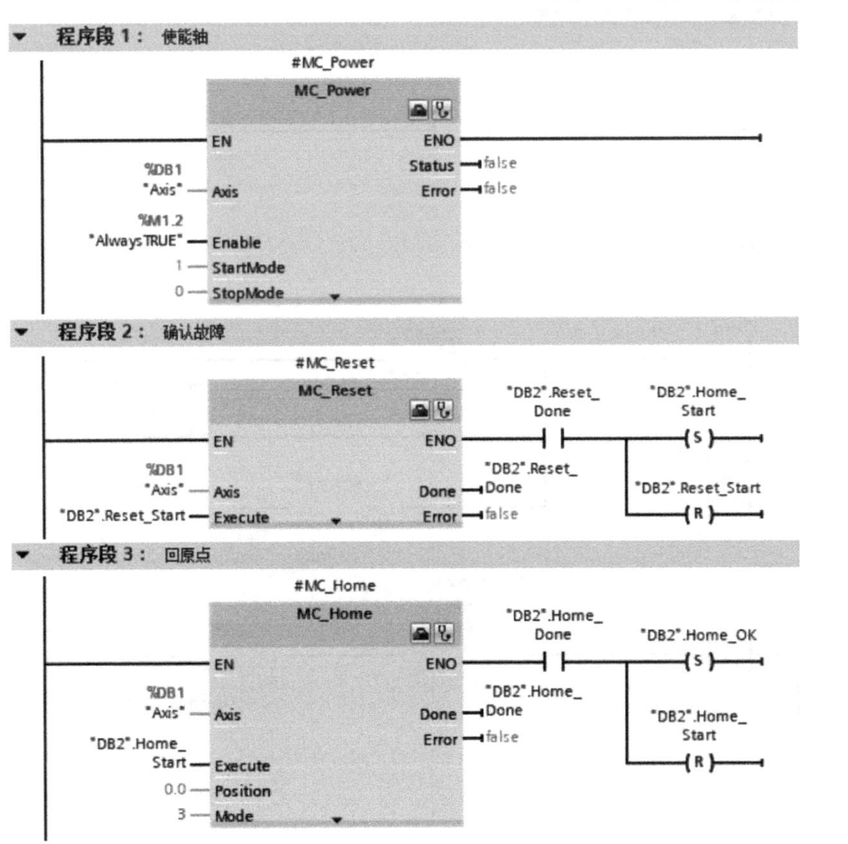

图 8-58　例 8-7 的 FB1_AutoRun 中的梯形图

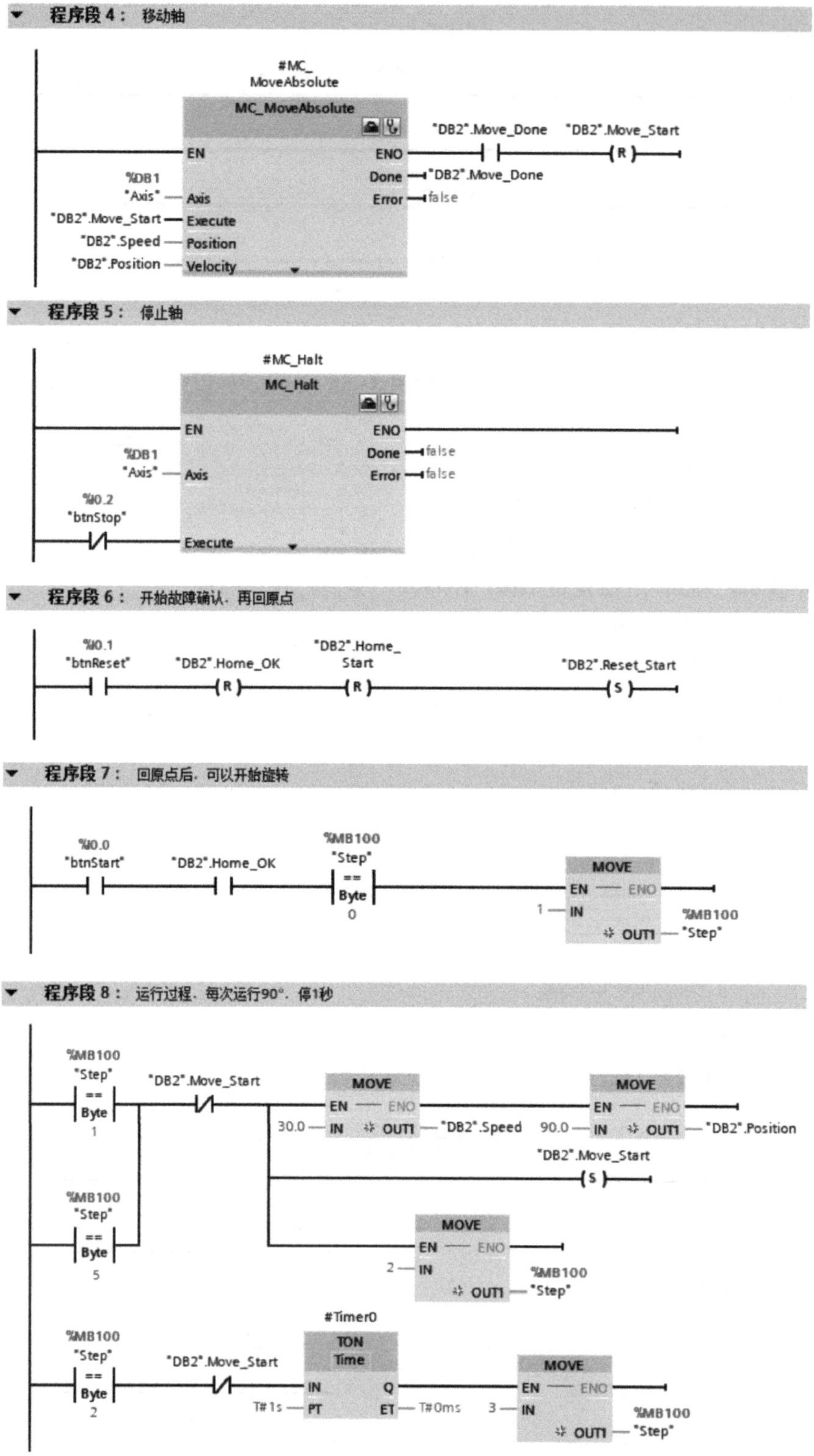

▼ 程序段 4： 移动轴

#MC_MoveAbsolute
MC_MoveAbsolute
EN ENO
"DB2".Move_Done "DB2".Move_Start (R)
%DB1 "Axis" — Axis
Done — "DB2".Move_Done
Error — false
"DB2".Move_Start — Execute
"DB2".Speed — Position
"DB2".Position — Velocity

▼ 程序段 5： 停止轴

#MC_Halt
MC_Halt
EN ENO
%DB1 "Axis" — Axis
Done — false
Error — false
%I0.2 "btnStop" — Execute

▼ 程序段 6： 开始故障确认，再回原点

%I0.1 "btnReset"
"DB2".Home_OK (R)
"DB2".Home_Start (R)
"DB2".Reset_Start (S)

▼ 程序段 7： 回原点后，可以开始旋转

%I0.0 "btnStart"
"DB2".Home_OK
%MB100 "Step" == Byte 0
MOVE
EN ENO
1 — IN
OUT1 — %MB100 "Step"

▼ 程序段 8： 运行过程，每次运行90°，停1秒

%MB100 "Step" == Byte 1
%MB100 "Step" == Byte 5
"DB2".Move_Start
MOVE: EN ENO; 30.0 — IN; OUT1 — "DB2".Speed
MOVE: EN ENO; 90.0 — IN; OUT1 — "DB2".Position
"DB2".Move_Start (S)
MOVE: EN ENO; 2 — IN; OUT1 — %MB100 "Step"
%MB100 "Step" == Byte 2
"DB2".Move_Start
#Timer0
TON Time
IN Q
T#1s — PT ET — T#0ms
MOVE: EN ENO; 3 — IN; OUT1 — %MB100 "Step"

图 8-58　例 8-7 的 FB1_AutoRun 中的梯形图（续）

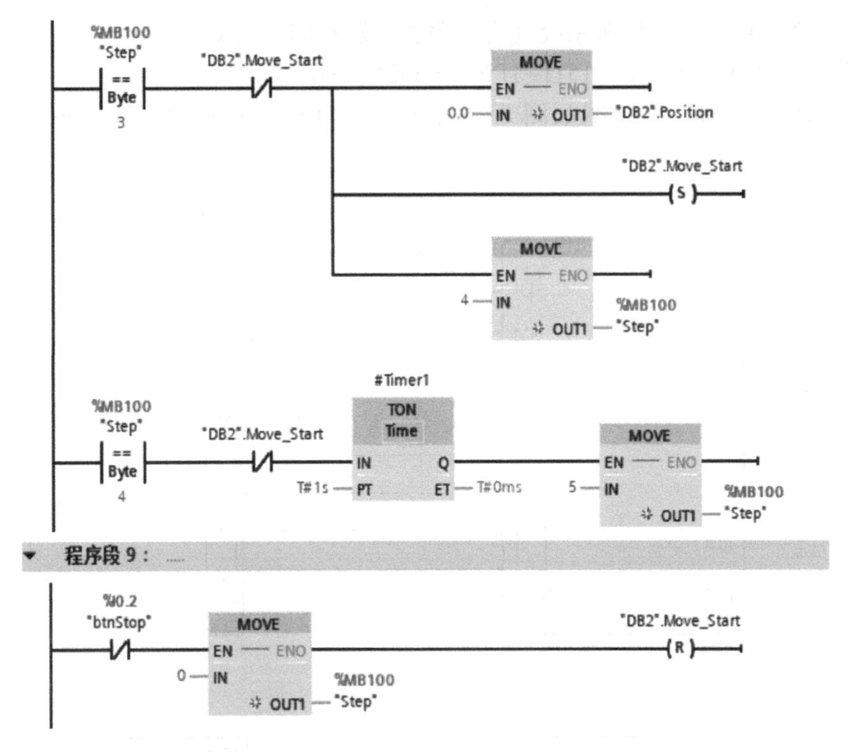

图 8-58　例 8-7 的 FB1_AutoRun 中的梯形图（续）

程序段 5：停止轴运行。

程序段 6：起动回原点操作。

程序段 7、8：当回原点成功后，按下起动按钮，轴按照要求运行。

程序段 9：停止运行。

主程序如图 8-59 所示。

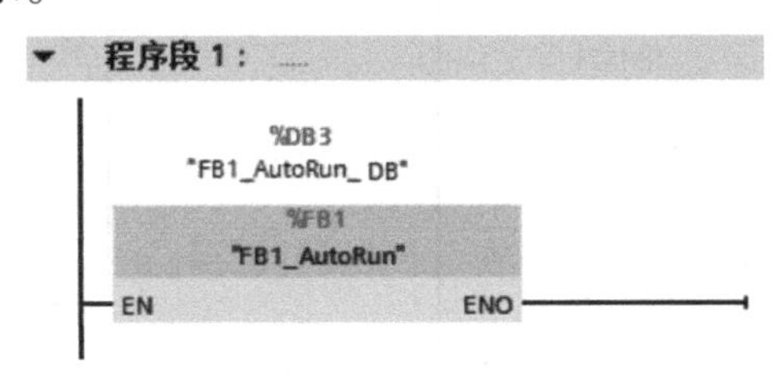

图 8-59　例 8-7 主程序

8.3.6　S7-1200/1500 PLC 对伺服驱动系统的位置控制（PROFINET 通信方式）

【例 8-8】某设备上有一套 SINAMICS V90 伺服驱动系统（PN 版本），控制要求如下：

当按下 SB1 按钮，以 30°/s 速度正向旋转 90°，停 1 s，以 30°/s 速度反向旋转 90°，停 1 s，如此循环，当按下停止按钮 SB2 停止运行。要求设计原理图和控制程序。

解：

1. 主要软硬件配置

① 1 套 TIA Portal V17。

② 1 套 SINAMICS V90 伺服系统（含伺服驱动器和伺服电动机）。

③ 1 台 CPU 1211C 或 CPU 1511-1PN、SM521、SM522。

CPU 1211C 控制时，原理图如图 8-60a 所示，CPU 1511-1PN 的原理图如图 8-60b 所示。

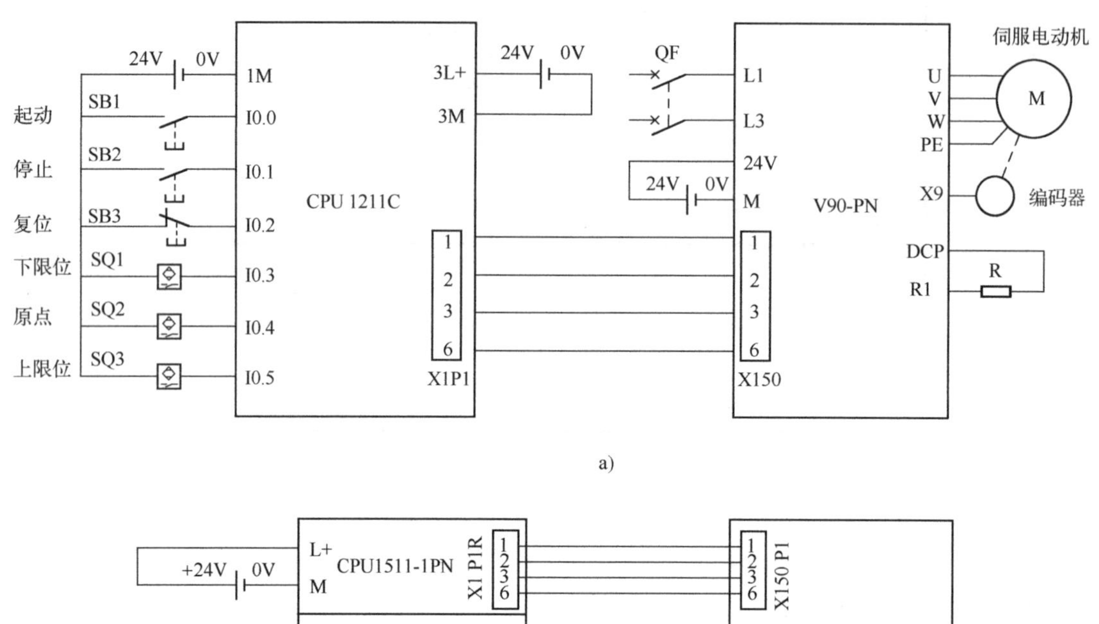

a)

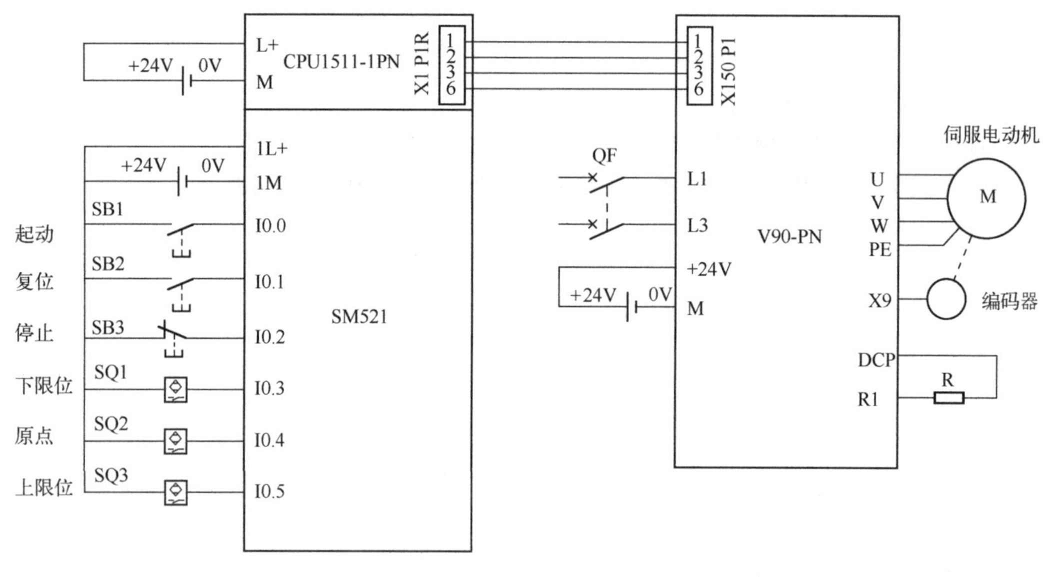

b)

图 8-60　例 8-8 原理图

a）S7-1200 PLC 控制　b）S7-1500 PLC 控制

2. 硬件和工艺组态

1）新建项目，添加 CPU。打开 TIA Portal 软件，新建项目“MotionControl”，单击项目树中的“添加新设备”选项，添加“CPU 11511-1PN”，启用“启用系统存储器字节”和“启用时钟存储器字节”，如图 8-61 所示。

2）网络组态。在图 8-62 中，依次单击“设备和网络”→“网络视图”选项，在“硬

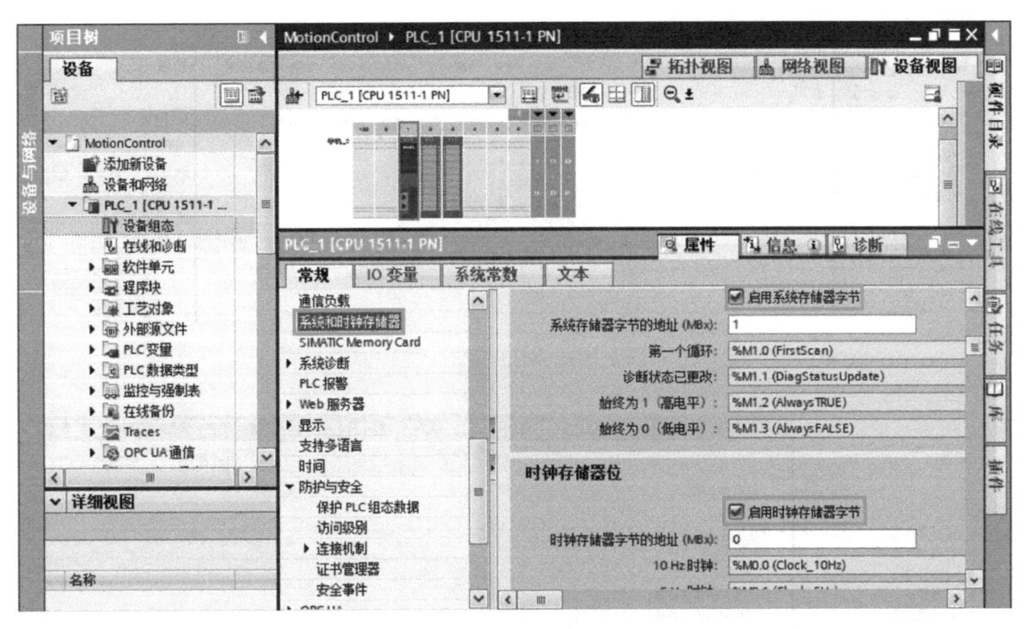

图 8-61　例 8-8 新建项目，添加 CPU

件目录”中，将 Other field drivers→“Drivers”→“SIEMENS AG”→“SINAMICS”→“SINAMICS V90 PN V1.0”拖拽到图示位置，用鼠标左键选中标记“A”，按住不放，拖拽到标记“B”，松开鼠标，建立 S7-1200 与 V90 之间的网络连接。

在图 8-62 中双击 V90，打开 V90 的硬件组态界面，如图 8-63 所示。单击“设备视图”→“设备预览”，在“硬件目录”中，将“模块”（Module）→“子模块”（Submodules）→“标准报文 3 PZD-5/9”拖拽到如图 8-63 所示的位置。

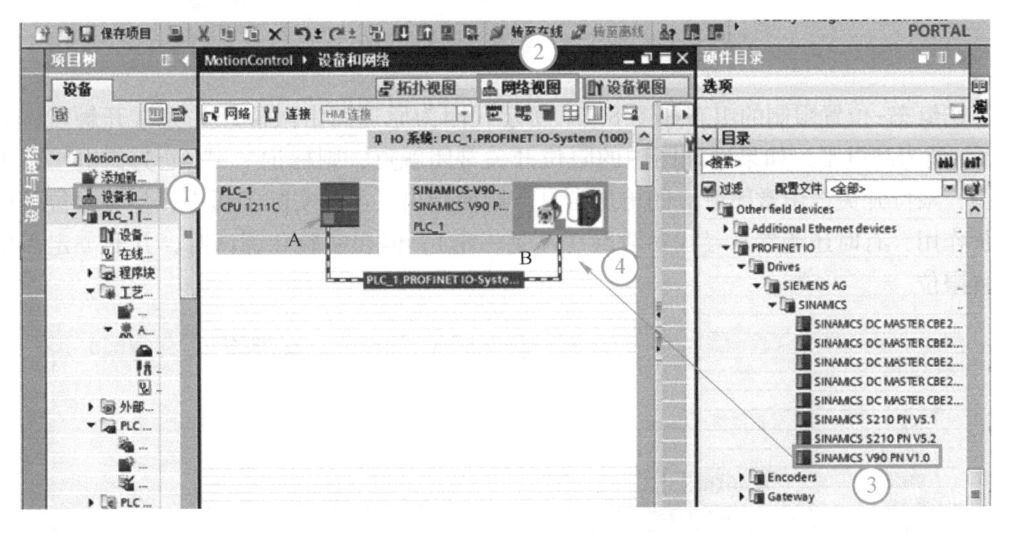

图 8-62　网络组态（一）

3）添加工艺对象，命名为“Axis”，工艺对象中组态的参数对保存在数据块中，本例将使用绝对定位指令，需要回参考点。工艺组态-驱动装置组态如图 8-64 所示，因为伺服驱动器是 PN 版本，所以驱动器的类型选择为“PROFIdrive”。

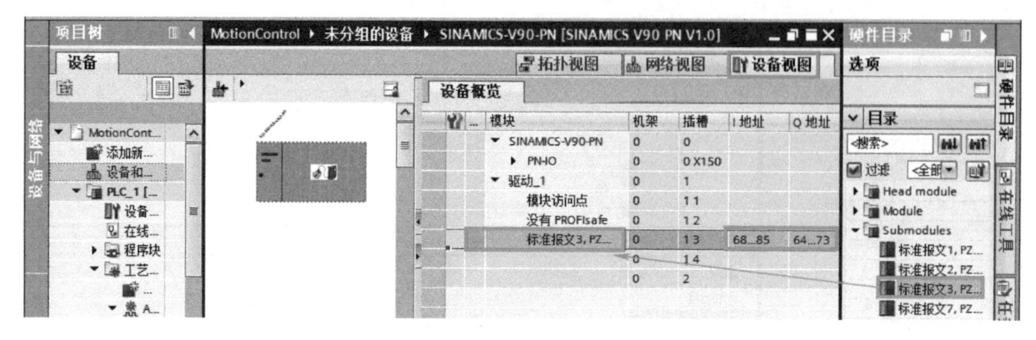

图 8-63　网络组态（二）

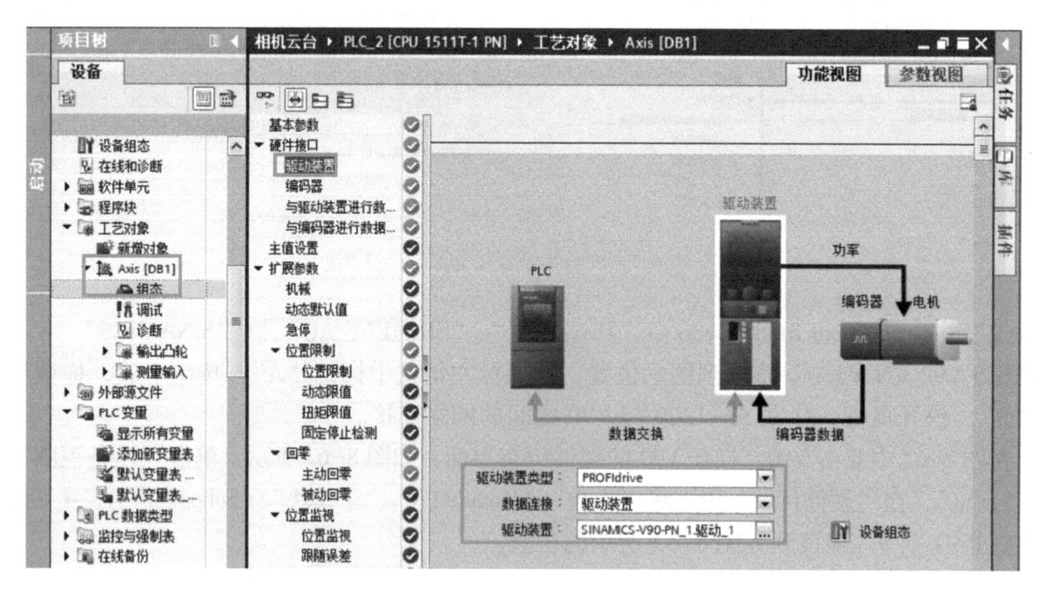

图 8-64　工艺组态-驱动装置组态

工艺组态-位置限制的组态如图 8-65 所示，因为原理图中限位开关为常开触点，故标记“5”处为高电平，如果原理图中的限位开关常闭触点，则标记“5”处为低电平，工程实践中，限位开关选用常闭触点的更加常见。顺便指出，虽然实际工程中，位置限位可以起到保护作用，有时还能参与寻找参考点（不是一定），但在实验和调试时，并非一定需要组态位置限位。

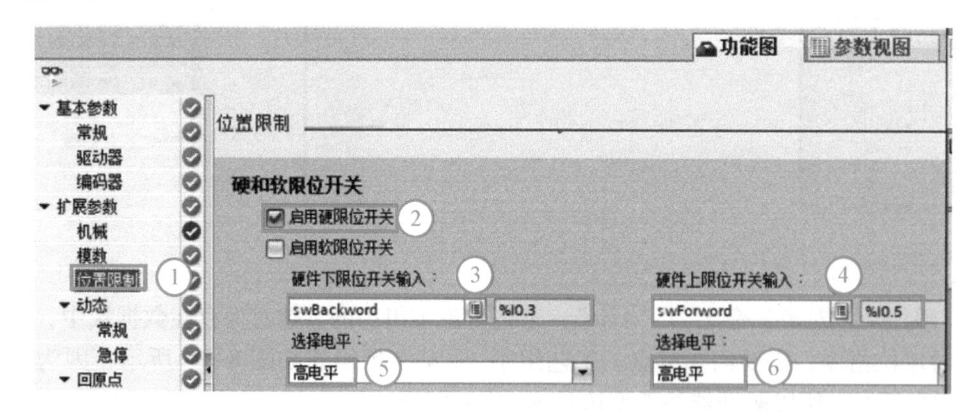

图 8-65　工艺组态-位置限制组态

工艺组态-主动回零的组态如图 8-66 所示，因为原理图中限位开关为常开触点，故标记“3”处为高电平，如原理图中的限位开关常闭触点，则标记“3”处为低电平。在图 8-66 中，如果负载在参考点（零点、原点）的左侧，向正方向寻找参考点，那么不需要正负限位开关参与寻找参考点。如果负载在参考点的左侧向负方向寻找参考点，那么需要负限位开关（左侧限位开关）参与寻找参考点。

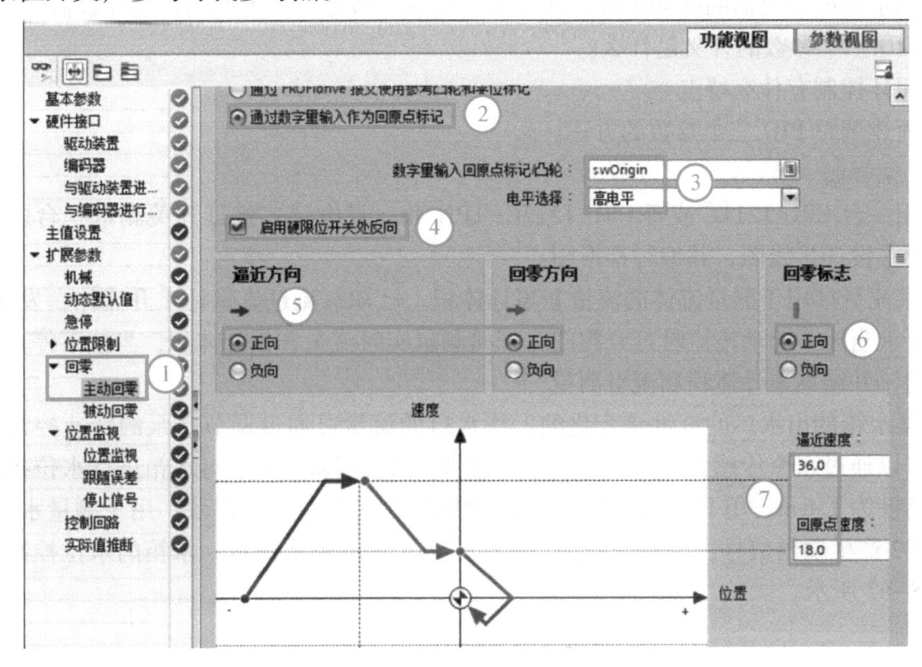

图 8-66　工艺组态-主动回零组态

3. 设置 SINAMICS V90 的参数

设置 SINAMICS V90 的参数见表 8-12。

表 8-12　SINAMICS V90 的参数

序　号	参　数	参　数　值	说　明
1	p0922	3	标准报文 3
2	p8921(0)	192	IP 地址：192. 168. 0. 2
	p8921(1)	168	
	p8921(2)	0	
	p8921(3)	2	
3	p8923(0)	255	子网掩码：255. 255. 255. 0
	p8923(1)	255	
	p8923(2)	255	
	p8923(3)	0	

4. 编写控制程序

程序与例 8-6 的相同。

视频

限于篇幅，有关 SINAMICS V90 伺服系统的参数的含义与设置，请扫二维码，观看视频。

8.4 习题

一、问答题

1. S7-1200 PLC 的高速计数器有哪些工作模式？
2. 测量光电编码器的脉冲个数为什么要用高速计数器，而不能用普通计数器？
3. PID 三个参数的含义是什么？
4. 闭环控制有什么特点？
5. 简述调整 PID 三个参数的方法。

二、编程题

1. 用一台 CPU 1211C 或者 CPU 1512C-1PN 和一只电感式接近开关测量一台电动机的转速，要求设计接线图，并编写梯形图。

2. 某流量计用于测量流体的流量和累计体积，已知每流过流量计 1 升流体，发出 60 个脉冲。要求当按下起动按钮时打开阀门，开始测量实时流量和累计体积，当按下停止按钮时关闭阀门，并结束累计体积和流量测量。

3. 某水箱的出水口的流量是变化的，注水口的流量可通过调节水泵的转速控制，水位的检测可以通过水位传感器完成，水箱最大盛水高度为 2 m，要求对水箱进行水位控制，保证水位高度为 1.6 m。用 PLC 作为控制器，SM1231 为模拟量输入模块，用于测量水位信号，用 SM1232 产生输出信号，控制变频器，从而控制水泵的输出流量。水箱的水位控制的原理图如图 8-67 所示。

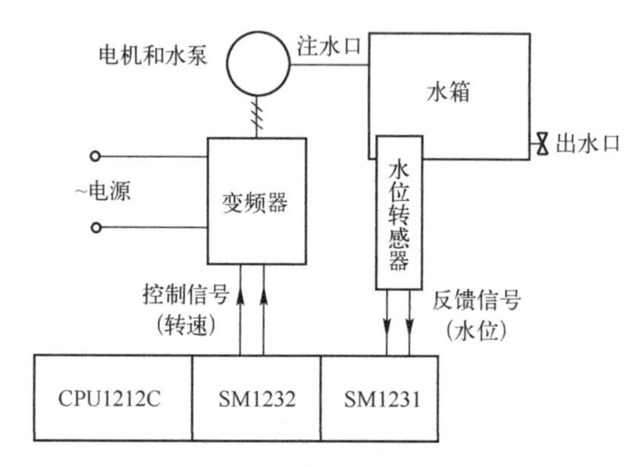

图 8-67　水箱的水位控制的原理图

4. 有一台步进电动机，其脉冲当量是 3 度/脉冲，问此步进电动机转速为 250 r/min 时，转 10 圈，若用 S7-1200/1500 PLC 控制，请设计原理图，并编写梯形图。

第 9 章　S7-1200/1500 PLC 工程应用

本章用一个工程实例进行介绍。此实例涉及逻辑控制和运动控制，任务相对复杂，难度较大。这个实际工程项目是对读者学习成果的验证，若能完成，则说明读者具备小型自动化系统集成的能力。

9.1　旋转料仓控制系统的设计

【例 9-1】有一条盒子包装生产线如图 9-1 所示，该生产线分为三部分，即旋转工作台、气动机械手和传送带。右侧是传送带，接收盒子生产设备生产的盒子，把盒子从右侧输送到左侧，其转速由 G120 变频器控制；中间是气动机械手，当盒子到达检测传感器（SQ8）位置时，升降气缸下行，吸盘吸住盒子，升降气缸上行，旋转气缸转到左侧，升降气缸下行，如果旋转工作台准备好了，则吸盘释放，释放后，升降气缸上行，回转气缸转到右侧，等待盒子到来；左侧是旋转工作台，工作台的最下面是气动分度盘，分度盘带动转轴和转盘旋转，圆形的转盘上有 4 个工位，每个工位有 1 个容器，每个容器中可以放 3 个盒子，盒子不能碰撞容器，因此当放第 1 个盒子时，伺服电动机带动顶杆停在最上面（90 mm 处），接住盒子，然后伺服电动机带动顶杆下降到中间（60 mm），接第 2 个盒子，之后顶杆再次下降到底部（30 mm 处），接住第 3 个盒子，再下降到 10 mm 处离开容器，之后气动分度盘旋转 90°，新的容器旋转到释放位置（第 1 个工位）。转盘上的 4 个容器最多可以装 12 个盒子，只要转盘离开释放位置，人工即可搬走，当转盘上的最后一个工位装满盒子时，人工没搬走，限位开关（SQ9）发出信号，旋转工作台不旋转，发出报警信号，提示人工搬走。

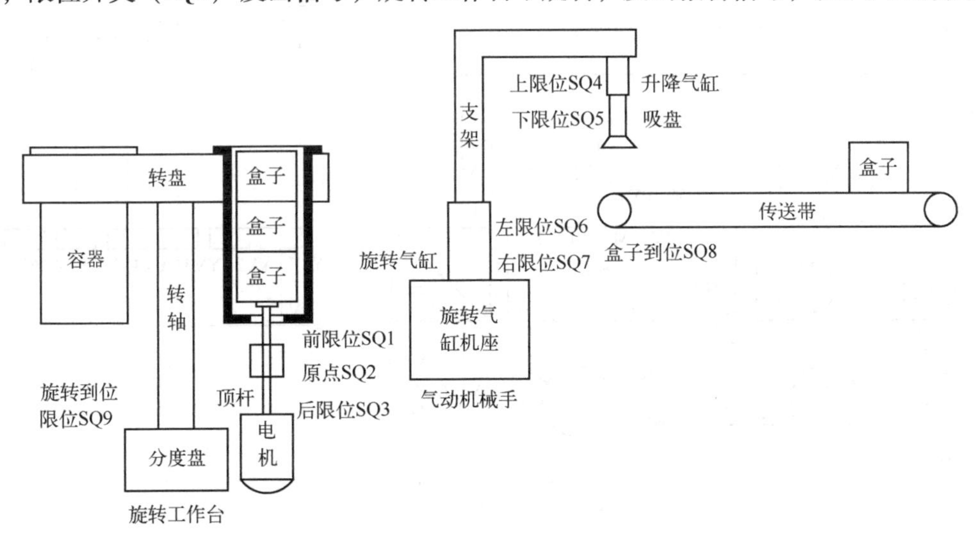

图 9-1　盒子包装生产线设备的示意图

在手动状态时，可以手动操纵顶杆和分度盘。手动控制在 HMI 中实现。

按下复位按钮，系统复位，气缸到原始位置，伺服系统回原点，回原点成功则指示灯闪亮。气动原理图如图 9-2 所示。

1. 设计原理图

1）设计气动原理图如图 9-2 所示。升降气缸和旋转气缸是双作用气缸，伸出和缩回动作需要 PLC 的输出点控制，伸出和缩回到位由接近开关检测。气动分度盘是单作用气缸，只需要 PLC 的一个输出点控制，分度盘到位，用时间保证，吸盘的动作也只需要 PLC 的一个输出点控制。

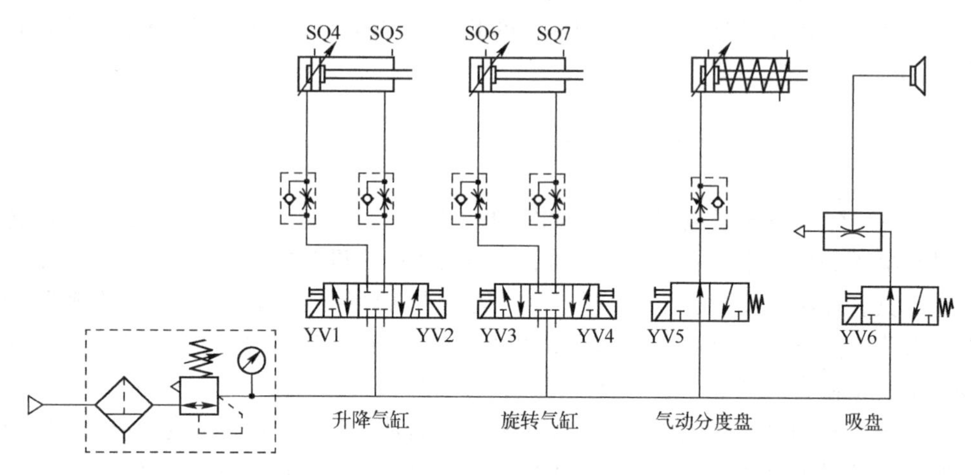

图 9-2 气动原理图

2）设计电气原理图如图 9-3 和图 9-4 所示。由于 PLC、G120 和 V90 是采用 PROFINET 通信，因此三者的网口由网线连接在一起。电磁阀 YV1～YV6 由中间继电器驱动，中间继电器起放大信号作用。

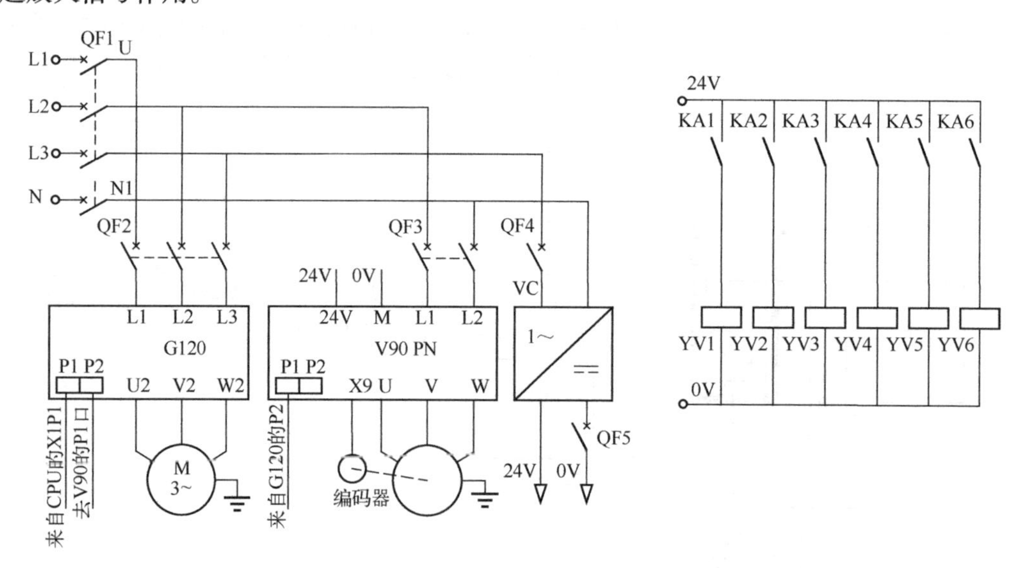

图 9-3 电气原理图-主回路

2. 硬件和工艺组态

（1）新建项目，添加 CPU、硬件组态和网络组态

打开 TIA Portal 软件，新建项目“盒子生产线”，单击项目树中的“添加新设备”选项，

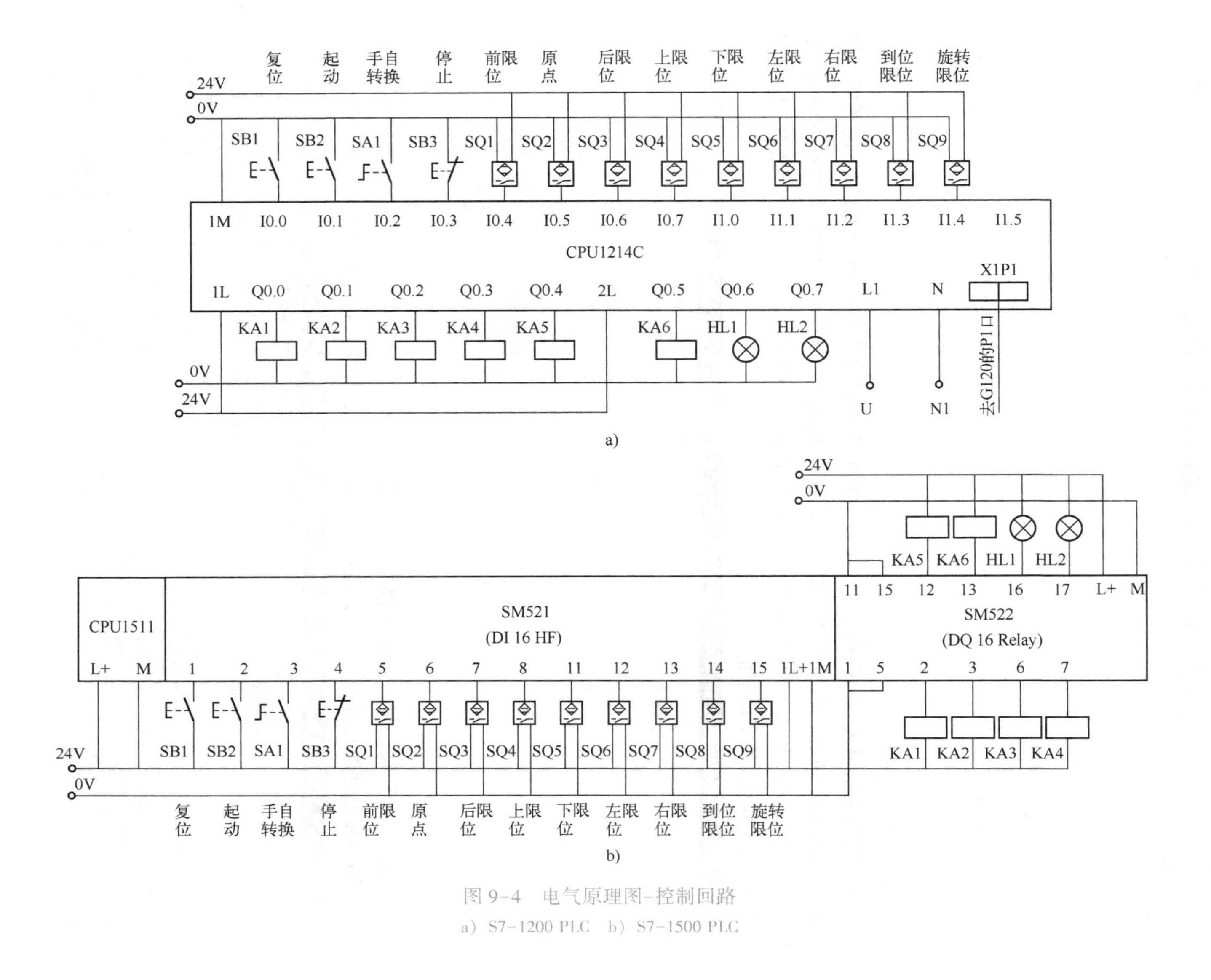

图 9–4　电气原理图–控制回路

a) S7–1200 PLC　b) S7–1500 PLC

添加“CPU 1214C”，选择“启用系统存储器字节”和“启用时钟存储器字节”。进行网络组态，如图 9-5 所示。

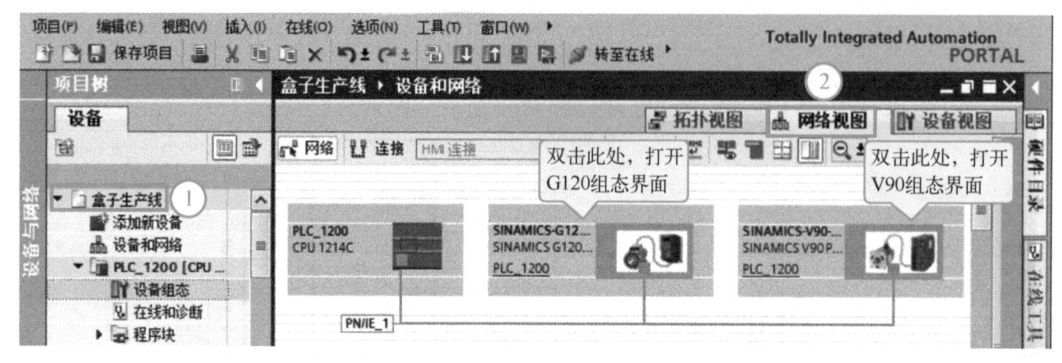

图 9-5 新建项目，硬件组态和网络组态

（2）配置通信报文

变频器的通信报文为标准报文 1，双击如图 9-5 所示的“SINAMICS G120”的图标，打开 G120 变频器的画面，在“设备概览”中，将标准报文 1 拖拽到如图 9-6 所示的位置。Q 地址下面 100…103 代表 QB100～QB103 共 4 个字节，或两个字，这两个字分别为：QW100 是控制字，QW102 是主设定值。

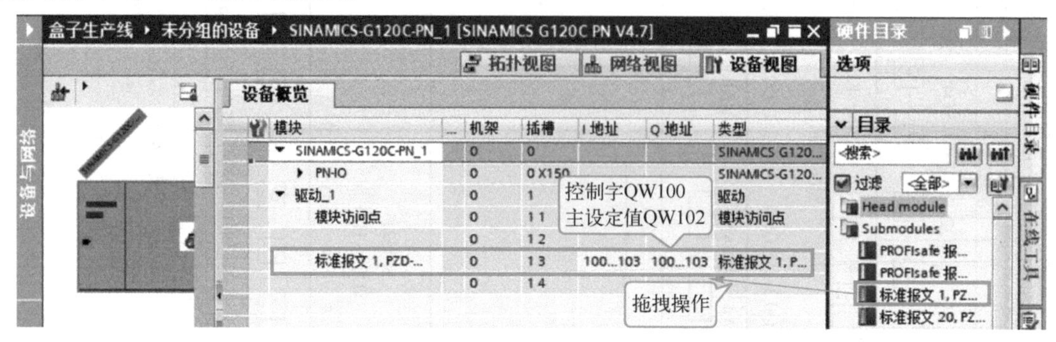

图 9-6 SINAMICS G120 变频器的报文组态

伺服驱动器的通信报文为标准报文 3，双击如图 9-5 所示的“SINAMICS V90”的图标，打开 V90 伺服驱动器的画面，在“设备概览”中，将标准报文 3 拖拽到如图 9-7 所示的位置。

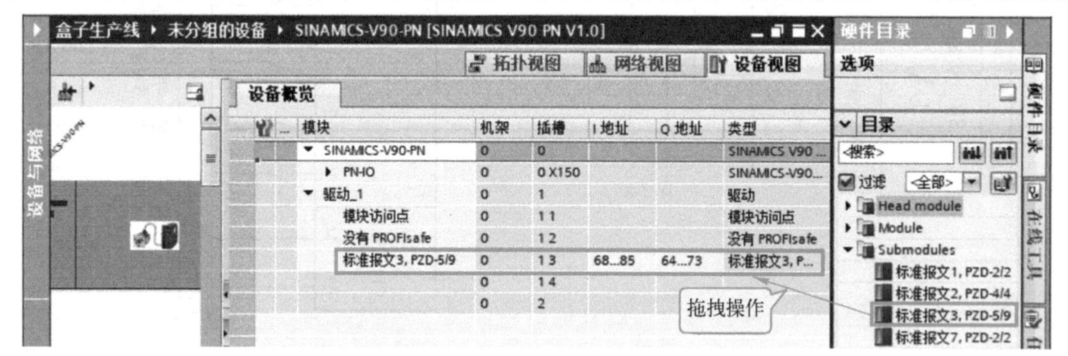

图 9-7 SINAMICS V90 伺服驱动器的报文组态

（3）工艺对象“轴”配置

参数配置主要定义了轴的工程单位（如脉冲数/分钟、转/分钟）、软硬件限位、起动/

停止速度和参考点的定义等。工艺参数的组态步骤如下：

1）插入新对象。在 TIA Portal 软件项目视图的项目树中，选择“盒子生产线”→“PLC_1200”→“工艺对象”→“插入新对象”选项，双击“插入新对象”，弹出如图 9-8 所示的界面，选择“运动控制”→“TO_PositioningAxis”选项，单击“确定”按钮，弹出如图 9-7 所示的界面。

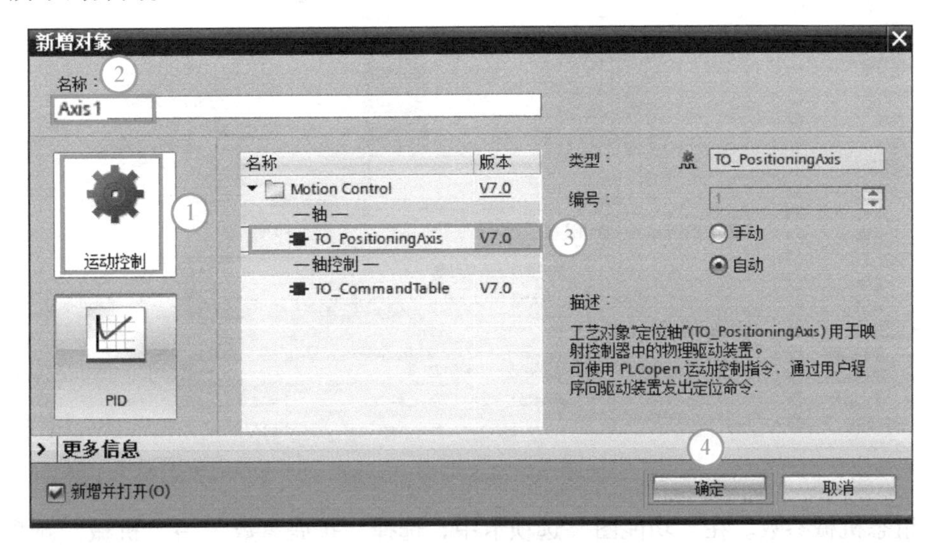

图 9-8　定义工艺对象数据块

2）配置常规参数。在“功能图”选项卡中，选择“基本参数”→“常规”选项，“驱动器”项目中有 3 个选项：PTO（表示运动控制由脉冲控制）、模拟驱动装置接口（表示运动控制由模拟量控制）和 PROFIdrive（表示运动控制由通信控制），本例选择“PROFIdrive”选项，测量单位可根据实际情况选择，本例选用默认设置，如图 9-9 所示。

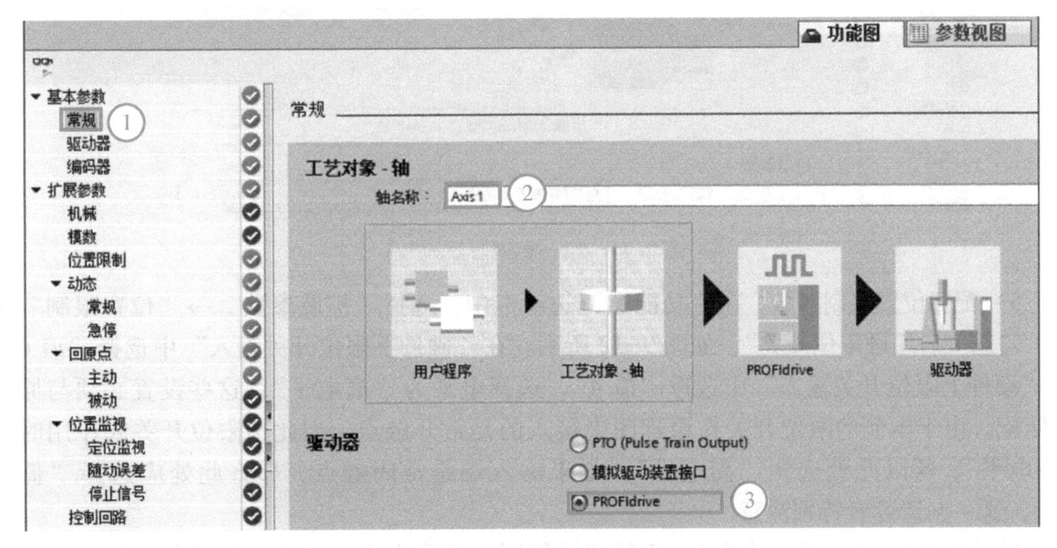

图 9-9　组态常规参数

3）组态驱动器参数。如图 9-10 所示，在“功能图”选项卡中，选择“基本参数”→“驱动器”选项，选择驱动器为“SINAMICS-V90-驱动_1”，驱动为“标准报文 3”。标准报文 3 是速度报文，而本例要进行位置控制，位置控制的“三环”怎么完成的呢？伺服驱动器中完成速度环和电流环，而位置环在 PLC 中完成。此外，要注意用速度报文进行位置控制时，需要工艺组态，而位置报文进行位置控制则无须工艺组态。

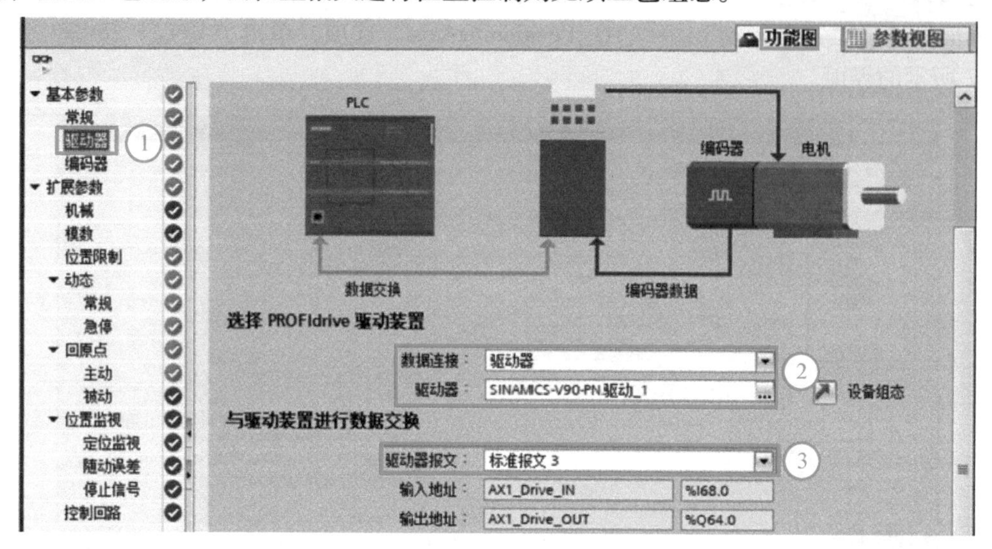

图 9-10　组态驱动器参数

4）组态机械参数。在“功能图”选项卡中，选择“扩展参数”→“机械”选项。“电机每转负载位移”取决于机械结构，如伺服电动机与丝杠直接相连接，则此参数就是丝杠的螺距，本例为“10”，如图 9-11 所示。

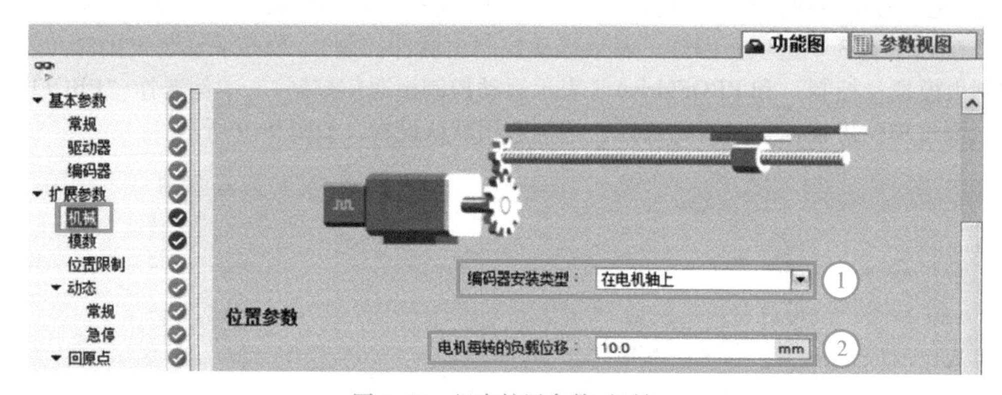

图 9-11　组态扩展参数-机械

5）配置位置限制参数。在“功能图”选项卡中，选择“扩展参数”→“位置限制”选项，勾选“启用硬限位开关”，如图 9-12 所示。在“硬件下限位开关输入”中选择“I0.6”，在“硬件上限位开关输入”中选择“I0.4”，选择电平为“高电平”，这些设置必须与原理图匹配。由于本例的限位开关在原理图中接入的是常开触点，因此当限位开关起作用时为“高电平”，所以此处选择“高电平”，如果输入端是常闭触点，那么此处应选择“低电平”，这一点请读者特别注意。

6）配置回原点参数。在图 9-13 的“功能图”选项卡中，选择“扩展参数”→“回原点”→“主动”选项，根据原理图选择“输入归位开关”是 I0.5。由于归位开关是常开触点，所以“选择电平”选项是“高电平”。

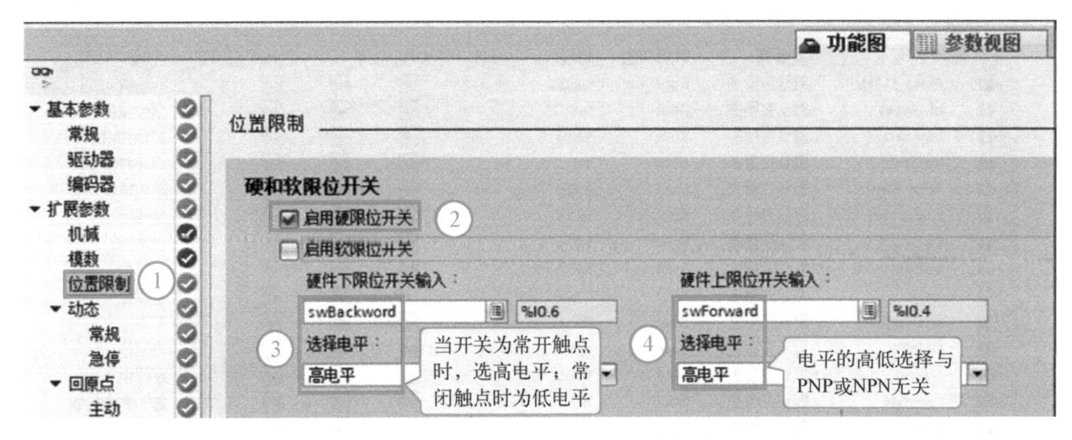

图 9-12　组态扩展参数-位置限制

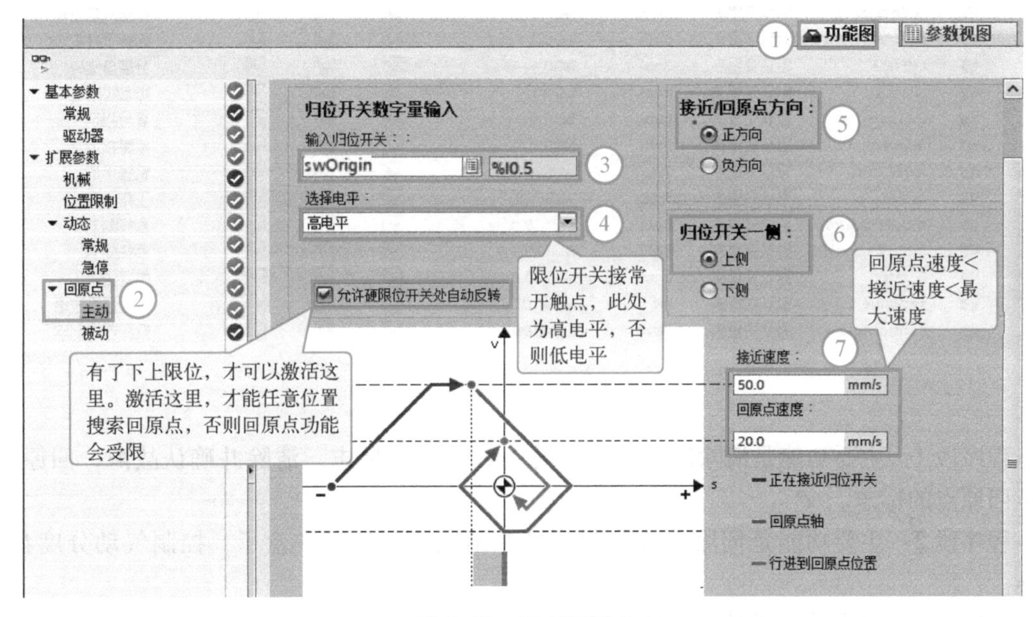

图 9-13　组态回原点

用 S7-1500 PLC 作为控制的硬件组态和工艺组态与 S7-1200 PLC 的类似，而程序完全相同，在此不做赘述。

3. 编写程序

创建数据块 DB1，如图 9-14 所示。运动控制程序中需要用到的重要的变量都在此数据块中。PLC 的变量如图 9-15 所示。

初始化程序 OB100 如图 9-16 所示。主程序 OB1 如图 9-17 所示，主程序采用梯形图，而功能块和功能采用 SCL 程序。主程序分为 6 个程序段，其完成的功能如下：

DB1

名称	数据类型	起始值
▼ Static		
Reset_OK	Bool	false
Reset_Done	Bool	false
Home_Start	Bool	false
Home_Done	Bool	false
Home_OK	Bool	false
Move_Executive	Bool	false
Move_Done	Bool	false
Move_OK	Bool	false
Velocity	Real	100.0
velJog	Real	20.0
Position	Real	90.0
Speed	Real	375.0

图 9-14　数据块 DB1

PLC 变量

名称	变量表	数据类型	地址	保持	从 H...	从 H...	在 H...	监控	注释
Clock_0.5Hz	默认变量表	Bool	%M0.7	☐	☑	☑	☑		
btnReset	默认变量表...	Bool	%I0.0	☐	☑	☑	☑		复位按钮
btnStart	默认变量表...	Bool	%I0.1	☐	☑	☑	☑		起动按钮
btnStop	默认变量表...	Bool	%I0.2	☐	☑	☑	☑		停止按钮
Auto_Man	默认变量表...	Bool	%I0.3	☐	☑	☑	☑		手自转换
swForward	默认变量表...	Bool	%I0.4	☐	☑	☑	☑		前限位
swOrigin	默认变量表...	Bool	%I0.5	☐	☑	☑	☑		参考点
swBackword	默认变量表...	Bool	%I0.6	☐	☑	☑	☑		后限位
swUp	默认变量表	Bool	%I0.7	☐	☑	☑	☑		上限位
swDown	默认变量表	Bool	%I1.0	☐	☑	☑	☑		下限位
swRight	默认变量表	Bool	%I1.1	☐	☑	☑	☑		右限位
swLeft	默认变量表	Bool	%I1.2	☐	☑	☑	☑		左限位
swArrive	默认变量表	Bool	%I1.3	☐	☑	☑	☑		盒子到来检测
swFinish	默认变量表	Bool	%I1.4	☐	☑	☑	☑		旋转到位
cylPressOut	默认变量表...	Bool	%Q0.0	☐	☑	☑	☑		下压气缸伸出
cylPressBack	默认变量表...	Bool	%Q0.1	☐	☑	☑	☑		下压气缸缩回
cylRotateLeft	默认变量表...	Bool	%Q0.2	☐	☑	☑	☑		回转气缸左转
cylRotateRight	默认变量表...	Bool	%Q0.3	☐	☑	☑	☑		回转气缸右转
cylPlate	默认变量表...	Bool	%Q0.4	☐	☑	☑	☑		分度盘旋转
suckOn	默认变量表...	Bool	%Q0.5	☐	☑	☑	☑		吸盘吸附
ledReset	默认变量表...	Bool	%Q0.6	☐	☑	☑	☑		复位指示
ledAlarm	默认变量表...	Bool	%Q0.7	☐	☑	☑	☑		报警指示
robotStep	默认变量表...	Byte	%MB201	☐	☑	☑	☑		机械手步
tableStep	默认变量表	Byte	%MB200	☐	☑	☑	☑		工作台步
moveForword	默认变量表	Bool	%M100.0	☐	☑	☑	☑		顶杆向上
moveBackword	默认变量表	Bool	%M100.1	☐	☑	☑	☑		顶杆向下
Rotate	默认变量表	Bool	%M100.2	☐	☑	☑	☑		气缸旋转
setValue	默认变量表	Int	%QW102	☐	☑	☑	☑		变频器设定值
controlWord	默认变量表	Word	%QW100	☐	☑	☑	☑		变频器控制字

图 9-15　PLC 的变量

程序段 1：主要功能是清除以前的回原点（参考点）标志，清除并确认故障，回原点，置位回原点的标志。

程序段 2：主要功能是伺服系统控制顶杆在不同的位置接住盒子，控制气动分度盘的旋转。

程序段 3：在手动模式时，控制顶杆的上升和下降，气动分度盘的旋转。

程序段 4：主要功能是控制气动机械手抓取传送带上的盒子，送到旋转工作台上的容器中。

程序段 5：主要功能是控制系统停机和报警显示。

程序段 6：主要功能是控制传送带上变频器的运行控制。

```
1  "DB1".Home_OK := FALSE;      //清楚回原点标志
2  "DB1".Position := 90.0;     //顶杆初始位置
3  "DB1".Velocity := 150.0;    //顶杆初始速度
4  "DB1".Speed := 375.0;       //变频器的初始转速
5  "robotStep" := 0;           //气动机械手的初始步号
6  "tableStep" := 0;           //旋转工台的初始步号
7  "QB0" := 0;                 //所有的输出为0
```

图 9-16　初始化程序 OB100

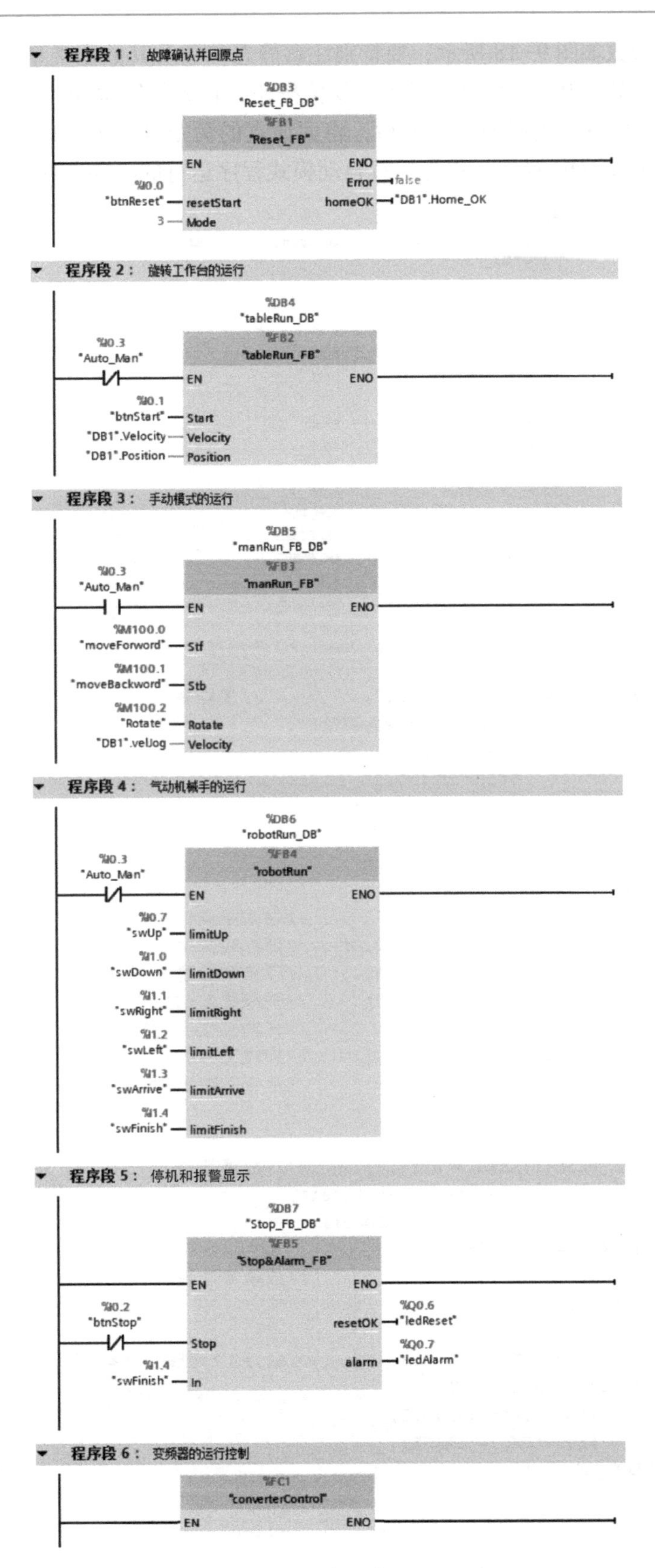

程序段 1： 故障确认并回原点
%DB3
"Reset_FB_DB"
%FB1
"Reset_FB"
EN
ENO
Error
false
%I0.0
"btnReset"
resetStart
homeOK
"DB1".Home_OK
3
Mode
程序段 2： 旋转工作台的运行
%DB4
"tableRun_DB"
%FB2
"tableRun_FB"
%I0.3
"Auto_Man"
EN
ENO
%I0.1
"btnStart"
Start
"DB1".Velocity
Velocity
"DB1".Position
Position
程序段 3： 手动模式的运行
%DB5
"manRun_FB_DB"
%FB3
"manRun_FB"
%I0.3
"Auto_Man"
EN
ENO
%M100.0
"moveForword"
Stf
%M100.1
"moveBackword"
Stb
%M100.2
"Rotate"
Rotate
"DB1".velJog
Velocity
程序段 4： 气动机械手的运行
%DB6
"robotRun_DB"
%FB4
"robotRun"
%I0.3
"Auto_Man"
EN
ENO
%I0.7
"swUp"
limitUp
%I1.0
"swDown"
limitDown
%I1.1
"swRight"
limitRight
%I1.2
"swLeft"
limitLeft
%I1.3
"swArrive"
limitArrive
%I1.4
"swFinish"
limitFinish
程序段 5： 停机和报警显示
%DB7
"Stop_FB_DB"
%FB5
"Stop&Alarm_FB"
EN
ENO
%I0.2
"btnStop"
%Q0.6
resetOK
"ledReset"
Stop
%Q0.7
alarm
"ledAlarm"
%I1.4
"swFinish"
In
程序段 6： 变频器的运行控制
%FC1
"converterControl"
EN
ENO

图 9–17　主程序 OB1

Reset_FB 的参数如图 9-18 所示，要特别注意静态参数及其数据类型。故障复位和回原点程序 Reset_FB，如图 9-19 所示。当按下复位按钮，首先故障复位，延时 0.5 s 后，开始对步进驱动系统回原点，当回原点完成后，将回原点的命令#Home_Start 复位，并将回原点完成的标志 DB. Home_OK 置位，作为后续自动模式程序运行的必要条件。

Reset_FB

名称	数据类型	默认值
▼ Input		
resetStart	Bool	false
Mode	Int	0
▼ Output		
Error	Bool	false
homeOK	Bool	false
▼ Static		
homeDone	Bool	false
homeStart	Bool	false
resetDone	Bool	false
resetOK	Bool	false
▶ t0Timer1	TON_TIME	
▶ MC_POWER1	MC_POWER	
▶ MC_RESET1	MC_RESET	
▶ R_TRIG1	R_TRIG	
▶ MC_HOME	MC_HOME	

图 9-18　Reset_FB 的参数

```
1  #MC_POWER1(Axis:="Axis1",           //使能轴
2             Enable:="AlwaysTRUE",
3             StartMode:=1,
4             StopMode:=0,
5             Error=>#Error);
6
7  #R_TRIG1(CLK:=#resetStart);
8  IF #R_TRIG1.Q THEN
9      #homeOK := FALSE;              //对回原点标志复位
10     "DB1".Position := 90.0;        //顶杆初始位置
11     "DB1".Velocity := 150.0;       //顶杆初始速度
12     "DB1".Speed := 375.0;          //变频器的初始转速
13     "robotStep" := 0;              //气动机械手的初始步号
14     "tableStep" := 0;              //旋转工台的初始步号
15     "QB0" := 0;                    //所有的输出为0
16 END_IF;
17
18 #MC_RESET1(Axis:="Axis1",          //对故障复位
19            Execute:=#resetStart,
20            Done=>#resetDone);
21 IF #resetDone THEN
22     #resetOK := TRUE;              //故障复位完成
23 END_IF;
24
25 #t0Timer1(IN:=#resetOK, PT:=t#0.5s);  //延时0.5s，开始回原点
26 IF #t0Timer1.Q THEN
27     #homeStart := TRUE;
28     #resetOK := FALSE;
29 END_IF;
```

图 9-19　故障复位和回原点程序 Reset_FB

```
30
31 #MC_HOME(Axis:="Axis1",          //回原点
32          Execute:=#homeStart,
33          Position:=0.0,
34          Mode:=#Mode,
35          Done=>#homeDone);
36
37 IF #homeDone THEN                //赋值回原点成功
38     #homeOK := TRUE;
39     #homeStart := FALSE;
40 END_IF;
```

图 9-19　故障复位和回原点程序 Reset_FB（续）

tableRun_FB 的参数如图 9-20 所示，旋转工作台运行控制 tableRun_FB 程序块如图 9-21 所示，本程序块使用了多重背景，所以减少了数据块的数量。当按下起动按钮时，“tableStep”=0，运行到 90 mm 处。“Step”=1，感应到工件，运行到 60 mm 处。“tableStep”=2，感应到工件，运行到 30 mm 处。“tableStep”=3，感应到工件，运行到 10 mm 处。“tableStep”=4，分度盘旋转。“tableStep”=5，系统完成一个工作循环，开始第二个循环。

tableRun_FB

名称	数据类型	默认值
▼ Input		
Start	Bool	false
▼ Output		
<新增>		
▼ InOut		
Velocity	Real	0.0
Position	Real	0.0
▼ Static		
moveExcutive	Bool	false
moveDone	Bool	false
▶ MC_MOVEABSOLUTE1	MC_MOVEABSOLUTE	
▶ t0Timer	TON_TIME	
t0TimerEx	Bool	false

图 9-20　tableRun_FB 的参数

```
1  #MC_MOVEABSOLUTE1(Axis:="Axis1",          //绝对定位轴指令
2                    Execute:=#moveExcutive,
3                    Position:=#Position,
4                    Velocity:=#Velocity,
5                    Done=>#moveDone);
6
7  IF #moveDone THEN
8      #moveExcutive := FALSE;
9  END_IF;
10
11 IF "tableStep"=0 AND "DB1".Home_OK AND #Start AND NOT #moveExcutive  THEN  //满足条件
12     #Position := 90.0;
13     #Velocity := 100.0;
14     #moveExcutive := TRUE;    //起动绝对定位轴运行到90.0，第一工位
15     "tableStep" := 1;
16 END_IF;
17
```

图 9-21　tableRun_FB 程序块

```
18 CASE "tableStep" OF
19     1:
20         IF NOT #moveExcutive AND "swArrive" THEN   //运行到60.0位置，第二工位
21             #Position := 60.0;
22             #Velocity := 100.0;
23             #moveExcutive := TRUE;
24             "tableStep" := 2;
25         END_IF;
26     2:
27         IF NOT #moveExcutive AND "swArrive" THEN   //运行到30.0位置，第三工位
28             #Position := 30.0;
29             #Velocity := 100.0;
30             #moveExcutive := TRUE;
31             "tableStep" := 3;
32         END_IF;
33     3:
34         IF NOT #moveExcutive AND "swArrive" THEN   //运行到,10.0位置，离开容器
35             #Position := 10.0;      //顶杆离开容器，为工作台旋转做准备
36             #Velocity := 150.0;
37             #moveExcutive := TRUE;
38             "tableStep" := 4;
39         END_IF;
40     4:
41         IF NOT #moveExcutive THEN
42             #t0TimerEx := TRUE;
43             IF #t0Timer.ET < t#1S THEN
44                 "cylPlate" := TRUE;      //分度盘电磁阀得电旋转
45             END_IF;
46             IF #t0Timer.Q THEN
47                 "cylPlate" := FALSE;    //分度盘电磁阀断电
48                 #t0TimerEx := FALSE;    //关断定时器
49                 "tableStep" := 5;
50             END_IF;
51         END_IF;
52     5:
53         IF NOT #moveExcutive AND "swArrive" THEN
54             #Position := 90.0;
55             #Velocity := 100.0;
56             #moveExcutive := TRUE;  //运行到第一工位
57             "tableStep" := 1;
58         END_IF;
59 END_CASE;
60
61 #t0Timer(IN:=#t0TimerEx,PT:=T#2s);    //起动定时器
```

图 9-21　tableRun_FB 程序块（续）

Man_FB 的参数如图 9-22 所示，点动运行控制程序块 Man_FB 的程序如图 9-23 所示，包含步进驱动系统的点动和气动分动盘的点动。

robotRun_FB 的参数如图 9-24 所示，气动机械手运行控制程序块如图 9-25 所示，robotStep 是步号，当 robotStep = 1 时，气缸下行夹工件；当 robotStep = 2 时，气缸上行；当 robotStep = 3 时，回转气缸向左旋转，之后，依次是下压气缸下行，吸盘释放工件，下压气缸上行，回转气缸向右旋转。

manRun_FB

名称	数据类型	默认值
▼ Input		
▪ Stf	Bool	false
▪ Stb	Bool	false
▪ Rotate	Bool	false
▼ Output		
▪ <新增>		
▼ InOut		
▪ Velocity	Real	0.0
▼ Static		
▪ ▸ MC_MOVEJOG1	MC_MOVEJOG	
▪ ▸ R_TRIG1	R_TRIG	
▪ ▸ F_TRIG1	F_TRIG	

图 9-22　Man_FB 的参数

```
1  #MC_MOVEJOG1(Axis:="Axis1",      //点动指令块
2               JogForward:=#Stf,
3               JogBackward:=#Stb,
4               Velocity:=#Velocity);
5
6  #R_TRIG1(CLK:=#Rotate);      //上升沿
7  #F_TRIG1(CLK:=#Rotate);      //下降沿
8  IF #R_TRIG1.Q THEN           //以下是点动
9      "cylPlate" := TRUE;
10 END_IF;
11
12 IF #F_TRIG1.Q THEN
13     "cylPlate" := FALSE;
14 END_IF;
```

图 9-23　点动运行控制程序块 Man_FB 的程序

robotRun_FB

名称	数据类型	默认值
▼ Input		
▪ limitUp	Bool	false
▪ limitDown	Bool	false
▪ limitRight	Bool	false
▪ limitLeft	Bool	false
▪ limitArrive	Bool	false
▪ limitFinish	Bool	false
▼ Output		
▪ <新增>		
▼ InOut		
▪ <新增>		
▼ Static		
▪ ▸ t0Timer	TON_TIME	
▪ t0TimerStart	Bool	false
▪ enSuckOff	Bool	false

图 9-24　气动机械手运行控制程序块 robotRun_FB 的参数

```
1  IF #limitUp AND #limitRight AND #limitArrive  THEN  //原始位置
2      "robotStep":=1;
3  END_IF;
4
5  IF #limitFinish AND"DB1".Velocity = 0 AND"DB1".Position >= 10.0 THEN
6      #enSuckOff := TRUE;  //允许气缸下降并释放工件
7  ELSE
8      #enSuckOff := FALSE;
9  END_IF;
10
11 CASE "robotStep" OF
12     1:
13         "cylPressBack" := FALSE;
14         "cylPressOut" := TRUE;        //气缸下压
15         IF #limitDown  THEN
16             "suckOn" := TRUE;        //下压气缸到位，吸工件
17             #t0TimerStart := TRUE;  //延时1s
18             IF #t0Timer.Q THEN      //延时时间到，跳转到下一步
19                 "robotStep" := 2;
20                 #t0TimerStart := FALSE;
```

图 9-25　气动机械手运行控制程序块 robotRun_FB 的程序

```
21              END_IF;
22          END_IF;
23      2:
24          "cylPressOut" := FALSE;
25          "cylPressBack" := TRUE;   //气缸返回
26          IF #limitUp  THEN             //回转气缸左转
27              "cylRotateRight" := FALSE;
28              "cylRotateLeft" := TRUE;
29              "robotStep" := 3;
30          END_IF;
31      3:
32          IF #limitLeft  AND #enSuckOff THEN
33              "cylPressBack" := FALSE;
34              "cylPressOut" := TRUE;  //气缸下压
35          END_IF;
36          IF #limitDown  THEN
37              "suckOn" := FALSE;       //下压气缸到位，释放工件
38              #t0TimerStart := TRUE;  //起动延时
39              #enSuckOff := FALSE;
40          END_IF;
41          IF #t0Timer.Q THEN
42              "robotStep" := 4;
43              #t0TimerStart := FALSE;
44          END_IF;
45      4:
46          "cylPressBack" := TRUE;
47          "cylPressOut" := FALSE;      //下压气缸上行
48          IF #limitUp  THEN             //下压气缸上行到位，回转气缸右转
49              "cylRotateRight" := TRUE;
50              "cylRotateLeft" := FALSE;
51              "robotStep" := 5;
52          END_IF;
53      5:
54          IF #limitUp AND #limitRight AND #limitArrive THEN
55              "robotStep" := 1;
56          END_IF;
57  END_CASE;
58  #t0Timer(IN:=#t0TimerStart,PT:=T#1s);  //定义定时器
```

图 9-25　气动机械手运行控制程序块 robotRun_FB 的程序（续）

停止和报警程序块 Stop&Alarm_FB 的程序如图 9-26 所示。

```
1   #MC_STOP1(Axis:="Axis1",Execute:=#Stop);  //停止指令
2   IF NOT #Stop THEN
3       "cylPlate" := FALSE;         //停止分度盘
4   END_IF;
5
6   IF "DB1".Home_OK AND "Clock_0.5Hz" THEN    //回原点成功指示
7       #resetOK := TRUE;
8   ELSE
9       #resetOK := FALSE;
10  END_IF;
11
12  #t0Timer(IN:=#In,PT:=T#3s,Q=>#alarm);   //第4工位工件超过3秒不去走报警
```

图 9-26　停止和报警程序块 Stop&Alarm_FB 的程序

变频器的程序块 converterControl 的程序如图 9-27 所示。变频器的控制字 controlWord（QW100）和主设定值 setValue（QW102）的地址要与图 9-6 中的组态报文中的地址一致，即组态和程序要匹配。

```
1   #Normal1:= NORM_X(MIN:=0.0, VALUE:="DB1".Speed, MAX:=1500.0);
2   "setValue":= SCALE_X(MIN := 0, VALUE :=#Normal1, MAX := 16384);  //变频器转速输出
3 ⊟IF "btnStart" AND  "btnStop" AND "controlWord" = 16#47E THEN    //变频器起动
4        "controlWord" := 16#47F;
5   END_IF;
6 ⊟IF NOT "btnStop" THEN        //变频器停止
7        "controlWord" := 16#47E;
8        "setValue" := 0;
9   END_IF;
```

图 9-27　变频器的程序块 converterControl 的程序

9.2　习题

一、问答题

1. 例 9-1 中，PLC 对 SINAMICS V90 进行位置控制，为什么可以使用用于速度控制的标准报文 3？

2. 用 S7-1200/1500 PLC 做运动控制的控制器，使用工艺组态的优点是什么？

二、编程题

1. 任务要求与例 9-1 相同，要求用梯形图编写程序。

2. 任务要求与例 9-1 相同，要求将气动机械手运行控制程序块 robotRun_FB，用 S7-Graph 编写程序。

参 考 文 献

[1] 奚茂龙，向晓汉．S7-1200 PLC 编程及应用技术［M］．北京：机械工业出版社，2022.
[2] 崔坚．SIMATIC S7-1500 与 TIA 博途软件使用指南［M］．2 版．北京：机械工业出版社，2020.
[3] 廖常初．S7-1200/1500 PLC 应用技术［M］．北京：机械工业出版社，2018.
[4] 向晓汉，黎雪芬．西门子 PLC 完全精通教程［M］．北京：化学工业出版社，2015.
[5] 向晓汉，李润海．西门子 S7-1200/1500 PLC 学习手册：基于 LAD 和 SCL 编程［M］．北京：化学工业出版社，2018.